先进半导体集成设计研究

刘　溪　吴美乐　靳晓诗　著

清华大学出版社

北　京

内 容 简 介

本书是作者针对半导体芯片集成单元设计领域所撰写的学术专著，是对作者在该领域科研学术成果的系统性论述。具体内容包括对当前主流以 FinFET 技术进行改良的先进金属氧化物半导体场效应晶体管集成技术、在开关特性上有质的飞跃的隧道场效应晶体管、利用高肖特基势垒实现的隧道场效应晶体管、可利用单个晶体管实现同或(异或非)逻辑且可实现导电类型切换的可重置晶体管、可以长久保持被重置导电类型的非易失可重置晶体管，以及结构更为简单、单个单元即可实现同或逻辑的可重置肖特基二极管、集成化的先进传感器件设计等方面的研究。本书可供相关专业科研人员和工程技术人员参考。

图书在版编目(CIP)数据

先进半导体集成设计研究 / 刘溪，吴美乐，靳晓诗著.北京：清华大学出版社, 2025.3(2025.11重印). -- ISBN 978-7-302-67813-7

Ⅰ. TN402

中国国家版本馆 CIP 数据核字第 2024KQ0363 号

责任编辑：桑任松
封面设计：李　坤
责任校对：周剑云
责任印制：宋　林
出版发行：清华大学出版社
　　　　　网　　　址：https://www.tup.com.cn, https://www.wqxuetang.com
　　　　　地　　　址：北京清华大学学研大厦 A 座　　　邮　　编：100084
　　　　　社 总 机：010-83470000　　　　　　　　　邮　　购：010-62786544
　　　　　投稿与读者服务：010-62776969, c-service@tup.tsinghua.edu.cn
　　　　　质量反馈：010-62772015, zhiliang@tup.tsinghua.edu.cn
印 装 者：三河市人民印务有限公司
经　　销：全国新华书店
开　　本：185mm×260mm　　印　张：19.25　　字　数：470 千字
版　　次：2025 年 3 月第 1 版　　　　　印　次：2025 年 11 月第 4 次印刷
定　　价：88.00 元

产品编号：107558-01

前　言

半导体芯片集成设计技术的发展，强有力地推动着计算机硬件的进步。相对于目前主流的 FinFET 技术，提出更有效的集成设计方案以实现更优秀的集成单元性能和更丰富的集成单元功能，无疑是可以加速半导体芯片技术(计算机硬件)发展的核心动力。

本书由沈阳工业大学刘溪、吴美乐、靳晓诗撰写。其中刘溪撰写了第 1、4、5 章，吴美乐撰写了第 2、3、8 章，靳晓诗撰写了第 6、7 章。作者以自己近年来在先进半导体集成设计领域的研究成果为基础，包括对当前主流 FinFET 技术进行改良的先进的金属氧化物半导体场效应晶体管集成技术、在开关特性上有质的飞跃的隧道场效应晶体管、利用高肖特基势垒实现的隧道场效应晶体管、可利用单个晶体管实现同或(异或非)逻辑且可实现导电类型切换的可重置晶体管、可以长久保持被重置导电类型的非易失可重置晶体管，以及结构更为简单、单个单元即可实现同或逻辑的可重置肖特基二极管、集成化的先进传感器件的设计等方面进行了系统的阐述。作者希望本书对有兴趣致力于先进半导体集成设计科学与技术研究的广大科研工作者有参考作用。

作者团队衷心感谢韩国原首尔国立大学李宗昊教授在该领域所做出的悉心指导。作者感谢同仁、父母和亲友对作者在科研道路上所给予的支持与鼓励。

最后，作者敬请各位同行专家和读者对本书的不足之处提出宝贵的意见和建议。

刘　溪　吴美乐　靳晓诗

目　　录

第1章 绪 论

本章介绍当前的主流半导体集成设计技术——FinFET(Fin Field-Effect Transistor)技术,包括 FinFET 集成技术的结构、工作原理与性能优势;介绍 FinFET 集成技术的发展与商用化进程;介绍一种金属氧化物半导体场效应晶体管的改良技术,即无结场效应晶体管技术,同时也介绍与金属氧化物半导体场效应晶体管工作原理有本质区别的创新型集成技术,如隧道场效应晶体管、基于金属与半导体接触的集成器件技术等;最后结合作者近年来的研究成果,对先进半导体集成技术的发展概况做出总结。

1.1 FinFET-主流半导体集成技术

在 FinFET 集成技术成为主流之前,平面型金属氧化物半导体场效应晶体管在很长一段时间里一直是集成电路的核心器件。传统的金属氧化物半导体场效应晶体管是利用单个的平面栅极的控制来实现器件的开关。以 N 型器件为例,当栅极为负电压时,单栅极将排斥沟道中的电子并吸引空穴形成多子积累,此时器件处于关断状态。当栅极电压逐渐由负变正时,电子不断被吸引至栅极氧化物和沟道的接触面附近,并形成电子沟道,此时器件开启。然而,随着平面金属氧化物半导体场效应晶体管器件尺寸的不断减小,产生了恶化其工作特性的短沟道效应。并且这种短沟道效应会随着平面金属氧化物半导体场效应晶体管的器件尺寸的减小而越来越严重。包括阈值电压降低,栅极控制能力减弱,即使在器件处于关断状态下,依然会出现显著的泄漏电流。

当传统反型金属氧化物半导体场效应晶体管器件的尺寸进入纳米级之后,短沟道效应、漏致电流效应、源漏击穿效应及热载流子效应等对器件特性的影响严重到不容忽视,成为集成电路最小单元器件进一步缩小尺寸的严重限制条件。短沟道效应是指当沟道长度缩小时,金属氧化物半导体场效应晶体管的阈值电压减小。当金属氧化物半导体场效应晶体管沟道较长时,器件源漏区与沟道形成的耗尽层的长度与沟道长度相比很小,其对沟道实际长度的影响可以忽略。然而当沟道长度缩小到一定程度后,耗尽区所占沟道的比重增大,其影响则将无法忽略。耗尽层的存在使器件的实际沟道长度减小,导致器件开启所需要形成反型层的电荷量减小,从而导致阈值电压减小。在器件的沟道较长时,金属氧化物半导体场效应晶体管器件沟道部分的硅表面电势几乎只受栅极电压的控制,源漏区的电场仅能影响沟道两端的边缘部分,可以忽略这部分的影响。然而,在短沟道的情况下,源漏电场将不仅仅影响沟道的边缘部分,而是向沟道中间靠近,从而影响到沟道的中间部分。随着漏极电压的增加,漏端空间电荷区向沟道区延伸,栅极控制的电荷减少。正是为了解决这一问题,FinFET 集成技术才逐渐发展起来。

1.1.1 FinFET 集成技术的结构、工作原理与性能优势

FinFET 集成技术也称为多栅极结构金属氧化物半导体场效应晶体管技术。多栅结构从

增强栅极对器件沟道的控制能力的角度来实现对极小尺寸器件特性的改善。若在金属氧化物半导体场效应晶体管中采用多栅结构，则相当于增加了单个器件中的栅极个数，提高了栅极的控制能力，能够抑制短沟道效应及反向泄漏电流，降低器件功耗，并增强器件开启时的驱动电流。从物理结构上来讲，它是一种构建在硅衬底基板上，且栅极放置在沟道的两侧、三侧或四侧或缠绕在基板上沟道的金属氧化物半导体场效应晶体管。目前，常见多栅结构包括双栅结构(double-gate)、三栅结构或折叠栅结构(folded-gatte)以及环形栅结构(cylindrical-gate)。图 1-1 所示为常见多栅结构器件的结构。

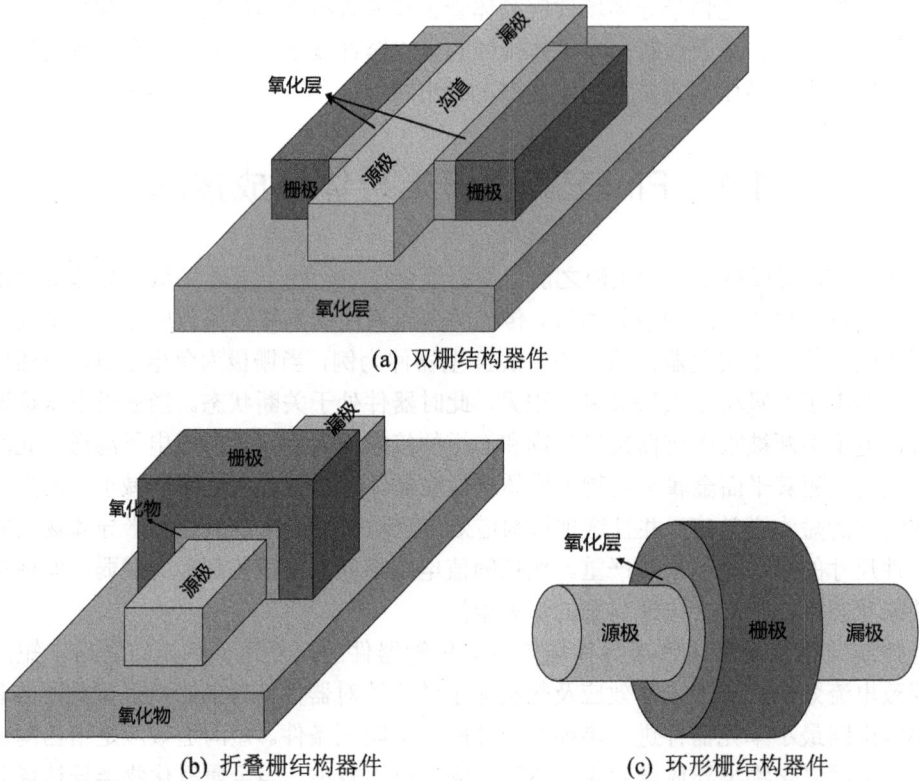

(a) 双栅结构器件

(b) 折叠栅结构器件

(c) 环形栅结构器件

图 1-1　常见多栅结构器件的结构

上述多栅晶体管可以统称为鳍式场效应晶体管(FinFET)。这是因为源极/漏极区域在硅表面形成鳍片[1]。因此，FinFET 是一种非平面晶体管，或"三维"(3D)晶体管。FinFET 比平面互补金属氧化物半导体(CMOS)技术具有更快的开关时间和更高的电流密度，且由于其对短沟道效应的遏制作用，目前已经成为生产制造先进的纳米级超大规模集成电路所采用的主流半导体芯片集成技术[2]。

1.1.2　FinFET 集成技术的发展与商用化进程

采用 FinFET 技术的微芯片在 2010 年之后的几年里实现了商业化，并成为 14 nm、10 nm 和 7 nm 工艺节点的主流栅极设计。单个 FinFET 晶体管通常包含多个鳍片，这些鳍片并排排列，并且全部由同一栅极覆盖，如同一个鳍片。可以通过改变鳍片的数量来调整驱动强度和性能[3]，驱动强度随着鳍片数量的增加而增加[4]。继贝尔实验室的穆罕默德•阿塔拉(Mohamed Atalla)和道恩·康(Dawon Kahng)于 1959 年首次演示金属氧化物半导体场效应晶体管之后[5]，法拉(H. R. Farrah)和斯坦伯格(R. F. Steinberg)于 1967 年提出了双栅极薄膜晶体管的概念[6]。后来，电工实验室(ETL)的 Toshihiro Sekikawa 在 1980 年描述平面 XMOS 晶体管的专利中提出了双栅极金属氧化物半导体场效应晶体管[7]。关川(Sekikawa)于 1984 年制造了 XMOS 晶体管。他们证明，通过将完全耗尽的绝缘体上硅 (silicon-on-insulator，SOI)器件夹在两个连接在一起的栅电极之间，可以显著减少短沟道效应[8-9]。第一种 FinFET 晶体管类型称为"耗尽型贫沟道晶体管"(DELTA)，由日立中央研究实验室的久本(Digh Hisamoto)、加贺彻(Toru Kaga)、河本义文(Yoshifumi Kawamoto)和武田英二(Eiji Takeda)于 1989 年在日本首次制造[8][10]。

晶体管的栅极可以在顶部和侧面或者仅在侧面覆盖，前者称为三栅极晶体管，后者称为双栅极晶体管。双栅极晶体管可选地可以将每一侧连接到两个不同的端子或触点。这种变体称为分离晶体管，这样就能够更精细地控制晶体管的操作。埃芬迪·莱奥班东(Effendi Leobandung)在 1996 年第 54 届器件研究会议上与斯蒂芬·Y. 周(Stephen Y. Chou)发表了一篇论文，概述了将宽 CMOS 晶体管切割成许多窄通道的好处，以改善器件尺寸并提高器件性能。通过增加有效器件宽度来提高器件电流[11]。这种结构就是现代 FinFET 的雏形。尽管通过将其切成窄通道而牺牲了一些器件宽度，但对于高窄鳍片而言，鳍片侧壁的传导足以弥补将其切成窄通道而牺牲了一些器件宽度所带来的损失[12]。该器件的沟道宽度为 35 nm，沟道长度为 70 nm[11]。久本对 DELTA 晶体管的研究带来的潜在价值引起了美国国防高级研究计划局(DARPA)的注意，该机构于 1997 年向加州大学伯克利分校的一个研究小组授予了一份合同，开发一种基于 DELTA 晶体管的深亚微米晶体管，该小组由久本和台积电(TSMC)的胡晨明(Chenming Hu)领导，久本、胡晨明等人在 1998 年提出了 17 nm N 沟道 FinFET(17 nm)[13]。1999 年久本等人提出了亚 50 nm 的 P 沟道 FinFET[14]。2001 年，胡晨明等人设计了 15 nm FinFET[15]。

2002 年，希莉·艾哈迈德(Shilly Ahmed)等人设计提出了 10 nm FinFET[16]。2004 年，竹内英树(Hideki Takeuchi)等人提出了基于高介电常数的 High-κ 金属栅极 FinFET。在 2000 年 12 月的一篇论文中，FinFET 这一术语被创造性地提出[17]，用于描述构建在 SOI 基板上的非平面的双栅极晶体管[18]。2002 年 12 月，台积电展示了业界第一个工作电压仅为 0.7 V 的 25 nm 晶体管。Omega FinFET 设计因希腊字母 Omega 与栅极环绕源极/漏极结构的形状相似而得名，N 型晶体管的栅极延迟仅为 0.39 皮秒(ps)，P 型为 0.88 ps。2004 年，三星展示了体硅 FinFET (Bulk FinFET) 设计，使得量产 FinFET 器件成为可能。该 Bulk FinFET 是采用 90 nm 体硅工艺制造的动态随机存取存储器(DRAM)[19]。至 2006 年，来自韩国科学技术院(KAIST)和国家纳米制造中心的韩国研究人员团队基于环栅(GAA) FinFET 技术开发了 3 nm 晶体管，这是世界上最小的纳米级尺寸电子器件[20-21]。2011 年，莱斯大学研究人员马苏德·罗斯塔米(Masoud Rostami)和卡蒂克·穆罕拉姆(Kartik Mohanram)证明 FinFET 可以具有两个电气独立的栅极，这使电路设计人员能够更灵活地设计高效、低功耗的栅极[22]。

2011 年，英特尔展示了三栅极晶体管，其中栅极在三个侧面围绕通道，与平面晶体管相比，可以提高能效并降低栅极延迟，从而提高性能[23-25]。22 nm 及以下商业化生产的芯片通常采用 FinFET 栅极设计(但低至 18 nm 的平面工艺确实存在)。英特尔于 2011 年发布了采用 22 nm 工艺的 Ivy Bridge 微架构三栅极变体。2013 年，SK 海力士开始商业量产 16 nm

工艺 NAND 闪存[26]，台积电开始布局 16 nm FinFET 工艺[27]，三星电子开始生产 10 nm 工艺多层单元(MLC) NAND 闪存[28]。从 2014 年起，14 nm(或 16 nm)主要代工厂(台积电、三星、格罗方德公司)均采用 FinFET 设计。2017 年，台积电开始使用 7 nm 工艺生产 SRAM 存储器[29]。2018 年，三星开始布局 5 nm 工艺[30]。2019 年，三星宣布计划到 2021 年商业化实现 3 nm GAAFET 工艺[31]。全耗尽型绝缘体上硅(FD-SOI)已被视为 FinFET 的潜在低成本替代品[32]。2020 年，胡晨明因其对 FinFET 的开发而获得 IEEE 荣誉勋章，电气电子工程师协会(IEEE)认为 FinFET 将晶体管引入三维并扩展了摩尔定律[33]。

1.1.3 参考文献

[1] Kamal, Kamal Y. The Silicon Age: Trends in Semiconductor Devices Industry. Journal of Engineering Science and Technology Review. 15 (1): 110-115, 2022 doi:10.25103/jestr.151.14. ISSN 1791-2377. S2C ID 249074588.

[2] What is FinFET?. Computer Hope. April 26, 2017.

[3] Shimpi, Anand Lal. Intel Announces first 22nm 3D Tri-Gate Transistors. Shipping in 2H 2011. AnandTech, 4 May 2011.

[4] Scotten Jones, TSMC and Imec on Advanced Process and Devices Technology Toward 2nm. Semiwiki, 2021.

[5] Kahng, Dawon. Electric Field Controlled Semiconductor Device. U.S. Patent No. 3,102,230 Filed 31 May 31, 1960, issued August 27, 1963.

[6] Farrah, H.R.; Steinberg, R.F. Analysis of double-gate thin-film transistor. IEEE Transactions on Electron Devices. 14 (2): 69-74, 1967 doi:10.1109/T-ED.1967.15901.

[7] Koike, Hanpei; Nakagawa, Tadashi; Sekigawa, Toshiro; Suzuki, E.; Tsutsumi, Toshiyuki. Primary Consideration on Compact Modeling of DG MOSFETs with Four-terminal Operation Mode. TechConnect Briefs. 2: 330-333, 2003 S2C ID 189033174.

[8] Colinge, J.P. FinFETs and Other Multi-Gate Transistors. Springer Science & Business Media. pp. 11 & 39, 2008 ISBN 9780387717517.

[9] Sekigawa, Toshihiro; Hayashi, Yutaka. Calculated threshold-voltage characteristics of an XMOS transistor having an additional bottom gate. Solid-State Electronics. 27 (8): 827-828,1984 doi:10.1016/0038-1101(84) 90036-4. ISSN 0038-1101.

[10] Hisamoto, Digh; Kaga, Toru; Kawamoto, Yoshifumi; Takeda, Eiji. A fully depleted lean-channel transistor (DELTA)-a novel vertical ultra thin SOI MOSFET. International Technical Digest on Electron Devices Meeting. pp. 833–836, 1989 doi:10.1109/IEDM.1989.74182.

[11] Leobandung, Effendi; Chou, Stephen Y. (1996). Reduction of short channel effects in SOI MOSFETs with 35 nm channel width and 70 nm channel length. 54th Annual Device Research Conference Digest. pp. 110-111,1996 doi:10.1109/DRC.1996.546334.

[12] Leobandung, Effendi; Gu, Jian; Guo, Lingjie; Chou, Stephen Y. Wire-channel and wrap-around-gate metal-oxide-semiconductor field-effect transistors with a significant reduction of short channel effects. Journal of Vacuum Science & Technology B:

Microelectronics and Nanometer Structures Processing, Measurement, and Phenomena. 15 (6): 2791-2794,1997 doi:10.1116/1.589729.

[13] Hisamoto, Digh; Hu, Chenming; Liu, Tsu-Jae King; Bokor, Jeffrey; Lee, Wen-Chin; Kedzierski, Jakub; Anderson, Erik; Takeuchi, Hideki; Asano, Kazuya. A folded-channel MOSFET for deep-sub-tenth micron era. International Electron Devices Meeting 1998. Technical Digest (Cat. No.98(c) H36217). pp. 1032-1034, 1998 doi:10.1109/IEDM. 1998.746531. S2C ID 37774589.

[14] Hisamoto, Digh; Kedzierski, Jakub; Anderson, Erik; Takeuchi, Hideki. Sub-50 nm FinFET: PMOS. International Electron Devices Meeting 1999. Technical Digest (Cat. No.99CH36318). pp. 67-70, 1999 doi:10.1109/IEDM.1999.823848. S2C ID 7310589.

[15] Hu, Chenming; Choi, Yang-Kyu; Lindert, N.; Xuan, P.; Tang, S.; Ha, D.; Anderson, E.; Bokor, J.; Liu, Tsu-Jae King. Sub-20 nm CMOS FinFET technologies. International Electron Devices Meeting. Technical Digest (Cat. No.01CH37224). pp. 19.1.1-19.1.4, 2001 doi:10.1109/IEDM.2001.979526. ISBN 0-7803-7050-3. S2C ID 8908553.

[16] Ahmed, Shibly; Bell, Scott; Tabery, Cyrus; Bokor, Jeffrey; Kyser, David; Hu, Chenming; Liu, Tsu-Jae King; Yu, Bin; Chang, Leland. FinFET scaling to 10 nm gate length (PDF). Digest. International Electron Devices Meeting. pp. 251-254. CiteSeerX 10.1.1.136.3757, 2002 doi:10.1109/IEDM.2002.1175825. ISBN 0-7803-7462-2. S2C ID 7106946.

[17] Hisamoto, Digh; Hu, Chenming; Bokor, J.; King, Tsu-Jae; Anderson, E.; et al. FinFET-a self-aligned double-gate MOSFET scalable to 20 nm. IEEE Transactions on Electron Devices. 47 (12): 2320-2325, 2000. Bibcode:2000ITED. 47: 2320H. CiteSeerX 10.1.1.211.204. doi:10.1109/16.887014.

[18] Hisamoto, Digh; Hu, Chenming; Huang, Xuejue; Lee, Wen-Chin; Kuo, Charles; et al. Sub-50 nm P-channel FinFET(PDF). IEEE Transactions on Electron Devices. 48 (5): 880-886, 2001 doi:10.1109/16.918235.

[19] Liu, Tsu-Jae King. FinFET: History, Fundamentals and Future. University of California, Berkeley. Symposium on VLSI Technology Short Course, 2012.

[20] Still Room at the Bottom(Nanometer transistor developed by Yang-kyu Choi from the Korea Advanced Institute of Science and Technology). Nanoparticle News, 1 April 2006.

[21] Lee, Hyunjin; et al. Sub-5 nm All-Around Gate FinFET for Ultimate Scaling. 2006 Symposium on VLSI Technology. Digest of Technical Papers. pp. 58-59, 2006 doi:10.1109/ VLSIT.2006.1705215. hdl:10203/698. S2C ID 26482358.

[22] Rostami, M.; Mohanram, K. Dual-Vth Independent-Gate FinFETs for Low Power Logic Circuits. IEEE Transactions on Computer-Aided Design of Integrated Circuits and Systems. 30(3): 337-349, 2011 doi:10.1109/TCAD.2010.2097310. hdl:1911/72088. S2C ID 2225579.

[23] Bohr, Mark; Mistry, Kaizad. Intel's Revolutionary 22 nm Transistor Technology, intel.com, 2011.

[24] Grabham, Dan. Intel's Tri-Gate transistors: everything you need to know. TechRadar Pro, 2011.

[25] Bohr, Mark T.; Young, Ian A. CMOS Scaling Trends and Beyond. IEEE Micro. 37(6):

20-29, 2017 doi:10.1109/MM.2017.4241347. S2C ID 6700881.

[26] History: 2010s. SK Hynix. https://web.archive.org/web/20210517040328/
https://www.skhynix.com/eng/about/history2010.jsp

[27] 16/12nm Technology. TSMC. https://www.tsmc.com/english/dedicatedFoundry/technology/
logic/l_16_12nm

[28] Kevin Parrish. Samsung Mass Producing 128Gb 3-bit MLC NAND Flash. Tom's Hardware.
11 April 2013.

[29] 7nm Technology. TSMC. Retrieved 30 June 2019. https://www.tsmc.com/english/
dedicatedFoundry/technology/logic/l_7nm

[30] Shilov, Anton. Samsung Completes Development of 5nm EUV Process Technology.
www.anandtech.com

[31] Armasu, Lucian. Samsung Plans Mass Production of 3nm GAAFET Chips in 2021, 2019
www.tomshardware.com

[32] Samsung, GF Ramp FD-SOI. 27 April 2018.

[33] How the Father of FinFETs Helped Save Moore's Law: Chenming Hu, the 2020 IEEE
Medal of Honor recipient, took transistors into the third dimension. IEEE Spectrum. 21
April 2020.

1.2 无结场效应晶体管

金属氧化物半导体场效应晶体管(MOSFET)是微处理器和半导体存储器等超大规模集成电路中最重要的器件[1]。由于其输入阻抗高，温度稳定性好，噪声小，没有少子存储效应，开关速度快，并具有低功耗等优点，被广泛应用于各种模拟电路、数字电路中[2-3]。对于传统 N 沟道或 P 沟道型金属氧化物半导体场效应晶体管而言，当器件导通时，对器件的源极(P 型器件)或漏极(N 型器件)施加较大的电压偏置，使得源区和漏区之间的势垒降低，会导致电流增加。即，使器件的阈值电压下降，此现象称为漏致势垒降低效应(DIBL)。漏致势垒降低效应还会恶化器件的开关速度。器件尺寸的缩小使源漏之间的距离越来越近，使源漏两端的耗尽区进入沟道。随着沟道长度的缩短，如果器件中掺杂浓度不变，则两端耗尽区的距离将不断减小。

对于 N 型器件，漏源电压增加使半导体结的反偏程度增大，促使两个结更相互靠近。若沟道长度和反偏电压结合起来最终导致两个耗尽区相融，则会发生源漏之间的穿透，最终使器件栅极的控制力失效。增加 MOSFET 衬底的掺杂浓度可以抑制源漏之间的穿透，但由于源漏区域与沟道掺杂类型相反，这种做法同时也增加了源漏与沟道之间的浓度梯度。当普通 MOSFET 尺寸进入纳米级后，器件中半导体结的质量、掺杂浓度及其梯度的控制至关重要，将严重影响器件特性的好坏。这意味着极端尺寸下的 MOSFET 的制作工艺将面临极大的挑战。对于典型的纳米级 N 型 MOSFET，需要在几十纳米甚至几纳米的长度范围内，实现 $1\times10^{19}\mathrm{cm}^{-3}$ 的 N 型掺杂急剧变化至 $1\times10^{18}\mathrm{cm}^{-3}$ 的 P 型掺杂。这限制了器件工艺的热预算，并且需要毫秒级的退火技术。为了解决这一工艺难题，也为了探讨在不具备 PN 结的情况下，能否制造晶体管的这一问题，无结场效应晶体管应运而生。无结场效应晶体管是指场效应晶体管的内部不存在半导体结且沟道、源极和漏极之间没有掺杂浓度梯度的一种新型场效应晶体管,又称栅控电阻。

1.2.1 无结场效应晶体管的结构、工作原理与性能优势

对于传统的场效应晶体管,以 N 型 MOSFET 为例,其结构特点是在 P 型的硅衬底上形成两个 N^+掺杂区并被 P 型衬底隔开,分别作为场效应晶体管的源极和漏极,通过在场效应晶体管的栅极施加电压,实现对器件沟道的控制,从而实现器件的开关过程。而无结场效应晶体管(Junctionless FET,JLFET)的特点在于,相较于 N 型金属氧化物半导体场效应晶体管,N 型无结场效应晶体管没有 P 型衬底,而是在整个器件长度内,硅体均为 N^+掺杂,即器件中没有任何半导体结。根据摩尔定律预测,集成电路芯片上所集成的电路的数目,每隔 18 个月就翻一倍。到目前为止,半导体器件的发展基本都符合摩尔定律,在为减小集成电路芯片的制作成本做出努力。但随着集成度的增加,单元器件的尺寸不断减小,场效应晶体管开始进入到深亚微米甚至纳米级。这意味着传统的场效应晶体管所面临的挑战越来越多。极端尺寸要求半导体器件具有更短的沟道、更薄的栅极氧化物,还要在更小的距离内实现 N^+、P 和 N^+的掺杂浓度的变化(以 N 型器件为例)。

对于传统场效应晶体管来说,其半导体结的精确程度决定了器件的性能和质量,也是制作器件成本的主要部分。随着尺寸的逐渐缩小,要制作出高质量、高性能的半导体结,变得越来越难。由于无结场效应晶体管的结构特点,在器件的制作工艺上大大降低了难度,也使得半导体器件尺寸的进一步减小成为可能。由于无结场效应晶体管没有沟道中的掺杂类型、掺杂浓度并且器件源、漏区域相同,使得源区-沟道、漏区-沟道之间不存在掺杂浓度梯度,因此避免了采用昂贵的快速退火技术,可以制作出具有更短沟道的 MOSFET。无结型晶体管的源区、漏区与沟道部分是一根重掺杂的硅纳米线,大大简化了传统器件的制备工艺并降低了器件的制作成本。制作无结器件的重点在于形成的半导体层要足够薄和窄,以实现当器件关断时载流子全部耗尽的目的,并且还需要重掺杂,来实现合理的电流流量,于是得到两个条件——纳米级和重掺杂。然而,当器件进入纳米级后,无结器件仍然存在一些问题,例如,在极端尺寸下,短沟道效应仍然较为严重,如漏致势垒降低现象以及反向时的隧穿效应等。自 JLFET 被提出以来,由于其避免了繁琐的制作工艺、降低了成本,并且在器件特性方面优于传统场效应晶体管[4-5],已有很多国外的科研小组对其产生浓厚的兴趣并展开了深入的研究。

由于多栅结构能够提高栅极控制力并抑制短沟道团队,部分团队[6-9]将各种不同的栅极结构,例如双栅、折叠栅、围栅等与无结场效应晶体管相结合,研究了在不同结构栅极的控制下 JLFET 器件的特性情况,其研究成果说明了多栅结构可以提高栅极对器件的控制能力,改善 JLFET 的特性。当制作半导体器件时,在器件的硅体内会存在掺杂浓度分布不均的情况,掺杂浓度的分布变化会对器件的特性产生影响[10]。通过半导体器件软件对 32 nm 以下的 JLFET 的仿真得知,随机掺杂浓度的浮动对 JLFET 的阈值电压、驱动电流、泄漏电流和漏致势垒降低现象的影响显著[11]。当器件关断时,载流子的隧穿效应会对 JLFET 的特性产生显著影响,使得器件反向泄漏电流降低[12]。一些研究小组指出,器件结构参数变化,例如 JLFET 的器件纳米线的宽度对 JLFET 的阈值电压等特性的影响也十分明显[13]。为了进一步提高器件的特性,一些学者提出用两种材料相结合,制作出双材料栅极。通过

对双材料围栅无结场效应晶体管的 3D 仿真，证明了这种双材料的栅极相较于普通无结场效应晶体管能够实现更大的开启关断电流转换速率、更高的单位增益、更大的最高振荡频率并且可以抑制漏致势垒降低效应[14]。并且通过研究无结场效应晶体管温度与主要电参数的关系以及与传统 MOSFET 做对比得知，JLFET 相对于传统的 MOSFET，在纳米尺度下具有更好的温度特性[15]。

由于绝缘体上硅(SOI)可以减小器件的反向泄漏电流并抑制短沟道效应，部分研究将无结场效应晶体管与 SOI 相结合，讨论了 SOI 基无结场效应晶体管(JL SOI FET)的优势。此外，还有部分研究组[16-17]采用锗或锗化硅等材料作为 JLFET 的衬底，讨论了各设计参数对该器件的特性影响。为了更好地理解 JLFET 的性能，除了对 JLFET 进行仿真之外，一些学者对 JLFET 各个状态下的各个特性进行了建模计算。对于长沟道的 JL SOI FET 器件，一些报道[18]给出了其亚阈值区电流模型，说明其优良特性的原理及优缺点。针对发现的随机掺杂波动(Random Dopant Fluctuation，RDF)对无结场效应晶体管阈值电压的影响这一情况，部分研究小组[19-22]以长沟道双栅无结器件为目标，给出了漏极电流、亚阈值区特性、阈值电压及随机掺杂浮动对无结场效应晶体管阈值电压的影响的建模分析。对于很厚的基底，可以忽略量子限制效应。通过这一方法，基于玻尔兹曼分布，可以得到非常准确的泊松方程解，从而使 JL SOI FET 的衬底、硅体上下表面电势可以计算[23]。对于多栅结构的无结场效应晶体管，学者们[24]给出了利用 Pao-Sah 积分和连续电荷模型等方法，来对围栅无结场效应晶体管的电流及电压进行建模。

目前，一些研究小组[25]已制作出了无结场效应晶体管的实物，报道了不同的制作方法、工艺，及其基本电学特性，并进行了测试。通过在 300 μm 微米厚的 SOI 和硅衬底上分别制作出沟道长度为 22 nm 的无结场效应晶体管，通过计算出两种衬底器件的制作成本得知，在 SOI 上制作无结场效应晶体管将会节省更多的成本[26]。一些测试结果[27]表明，无结场效应晶体管与传统反型金属氧化物半导体场效应晶体管不同，不需要很大的栅极电压使重掺杂的沟道区形成反型层。通过测试制作出的沟道长度小于 15 nm 的无结场效应晶体管的特性得知，器件的亚阈值斜率接近理想值并且泄漏电流极低，其良好的性能使无结场效应晶体管成为下个技术节点的有利选择[28]。若将无结场效应晶体管制作于柔性衬底，便可得到可折叠的 JL 薄膜器件。在室温下将 JL 薄膜器件制作于纸衬底之上，经过测试后发现无结场效应晶体管仍展现了良好的亚阈值特性及导通电流[29]。一些研究小组[30-34]还将无结场效应晶体管应用于简单逻辑电路和闪存单元，并进行了仿真及制作和测试，均得到了很好的工作性能。在无结场效应晶体管中，硅纳米线上的掺杂类型及掺杂浓度均相同。

对于 N 型沟道的无结晶体管，其源区、沟道及漏区是由一条 N+掺杂(P 型沟道器件为 P+)且无掺杂浓度梯度的硅纳米线构成，即 N 型沟道无结晶体管的源区、漏区和沟道区均为浓度相等的 N+掺杂。由于缺少了源区、漏区与沟道区接触处的半导体结，器件中不会出现掺杂的波动，使无结场效应晶体管可以制作出与传统金属氧化物半导体场效应晶体管相比更短的沟道，并且避免了采用昂贵的极速退火工艺。同时也能够抑制短沟道效应以及因表面散射而引起的载流子迁移率降低等的问题[5]。传统金属氧化物半导体场效应晶体管的结构为 N+-P-N+形式(N 型器件)或 P+-N-P+形式(P 型器件)。 图 1-2 所示为 N 型传统金属氧化物半导体场效应晶体管的结构示意。对于 N 型传统金属氧化物半导体场效应晶体管，当器件的栅电极未施加适当栅电压时，器件的 N+掺杂的源、漏区域由 P 掺杂的硅体隔开，形成两个背靠背的 PN 结。此时，即使有一定的漏源电压作用，除了极小一部分的 PN 结反偏泄漏电流外，没有漏源电流通过，器件处于关断状态。当器件工作时，对器件栅极施加适当电压，使栅极下方的衬底反型，从而形成反型层沟道。在源漏电压的作用下，载流子通过沟道流向漏区，形成电流。然而，无结场效应晶体管的工作原理较传统的金属氧化物半导体场效应晶体管原理有所不同。

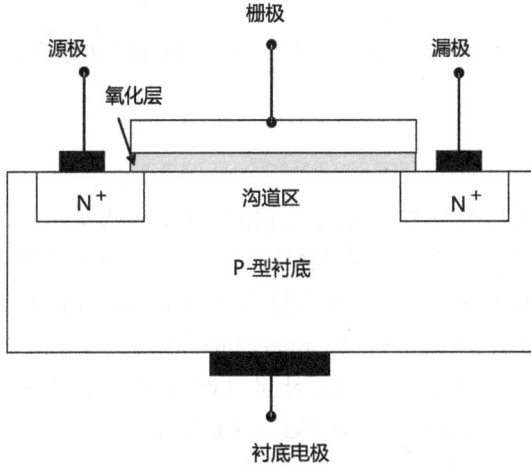

图 1-2　N 型传统金属氧化物半导体场效应晶体管的结构示意

在无结场效应晶体管中，利用栅电极与硅纳米线之间的功函数不同，可以将栅电极下方的几纳米厚的硅纳米线中的载流子耗尽，实现器件的关断。以 N 型器件为例，图 1-3 所示为 N 型无结场效应晶体管中不同情况下的电子分布。其中图 1-3(a)所示，为 N 型无结场效应晶体管的亚阈值区。在这一区域中，器件栅极电压小于阈值电压($V_\mathrm{G} < V_\mathrm{TH}$)，N 型重掺杂的沟道被全耗尽，沟道中几乎没有可移动电子，因此可以承受较大的电场。随着栅电极上所施加的电压的增加，沟道内的电场逐渐降低。当栅极电压达到阈值电压时($V_\mathrm{G} = V_\mathrm{TH}$)，沟道中间出现一条线型的中性区，将器件的漏区和源区连接起来，如图 1-3(b)所示。此时，若对器件施加一定的漏源电压，则在器件的沟道中有少量电流开始从沟道中间流过。器件的栅极电压继续增加，电子不断被吸引至沟道，使沟道中的耗尽宽度减小。当栅极电压达到平带电压值($V_\mathrm{G} \gg V_\mathrm{TH}$)时，硅纳米线的沟道区域完全变为中性，此时的无结场效应晶体管的沟道区域可以视为一个简单的电阻，其沟道情况如图 1-3(c)所示。之后，继续增加器件的栅极电压，沟道表面开始有负电荷堆积，如图 1-3(d)所示。

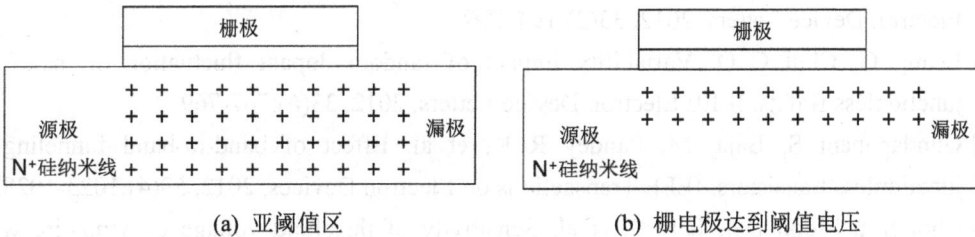

(a) 亚阈值区　　　　　　　　　　　　　(b) 栅电极达到阈值电压

图 1-3　不同状态下 N 型无结场效应晶体管的带电粒子分布

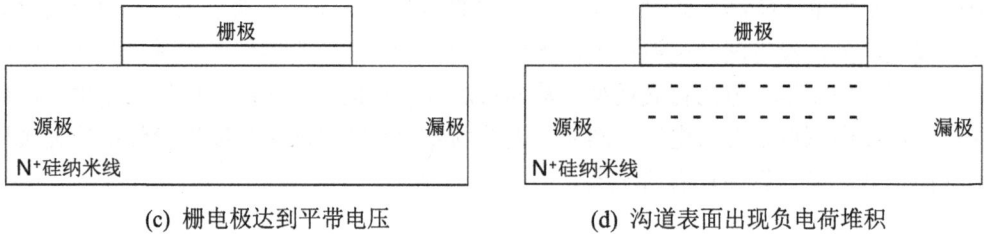

(c) 栅电极达到平带电压   (d) 沟道表面出现负电荷堆积

图 1-3　不同状态下 N 型无结场效应晶体管的带电粒子分布(续)

1.2.2　参考文献

[1] 施敏，伍国珏. 半导体器件物理(第 3 版)[M]. 西安：西安交通大学出版社，2008.

[2] 陈星弼，张庆中. 晶体管原理与设计[M]. 北京：电子工业出版社，2009.

[3] Yadav S N, Jadhav M S. Multiple gate field-effect transistors for future CMOS technologies. International Journal of Research in Engineering and Technology, 2014, 3(2):542-547.

[4] Lee C W, Afzalian A, Akhavan N D, et al. Junctionless multigate field-effect transistor. Applied Physics Letters, 2009, 94(5):053511-1-053511-2.

[5] Colinge J P, Lee C W, Afzalian A, et al. Nanowire transistors without junctions. Nature Nanotechnology, 2010, 5(3):225-229.

[6] Han M H, Chang C Y, Jhan Y R, et al. Characteristic of p-type junctionless gate-all-around nanowire transistor and sensitivity analysis. IEEE Electron Device Letters, 2013, 34(2): 157-159.

[7] Singh P, Singh N, Miao J, et al. Gate-all-around junctionless nanowire MOSFET with improved low-frequency noise behavior. IEEE Electron Device Letters, 2011, 32(12): 1752-1754.

[8] Taur Y, Chen H P, Wang W, et al. On-off charge-voltage characteristics and dopant number fluctuation effects in junctionless double-gate MOSFETs. IEEE Transactions on Electron Devices, 2012, 59(3):863-866.

[9] Doria R T, Pavanello M A, Trevisoli R D, et al. Junctionless multiple-gate transistors for analog applications. IEEE Transactions on Electron Devices, 2011, 58(8):2511-2519.

[10] Aldegunde M, Martinez A, Barker J R. Study of discrete doping-induced variability in junctionless nanowire MOSFETs using dissipative quantum transport simulations. IEEE Electron Device Letters, 2012, 33(2):194-196.

[11] Leung G, Chui C O. Variability impact of random dopant fluctuation on nanoscale junctionless finfets. IEEE Electron Device Letters, 2012, 33(6):767-769.

[12] Gundapaneni S, Bajaj M, Pandey R K, et al. Effect of band-to-band tunneling on junctionless transistors. IEEE Transactions on Electron Devices, 2012, 59(4):1023-1028.

[13] Choi S J, Moon D I, Kim S, et al. Sensitivity of threshold voltage to nanowire width variation in junctionless transistors. IEEE Electron Device Letters, 2011, 32(2):125-127.

[14] Lou H J, Zhang L N, Zhu Y X, et al. A junctionless nanowire transistor with a dual-material

gate. IEEE Transactions on Electron Devices, 2012, 59(7):1829-1836.

[15] Lee C W, Borne A, Ferain I, et al. High-temperature performance of silicon junctionless MOSFETs. IEEE Transactions on Electron Devices, 2010, 57(3):620-625.

[16] Yu R, Das S, Ferain I, et al. Device design and estimated performance for p-type junctionless transistors on bulk germanium substrates. IEEE Transactions on Electron Devices, 2012, 59(9): 2308-2313.

[17] Kim D H, Kim T K, Yoon Y G, et al. First demonstration of ultra-thin SiGe-channel junctionless accumulation-mode (JAM) bulk finfets on si substrate with PN junction-isolation scheme. IEEE Journal of the Electron Devices Society, 2014, 2(5):123-127.

[18] Gnani E, Gnudi A, Reggiani S, et al. Theory of the junctionless nanowire fet. IEEE Transactions on Electron Devices, 2011, 58(9):2903-2910.

[19] Duarte J P, Choi S J, Choi Y K. A full-range drain current model for double-gate junctionless transistors. IEEE Transactions on Electron Devices, 2011, 58(12):4219-4225.

[20] Gnudi A, Reggiani S, Gnani E, et al. Analysis of threshold voltage variability due to random dopant fluctuations in junctionless fets. IEEE Electron Device Letters, 2012, 33(3):336-338.

[21] Duarte J P, Kim M S, Choi S J, et al. A compact model of quantum electron density at the subthreshold region for double-gate junctionless transistors. IEEE Transactions on Electron Devices, 2012, 59(4):1008-1012.

[22] Chen Z, Xiao Y, Tang M, et al. Surface-potential-based drain current model for long-channel junctionless double-gate MOSFETs. IEEE Transactions on Electron Devices, 2012, 59(12):3292-3298.

[23] Gnani E, Gnudi A, Reggiani S, et al. Physical model of the junctionless utb soi-fet. IEEE Transactions on Electron Devices, 2012, 59(4):941-948.

[24] Duarte J P, Choi S J, Moon D I, et al. A nonpiecewise model for long-channel junctionless cylindrical nanowire fets. IEEE Electron Device Letters, 2012, 33(2):155-157.

[25] Larki F, Hutagalung S D, Dehzangi A, et al. Electronic transport properties of junctionless lateral gate silicon nanowire transistor fabricated by atomic force microscope nanolithography. Microelectronics and Solid-State Electronics, 2012, 1(1): 15-20.

[26] Wen S M, Chui C O. Cmos junctionless field-effect transistors manufacturing cost evaluation. IEEE Transactions on Semiconductor Manufacturing, 2013, 26(1):162-168.

[27] Lin H C, Lin C I, Huang T Y. Characteristics of n-type junctionless poly-si thin-film transistors with an ultrathin channel. IEEE Electron Device Letters, 2012, 33(1):53-55.

[28] Barraud S, Berthome M, Coquand R, et al. Scaling of trigate junctionless nanowire MOSFET with gate length down to 13nm. IEEE Electron Device Letters, 2012, 33(9):1225-1227.

[29] Jiang J, Sun J, Dou W, et al. Junctionless flexible oxide-based thin-film transistors on paper substrates. IEEE Electron Device Letters, 2012, 33(1):65-67.

[30] Sun Y, Yu H Y, Singh N, et al. Vertical-si-nanowire-based nonvolatile memory devices with improved performance and reduced process complexity. IEEE Transactions on

Electron Devices, 2011, 58(5): 1329-1335.

[31] Cho S, Kim K R, Park B G, et al. Rf performance and small-signal parameter extraction of junctionless silicon nanowire MOSFETs. IEEE Transactions on Electron Devices, 2011, 58(5):1388-1396.

[32] Choi S J, Moon D I, Kim S, et al. Nonvolatile memory by all-around-gate junctionless transistor composed of silicon nanowire on bulk substrate. IEEE Electron Device Letters, 2011, 32(5):602-604.

[33] Su C J, Su T K, Tsai T I, et al. A junctionless SONOS nonvolatile memory device constructed with in situ-doped polycrystalline silicon nanowires. Nanoscale Research Letters, 2012, 7(1):162.

[34] Wang S, Leung G, Pan A, et al. Evaluation of digital circuit-level variability in inversion-mode and junctionless finfet technologies. IEEE Transactions on Electron Devices, 2013, 60(7):2186-2193.

1.3 隧道场效应晶体管

晶体管的开关速度与导通电流成正比：导通电流越高，晶体管为其扇出(连续电容负载)充电的速度越快。因此，对于给定的晶体管速度和最大可接受的亚阈值泄漏，亚阈值斜率定义了某个最小阈值电压。降低阈值电压是恒定场缩放思想的重要组成部分。自 2003 年以来，主要技术开发商几乎陷入了阈值电压缩放的困境，因此也无法缩放电源电压(由于技术原因，电源电压必须至少是高性能器件阈值电压的 3 倍)。结果，处理器速度的发展不如 2003 年之前那么快(参见超越 CMOS)。斜率远低于每十年 60 mV 的可大规模生产的隧道场效应晶体管器件的出现，将使该行业能够延续 20 世纪 90 年代以来的缩放趋势，当时处理器频率每 3 年翻一番。因此，设计超越金属氧化物半导体场效应晶体管的开关特性的可替代方案，成为研究热点，因此即使 FinFET 技术已成为当今主流集成技术，隧道场效应晶体管(TFET)也成为比较有潜质的一种替代技术。

1.3.1 隧道场效应晶体管的提出与技术优势

隧道场效应晶体管是在 P 型和 N 型半导体材料之间添加一层低掺杂本征半导体的基础上形成的。尽管其结构与金属氧化物半导体场效应晶体管(MOSFET)非常相似，但基本开关机制不同，这使得该器件有希望成为低功率电子器件的候选者。与金属氧化物半导体场效应晶体管相比，隧道场效应晶体管具有灵敏度高、静态功耗低的优点[1]。载流子热尾将金属氧化物半导体场效应晶体管漏极电流的亚阈值摆幅(Subthreshold Swing，SS)在室温下被限制为约 60 mV/dec。而与传统金属氧化物半导体场效应晶体管不同的是，隧道场效应晶体管不是通过调制势垒上的热电子或者热空穴发射注入效应产生电流，而是通过调制穿过势垒的量子隧道来进行切换，其导通机理是基于量子力学带带隧穿效应[2]。因此，隧道场效应晶体管不受载流子热麦克斯韦-玻尔兹曼尾的限制，其 SS 可以突破 60 mV/dec 的极限[3,4]。在低压低功耗方面，隧道场效应晶体管很有可能取代金属氧化物半导体场效应晶体管，作为下一代集成电路的基本单元[5]。金属氧化物半导体场效应晶体管的发展在理论上已经达到极限。对隧道场效应晶体管的研究，已成为近年来最具潜力的发展热点[6-13]。

1.3.2　隧道场效应晶体管的发展历程

隧道场效应晶体管研究可以追溯到 1952 年奥斯卡·海尔-斯图策(Oskar Heil Stuetzer)首次发表的对包含隧道场效应晶体管(栅控 PN 结)的晶体管的研究。然而，报道的表面电导率控制与隧道效应无关[14]。第一个隧道场效应晶体管于 1965 年被报道[15]。约尔格·阿彭策勒(Joerg Appenzeller)和他在 IBM 的同事率先证明了电流亚阈值摆幅低于金属氧化物半导体场效应晶体管的 60 mV/dec 的限制是可能的。1973 年，由木崎(H. Kisaki)等人提出了隧道场效应晶体管的设计[16]，随后由于其创新性获得了广泛的关注。1996 年，古贺(Koga)和鸟海(Toriumi)提出了一种三端的"正向偏压"的硅基隧穿器件[17]，希望能够替代 MOS场效应晶体管应用于集成电路中。2000 年，汉施(Hansch)等人发表了关于在反向偏压下的一个具有通过分子束照射外延制备的高硼掺杂 δ 层的垂直硅基隧道场效应晶体管实验结果的论文[18]。2004 年，艾登(Aydin)等人在绝缘体上硅(SOI)上加工出了横向的隧道场效应晶体管[19]。2004 年，出现了一种具有碳纳米管通道且 SS 仅为每十年 40 mV 的隧道场效应晶体管[20]。理论工作表明，在逻辑电路中使用低压隧道场效应晶体管代替金属氧化物半导体场效应晶体管，可以显著降低功耗[21]。2006 年，张(Q.Zhang)等人分别从实验和理论角度验证了隧道场效应晶体管的 SS 在室温下可以突破传统金属氧化物半导体场效应晶体管器件的 60 mV/dec 的极限。崔(W. Y. Choi)在 2007 年制备了一个 70 nm 的 Si 基 N 沟道隧道场效应晶体管[22]，在室温下其 SS 可以达到 52.8 mV/dec，但是由于其导通电流较低，仍不适合大规模投入商业生产。黄(W. Q. Q. Huang)等人在 2011 年制出了 T 型栅极肖特基隧道场效应晶体管[23]，工艺与 CMOS 标准生产工艺兼容，该隧道场效应晶体管的反向泄漏电流较小，同时正向开态电流较高，有较好的开关态电流比。

2011 年，富冈胜宏(Katsuhiro Tomioka)制作了 InAs 纳米线/硅异质结的隧道场效应晶体管[24]，在源漏电压分别取值 0.10 V 和 1.00 V 时，SS 达到了 21 mV/dec。2013 年，复旦大学王鹏飞等研究人员提出一种 U 形沟道半浮栅结构的隧道场效应晶体管的设计方案[25]。该器件的源区由 Si/SiGe 异质结构成，使隧穿结处的能带弯曲效果增加，借此来减小有效隧穿距离，加强带带隧穿效应。其栅极深入衬底，形成 U 形导电沟道。2014 年，达塔(S.Data)等人从实际应用的角度研究了隧道场效应晶体管器件在电路应用中的软错误以及电子噪声等问题，各种有关隧道场效应晶体管器件在电路中的应用也陆续得到报道。研究表明，利用隧道场效应晶体管器件，确实能够使整个电路系统的功耗大幅降低，并能改善系统的整体性能[26]。2017 年，印度科研人员提出了一种多功能器件，可以按照使用需要在节能和高性能两种模式中选择，这种多功能性得益于科研人员将 MOS 场效应晶体管和隧道场效应晶体管结合起来，通过内部的金半接触(metal-Semicondutor Contact)的微调来实现 MOS场效应晶体管和隧道场效应晶体管之间的转换。近年来已经有了许多对针对于器件结构的建模分析[27,28]和采用新型半导体材料的研究[29-31]。其中主要的研究方向是，优化导电沟道和栅电极的形状(双栅结构和环栅结构较多)，同时采用不同功函数的材料作为栅电极以优化亚阈值特性，增加导通电流和抑制反向泄漏电流[32,33]。相比于传统的金属氧化物半导体场效应晶体管，隧道场效应晶体管的一个严重问题是导通电流较低。隧道场效应晶体管的正向导通电流的大小取决于隧穿效应产生的电流大小。通过减小半导体材料价带与导带之间的带隙[34-38]，或者减小发生隧穿区域的厚度，可以加强隧穿效应，增加隧道场效应晶体管的导通电流。

目前的研究主要是专注于隧道场效应晶体管的基本特性和工作原理。更为重要的是，研究和发展一种功耗更低、导通电流更大的可以替代现有金属氧化物半导体场效应晶体管的隧道场效应晶体管[39]。为了实现这一目标，需要将隧道场效应晶体管设置于特定电路中，验证其与金属氧化物半导体场效应晶体管的工艺兼容性。目前，一些基于隧道场效应晶体管的电路设计也在逐步开展，如模拟信号电路[40]、数字逻辑电路[41]和电源控制电路[42]。也有基于金属氧化物半导体场效应晶体管和隧道场效应晶体管的混合电路设计和研究。但值得注意的是，由于隧道场效应晶体管的 P-I-N 型结构，源漏区的导电类型不同，这种非对称的结构无法替代传统的金属氧化物半导体场效应晶体管，也无法具有金属氧化物半导体场效应晶体管对称结构带来的设计灵活性。以 N 型隧道场效应晶体管为例，源区进行 P 型掺杂，漏区进行 N 型掺杂，若互换了源区与漏区，即漏极接低电位，源极接高电位，此时的隧道场效应晶体管相当于一个正向导通的 PN 结，器件处于长通状态，且电流不再受栅极控制或调节，器件将无法正常工作。

传统的隧道场效应晶体管不具有双向开关特性，因此也限制了隧道场效应晶体管在某些方面的应用。例如利用晶体管双向开关特性才能正常工作的传输门，便不能用传统的隧道场效应晶体管来实现。因此，有研究者提出了一种具有双向开关特性的隧道场效应晶体管，并对提出的新器件进行尺寸和结构的优化。与传统隧道场效应晶体管不同的是，该结构的源区和漏区对称，且可以通过改变外加的源漏极电压来实现源区与漏区互换。新结构可以更好地抑制反向泄漏电流和降低静态功耗，隧道场效应晶体管相比于传统金属氧化物半导体场效应晶体管可以大大降低整个系统的功耗，可以作为未来小尺寸趋势下的超陡峭斜率器件，提高系统的总体性能。相比于金属氧化物半导体场效应晶体管，隧道场效应晶体管的静态功耗虽然很低，关态电流较小，但由带带隧穿效应产生的电流较小，导通电流仍不及金属氧化物半导体场效应晶体管。基于带带隧穿的原理，理论上隧道场效应晶体管的亚阈值摆幅有望突破 60 mV/dec 的极限，但是，在实际的生产制造中，却难以制备陡低亚阈值摆幅的隧穿器件。因此，在保证提高器件开关态电流比的前提下，增大开态电流是目前隧道场效应晶体管面临的主要挑战。

1.3.3　参考文献

[1]　Lonescu, A. M.&Riel, H. Tunnel field-effect transistors as energy-efficient electronic switches. Nature, 2011, 479(7373):329.

[2]　韩忠方. 隧道场效应晶体管的模拟研究[D]. 上海：复旦大学，2012.

[3]　Lonescu A. M.&Riel, H. Tunnel field-effect transistors as energy-efficient electronic switches. Nature, 2011, 479(7373):329.

[4]　Choi W Y, Park B G, Lee J D, et al. Tunneling Field-Effect Transistors (TFETs) With Subthreshold Swing (SS) Less Than 60 mV/dec. IEEE Electron Device Letters, 2007, 28(8): 743-745.

[5] 胡永才. CMOS 场效应晶体管的发展趋势. 电子产品世界，2007(c00)：1-5.

[6] Wu J Z, Min J, Taur Y. Short-Channel Effects in Tunnel FETs. IEEE TRANSACTIONS ON ELECTRON DEVICES, 2015, 62(9): 3019-3024.

[7] SHARMA A, GOUD A A, ROY K, et al. GaSb-InAs n-TFET with doped source underlap exhibiting low sub threshold swing at sub-10-nm gate-lengths. IEEE Electron Device Letters, 2014, 35(12): 1221-1223.

[8] Seabaugh A C, ZHANG Q. Low-voltage tunnel transistors for beyond CMOS logic. Proceedings of the IEEE, 2010, 98(12): 2095-2110.

[9] CHOI K M, CHOI W Y. Work-function variation effects of tunneling field-effect transistors (TFETs). IEEE Electron Device Letters, 2013, 34 (8): 942-944.

[10] HUANG P C, TANAMOTO T, GOTO M, et al. Investigation of electrical characteristics of vertical junction Si n-type tunnel FET. IEEE Transactions on Electron Devices, 2018, 65(12): 5511-5517.

[11] HUANG Q, ZHAN Z, HUANG R, et al. Self-depleted T-gate Schottky barrier tunneling FET with low average subthreshold slope and high ION/IOFF by gate configuration and barrier modulation[C]//Proceedings of International Electron Devices Meeting. Washington, DC, USA, 2011: 382-385.

[12] Huang Q, HUANG R, ZHAN Z, et al. Performance improvement of Si pocket-tunnel FET with steep sub-threshold slope and high ION/IOFF ratio[C]//Proceedings of the 11th International Conference on Solid-State and Integrated Circuit Technology. Xi'an, China, 2012: 1-3.

[13] Seabaugh A C, Zhang Q. Low-Voltage Tunnel Transistors for Beyond CMOS Logic. Proceedings of the IEEE, 2010, 98(12): 2095-2110.29.

[14] Stuetzer, O.M.(1952). Junction fieldistors. Proceedings of the IRE. 40(11): 1377-81. doi:10.1109/JRPROC.1952.273965.

[15] Hofstein, S.R.; Warfield, G.(1965). The insulated gate tunnel junction triode. IEEE Transactions on Electron Devices. 12(2): 66-76. doi:10.1109/T-ED.1965.15455.

[16] Kisaki H. Tunnel transistor. Proceedings of the IEEE, 1973, 61(7): 1053-1054.

[17] Koga J, Toriumi A. Negative differential conductance in three-terminal silicon tunneling device. Applied Physics Letters, 1996, 69(10): 1435-1437.

[18] Hansch W, Fink C, Schulze J, et al. A vertical MOS-gated Esaki tunneling transistor in silicon. Thin Solid Films, 2000, 369(1-2): 387-389.

[19] Aydin C, Zaslavsky A, Luryi S, et al. Lateral interband tunneling transistor in silicon-on-insulator. Applied Physics Letters, 2004, 84(10): 1780-1782.

[20] Appenzeller, J. (2004-01-01). Band-to-Band Tunneling in Carbon Nanotube Field-Effect Transistors. Physical Review Letters. 93(19): 196805. Bibcode: 2004PhRvL. 93s6805(a). doi:10.1103/PhysRevLett.93.196805.

[21] Seabaugh, A. C.; Zhang, Q. (2010). Low-Voltage Tunnel Transistors for Beyond CMOS Logic. Proceedings of the IEEE. 98 (12): 2095-2110. doi:10.1109/JPROC.2010.2070470.

[22] Huang Q, Zhan Z, Huang R, et al. Self-depleted T-gate Schottky barrier tunneling FET with low average subthreshold slope and high I ON/I OFF, by gate configuration and barrier modulation[C]//Electron Devices Meeting. IEEE, 2011:16.2.1-16.2.1.

[23] Lin H C, Lin C I, Huang T Y. Characteristics of n-Type Junctionless Poly-Si Thin-Film Transistors With an Ultrathin Channel. IEEE Electron Device Letters, 2011, 33(1):53-55.

[24] 王鹏飞, 张卫, 孙清清. 一种半浮栅器件及其制造方法: 中国, 103247626 A[P]. 2013.

[25] 陶桂龙, 许高博, 殷华湘, 徐秋霞. 隧道场效应晶体管的研究进展. 微纳电子技术, 2018, 55(10): 707-718.

[26] Vishnoi R, Kumar M J. Compact Analytical Model of Dual Material Gate Tunneling Field-Effect Transistor Using Interband Tunneling and Channel Transport. IEEE Transactions on Electron Devices, 2014, 61(6):1936-1942.

[27] Zhang L, Chan M. SPICE Modeling of Double-Gate Tunnel-FETs Including Channel Transports. IEEE Transactions on Electron Devices, 2014, 61(2):300-307.

[28] 蒋智. 新型隧道场效应晶体管机理及结构优化研究[D]. 西安电子科技大学, 2018.

[29] 芦宾. 新型隧道场效应晶体管模型及结构研究[D]. 西安电子科技大学, 2019.

[30] 刘明军. 隧道场效应晶体管的新型器件结构及优化设计研究[D]. 电子科技大学, 2019.

[31] 马阳昊. 低关态电流的 InN/SiGe/Si 隧道场效应晶体管的研究[D]. 电子科技大学, 2017.

[32] 卜建辉, 许高博, 李多力, 蔡小五, 王林飞, 韩郑生, 罗家俊. 一种新型隧道场效应晶体管. 半导体技术, 2019, 44(03): 185-188.

[33] 骆东旭, 李尊朝, 关云鹤, 张也非, 孟庆之. 一种新型 GaAs 基无漏结隧道场效应晶体管. 西安交通大学学报, 2016, 50(02): 68-72+123.

[34] Ahish S, Sharma D, Kumar Y B N, Vasantha M H. Performance Enhancement of Novel InAs/Si Hetero Double-Gate Tunnel FET Using Gaussian Doping. IEEE Transactions on Electron Devices, 2016, 63(1): 288-295.

[35] Dubey P K, Kaushik B K. T-Shaped III-V Hetero junction Tunneling Field-Effect Transistor. IEEE Transactions on Electron Devices, 2017, 64(8): 3120-3125.

[36] Memisevic E, Svensson J, Lind E, Wernersson L E. InAs/InGaAsSb/GaSb Nanowire Tunnel Field-Effect Transistors. IEEE Transactions on Electron Devices, 2017, 64(11): 4746-4751.

[37] Liu M S, Liu Y, Wang H J, Zhang Q F, Zhang C F, Hu S D, Hao Y, Han G Q. Design of GeSn-Based Heterojunction-Enhanced N-Channel Tunneling FET With Improved Subthreshold Swing and ON-State Current. IEEE Transactions on Electron Devices, 2015, 62(4): 1262-1268.

[38] 黎明, 黄如. 后摩尔时代大规模集成电路器件与集成技术[J]. 中国科学: 信息科学, 2018, 48(08): 963-977.

[39] Settino F, Lanuzza M, Strangio S, Crupi F, Palestri P, Esseni D, Selmi L. Understanding the Potential and Limitations of Tunnel FETs for Low-Voltage Analog/Mixed-Signal Circuits. IEEE Transactions on Electron Devices, 2017, 64(6): 2736-2743.

[40] Bi Y, Shamsi K, Yuan J S, Jin Y, Niemier M, Hu X S. Tunnel FET Current Mode Logic for

DPA-Resilient Circuit Designs. IEEE Transactions on Emerging Topics in Computing, 2017, 5(3): 340-352.

[41] Cavalheiro D N, Moll F, Valtchev S. Prospects of Tunnel FETs in the Design of Power Management Circuits for Weak Energy Harvesting DC Sources. IEEE. Journal of the Electron Devices Society, 2018, 6(1): 382-391.

1.4　基于金属与半导体接触的集成器件技术

在固态物理学中，电学结(电学接触界面)是两个或多个导体或具有不同电特性的不同半导体区域进行物理接触的点或区域[1]。电结类型包括热电结、金属-半导体结和 PN 结。结点可以是整流的，也可以是非整流的。非整流结包含欧姆接触，其特征在于线性电流-电压(I-V)关系。采用整流结的电子元件包括 PN 二极管、肖特基二极管和双极结型晶体管。因此，金属-半导体(M-S)结是一种电学结(接触界面)，其中金属与半导体材料紧密接触，是一种传统且实用的半导体器件。M-S 结可以是整流的，也可以是非整流的。整流金属-半导体结形成肖特基势垒，使器件成为肖特基二极管，而非整流结称为欧姆接触。常见的整流半导体器件还包括 PN 结。给定的金属-半导体结是欧姆接触还是肖特基势垒取决于结的肖特基势垒高度 ϕ_B。对于足够大的肖特基势垒高度，即 ϕ_B 显著高于热能 kT，半导体在金属附近耗尽并表现为肖特基势垒。对于较低的肖特基势垒高度，半导体不会耗尽，而是与金属形成欧姆接触。

1.4.1　金属与半导体接触及其发展历史

金属-半导体接触的整流特性是费迪南德·布劳恩(Ferdinand Braun)于 1874 年利用汞金属与硫化铜和硫化铁半导体接触发现的[2]。贾迪什·钱德拉·博斯(Jagadish Chandra Bose)爵士于 1901 年申请了金属半导体二极管的美国专利。该专利于 1904 年获得授予。皮卡德于 1906 年获得了使用硅的点接触整流器的专利。1907 年，乔治·W. 皮尔斯(George W. Pierce)在《物理评论》上发表了一篇论文，展示了通过在许多半导体上溅射许多金属制成的二极管的整流特性[3]。利林费尔德(Lilienfeld)于 1926 年在他的三项晶体管专利中的第一项中，提出使用金属半导体二极管整流器作为金属半导体场效应晶体管的栅极[4]。使用金属/半导体栅极的场效应晶体管理论由威廉·肖克利(William Shockley)于 1939 年提出。电子应用中最早的金属半导体二极管出现在 1900 年左右，当时猫须整流器被用于接收器中[5]。它们由尖头钨丝(猫须形状)组成，其尖端压在方铅矿(硫化铅)晶体的表面上。

第一个大面积整流器出现在 1926 年左右，它由在铜基板上热生长的氧化铜(I)半导体组成。随后，将硒薄膜蒸发到大型金属基板上，以形成整流二极管。这些硒整流器曾经(并且仍在使用)在电力应用中将交流电转换为直流电。1925 年至 1940 年间，实验室制造了由与硅晶体底座接触的尖头钨金属线组成的二极管，用于检测 UHF 范围内的微波。弗雷德里克·塞茨(Frederick Seitz)于 1942 年提出了一项二战时期的计划，即制造高纯硅作为点接触整流器的晶体基底。内维尔·莫特(Nevill Mott)于 1939 年提出了第一个预测金属-半导体结正确整流方向的理论。他找到了多数载流子通过半导体表面空间电荷层的扩散电流和漂移电流的解决方案，这已为人们所知。

大约从 1948 年开始作为莫特屏障。沃尔特·肖特基(Walter H. Schottky)和斯彭克(Spenke)通过在整个半导体表面层空间引入密度恒定的施主离子，扩展了莫特的理论。这将莫特假设的恒定电场改变为线性衰减电场。金属下方的半导体空间电荷层称为肖特基势垒。达维多夫也在 1939 年提出了类似的理论，虽然该理论给出了正确的整流方向，但也证明了莫特理论及肖特基-达维多夫扩展给出了硅金属中错误的限流机制和错误的电流-电压公式/半导体二极管整流器。正确的理论是由汉斯·贝特(Hans Bethe)提出的，并由他在麻省理工学院的一篇论文中报告，即 1942 年 11 月 23 日的辐射实验室报告。在汉斯·贝特的理论中，电流受到金属-半导体势垒上电子热电子发射的限制。因此，金属半导体二极管的正确名称应该是贝特二极管，而不是肖特基二极管，因为肖特基理论不能正确预测现代金属半导体二极管的特性[6]。

如果通过将一滴汞放置在半导体(例如硅)上来形成金属-半导体结，从而在肖特基二极管电气装置中形成肖特基势垒，则可以观察到电润湿，其中液滴随着电压增加而扩散开来。根据半导体中的掺杂类型和浓度，液滴扩散取决于施加到汞液滴的电压的大小和极性[7]。这种效应被称为"肖特基电润湿"，能够有效地将电润湿和半导体效应联系起来[8]。MOSFET(金属氧化物半导体场效应晶体管)由贝尔实验室的穆罕默德·阿塔拉(Mohamed Atalla)和道文·康(Dawon Kahng)于 1959 年发明，并于 1960 年推出。他们将 MOS 技术的工作扩展到热载流子器件上，该器件后来采用了被称为肖特基势垒的结构[9]。

肖特基二极管，也称为肖特基势垒二极管，多年来一直被理论化，直到阿塔拉和道文·康在 1960—1961 年期间才首次实现[10]。他们于 1962 年发表了相关研究结果，并将他们的器件称为具有半导体金属发射极的"热电子"三极管结构[11]。它是最早的具有金属基极的晶体管之一[12]。阿塔拉继续与 HP Associates 的罗伯特·J. 阿切尔(Robert J. Archer)一起研究肖特基二极管。他们开发了高真空金属薄膜沉积技术[13]，并制造了稳定的蒸发/溅射触点[14-15]，于 1963 年 1 月发表了他们的研究结果[16]。他们的工作是金属-半导体结和肖特基势垒研究的突破，因为他们克服了点接触二极管固有的大部分制造问题，并使构建实用的肖特基二极管成为可能。

1.4.2 肖特基势垒和费米能级钉扎效应

肖特基势垒以沃尔特·肖特基的名字命名，是金属-半导体结处形成的电子势垒。肖特基势垒具有整流特性，适合用作二极管。肖特基势垒的主要特性之一是肖特基势垒高度，用 ϕ_B 表示。ϕ_B 的值取决于金属和半导体的组合[17]。并非所有金属-半导体结都会形成整流肖特基势垒；由于肖特基势垒太低可能会在两个方向传导电流而无法整流的金属-半导体结称为欧姆接触。当金属与半导体直接接触时，可以形成所谓的肖特基势垒，从而导致电接触的整流行为。给定的金属-半导体结是欧姆接触还是肖特基势垒，取决于结的肖特基势垒高度 ϕ_B。对于足够大的肖特基势垒高度，即 ϕ_B 显著高于热能 kT，半导体在金属附近耗尽并表现为肖特基势垒。对于较低的肖特基势垒高度，半导体不会耗尽，而是与金属形成欧姆接触。当半导体为 N 型且其功函数小于金属的功函数时，以及当半导体为 P 型且功函数之间的相反关系成立时，都会产生肖特基势垒[18]。在通过能带图形式描述肖特基势垒形成的基础上，存在如下三个主要假设[19]：

(1) 金属和半导体之间的接触必须紧密且不存在任何其他材料层(例如氧化物)。

(2) 不考虑金属和半导体的相互扩散。

(3) 两种材料的界面处没有杂质。

对于第一个假设，根据肖特基-莫特规则，预测金属和半导体之间的势垒与金属-真空功函数和半导体-真空电子亲和势之差成正比。对于孤立的金属，功函数 $W_M = q\phi_M$ 定义为其真空能 E_0 (即电子完全脱离材料所必须拥有的最小能量)与金属费米能级 E_{FM} 之间的差值，它是指定金属功函数：

$$W_M = q\phi_M = E_0 - E_{FM} \tag{1.4.1}$$

另一方面，半导体的功函数 W_S 定义为：

$$W_S = \chi + (E_C - E_{FS}) \tag{1.4.2}$$

其中 χ 是电子亲和势(即真空能级与半导体导带能级之间的差值)。用电子亲和势来描述半导体的功函数是很有价值的，因为它是最后一个半导体保持不变的基本特性，而导带底 E_C 和半导体费米能级 E_{FS} 之间的差异取决于掺杂的类型和浓度。当两种孤立的材料紧密接触时，费米能级的均衡导致电荷从一种材料移动到另一种材料，这取决于功函数的值。这导致能量势垒的产生，因为在材料之间的界面处会形成电荷的收集现象。肖特基势垒形成的肖特基-莫特规则(Schottky–Mott rule)以沃尔特·肖特基和内维尔·莫特的名字命名，它根据金属的真空功函数与半导体的真空电子亲和势(或真空电离能)的相对值来预测肖特基势垒高度。对于导带电子而言，金属与半导体导带底所形成的势垒高度 ϕ_{Bn} 可以很容易地计算为金属功函数 W_M 和半导体电子亲和势 χ 之间的差值：

$$q\phi_{Bn} = W_M - \chi = q\phi_M - \chi \tag{1.4.3}$$

由于 N 型和 P 型半导体的肖特基势垒高度定义不同(分别从导带边缘和价带边缘测量)，结附近半导体能带的排列通常与半导体的掺杂水平无关，因此 N 型和 P 型肖特基势垒高度在理想情况下彼此相关：

$$q\phi_{Bn} + q\phi_{Bp} = E_g \tag{1.4.4}$$

其中，E_g 是半导体的带隙。因此：

$$q\phi_{Bp} = E_g - q\phi_{Bn} \tag{1.4.5}$$

将其代入上式可得：

$$q\phi_{Bp} = E_g - (W_M - \chi) = E_g - (q\phi_M - \chi) = E_g + \chi - q\phi_M \tag{1.4.6}$$

该模型是基于将两种材料在真空中结合在一起的思想经实验而得出的。不同的半导体在不同程度上遵守肖特基-莫特规则[17]。尽管肖特基-莫特模型正确预测了半导体中能带弯曲的存在，但实验发现，它对肖特基势垒的高度给出了严重错误的预测。一种被称为"费米能级钉扎"的现象，导致带隙中存在有限态密度的某个点被锁定(钉扎)到费米能级。这使得肖特基势垒高度几乎对金属的功函数不敏感[20]，在忽略了金属功函数影响的情况下，金属与半导体导带底所形成的势垒高度 ϕ_{Bn} 可以视为位于禁带中央附近：

$$q\phi_{Bn} \approx E_g / 2 \tag{1.4.7}$$

事实上，根据实际测量结果，上述两种极端情况都不是很准确。金属的选择确实有一定的影响，并且金属功函数和势垒高度之间似乎存在微弱的相关性，但是功函数的影响只是肖特基-莫特规则预测的一个小部分分量[21]。约翰·巴丁(John Bardeen)于 1947 年指出，如果半导体界面存在可充电态，并且半导体能隙内有能量，费米能级钉扎现象自然会出现。这些要么是在金属和半导体直接化学键合过程中引起的(金属引起的间隙态)，要么已经存在于半导体真空表面(表面态)。这些高密度的表面态能够吸收金属提供的大量电荷，有效地保护半导体免受金属的影响。因此，半导体的能带必然会对齐到相对于表面态的位置，而表面态又被钉扎到费米能级(由于其高密度)，所有这些都不会明显受到金属的影响[22]。费米能级钉扎效应对于许多商业上的重要的半导体材料(如 Si、Ge、GaAs 等)，其作用都很强[20]，因此可能会给半导体器件的设计带来问题。例如，几乎所有金属都对 N 型锗形成显著的肖特基势垒，并对 P 型锗形成欧姆接触，因为价带边缘强烈固定在金属的费米能级上[23]。解决这种不灵活性需要额外的处理步骤，例如添加中间绝缘层以解除钉扎(就锗而言，已使用氮化锗来处理[24])。

1.4.3　金属与半导体接触在半导体技术中的应用

最早在半导体技术中应用金属与半导体接触作为器件核心组成部分的是肖特基二极管(Schottky diode，以德国物理学家沃尔特·肖特基的名字命名)，又称肖特基势垒二极管或热载流子二极管，是由半导体与金属结形成的半导体二极管。它具有低正向压降和非常快的开关动作。早期无线应用中使用的猫须检测器和早期电源应用中使用的金属整流器可以被认为是原始的肖特基二极管。金属和半导体之间形成金属-半导体结，从而形成肖特基势垒(而不是传统二极管中的半导体-半导体结)。使用的典型金属是钼、铂、铬或钨，以及某些硅化物(例如硅化钯和硅化铂)，而半导体通常是 N 型硅[25]。金属面作为二极管的阳极，N 型半导体作为二极管的阴极；这意味着常规电流可以从金属侧流向半导体侧，但不能沿相反方向流动。这种肖特基势垒导致非常快的开关和低正向压降。当施加足够的正向电压时，电流沿正向流动。

硅 PN 二极管的典型正向电压为 600~700 mV，而肖特基二极管的正向电压为 150~450 mV。较低的正向电压要求可实现更高的开关速度和更好的系统效率。金属和半导体组合的选择决定了二极管的正向电压。N 型和 P 型半导体都可以产生肖特基势垒。然而，P 型通常具有低得多的正向电压。由于反向漏电流随着正向电压的降低而急剧增加，因此不能太低，因此通常采用的范围约为 0.15~0.45V，P 型半导体很少采用。硅化钛和其他难熔硅化物能够承受 CMOS 工艺中源极/漏极退火所需的温度，但通常因正向电压太低而无法使用，因此使用这些硅化物的工艺通常不提供肖特基二极管。随着半导体掺杂的增加，耗尽区的宽度下降。在一定宽度以下，电荷载流子可以隧穿过耗尽区。在非常高的掺杂水平下，结不再充当整流器，而是变成欧姆接触。这可用于同时形成欧姆接触和二极管，因为将在硅化物和轻掺杂 N 型区域之间形成二极管，并且将在硅化物和重掺杂 N 型或 P 型区域之间形成欧姆接触。轻掺杂的 P 型区域会带来问题，因为所得接触对于良好的欧姆接触而言电阻太高，但正向电压太低且反向泄漏太高而无法制造良好的二极管。由于肖特基接触的边缘相当陡峭，其周围会出现高电场梯度，这限制了反向击穿电压阈值的大小。使用各种策略，从保护环到重叠金属化来扩展场梯度。保护环占用宝贵的芯片面积，主要用于较大的高压二极管，而重叠金属化主要用于较小的低压二极管。肖特基二极管通常用作肖特基晶体管中的抗饱和钳位。

由硅化钯(PdSi)制成的肖特基二极管由于其较低的正向电压(必须低于基极-集电极结的正向电压)而非常出色。肖特基温度系数低于 B-C 结的系数，这限制了 PdSi 在较高温度下的使用。与功率 PN 二极管相比，肖特基二极管的坚固性较差。结点与热敏金属化层直接接触；因此，在失效之前(特别是在反向击穿期间)，肖特基二极管比具有深埋结的同等尺寸 PN 二极管消耗的功率更少。肖特基二极管较低正向电压的相对优势在较高正向电流条件下会减弱，其中压降主要由串联电阻决定[26]。PN 二极管和肖特基二极管之间最重要的区别是，二极管从导通状态切换到非导通状态时的反向恢复时间(t_{rr})。在 PN 二极管中，快速二极管的反向恢复时间可以为几微秒到小于 100 ns，并且主要受到导通状态期间扩散区中积累的少数载流子引起的扩散电容的限制[27]。肖特基二极管的开关速度明显更快，因为它是单极器件，并且它的开关速度仅受结电容的限制。小信号二极管的开关时间约为 100 ps，特殊大容量功率二极管的开关时间可达数十纳秒。通过 PN 结开关，还会产生反向恢复电流，这在高功率半导体中会增加 EMI 噪声。对于肖特基二极管，开关基本上是"瞬时"的，只有轻微的电容负载，这一点不用太担心。这种"瞬时"切换并不总是如此。特别是在较高电压的肖特基器件中，控制击穿场几何形状所需的保护环结构会产生具有典型恢复时间特性的寄生 PN 二极管。只要该保护环二极管没有正向偏置，它就仅增加电容。然而，如果肖特基结被驱动得足够强，正向电压最终将使两个二极管正向偏置，实际反向恢复时间将受到很大影响。

人们常说肖特基二极管是"多数载流子"半导体器件。这意味着，如果半导体本体是掺杂的 N 型，则只有 N 型载流子(移动电子)在器件的正常运行中发挥重要作用。多数载流子快速注入二极管另一侧金属接触的导带中，成为自由移动的电子。因此，不涉及 N 型和 P 型载流子的缓慢随机复合，因此该二极管可以比普通 PN 整流二极管更快地停止导通。反过来，这个属性允许更小的设备区域，这也促成更快的转换。这是肖特基二极管在开关模式电源转换器中有用的另一个原因：二极管的高速意味着电路可以在 200 kHz~2 MHz 的频率范围内工作，从而允许使用小型电感器和电容器以提高效率。与其他类型的二极管相比，小面积肖特基二极管是 RF 检波器和混频器的核心，通常工作频率高达 50 GHz。

此外，金属与半导体接触在高集成的金属氧化物半导体场效应晶体管中也有较多应用。其中一种方案是使用肖特基势垒源漏金属氧化物半导体场效应晶体管，简称肖特基势垒金属氧化物半导体场效应晶体管，或肖特基势垒源漏金属氧化物半导体场效应晶体管，它利用金属在源漏区与半导体的界面形成肖特基势垒，金属氧化物半导体场效应晶体管的源极和漏极掺杂区的 PN 结势垒代替了传统金属氧化物半导体场效应晶体管中的 PN 结势垒[28-30]。由于传统金属氧化物半导体场效应晶体管的掺杂源极/漏极扩展被可能提供原子级锐利界面的金属结所取代，随着金属氧化物半导体场效应晶体管技术的缩放进入 10 nm 范围，金属源极/漏极(源漏)架构保持了其独特的优势，因为可以放松对源漏掺杂的严格限制[31]。

1.4.4　参考文献

[1] Semiconductor Devices: Modelling and Technology. Nandita Dasgupta, Amitava Dasgupta. (2004) ISBN 81-203-2398-X.

[2] Braun, F. (1874), Ueber die Stromleitung durch Schwefelmetalle [On current conduction through metal sulfides]. Annalen der Physik und Chemie (in German), 153(4): 556-563, Bibcode:1875AnP...229..556B, doi:10.1002/andp.18752291207.

[3] Pierce, G. W. (1907). Crystal Rectifiers for Electric Currents and Electric Oscillations. Part I. Carborundum. Physical Review. Series I. 25(1): 31-60. Bibcode:1907 PhRvI..25...31P. doi:10.1103/PhysRevSeriesI.25.31.

[4] US 1745175, Method and apparatus for controlling electric current. First filed in Canada on 22.10.1925.

[5] US 755840, Bose, Jagadis Chunder. Detector for electrical disturbances. Published September 30, 1901, issued March 29, 1904.

[6] Sah, Chih-Tang (1991). Fundamentals of Solid-State Electronics. World Scientific. ISBN 9810206372.

[7] S. Arscott, M. Gaudet. Electrowetting at a liquid metal-semiconductor junction. Appl. Phys. Lett. 103, 074104 (2013). doi:10.1063/1.4818715.

[8] S. Arscott. Electrowetting and semiconductors. RSC Advances 4, 29223 (2014). doi:10.1039/C4RA04187A.

[9] Bassett, Ross Knox (2007). To the Digital Age: Research Labs, Start-up Companies, and the Rise of MOS Technology. Johns Hopkins University Press. p. 328. ISBN 9780801886393.

[10] The Industrial Reorganization Act: The communications industry. U.S. Government Printing Office. 1973. p. 1475.

[11] Atalla, M.; Kahng, D. (November 1962). A new "Hot electron" triode structure with semiconductor-metal emitter. IRE Transactions on Electron Devices. 9(6): 507-508. Bibcode: 1962ITED....9..507A. doi:10.1109/T-ED.1962.15048. ISSN 0096-2430. S2C ID 51637380.

[12] Kasper, E. (2018). Silicon-Molecular Beam Epitaxy. CRC Press. ISBN 9781351093514.

[13] Siegel, Peter H.; Kerr, Anthony R.; Hwang, Wei (March 1984). NASA Technical Paper 2287: Topics in the Optimization of Millimeter-Wave Mixers (PDF). NASA. pp. 12-13.

[14] Button, Kenneth J. (1982). Infrared and Millimeter Waves V6: Systems and Components. Elsevier. p. 214. ISBN 9780323150590.

[15] Anand, Y. (2013). Microwave Schottky Barrier Diodes. Metal-Semiconductor Schottky Barrier Junctions and Their Applications. Springer Science & Business Media. p. 220. ISBN 9781468446555.

[16] Archer, R. J.; Atalla, M. M. (January 1963). Metals Contacts on Cleaved Silicon Surfaces. Annals of the New York Academy of Sciences. 101 (3): 697-708. Bibcode:1963 NYASA.101..697A. doi:10.1111/j.1749-6632.1963.tb54926.x. ISSN 1749-6632. S2C ID 84306885.

[17] Tung, Raymond T. The physics and chemistry of the Schottky barrier height. Applied Physics Reviews. 1 (1): 011304, 2014 doi:10.1063/1.4858400. ISSN 1931-9401.

[18] Muller, Richard S.; Kamins, Theodore I. Device Electronics for Integrated Devices (3rd ed.). Wiley. p. 170, 2003. ISBN 9780471428770.

[19] Sze, S. M. Ng, Kwok K. Physics of semiconductor devices. John Wiley & Sons. p. 135., 2007 ISBN 978-0-471-14323-9. OCLC 488586029.

[20] Barrier Height Correlations and Systematics.

[21] Sze, S. M. Ng, Kwok K. (2007). Physics of semiconductor devices. John Wiley & Sons.

ISBN 978-0-471-14323-9. OCLC 488586029.

[22] Bardeen, J. (1947). Surface States and Rectification at a Metal Semi-Conductor Contact. Physical Review. 71(10): 717-727. Bibcode:1947PhRv...71..717B. doi:10.1103/PhysRev.71.717.

[23] Nishimura, T.; Kita, K.; Toriumi, A. (2007). Evidence for strong Fermi-level pinning due to metal-induced gap states at metal/germanium interface. Applied Physics Letters. 91(12): 123123. Bibcode:2007ApPhL..91l3123N. doi:10.1063/1.2789701.

[24] Lieten, R. R.; Degroote, S.; Kuijk, M.; Borghs, G. (2008). Ohmic contact formation on n-type Ge. Applied Physics Letters. 92 (2): 022106. Bibcode:2008ApPhL..92b2106L. doi:10.1063/1.2831918.

[25] Laughton, M. A. (2003). 17. Power Semiconductor Devices. Electrical engineer's reference book. Newnes. pp. 25-27, 2003　ISBN 978-0-7506-4637-6.

[26] Hastings, Alan. The Art of Analog Layout (2nd ed.). Prentice Hall, 2005 ISBN 0-13-146410-8.

[27] Pierret, Robert F. Semiconductor Device Fundamentals. Addison-Wesley, 1996 ISBN 978-0-131-78459-8.

[28] Bashir, F; Alharbi, AG; Loan, SA. Electrostatically Doped DSL Schottky Barrier MOSFET on SOI for Low Power Applications. IEEE JOURNAL OF THE ELECTRON DEVICES SOCIETY, Volume 6, Issue 1, PAGes 19-25, DEC, 2018.

[29] Bashir F; Loan SA; Rafat M; Alamoud, ARM; Abbasi SA. A High-Performance Source Engineered Charge Plasma-Based Schottky MOSFET on SOI. IEEE TRANSACTIONS ON ELECTRON DEVICES,Volume 62, Issue 10, PAGes 3357-3364, OCT, 2015.

[30] Kale S, Kondekar PN. Design and investigation of double gate Schottky barrier MOSFET using gate engineering. MICRO & NANO LETTERS, Volume 10, Issue 12, Pages 707-711, DEC 2015.

[31] Kim SD, Park CM, Woo JCS. Advanced model and analysis for series resistance in sub-100 nm CMOS including poly depletion and overlap doping gradient effect. International Electron Devices Meeting 2000. Technical Digest. IEDM, Pages 723-726, DEC, 2000.

1.5　先进半导体集成技术

半导体集成技术的发展，是围绕着对金属氧化物半导体场效应晶体管的技术改良，及与金属氧化物半导体场效应晶体管有本质区别的技术革新而展开的。本节结合作者的相关研究成果，对半导体集成技术近年来的发展概况做出总结。

1.5.1　先进半导体集成技术概要

在本书第 2 章,为改善器件性能并进一步提升金属氧化物半导体场效应晶体管集成度,对先进金属氧化物半导体场效应晶体管技术进行系统性研究。详细分析小尺寸下多栅(multi-gate)金属氧化物半导体场效应晶体管的性能和理论机理[1]。提出 H 形栅极 U 形沟道无结场效应晶体管[2]、矩形栅极 U 形沟道场效应晶体管[3]。

在第 3 章，为了实现隧道场效应晶体管的双向开关特性，并提升隧道场效应晶体管的开关电流比和集成度，提出源漏双折叠栅双向隧道场效应晶体管[4]。

在第 4 章，为解决小尺寸器件中复杂高成本的陡峭结掺杂问题，利用金属与半导体形成高肖特基势垒，提出高肖特基势垒无掺杂隧道场效应晶体管[5]，并对这种高肖特基势垒无掺杂隧道场效应晶体管的高集成化方案进行系统的分析讨论。为设计实现高性能高集成化的高肖特基势垒无掺杂隧道场效应晶体管，提出 H 形栅高肖特基势垒双向隧道场效应晶体管[6]、源漏垂直嵌入式高肖特基势垒双向隧道场效应晶体管[7]、高低肖特基势垒隧道场效应晶体管，以及基于高低高肖特基势垒双向隧道场效应晶体管等集成技术[8]。

上述章节中所提出的集成技术，由于光刻工艺即将达到物理极限，这些技术很难保持尺寸的持续减小。因此需要讨论更多先进集成技术的可能性。一种较为新颖灵活的思路是与其减少器件尺寸以"硬性"增加晶体管的数量，不如"软性"提高 IC 功能密度。可重置场效应晶体管是诞生于这一思路下的新集成技术。在第 5 章，提出 I 形栅控双向可重置隧道场效应晶体管、具有互补低肖特基势垒源漏的双向可重置场效应晶体管[9]、互补掺杂源漏双向可重置场效应晶体管等先进的高集成高性能可重置晶体管技术。同时为了探索更多可重置场效应晶体管，在第 6 章提出非易失可重置晶体管的设计概念。即对比于普通可重置晶体管，省略了需要独立供电的编程栅极，取而代之的是可断电持续保持晶体管导通类型的可编程浮动栅极，提出单栅控制非易失浮置程序栅可重置晶体管[10]、单栅极控制非易失双向可重置场效应晶体管[11]、源漏内嵌式非易失双向可重置晶体管[12]、互补低肖特基势垒源漏接触的非易失双向可重置晶体管[13]、双掺杂源漏非易失双向可重置场效应晶体管等多种高性能高集成的非易失可重置场效应晶体管[14]。而在第 7 章，将设计方案进一步改进，提出可重置肖特基二极管的概念[15]，从而进一步简化了可重置器件的结构，提高了可重置器件的性能和集成度，提出基于互补掺杂源的可重置肖特基二极管和基于互补低肖特基势垒源的可重置肖特基二极管等集成技术。

随着物联网、智能家居、智慧城市等概念的兴起，传感器在航空航天、医疗健康、农业生产等各个领域的应用越来越广泛。这些应用往往需要在有限的空间内集成多个传感器，并与其他功能电路结合，以实现多参数、高精度、高稳定性的环境监测。因此，集成化、微型化成为环境传感器件的发展趋势，是满足更多应用需求的关键。集成化和微型化的环境传感器件可具有更低的功耗。传感器件体积的减小，可以降低其所需的能耗，有助于延长设备寿命。同时，微型化设计可以提高传感器的抗干扰能力，减少环境因素对其传感特性的影响，提高器件的准确性。此外，利用现代硅集成技术，将微型化的环境传感器与功能电路集成于同一硅片上，形成片上系统，将极大提升环境检测的可靠性，并为各种应用提供更广阔的可能性[16]。因此在第 8 章介绍在环境传感器的微型化集成化进程中的一些先进场效应晶体管传感器件及其基本的制备和集成技术，如基于金属氧化物半导体的 HFGFET 传感器件[17-18]和基于聚合物的 HFGFET 传感器件等[19-20]。

1.5.2　参考文献

[1] Liu, X; Jin, XS; Lee, JH. Subthreshold current modeling for fully depleted short channel double-gate MOSFETs with consideration of structure asymmetry. INTERNATIONAL JOURNAL OF NUMERICAL MODELLING-ELECTRONIC NETWORKS DEVICES

AND FIELDS, Vol.27(5-6), pp.875-882 , 2014 DOI:10.1002/jnm.1927.

[2] Jin, XS; Yang, GR; Liu, X; Lee, JH; Lee, JH. A novel high-performance H-gate U-channel junctionless FET. JOURNAL OF COMPUTATIONAL ELECTRONICS, Vol.16(2), pp.287-295, 2017 DOI: 10.1007/s10825-017-0966-y.

[3] Liu, X; Xia, ZL; Jin, XS; Lee, JH. A High-Performance Rectangular Gate U Channel FETs with Only 2-nm Distance between Source and Drain Contacts. NANOSCALE RESEARCH LETTERS, Vol.14, 43, 2019 DOI10.1186/s11671-019-2879-0.

[4] Jin, XS; Wang, YC; Ma, KL; Wu, ML; Liu, X; Lee, JH. A Study on the Effect of the Structural Parameters and Internal Mechanism of a Bilateral Gate-Controlled S/D Symmetric and Interchangeable Bidirectional Tunnel Field Effect Transistor. NANOSCALE RESEARCH LETTERS, Vol.16(1), 102, 2021 DOI: 10.1186/s11671-021-03561-8.

[5] Liu, X; Ma, KL; Wang, YC; Wu, ML; Lee, JH; Jin, XS. A Novel High Schottky Barrier Based Bilateral Gate and Assistant Gate Controlled Bidirectional Tunnel Field Effect Transistor. Vol.8, pp976-980, 2020 DOI: 10.1109/JEDS.2020.3020920.

[6] Liu, X; Li, MM; Li, M; Zhang, SQ; Jin, XS. Structural Optimized H-Gate High Schottky Barrier Bidirectional Tunnel Field Effect Transistor. ACS APPLIED ELECTRONIC MATERIALS, Vol.5(5), pp.2738-2747, 2023 DOI: 10.1021/acsaelm.3c00216.

[7] Liu, X; Li, MM; Wu, ML; Zhang, SQ; Jin, XS. A highly sensitive vertical plug-in source drain high Schottky barrier bilateral gate controlled bidirectional tunnel field effect transistor. PLOS ONE, Vol.18(5), e0285320, 2023 DOI: 10.1371/journal.pone.0285320.

[8] Jin, XS; Zhang, SQ; Li, MM; Liu, X; Li, M. A novel high-low-high Schottky barrier based bidirectional tunnel field effect transistor. HELIYON, Vol.9(3), e13809, 2023 DOI: 10.1016/j.heliyon.2023.e13809.

[9] Jin, XS; Zhang, SQ; Zhao, CR; Li, M; Liu, X. A complementary low-Schottky-barrier S/D-based nanoscale dopingless bidirectional reconfigurable field effect transistor with an improved forward current. DISCOVER NANO, Vol.18(1), Article Number 57, 2023 DOI: 10.1186/s11671-023-03835-3.

[10] Jin, XS; Zhang, SQ; Li, M; Liu, X. A Novel Single Gate Controlled Nonvolatile Floating Program Gate Reconfigurable FET. ADVANCED THEORY AND SIMULATIONS, Vol.6(5), pp.2200823, 2023 DOI: 10.1002/adts.202200823.

[11] Liu, X; Li, MM; Zhang, SQ; Jin, XS. A highly integrated nonvolatile bidirectional RFET with low leakage current: HELIYON, Vol.9(9), e19298, 2023 DOI: 10.1016/j.heliyon.2023.e19298.

[12] Jin, XS; Zhang, SQ; Liu, X. A nonvolatile bidirectional reconfigurable FET based on S/D self programmable floating gates. PLOS ONE, Vol.18(5), 2023 DOI: 10.1371/journal.pone.0284616.

[13] Liu, X; Wang, Y; Wu, ML; Qi, L; Li, MM; Zhang, SQ; Jin, XS. A Complementary Low Schottky Barrier Nonvolatile Bidirectional Reconfigurable Field Effect Transistor Based on Dual Metal Silicide S/D Contacts. IEEE ACCESS, Vol.11, pp.104568-104578, 2023 DOI: 10.1109/ACCESS.2023.3318750.

[14] Jin, XS; Zhang, SQ; Liu, X. A dual doping nonvolatile reconfigurable FET. SCIENTIFIC REPORTS, Vol.13(1), Article Number 5634, 2023 DOI: 10.1038/s41598-023-32930-9.

[15] Jin, XS; Yuan, XY; Zhang, SQ; Li, MM; Liu, X. Complementary Doped Source-Based Reconfigurable Schottky Diode as an Equivalence Logic Gate. ACS OMEGA, Vol.8(25), pp.23120-23129m 2023 DOI: 10.1021/acsomega.3c02541.

[16] Hong S, Wu M, Hong Y, et al. FET-type gas sensors: A review. Sensors and Actuators B: Chemical, 2021.

[17] Wu M, Kim C-H, Shin J, et al. Effect of a pre-bias on the adsorption and desorption of oxidizing gases in FET-type sensor. Sensors and Actuators B: Chemical, 2017, 245: 122-128.

[18] Wu M, Shin J, Hong Y, et al. Pulse Biasing Scheme for the Fast Recovery of FET-Type Gas Sensors for Reducing Gases. IEEE Electron Device Letters, 2017, 38(7): 971-974.

[19] Wu M, Wu Z, Zheng Y, et al. Branched Polyethylenimine-Based Field Effect Transistor for Low Humidity Detection at Room Temperature. IEEE Sensors Journal, 2022.

[20] Wu M, Shin J, Hong Y, et al. An FET-type gas sensor with a sodium ion conducting solid electrolyte for CO_2 detection. Sensors and Actuators B: Chemical, 2018, 259: 1058-1065.

第 2 章　先进金属氧化物半导体场效应晶体管技术

本章介绍在当前主流的 FinFET 技术基础之上所提出的一些改良型先进金属氧化物半导体场效应晶体管技术，这些技术为进一步提升金属氧化物半导体场效应晶体管的集成密度提供了支持。包括 H 形栅极 U 形沟道无结场效应晶体管和矩形栅极 U 形沟道场效应晶体管。

2.1　H 形栅极 U 形沟道无结场效应晶体管

与传统的基于 PN 结的金属氧化物半导体场效应晶体管相比，无 PN 结场效应晶体管由于其更简单的工艺和显著的电学特性，硅体仅掺杂一种类型的掺杂剂，从而避免了在从源极到漏极接触的几纳米间距内形成 PN 结[1]。同时，多栅极结构已被广泛应用于基于 PN 结的金属氧化物半导体场效应晶体管，具有多栅极的无结场效应晶体管的性能也得到了广泛的研究。具有双栅极、三栅极或全方位栅极等多栅极的无结场效应晶体管的栅极可控性优于传统的平面无结场效应晶体管，有效地提高了亚阈值特性[2-3]。JL-EFT 中栅极的几何形状和材料已被调制，以通过改变能够抑制带间隧道的能带弯曲程度来获得更好的性能[4-5]。一些小组还对栅极间隔电介质的调整进行了大量研究，以减少漏电流并改善模拟特性[6-8]。然而，当栅极长度连续减少到极深的纳米级(例如小于 15 nm)时，无结场效应晶体管的亚阈值特性将再次恶化[9-11]。较短的沟道对短沟道效应(SCEs)的免疫力较低，并且栅极和源极/漏极接触之间的距离减小，这触发了显著的漏电流。而马鞍形栅极无结场效应晶体管，它不需要占用额外的芯片面积(或者换句话说，集成度可以保持在与双栅或三栅无结场效应晶体管相同的水平)，但与传统的双栅或三栅 JL 金属氧化物半导体场效应晶体管相比，它实现了更优异的性能[12-13]。新结构具有另外两个垂直沟道部分，这增加了有效沟道长度，而不占用额外的芯片面积，因此源极和漏极之间的距离延长，从而削弱了上述短沟道效应。

本节提出了一种新型的高性能 H 形栅极 U 形沟道无结场效应晶体管。与无鞍结 FET 相比，所提出的 H 形栅极 U 形沟道无结场效应晶体管显示出更好的亚阈值特性和更高的导通电流。通过研究 H 形栅极的厚度、源极/漏极延伸区的高度以及栅极氧化物的厚度和材料等设计参数的变化对其电学性质的影响，已经对其进行了广泛的研究。与传统结构相比，所提出的 H 形栅极 U 形沟道无结场效应晶体管显示出更好的性能，尤其是对于规模缩小到几个纳米的器件。通过设计优化，反向漏电流也得到了有效抑制，I_{on}/I_{off} 比得到了很大提高。

2.1.1 H 形栅极 U 形沟道无结场效应晶体管的结构与参数

图 2-1(a)为 H 形栅极 U 形沟道无结场效应晶体管的 3D 示意图。图 2-1(b)、图 2-1(c)、图 2-1(d)、图 2-1(e)和图 2-1(f)分别为沿平面 A、B、C、D 和 E 切割的器件轮廓。如图 2-1(e)所示，俯视图中的门结构看起来像字符"H"。L 是水平沟道长度，l_g 是两侧 H 形栅极的水平长度，W 是硅体的宽度，t_b 是硅体厚度，t_{ox} 是栅极周围的栅极氧化物厚度，t_g 是栅极的厚度，h_{ex} 是源极/漏极延长区域的高度，其是栅极的顶部与源极/漏极接触的底边之间的距离。

这里将 W、t_b、L 和 t_{ox} 等参数固定为常数($L=t_b=W=5$ nm，$t_{ox}=1$ nm)，并通过 TCAD 模拟调整该器件的其他参数以获得最佳值，然后分析可变参数的影响。将 H 形栅极 U 形沟道无结场效应晶体管的优化 *I-V* 特性与马鞍形栅极无结场效应晶体管进行了比较。由于硅的长度大于 5 nm，经典模拟适用于该器件，量子约束可以忽略[14]。所有分析均通过 SILVACO Atlas 3D 进行[15]。结构参数如表 2-1 所示。

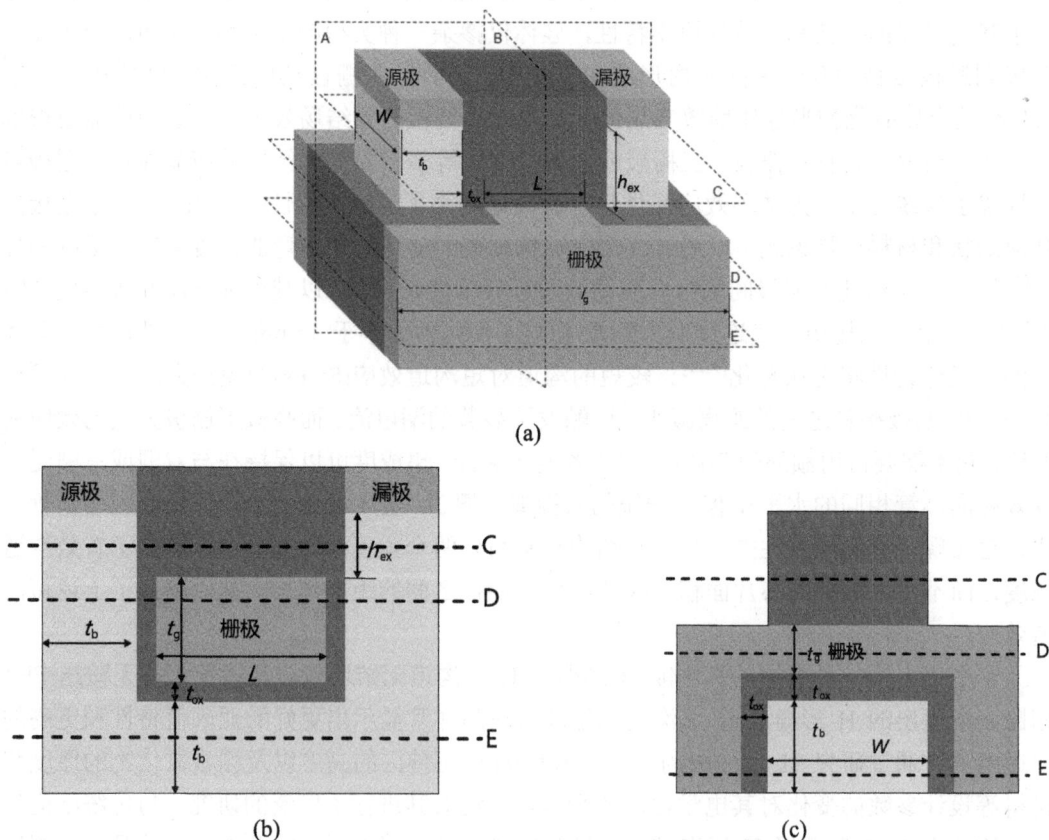

(a)

(b)

(c)

图 2-1 H 形栅级 U 形沟道无结场效应晶体管的结构示意

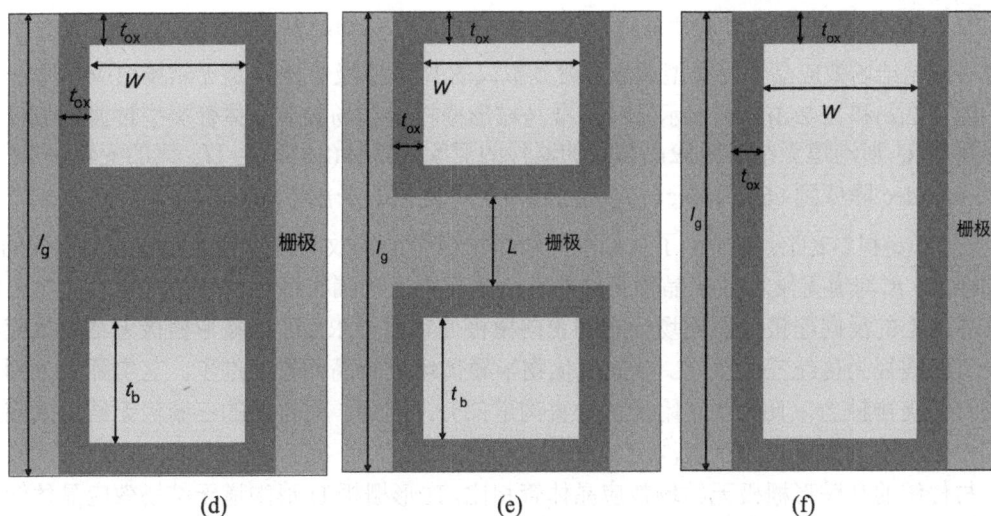

图 2-1　H 形栅级 U 形沟道无结场效应晶体管的结构示意(续)

表 2-1　H 形栅极 U 形沟道无结场效应晶体管的结构参数

参　　数	参　数　值
硅体宽度(W)	5 nm
水平方向栅极长度(L)	5 nm
垂直方向栅极长度(l_g)	5 nm~19 nm
硅体厚度(t_b)	5 nm
栅极氧化物厚度(t_{ox})	1 nm
栅极厚度(t_g)	2 nm~10 nm
掺杂浓度	$1×10^{18}$ cm^{-3}
源漏延长区高度(h_{ex})	1 nm~11 nm
漏源电压(V_{DS})	0.5 V
栅源电压(V_{GS})	−0.5 V~1.5 V

2.1.2　与马鞍形栅极无结场效应晶体管特性对比

图 2-2(a)显示了 H 形栅极 U 形沟道无结场效应晶体管和马鞍形栅极无结场效应晶体管在对数尺度和线性尺度上的 I_{DS}-V_{GS} 特性的比较。结果表明，在相同的设计参数下，H 形栅极 U 形沟道无结场效应晶体管比马鞍形栅极无结场效应晶体管表现出更好的 SS 和更高的导通电流。亚阈值关断状态电流小于马鞍形栅极无结场效应晶体管。H 形栅极 U 形沟道无结场效应晶体管的反向偏置漏电流略高于马鞍形栅极无结场效应晶体管，这是由于靠近 U 形沟道的垂直侧壁延长了栅极电极部分。延长的电极部分增强了对沟道的可控性，同时源极/漏极到栅极重叠区域的面积也增加了。实际上，H 形栅极 U 形沟道无结场效应晶体管可以被视为马鞍形栅极无结场效应晶体管，它延长了水平沟道体部分的两个垂直侧上的栅极长度。

图 2-2(b)显示了通过将设计参数 l_g 从 5 nm 更改为 19 nm，器件的 I_{DS}-V_{GS} 特性从标准马鞍形栅极无结场效应晶体管类型逐渐过渡到拟议的 H 形栅极 U 形沟道无结场效应晶体管。

图 2-2(c)和 2-2(d)分别显示了从标准马鞍形栅极无结场效应晶体管类型过渡到拟议的 H 形栅极 U 形沟道无结场效应晶体管的器件的亚阈值摆幅(SS)和 I_{on}/I_{off} 比的变化。SS 可从 76 mV/dec 降低到 66 mV/dec，I_{on}/I_{off} 比不受 l_g 变化的严重影响。

图 2-2(e)和 2-2(f)分别显示了从标准马鞍形栅极无结场效应晶体管类型过渡到拟议的 H 形栅极 U 形沟道无结场效应晶体管的器件从垂直沟道到漏极接触的硅和栅极氧化物之间的角界面上的反向栅极偏置电场分布和正向栅极偏置电子浓度。马鞍形栅极无结场效应晶体管可以被视为传统三栅极 JL 金属氧化物半导体场效应晶体管的进步，它实际上分别在源极和漏极接触之下具有两个附加的垂直沟道部分。因此，与传统的三栅极无结场效应晶体管相比，它具有更长的有效沟道长度[13]。

与传统的马鞍形栅极无结场效应晶体管相比，H 形栅极 U 形沟道无结场效应晶体管的长 l_g 增强了从仅一个方向到三个方向对 U 形沟道垂直部分的栅极可控性。换言之，三重栅极可控性和相应的栅极氧化物容量不仅扩展了到 U 形沟道的水平部分，而且扩展到了两个垂直部分。此后，H 形栅极 U 形沟道无结场效应晶体管显示出比马鞍形栅极无结场效应晶体管更低的 SS。应该注意的是，反向偏置电场强度也通过栅极可控性的提高而增加，此后，感应出更多的漏电流。然而，通过稍后将讨论的器件结构参数的影响和优化，可以大大降低漏电流。同时，栅极控制能力的提高也增加了沿 U 形沟道的正向偏置电子浓度，特别是在水平沟道部分和两个垂直沟道部分之间的连接区域附近。电子总量也随着栅极氧化物容量的增加而增加。由于上述原因，与马鞍形栅极无结场效应晶体管相比，H 形栅极 U 形沟道无结场效应晶体管可以带来更大的导通电流。可以注意到，如果 l_g 大于 17 nm，则导通电流和反向偏置泄漏电流都不会明显增加。这是因为如果 l_g 逐渐移动到最大值，则所提出的 H 形栅极 U 形沟道无结场效应晶体管增加的栅极可控性逐渐饱和。总体而言，与鞍形无结场效应晶体管相比，所提出的 H 形栅极 U 形沟道无结场效应晶体管带来了更高的导通电流、更低的 SS，并保持了相同水平的 I_{on}/I_{off} 比。

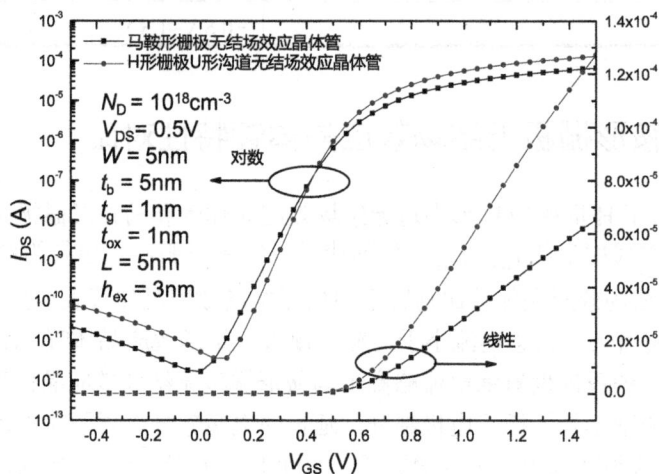

(a)

图 2-2 相关特性比较

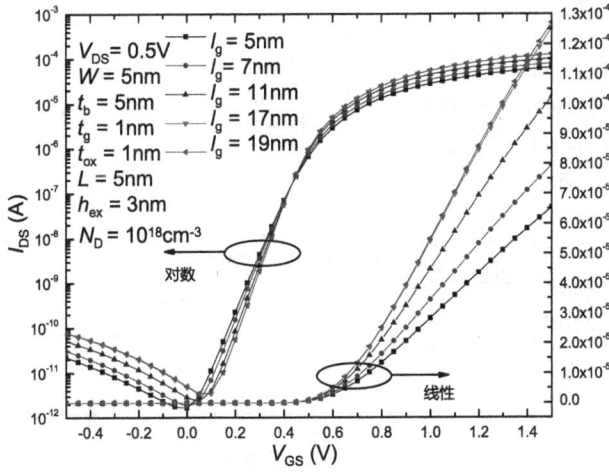

(b)

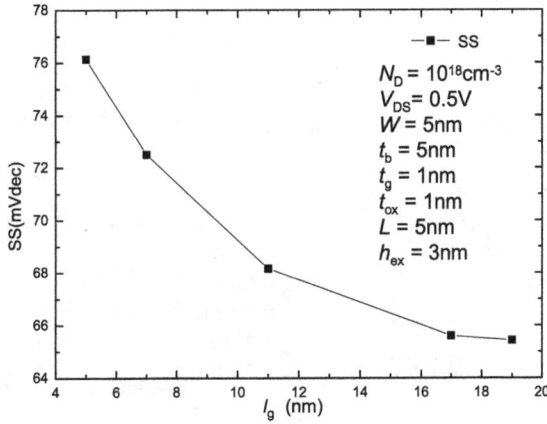

(c)

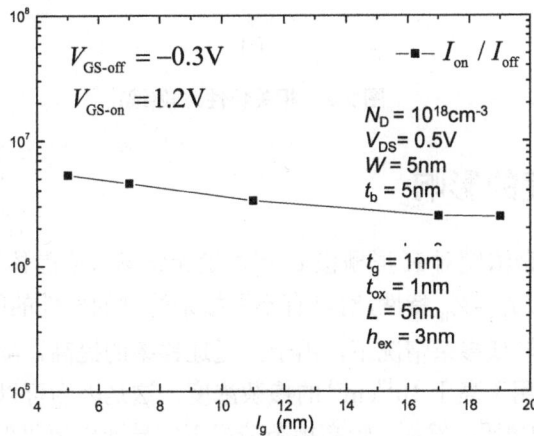

(d)

图 2-2　相关特性比较(续)

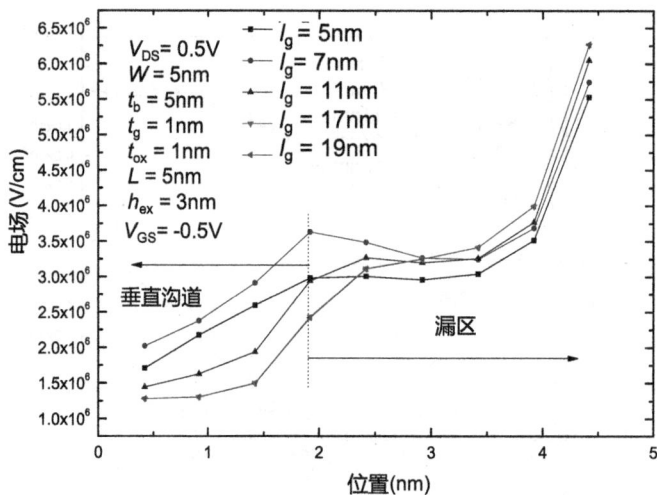

(e)

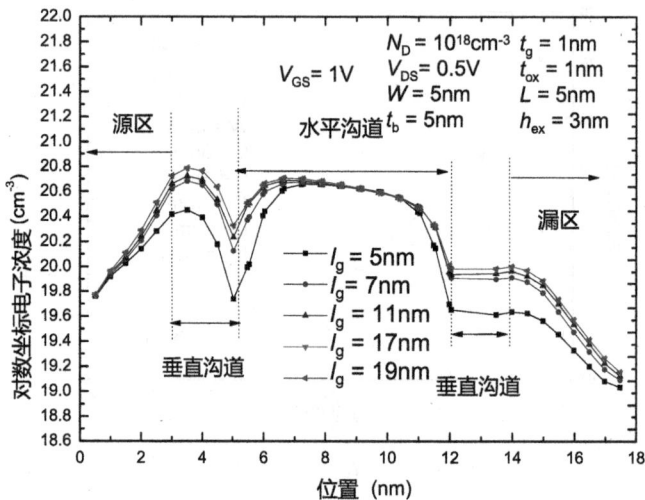

(f)

图 2-2   相关特性比较(续)

2.1.3   掺杂浓度的影响

图 2-3 显示了掺杂浓度对 H 形栅极 U 形沟道无结场效应晶体管的归一化 I_{DS}-V_{GS} 特性的影响。为了直接比较 I_{DS}-V_{GS} 特性,对具有不同掺杂浓度的器件的阈值电压进行了归一化。研究表明,通常,在较低掺杂情况下,由于沟道迁移率的提高,降低的掺杂浓度会增加导通电流。该规则不适用于高于 $10^{19}cm^{-3}$ 的掺杂浓度,这是因为可以通过增加掺杂浓度来降低源极/漏极延长区的电阻,然而,较高掺杂情况下的导通电流仍然小于较低掺杂情况。对于具有不同掺杂浓度的器件,漏电流保持相同水平。还可以看出,SS 不明显地受到掺杂浓度的影响。鉴于以上结论,H 形栅极 U 形沟道无结场效应晶体管的掺杂浓度小于 $10^{18}cm^{-3}$,这带来了更大的 I_{on}/I_{off} 比。

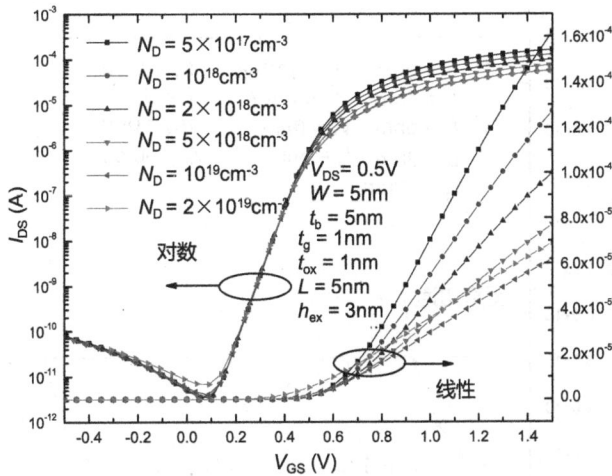

图 2-3　具有不同掺杂浓度的 H 形栅极 U 形沟道无结场效应晶体管的归一化 I_{DS}-V_{GS} 特性

2.1.4　栅极厚度的影响

图 2-4(a)显示了具有不同栅极厚度的 H 形栅极 U 形沟道无结场效应晶体管的 I_{DS}-V_{GS}转移曲线特性。图 2-4(b)和图 2-4(c)分别显示了具有不同栅极厚度的 H 形栅极 U 形沟道无结场效应晶体管的垂直沟道区域的反向栅极偏置电场分布，以及从垂直沟道到漏极接触的硅和栅极氧化物之间的角界面上的正向栅极偏置电子浓度。从图 2-4(b)中可以看出，电场强度的峰值不受栅极厚度变化的影响，此后，带带隧穿引起的反向偏置漏电流也不明显受栅极厚度变化的影响。与 l_g 相比，栅极厚度这一参数对亚阈值摆幅的变化的影响不强。导通电流随栅极厚度的增加而减小。这是因为有效的 U 形沟道长度通过减小栅极厚度而减小。此后，可以将优化后的 t_g 设置为较小的值，例如 2 nm。

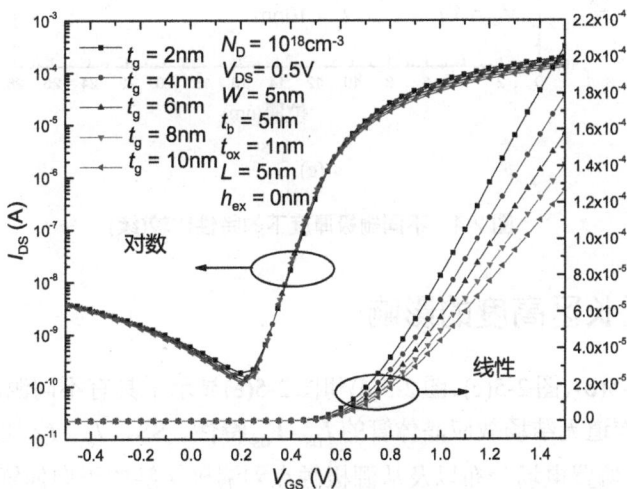

(a)

图 2-4　不同栅极厚度下的特性比较

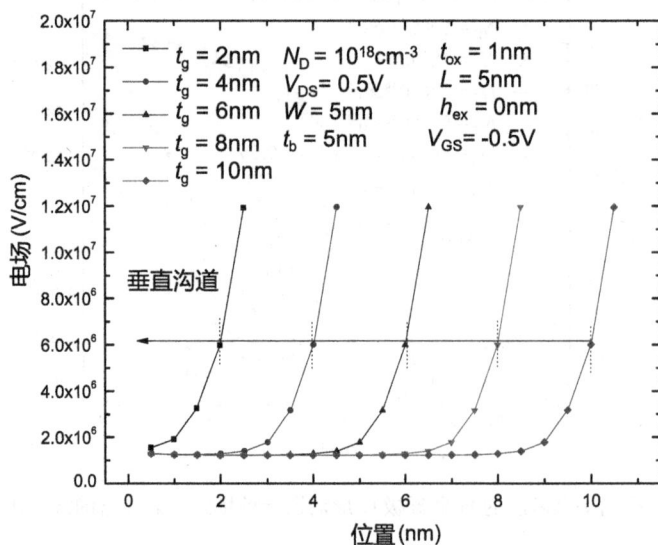

(b)

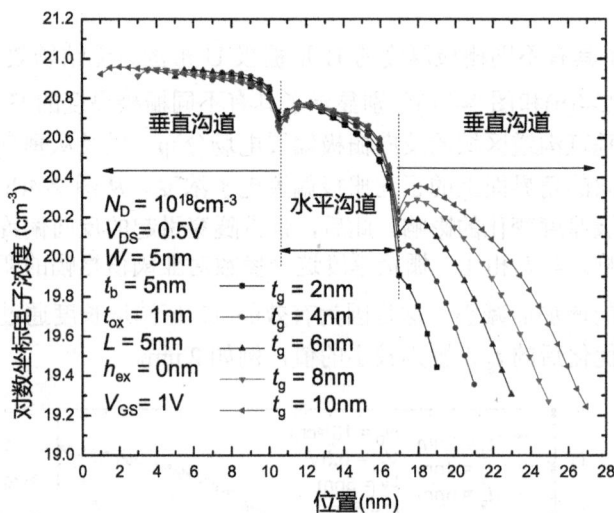

(c)

图 2-4　不同栅极厚度下的特性比较(续)

2.1.5　源漏延长区高度的影响

图 2-5(a)、图 2-5(b)、图 2-5(c)、图 2-5(d)和图 2-5(e)显示了具有不同源漏延长区高度(h_{ex})的 H 形栅极 U 形沟道无结场效应晶体管的 I_{DS}-V_{GS} 特性、SS、I_{on}/I_{off} 比、从垂直沟道到漏极触点的反向栅极偏置电场分布以及从源极触点到漏极接触的正向偏置电子浓度。可以看出，通过延长 h_{ex}，可以有效地降低漏电流，也可以降低 SS。I_{on}/I_{off} 比也可以通过延长 h_{ex}来增加到所需的值。

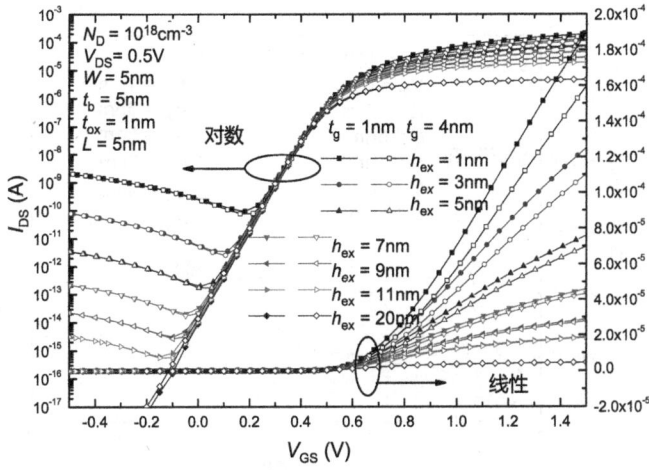

(a)

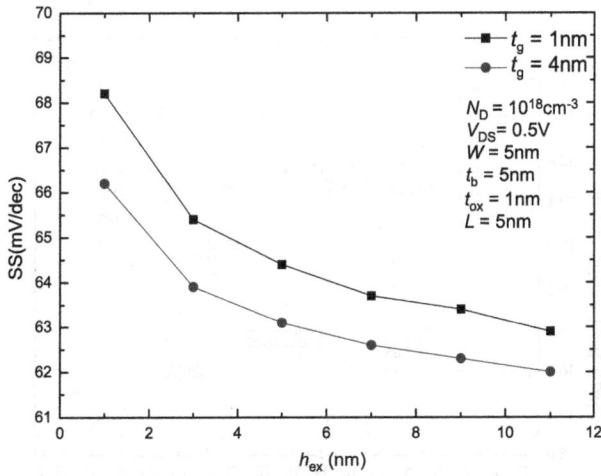

(b)

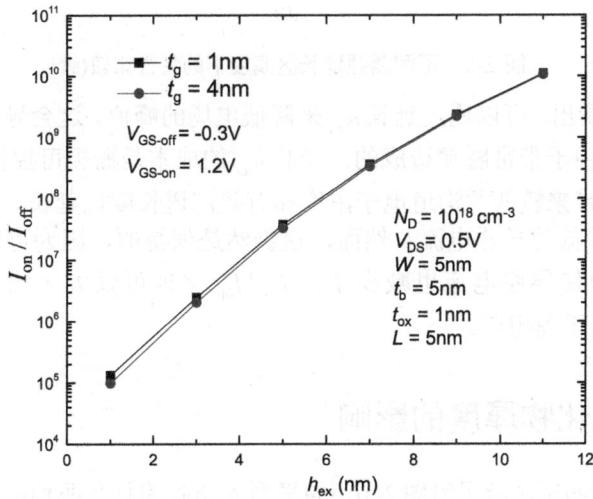

(c)

图 2-5　不同漏源延长区高度下的特性比较

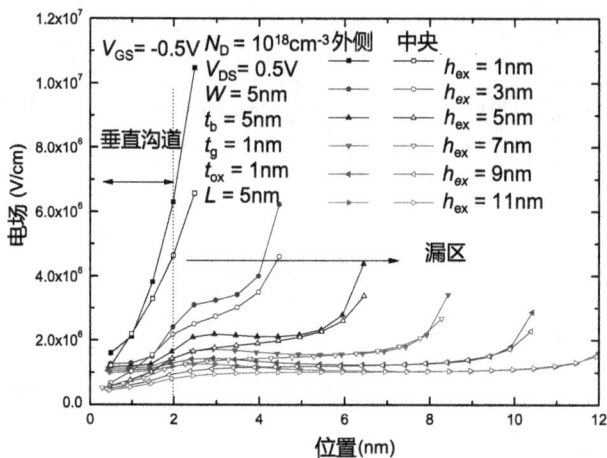

(d)

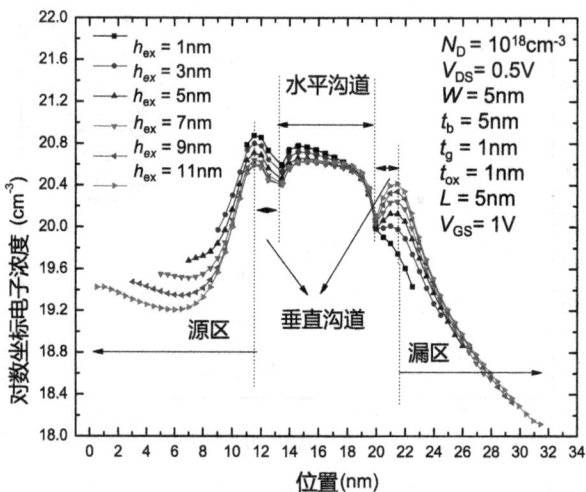

(e)

图 2-5　不同漏源延长区高度下的特性比较(续)

从图 2-5 可以看出，可以通过延长 h_{ex} 来降低电场的峰值，这会导致更少的带弯曲和更少的漏电流，这是由于带带隧穿造成的。延长 h_{ex} 的成本是栅极可控性降低到延长的源极/漏极边缘区域，并带来较低的沟道电子浓度和有效沟道长度也延长。由于存在这些区域，延长的 h_{ex} 会带来较低的导通电流。然而，这仍然是值得的，因为可以有效和充分地减少漏电流，因此，即使导通电流也减少了，I_{on}/I_{off} 比也可以大大增加，SS 可以降低到 62 mV/dec，这接近于理想值。

2.1.6　栅极氧化物厚度的影响

图 2-6(a)和图 2-6(b)显示了沿图 2-1(a)的平面 A 切割的具有两种类型的混合栅极氧化物材料的 H 形栅极 U 形沟道无结场效应晶体管的横截面。图 2-6(c)显示了这两种类型的混合栅极氧化物材料沿图 2-1(a)的平面 B 切割的横截面。

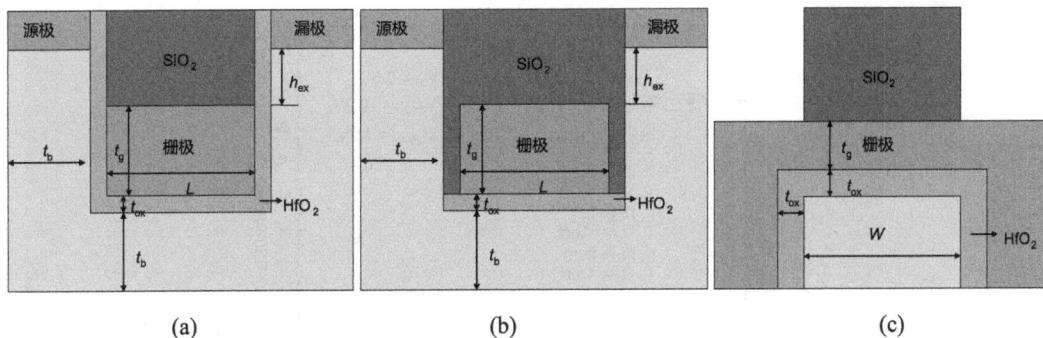

(a)　　　　　　　　　　(b)　　　　　　　　　　(c)

图 2-6　具有混合栅极氧化物材料晶体管的三种横截面

图 2-7(a)、图 2-7(b)、图 2-7(c)和图 2-7(d)分别显示了对数尺度和线性尺度下的 I_{DS}-V_{GS} 特性与不同栅极材料的 I_{on}/I_{off} 比、H 形栅极 U 形沟道无结场效应晶体管的亚阈值摆幅(SS)变化、从垂直沟道到漏极接触的反向栅极偏置电场分布以及从源极接触到漏极触点的正向偏置电子浓度的比较。与具有单 SiO_2 栅极材料的 H 形栅极 U 形沟道无结场效应晶体管相比，具有 HfO_2 栅极材料的和具有混合材料的 H 形栅极 U 形沟道无结场效应晶体管显示出更好的导通电流性能，这是因为高介电常数材料可以增加栅极可控性和容量，然而，更好的栅极可控性也带来更多的漏电流。

如图 2-7(c)所示，通过使用低介电常数材料 SiO_2 作为第二混合类型，漏极接触区附近的反向偏置电场强度的峰值与单 SiO_2 类型相似，此后与单高介电常数 HfO_2 类型和第一混合类型相比，可以降低漏电流。图 2-7(d)显示了这些不同情况下的栅极氧化物容量。总体而言，单 SiO_2 的情况显示出最低的电子浓度和最差的容量。图 2-7(b)显示了这 4 种情况中，第二种混合型显示出最佳的亚阈值摆幅和 I_{on}/I_{off} 比。此后，采用了第二种类型，与第一种混合型相比，第二种混合型仅在水平沟道部分使用 HfO_2 材料。它增强了栅极可控性和栅极氧化物电容量，同时大大降低了源极/漏极接触区附近的反向偏置电场强度。与单 SiO_2 情况相比，它增加了导通电流，在不增加漏电流的情况下，与其他情况相比，带来了更大的 I_{on}/I_{off} 比。

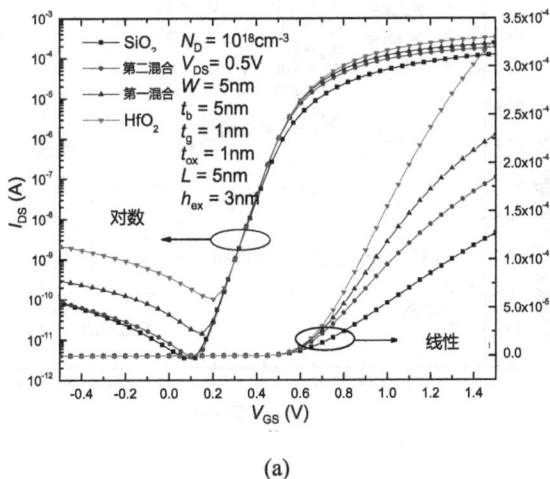

(a)

图 2-7　不同栅极氧化物厚度下的特性比较

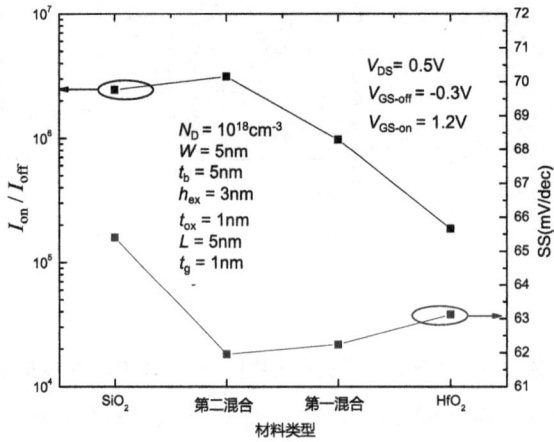

(b)

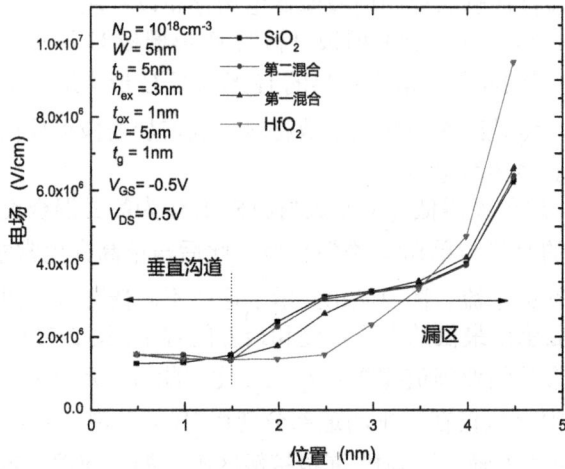

(c)

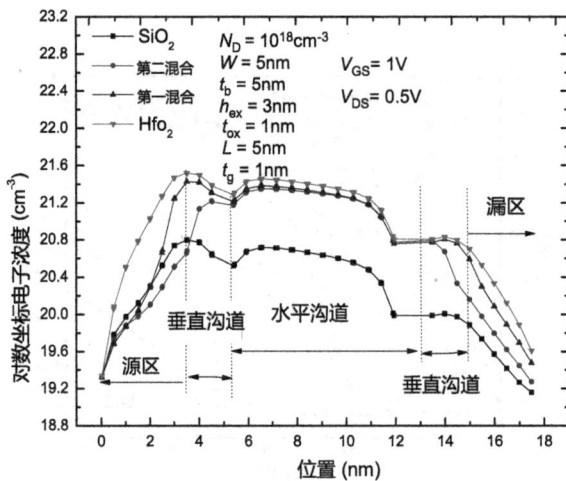

(d)

图 2-7 不同栅极氧化物厚度下的特性比较(续)

2.1.7　H 形栅极 U 形沟道无结场效应晶体管的输出特性

图 2-8 显示了具有不同 V_{GS} 的最终优化器件参数的 H 形栅极 U 形沟道无结场效应晶体管的 I_{DS} - V_{DS} 输出特性，饱和电流随着 V_{GS} 的增加而增加。总体而言，SS 可以降低到 62 mV/dec，I_{on}/I_{off} 比可以扩大到 10^{10}。

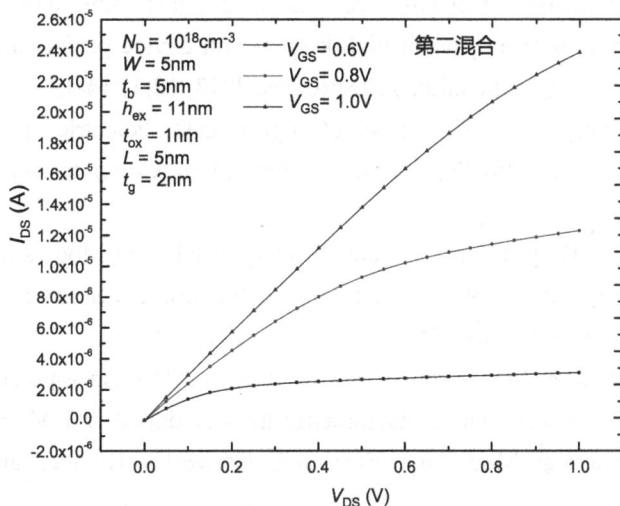

图 2-8　具有最终优化器件参数的 H 形栅极 U 形沟道无结场效应晶体管的 I_{DS} - V_{DS} 特性

2.1.8　本节结语

本节提出了一种用于 5 nm 水平栅极长度的高集成度的 H 形栅极 U 形沟道无结场效应晶体管。与先前提出的马鞍形栅极无结场效应晶体管相比，该结构显示出了更好的性能，例如更高的导通电流、更低的 SS。通过设计优化，反向漏电流也得到了有效抑制，I_{on}/I_{off} 比得到了很大提高。

2.1.9　参考文献

[1] Jean-Pierre C, Chi-Woo L, Aryan A, et al. Nanowire transistors without junctions. Nature Nanotechnology, 2010, 5(3):225-229.

[2] Liu X, Wu M, Jin X, et al. Simulation study on deep nanoscale short channel junctionless SOI FinFETs with triple-gate or double-gate structures. Journal of Computational Electronics, 2014, 13(2):509-514.

[3] Barraud S, Berthome M, Coquand R, et al. Scaling of Trigate Junctionless Nanowire MOSFET With Gate Length Down to 13 nm. Electron Device Letters IEEE, 2012, 33(9):1225-1227.

[4] Wu M, Jin X, Kwon H I, et al. The Optimal Design of Junctionless Transistors with

Double-Gate Structure for Reducing the Effect of Band-to-Band Tunneling. Journal of Semiconductor Technology and Science, 2013, 13(3):245-251.

[5] Liu X, Wu M, Jin X, et al. The optimal design of 15 nm gate-length junctionless SOI FinFETs for reducing leakage current. Semiconductor Science & Technology, 2013, 28(10): 105013-105018(6).

[6] Lou H, Zhang L, Zhu Y, et al. A Junctionless Nanowire Transistor with a Dual-Material Gate. IEEE Transactions on Electron Devices, 2012, 59(7):1829-1836.

[7] Baruah R K, Paily R P. Impact of high-k spacer on device performance of a junctionless transistor. Journal of Computational Electronics, 2013, 12(1):14-19.

[8] Baruah R K, Paily R P. The effect of high-k gate dielectrics on device and circuit performances of a junctionless transistor. Journal of Computational Electronics, 2015, 14(2):492-499.

[9] G Hu, P Xiang, Z Ding, R Liu, L Wang, T Tang. Analytical Models for Electric Potential, Threshold Voltage, and Subthreshold Swing of Junctionless Surrounding-Gate Transistors IEEE Transactions on Electron Devices 2014: 61 688-695.

[10] P Dutta, B Syamal, N Mohankumar, K Chandan. A 2-D surface-potential-based threshold voltage model for short channel asymmetric heavily doped DG MOSFETs. International Journal of Numerical Modelling: Electronic Networks, Devices and Fields 2014: 27 682-690.

[11] Jin, X., Liu, X., Lee, J.-H., Lee, J.H.. Modeling of subthreshold characteristics of short channel junctionless cylindrical surrounding-gate nanowire metal-oxide-silicon field effect transistors. Phys. Scr. 2014: 89, 015804.

[12] Jin X, Wu M, Liu X, et al. A novel high performance junctionless FETs with saddle-gate. Journal of Computational Electronics, 2015, 14(3):1-8.

[13] Jin X, Wu M, Liu X, Lee J-H, Lee J-H. Optimization of saddle junctionless FETs for extreme high integration. Journal of Computational Electronics 2016, 15(3):801-808.

[14] Shoji, M., Horiguchi, S.. Electronic structures and phonon-limited electron mobility of double-gate silicon-on-insulator Si inversion layers. J. Appl. Phys, 1999, 85, 2722-2731.

[15] SILVACO International. ATLAS User's Manual, 2012.

2.2　矩形栅极 U 形沟道场效应晶体管

作为纳米级集成电路(IC)中最有前途的器件之一，无结场效应晶体管与传统的基于结的金属氧化物半导体(MOS)场效应晶体管相比，具有显著的电气特性，它不仅制造简单，近年来人们还对其进行了深入研究[1-4]。同时，增加栅极电压会在沟道中形成积累区，从而导致更大的导通电流[5]。多栅极(主控栅极)场效应晶体管的引入，增强了栅极电压对源极至漏极电流的可控性，从而使器件具有更好的亚阈值特性。无结多栅极(JL 主控栅极)场效应晶体管也已被广泛研究多年[6-8]。虽然垂直沟道环栅金属氧化物半导体场效应晶体管在半径只有几纳米的情况下表现出近乎理想的 $I-V$ 性能，但其垂直沟道使得源极和漏极接触不能在同一层制造，这使得 IC 的布局无法实现。此外，由于半导体制造被迫将沟道长度缩小到 10 nm 以下，多栅极场效应晶体管再次面临短沟道效应[9-11]。为了克服短沟道效应，凹槽 U 形沟道金属氧化物半导体场效应晶体管成为近年来的热门话题[12-16]。凹槽 U 形沟道金属氧化物半导体场效应晶体管的建模和仿真工作也全面开展[17-20]。凹槽 U 形沟道金属氧化物半导体场效应晶体管在源极和漏极接触件下方均具有平面垂直沟道部分以及水平平面沟道部分。与仅具有水平平面沟道的传统金属氧化物半导体场效应晶体管相比，它实际上延长了有效沟道长度。对于源极和漏极触点之间距离相同的器件，与传统平面沟道金属氧化物半导体场效应晶体管相比，它可以更不受短沟道效应的影响，但实验数据表明，凹进沟道金属氧化物半导体场效应晶体管无法实现理想的 SS，有效沟道长度低于100 nm。这是因为，虽然沟道长度延长了，但栅极的可控性并没有像多栅极场效应晶体管那样得到加强。需要注意的是，最好定义一个新的与集成描述相关的关键几何参数，而不是沟道长度，源漏接触之间的距离更现实和有效，因为纳米级设计的最终目标器件是在有限的给定芯片面积内实现最佳性能，实际器件尺寸与沟道宽度和源漏接触点距离有关。

为了结合主控栅极 FET 和凹槽 U 形沟道金属氧化物半导体场效应晶体管的优点，在前面的内容中，提出了具有 U 形沟道的马鞍形栅极 FET[21-23]，这提高了栅极对水平沟道部分的可控性。凹槽 U 形沟道从平面单栅极类型过渡到三维三栅极类型，然后通过升级，不仅在水平沟道部分还在垂直沟道部分形成了三维化的三栅特征，即 H 栅极 U 形沟道场效应晶体管的凹槽 U 形沟道也相应升级为三维的 U 形管状沟道[24]。如上所述，纳米尺度下设计的最终目标是通过优化，在有限的给定芯片面积内实现最佳性能。为了实现优化的高性能器件，需要充分考虑和设计栅极结构和相应的沟道结构。还应充分考虑制造的复杂性。前面所提出的马鞍形栅极场效应晶体管和 H 形栅极 U 形沟道场效应晶体管，具有共同的特点，即在小凹槽区域中需要小心地形成栅极氧化物-栅极-栅极氧化物的夹层结构。这种结构特征限制了其一体化的进一步推进。因此，促进集成化的一个好办法是简化凹槽区的结构特征，同时保持对 U 形沟道的垂直沟道部分和水平沟道部分的栅极控制能力。

为了实现这些器件特性和功能，本节提出一种新型矩形栅极 U 形沟道场效应晶体管，可实现源极和漏极接触之间的极端集成距离。它具有 U 形沟道，可以在不增加源极和漏极接触点之间距离的情况下延长效应沟道长度。与其他 U 形沟道场效应晶体管相比，矩形栅极 U 形沟道场效应晶体管在 U 形沟道的凹槽区域内具有更简单的内部结构，因此可以在凹槽区域的内部实现更简单的制造以及更小的源极和漏极接触点之间的距离，实现更高的集成度。所提出的结构具有更好的栅极可控性和更小的反向漏电流以及更高的 I_{on}/I_{off} 比。源极接触件和漏极接触件之间的距离可以缩小至小于 2 nm。并通过量子模拟分析整个电特性。

2.2.1　矩形栅极 U 形沟道场效应晶体管的结构与参数

图 2-9(a)为矩形栅极 U 形沟道场效应晶体管的 3D 示意图，图 2-9(b)至图 2-9(d)分别是沿图 2-9(a)所示的平面 A、B 和 C 剖切的器件剖面图。W 为硅体宽度，t_b 为硅体厚度，h_{in} 为凹槽区内部绝缘隔离层(spacer)高度，h_{ex} 为源/漏延长区高度，t_{ox} 为周围栅氧化物厚度，t_{sp} 是沉积在 U 形沟道的凹槽区域中的绝缘体层的间隔物厚度，它等于源极接触和漏极接触之间的距离。由于硅体厚度小于 6 nm，这里引入量子模拟代替经典模拟，以获得更精确的模拟结果。分析中使用了浓度依赖性迁移率模型、浓度依赖性 Shockley-Read-Hall 模型、

俄歇复合模型、带隙窄化模型、标准带间隧道模型以及玻姆量子势模型。

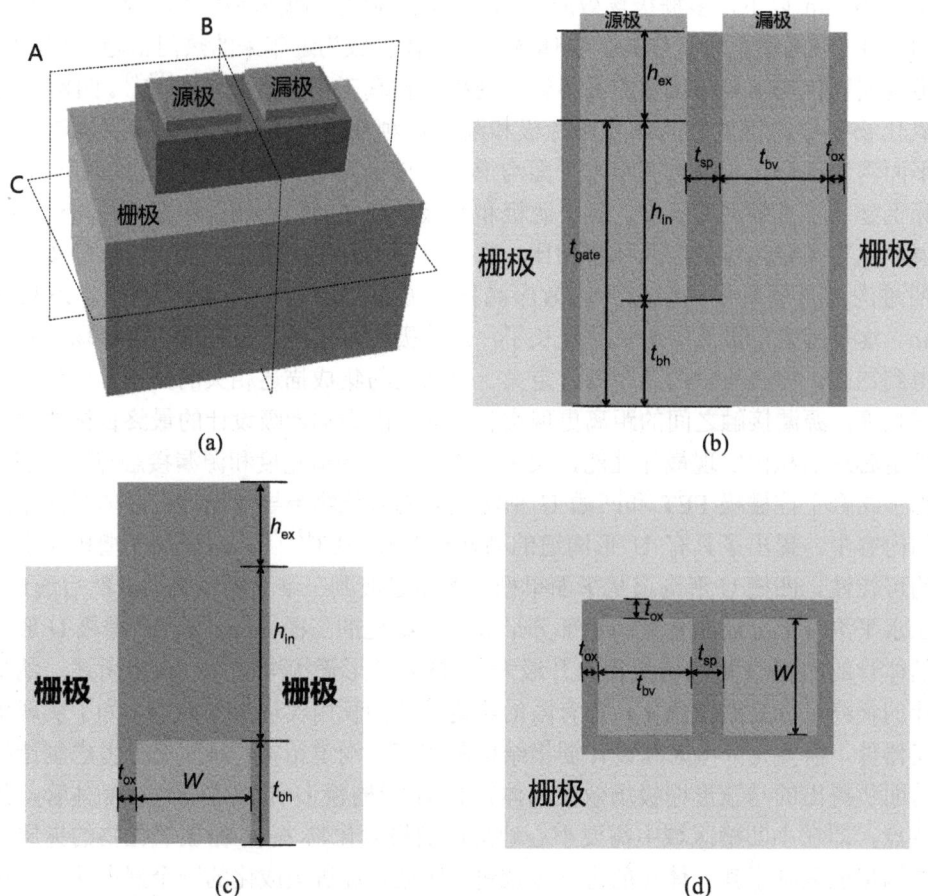

图 2-9　矩形栅极 U 形沟道场效应晶体管 3D 示意图及剖面图

表 2-2 给出了矩形栅极 U 形沟道场效应晶体管的结构参数。两个垂直主体部分实际上是分别具有 4 条边的立方体，其顶面覆盖有源极或漏极区域，底面均与水平主体部分连接。垂直主体部分的外部三边被栅极氧化物和矩形栅极接触包围，而另一内部一侧连接到凹槽区域中的内部隔离物。水平主体的 4 条边均被栅极氧化物和矩形栅极接触包围。根据上述结构特点，可以推测矩形闸门对水平体和两个垂直部分均具有较强的场效应控制能力。而内部侧墙实际上延长了硅中源极和漏极接触之间的最短路径的距离，这可以消除具有平面沟道特征的多栅极器件无法避免的短沟道效应。与其他三维沟道器件[21-24]相比，所提出的结构不需要在凹陷区中形成栅极，这大大降低了凹陷区内部结构的复杂性。

表 2-2　矩形栅极 U 形沟道场效应晶体管的结构参数

参　　数	参　数　值
硅体宽度(W)	6 nm
垂直硅体厚度(t_{bv})	6 nm
水平硅体厚度(t_{bh})	6 nm
源漏之间的绝缘隔离层厚度(t_{sp})	0.5 nm~4 nm

参　数	参　数　值
栅极的垂直部分长度(t_{gate})	8 nm~16 nm
栅极氧化物厚度(t_{ox})	1 nm
源漏延长区高度(h_{ex})	0 nm~10 nm
凹槽区内部绝缘隔离层高度(h_{in})	3 nm~10 nm
掺杂浓度(N_D)	$1×10^{17}$ cm^{-3}~$2×10^{18}$ cm^{-3}
漏源电压(V_{DS})	0 V~1.0 V
栅源电压(V_{GS})	−0.5 V~1.5 V

2.2.2　凹槽区内部绝缘隔离层高度的影响

先前的研究表明,对于氧化物厚度大于 0.5 nm 的情况,栅极漏电流可以忽略不计[7][25]。图 2-10(a)显示了具有不同 h_{in} 的矩形栅极 U 形沟道场效应晶体管的 I_{DS} -V_{GS} 特性在对数尺度和线性尺度上的比较。图 2-10(b)显示了具有不同 h_{in} 的矩形栅极 U 形沟道场效应晶体管的 SS 和 I_{on}/I_{off} 比的比较。随着 h_{in} 的增加, 整个沟道从源极到漏极的垂直路径不断增加, 则最短有效沟道长度逐渐增加, 短沟道效应逐渐减弱, 最终被消除。若 h_{in} 达到 10 nm, SS 可以实现近乎理想的 65 mV/dec 值。由于 SS 不断降低, h_{in} 从 2 nm 增加到 10 nm, I_{on}/I_{off} 比也增加了约 35 倍。延长的 h_{in} 使得从源极到漏极的最短路径距离从 6 nm 增加到 22 nm, 等于 $2h_{in}+t_{sp}$, 相当于所提出结构的有效沟道长度。

图 2-10(c)和图 2-10(d)分别显示了 h_{in} 为 2 nm 和 10 nm 时, 器件在关闭状态下硅体中的二维电子浓度分布。对于 h_{in}=2 nm 的情况, 水平体区的最高电子浓度约为 10^{12} cm^{-3}, 源/漏接触点与水平体区之间的距离很短, 此后源/漏偏压严重影响了水平体区的电子分布。解决方案是延长垂直沟道, 使源极/漏极远离水平体区。对于 h_{in}=10 nm 的情况, 如图 2-10(d)所示, 可以看到水平体区的最高电子浓度降低至 10^9 cm^{-3}, 这为关态提供了一个更理想的完全耗尽区, 从而带来了更低的功耗和更低的漏电流水平。

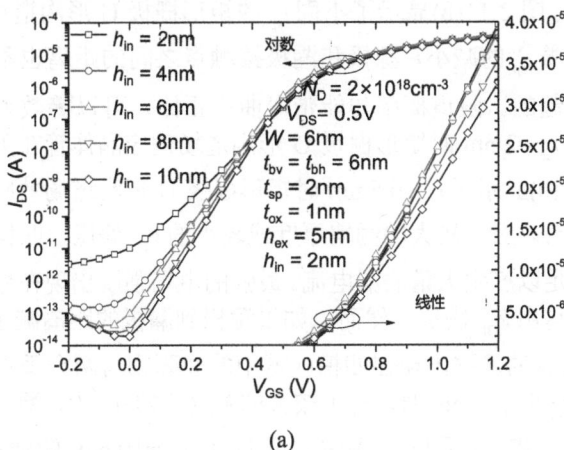

(a)

图 2-10　不同凹槽区内部绝缘隔离层高度下的特性比较及电子浓度分布

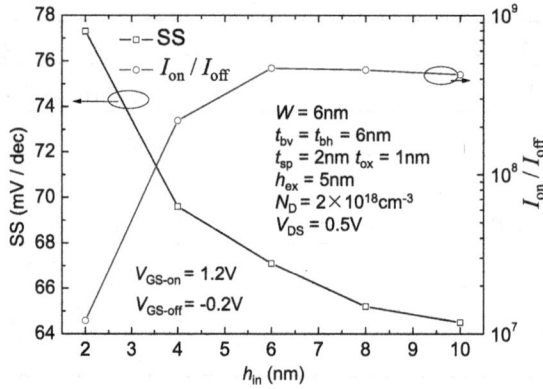

(b)

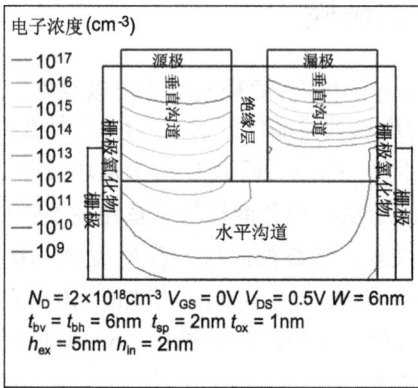

(c)

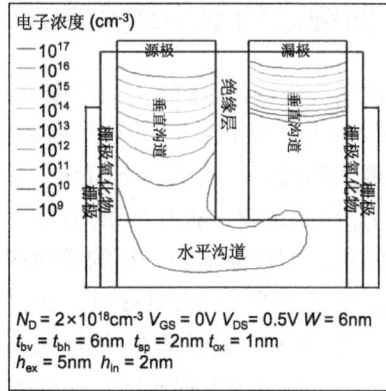

(d)

图 2-10 不同凹槽区内部绝缘隔离层高度下的特性比较及电子浓度分布(续)

2.2.3 源漏之间绝缘隔离层厚度的影响

图 2-11(a)显示了不同 t_{sp} 的矩形栅极 U 形沟道场效应晶体管的 I_{DS}-V_{GS} 特性在对数尺度和线性尺度上的比较。图 2-11(b)显示了不同 t_{sp} 的矩形栅极 U 形沟道场效应晶体管的 SS 和 I_{on}/I_{off} 比的比较。随着 t_{sp} 的减小，源极和漏极接触点之间的距离也不断减小。漏电流主要是由带间隧道电流引起的。隧道概率与能带弯曲成正比，可以等效为某一点的电场强度。

图 2-12(a)显示了 t_{sp} =2 nm 时矩形栅极 U 形沟道场效应晶体管在关闭状态下硅体内的二维电场分布，图 2-12 (b)显示了 t_{sp} =0.5 nm 时矩形栅极 U 形沟道场效应晶体管在关闭状态下硅体内的二维电场分布。对于较大的侧墙厚度或较小的 V_{DS} 偏压，凹槽区域中的侧墙之间的界面上的电场强度不足以产生大量的漏电流。最强的电场强度出现在栅氧化层和垂直主体部分之间的界面附近，这由 V_{GD} 决定。然而，如果源极到漏极的距离减小到小于 1 nm(小于栅极氧化物厚度)，则最强的场强出现在凹槽区域中的间隔物与两个垂直主体部分之间的界面附近。可以看出，当 t_{sp} 小于 1 nm 时，对于较大的 V_{DS} (例如 0.5V)，漏电流几乎与栅极偏压无关，主要由 V_{DS} 决定。SS 几乎与 t_{sp} 无关，并且在 h_{in} =10 nm 的情况下保持近乎理想的 65 mV/dec 值，直到 t_{sp} 小于 2 nm。I_{on}/I_{off} 比保持在 10^8，直到 t_{sp} =2 nm，并且对于小于 2 nm

的 t_{sp}，由于强电场引起的漏电流增加出现在凹槽区域中的间隔物和两个垂直主体部分之间的界面附近，所以 I_{on}/I_{off} 比严重退化。当 $t_{sp}=0.5$ nm 时，体区硅体的电场强度得到全面增强。

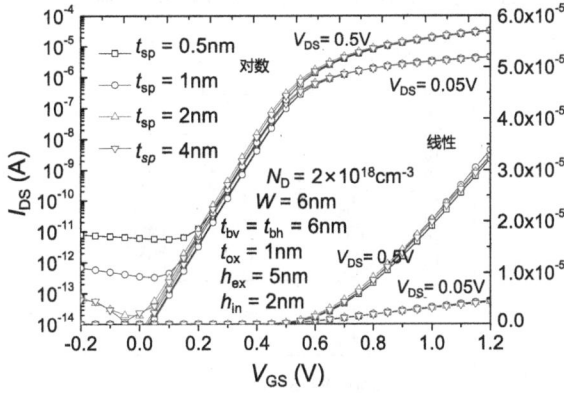

(a)

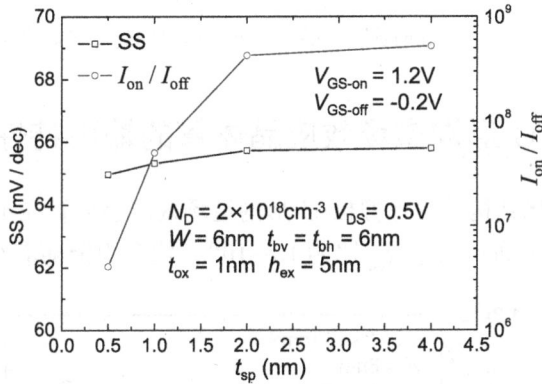

(b)

图 2-11　不同源漏之间绝缘隔离层厚度下的特性比较

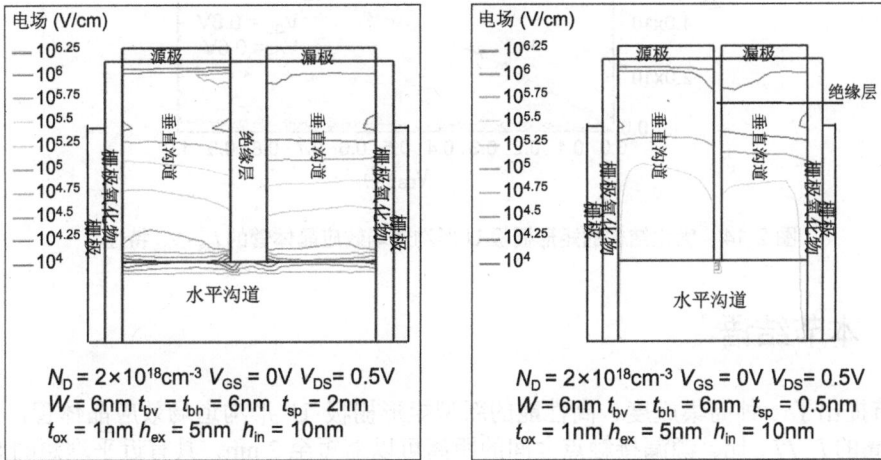

(a)

(b)

图 2-12　不同 t_{sp} 情况下器件在关闭状态下硅体内的二维电场分布

图 2-13 显示了 t_{sp} =0.5 nm 时矩形栅极 U 形沟道场效应晶体管在关闭状态下硅体内的二维电子浓度分布。与图 2-10(d)相比，可以清楚地看到水平体区的电子浓度从 10^9 cm^{-3} 扩大到 10^{10} cm^{-3}。此后，建议 t_{sp} 为 2 nm，以实现高集成度和低漏电低功耗设计。

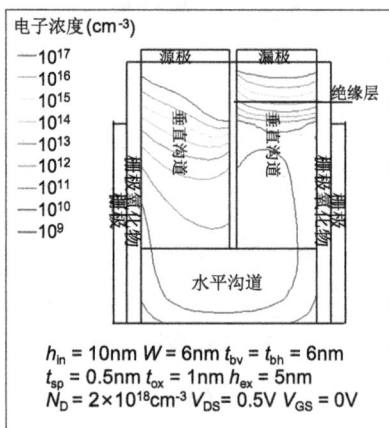

图 2-13 t_{sp} =0.5 nm 时器件在关闭状态下硅体内的二维电子浓度分布

2.2.4 矩形栅极 U 形沟道场效应晶体管的输出特性

图 2-14 显示了优化结构的矩形栅极 U 形沟道场效应晶体管在不同 V_{GS} 值下的 I_{DS} - V_{DS} 特性，其 SS 约为 63 mV/dec，I_{on} / I_{off} 比为 10^9~10^{10}。饱和电流随着 V_{GS} 的增加而增加。

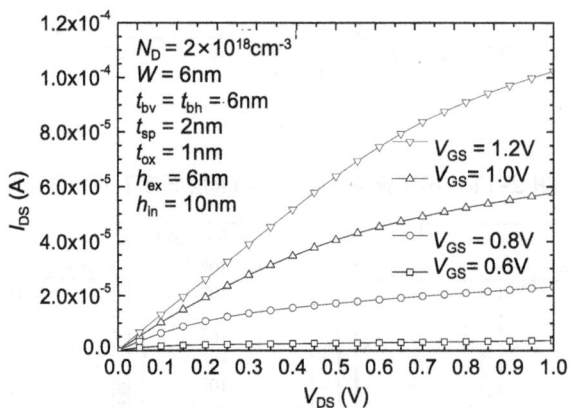

图 2-14 优化结构的矩形栅极 U 形沟道场效应晶体管的 I_{DS} - V_{DS} 特性

2.2.5 本节结语

本节提出了一种高集成度、高性能的新型矩形栅极 U 形沟道场效应晶体管，具有低 SS 和较高的 I_{on} / I_{off} 比。源漏接触点之间的距离可以缩短至 2 nm，具有近乎理想的 SS、反向漏电流和 I_{on} / I_{off} 比等特性。所有电特性均采用量子模型进行模拟，以确保结果更精确。

2.2.6　参考文献

[1]　Zhang Q, Zhao W, Seabaugh A. Low-subthreshold swing tunnel transistor. IEEE Eleetron Device Ietters 2006, 27(4):297-300.

[2]　Gundapaneni S, Ganguly S, Kottantharayil A. Bulk Planar Junctionless Transistor (BPJLT): An Attractive Device Alternative for Scaling. IEEE Electron Device Letters, 2011, 32(3): 261-263.

[3]　Cho S, Kim K R, Park B G, et al. RF Performance and Small-Signal Parameter Extraction of Junctionless Silicon Nanowire MOSFETs. IEEE Transactions on Electron Devices, 2011, 58(5):1388-1396.

[4]　Colinge J P, Lee C W, Afzalian A, et al. Nanowire transistors without junctions. Nature Nanotechnology, 2010, 5(3):225-9.

[5]　Gundapaneni S, Bajaj M, Pandey R K, et al. Effect of Band-to-Band Tunneling on Junctionless Transistors. IEEE Transactions on Electron Devices, 2012, 59(4):1023-1029.

[6]　W. Rösner, E. Landgraf, J. Kretz, et al. Nanoscale FinFETs for low power applications. Solid State Electronics, 2004, 48(10-11):1819-1823.

[7]　Liu X, Wu M, Jin X, et al. Simulation study on deep nanoscale short channel junctionless SOI FinFETs with triple-gate or double-gate structures. Journal of Computational Electronics, 2014, 13(2):509-514.

[8]　Barraud S, Berthome M, Coquand R, et al. Scaling of Trigate Junctionless Nanowire MOSFET With Gate Length Down to 13 nm. IEEE Electron Device Letters, 2012, 33(9): 1225-1227.

[9]　Jin X, Liu X, Lee J H, et al. Modeling of subthreshold characteristics of short channel junctionless cylindrical surrounding-gate nanowire metal-oxide-silicon field effect transistors. Physica Scripta, 2014, 89(1):169-174.

[10]　Hu G, Xiang P, Ding Z, et al. Analytical Models for Electric Potential, Threshold Voltage, and Subthreshold Swing of Junctionless Surrounding-Gate Transistors. IEEE Transactions on Electron Devices, 2014, 61(3):688-695.

[11]　Dutta P, Syamal B, Mohankumar N, et al. A 2-D surface-potential-based threshold voltage model for short channel asymmetric heavily doped DG MOSFETs. International Journal of Numerical Modelling Electronic Networks Devices & Fields, 2014, 27(4): 682-690.

[12]　Park S, Son Y, Han S, Kim I, and Roh Y. Asymmetrical formation of etching residues and their roles in inner-gate-recessed-channel-array-transistor. Journal of Vacuum Science & Technology, 2015, 33:021209.

[13]　Kumar A, Gupta N and Chaujar R. TCAD RF performance investigation of Transparent Gate Recessed Channel MOSFET. Microelectronics Journal, 2016, 49:36-42.

[14]　Kumar A, Gupta N and Chaujar R. Power gain assessment of ITO based Transparent Gate Recessed Channel (TGRC) MOSFET for RF/wireless applications. Superlattices and Microstructures, 2016, 91:290-301.

[15] Kumar A, Tripathi M and Chaujar R. Comprehensive analysis of sub-20 nm black phosphorus based junctionless-recessed channel MOSFET for analog/RF applications. Superlattices and Microstructures, 2018, 116:171-180.

[16] Kumar A, Tripathi M and Chaujar R. Reliability Issues of In2O5Sn Gate Electrode Recessed Channel MOSFET: Impact of Interface Trap Charges and Temperature. IEEE Transactions on Electron Devices, 2018, 65(3):860-866.

[17] Kang Y, Kim H, Lee J, Son Y, Park B, Lee J and Shin H. Modeling of Polysilicon Depletion Effect in Recessed-Channel MOSFETs. IEEE Electron Device Letters, 2009, 30(12): 1371-1373.

[18] Kwon Y, Kang Y, Lee S, Park B and Shin H. Analytic Threshold Voltage Model of Recessed Channel MOSFETs . Journal of Semiconductor and Science, 2010, 10(1): 61-65.

[19] Lenka A, Mishra S, Mishra S, Bhanja U and Mishra G. An extensive investigation of work function modulated trapezoidal recessed channel MOSFET. Superlattices and Microstructures, 2017, 111: 878-888.

[20] Singh M, Mishra S, Mohanty S and Mishra G. Performance analysis of SOI MOSFET with rectangular recessed channel. Advances in Natural Sciences: Nanoscience and Nanotechnology, 2016, 7: 015010.

[21] Jin X, Wu M, Liu X, Chuai R, Kwon H-K, Lee J-H, Lee J-H. A novel high performance junctionless FETs with saddle-gate. Journal of Computational Electronics, 2015, 14: 661-668.

[22] Jin X, Wu M, Liu X, Lee J-H and Lee J-H. Optimization of saddle junctionless FETs for extreme high integration. Journal of Computational Electronics, 2016, 15: 801-808.

[23] Jin X, Gao Y, Yang G, Xia Z, Liu X and Lee J-H. A novel low leakage saddle junctionless FET with assistant gate. Int J Numer Model, 2019, 32: e2465.

[24] Jin X, Yang G, Liu X, Lee J-H, Lee J-H. A novel high-performance H-gate U-channel junctionless FET. Journal of Computational Electronics, 2017, 16: 287-295.

[25] Chang L, Yang K, Yeo Y, Polishchuk I, Liu T and Hu C. Direct-Tunneling Gate Leakage Current in Double-Gate and Ultrathin body MOSFETs. IEEE Transactions on Electron Devices, 2002, 49(12): 2288-2295.

第3章 隧道场效应晶体管

功耗是集成电路行业的主要问题之一。如果器件在导通状态下工作，其导通电流必须达到一定的临界值；当电流达到临界值时，相应的栅极电压被定义为阈值电压。当器件处于关断状态时，相应的栅极电压应该与临界导通状态下的栅极电压不同，这通常被称为关断状态电压。亚阈值摆幅(SS)的概念描述了在关断状态和临界导通状态之间工作的器件的栅极电压变化，其值等于当电流增加一个数量级时栅极电压的变化。当器件设计良好时，已经确定了器件的临界导通电流值、阈值电压和关断电压；那么，较小的 SS 对应亚阈值区域中更强的电流变化、关断状态下器件的较小静态电流以及器件的较低静态功耗。金属氧化物半导体场效应晶体管是集成电路中广泛使用的基本单元，其 SS 受到器件工作时产生的电流的物理机制的限制，不能低于 60 mV/dec 的极限值。为了突破这一限制，近年来提出了一种基于硅基技术的隧道场效应晶体管。本章将重点介绍 PIN 隧道场效应晶体管，以及近年来提出的具有双向导通功能的源漏双折叠栅双向隧道场效应晶体管技术。

3.1 隧穿效应与 PIN 隧道场效应晶体管

按照经典理论，当粒子总能量低于势垒时，是不可能越过势垒到达另一侧的。但用量子力学的观点来看，由于粒子具有波动性，所以无论粒子能量是否高于势垒，都不能肯定粒子是否能越过势垒，只能确定粒子越过势垒概率的大小。这取决于势垒高度、宽度及粒子本身的能量。能量高于势垒的、运动方向适宜的未必一定越过势垒，只能说越过势垒的概率较大，而能量低于势垒的仍然有一定概率越过势垒，也就是说，可能还有一部分粒子并非越过势垒而是穿过势垒，这种现象称为隧穿效应。

隧穿效应主要分为带带隧穿(band-to-band tunneling，带间隧道)、直接隧穿、FN 隧穿和肖特基势垒隧穿。带带隧穿与直接隧穿、FN 隧穿和肖特基势垒隧穿有着本质上的区别，FN 隧穿、直接隧穿以及肖特基势垒隧穿都是一个自由电子从一个导带(或金属)隧穿到另一个导带，而且受到热分布的影响；而带带隧穿是一个束缚电子从价带隧穿到导带，从而产生一个电子空穴对。与通过载流子的热注入来越过势垒的金属氧化物半导体场效应晶体管相比，隧道场效应晶体管最基本的工作原理是带带隧穿(带间隧道)，依靠载流子从一个能带转移到另一个高掺杂浓度的 P^+- N 结中。这种隧穿机制最早由齐纳(Zener)于 1934 年首次提出，在一个隧道场效应晶体管中，带带隧穿机制可以借助栅极偏压，通过控制沟道的能带弯曲实现开启和关断时电流的突变。这个功能可以在反向偏压下的 PIN 结构实现。在理想状态下，隧道场效应晶体管是一个双极型器件，它的 P^+ 区和 N^+ 区掺杂对称，具有空穴导电占主导地位的 P 掺杂区和电子导电占主导地位的 N 掺杂区。对于 N 型隧道场效应晶体管来说，P^+ 区是源区，i 区是沟道，N^+ 区是漏区；对于 P 型隧道场效应晶体管来说，P^+ 区是漏区，i 区是沟道，N^+ 区是源区。图 3-1 所示为 P 型隧道场效应晶体管。

在能带弯曲处，加大电场强度时，能带会进一步弯曲，电子有可能从价带隧穿到导带中去。隧道场效应晶体管在不加外电压的条件下，能带结构如图 3-2 所示。源漏区都进行重掺杂。由于整个系统处于平衡状态，因此费米能级靠近 N$^+$ 区导带和 P$^+$ 区价带，且 N$^+$ 区与 P$^+$ 区有导带价带的能带重叠部分。所以 N$^+$ 区中电子有概率隧穿到 P$^+$ 区价带，同时 P$^+$ 区中电子有概率隧穿到 N$^+$ 区导带。对于空穴隧穿电流，机理也是相同的，在平衡状态下，两侧电流达到动态平衡。

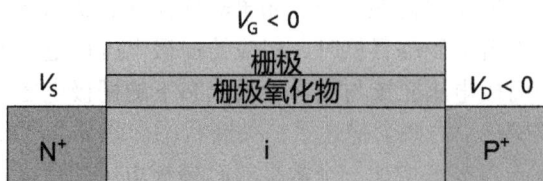

图 3-1　传统 P 型隧道场效应晶体管的结构

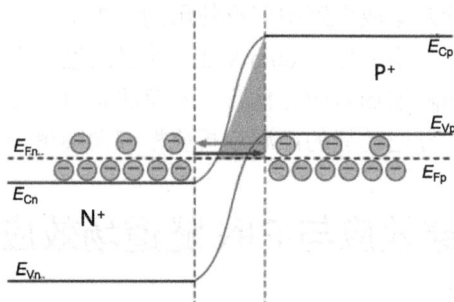

图 3-2　隧道场效应晶体管平衡状态下的能带结构

当隧道场效应晶体管工作在开态时，源电极接地，漏电极和栅电极外加正电压。开态的能带结构如图 3-3 所示。此时栅源处的 P-i 结能带满足隧穿发生的条件，隧穿沟道出现，P 型源区的价带电子可以通过带带隧穿到达沟道区产生隧穿电流。隧穿结的势垒形状由导带的弯曲形状决定，可以近似看作是一个三角形势垒。此时，就可以用 WKB 近似来求解势垒一侧的载流子隧穿概率。

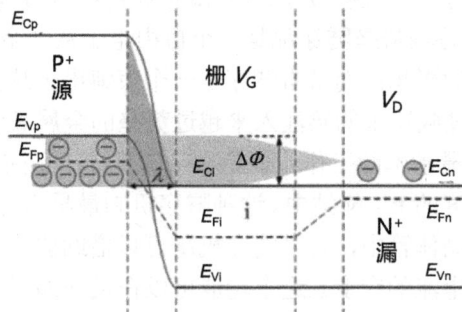

图 3-3　隧道场效应晶体管开态下的能带结构

当隧道场效应晶体管处于关态时，源电极和栅电极接地，漏电极接正电压，漏端的电压导致 N-i 结处于反偏的非平衡状态，如图 3-4 所示，P-i 结未出现发生隧穿的能带条件(能带重叠)，因此关态的隧道场效应晶体管电流相当于反偏状态的 PN 结电流(中间有一段低掺杂或者本征区)，这也使得隧道场效应晶体管的静态功耗十分小。

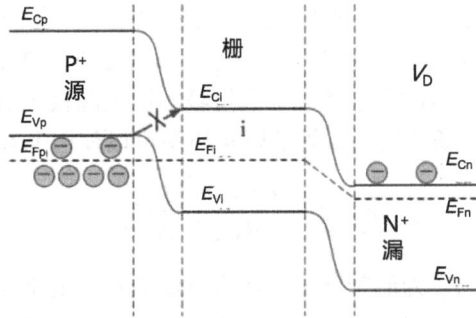

图 3-4　隧道场效应晶体管关态下的能带结构

　　然而，由于掺杂浓度或结构的不对称设计，或是由于利用异质结而限制了载流子的运动，导致漏极的隧穿势垒扩大，从而抑制了器件的双极性[33, 34]。这种不对称结构也能实现低的关断状态电流[8]。在隧道场效应晶体管关断状态下(图 3-4 中的虚线)，该沟道的价带顶位于源区导带底以下，所以带带隧穿被抑制，导致非常小的隧道场效应晶体管关态电流是由反向偏置的 PIN 二极管造成的。当提供反向栅极电压(图 3-5 中的实线)时可以将能带上拉，沟道的导带和价带都被拉高，一旦沟道的价带顶在栅极电压的作用下被提升到源区的导带底之上，便形成导电通道，从而产生隧穿电流，此时载流子能够隧穿到沟道中。因为只有当沟道的价带顶与源区的导带底具有能量差 $\Delta\Phi$ 且 $\Delta\Phi > 0$ 时，载流子才能隧穿到沟道中，所以从源区隧穿至沟道中的载流子的能量分布受到限制，同时，源区费米分布的高能级部分被有效截断[35]。在此基础上，电子的带带隧穿剧烈程度就会逐渐被冷却下来，就像常见的金属氧化物半导体场效应晶体管在较低温度下的表现一样，所以隧道场效应晶体管的这种类似于过滤载流子的功能，使得实现 SS 低于 60 mV/dec 成为可能，如图 3-6 所示。

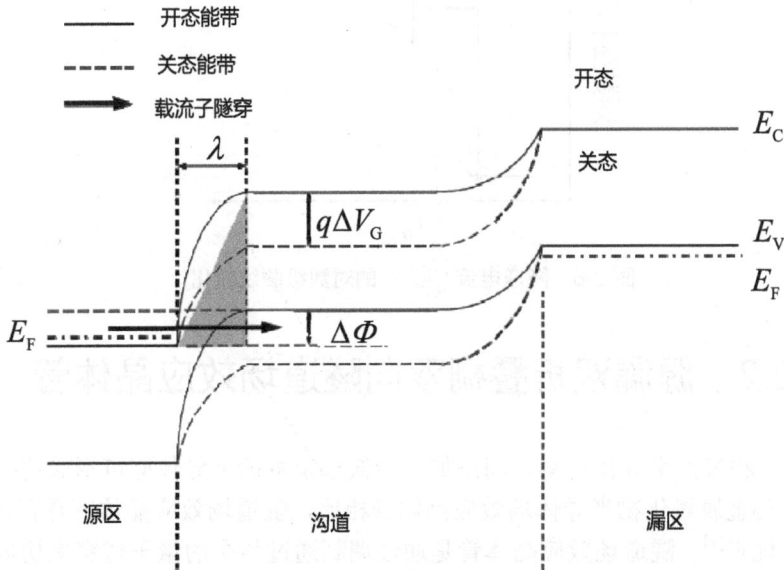

图 3-5　传统隧道场效应晶体管载流子带带隧穿过程

　　然而，栅极电压的一个较小的变化就能使沟道的价带被拉升，隧穿宽度，即势垒高度，也能够通过栅极电压的较小的改变而有效降低。所以，对于带带隧穿机制，隧道场效应晶体管的 SS 不是恒定不变的，而是取决于所施加的栅-源偏压，如图 3-5 所示，随着栅-源偏压的增加，SS 逐渐增大。隧道场效应晶体管的电压缩放之所以强于金属氧化物半导体场效应晶体管型器件，关键在于即使在超过几个数量级的巨大漏极电流下，SS 仍然能够保持在 60 mV/dec 以下。普通隧道场效应晶体管的隧穿概率可以使用 WKB 近似计算：

$$T_{\text{WKB}} \approx \exp\left[-\frac{4\lambda\sqrt{2m^*}\sqrt{E_{\text{G}}^3}}{3q\hbar(E_{\text{G}} + \Delta\Phi)} \right] \tag{3.1.1}$$

其中 m^* 为有效质量，E_{G} 为能带间隙，λ 为过滤载流子的隧穿长度，即源区与沟道接触面过渡区的空间范围，它取决于具体的器件几何形状。$\Delta\Phi$ 为能量差。在隧道场效应晶体管中，当漏极电压 V_{D} 恒定不变时，随着 V_{G} 的增加，λ 逐渐减小，而源区导带与沟道价带的能量差($\Delta\Phi$)逐渐增加，所以，在第一近似中，漏电流是 V_{G} 的超指数函数。因此，对比金属氧化物半导体场效应晶体管，隧道场效应晶体管的 SS 已不再是一个恒定量，但十分依赖于 V_{G}[37]。最小的 SS 出现在最小的栅极电压下，更高的电流也需要更明显的隧穿势垒。因此，若要取得最优 T_{WKB} 就需要将最佳设计参数整合起来。

对于隧道场效应晶体管来说，栅极电压能够影响到沟道区的能带位置，而沟道区的能带位置则直接决定了隧穿势垒的形状和大小，所以栅压的变化能够直接决定载流子通过隧穿结的隧穿概率，从而导致器件的导通电流对栅压的调控十分灵敏。基于这种导通机制，器件能够在很小的栅压范围内，获得相差很多个数量级的开态电流，即器件能够拥有十分陡峭的 SS 特性。

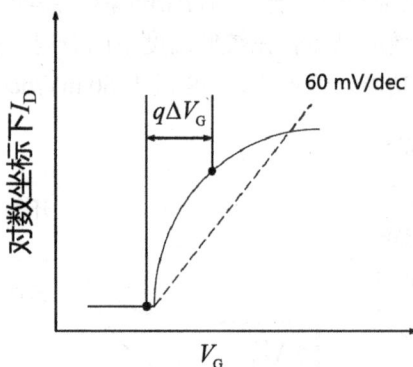

图 3-6 隧道电流 I_{D} 随 V_{G} 的对数级曲线变化

3.2 源漏双折叠栅双向隧道场效应晶体管

通过在 P 型和 N 型半导体材料之间添加一层低掺杂本征半导体即可形成传统的隧道场效应晶体管。与金属氧化物半导体场效应晶体管相比，隧道场效应晶体管具有灵敏度高、静态功耗低的优点[1]。隧道场效应晶体管是通过调制通过势垒的量子隧穿来切换的，而不是像传统金属氧化物半导体场效应晶体管那样调制势垒上的热离子发射。因此，隧道场效应晶体管不受载流子的麦克斯韦-玻尔兹曼(Maxwell-Boltzmann)尾的限制，这将金属氧化物半导体场效应晶体管的 SS 在室温下限制为 60 mV/dec[2] (在 300 K 下恰好为 63 mV/dec)。这个概念是常(Chang)等人在 IBM 工作时提出的[3]。约尔格·阿彭策勒(Joerg Appenzeller)

和他在 IBM 的同事首次证明了隧道场效应晶体管的 SS 可以低于 60 mV/dec。隧道场效应晶体管可以用作节能电子开关[4]，突破了金属氧化物半导体场效应晶体管的瓶颈，大大降低了 IC 功耗。生产工艺与金属氧化物半导体场效应晶体管兼容。它很可能取代金属氧化物半导体场效应晶体管成为下一代集成电路的基本单元。因此，隧道场效应晶体管已成为近年来的热门话题[5-6]。

为了提高隧道场效应晶体管在 SS、正向传导电流和反向泄漏方面的性能，人们对隧道场效应晶体管器件的结构设计和优化进行了许多研究，主要集中在改善器件沟道和栅电极的结构形状[7-12]以及具有不同功函数的栅极介电材料方面。已经对栅极电介质材料[13-15]和具有不同介电常数的栅极电介质进行了特性分析和结构优化[15-20]。在器件物理中，具有双栅极结构[21-27]和周围栅极结构[28-33]的隧道场效应晶体管的分析建模也得到了广泛的执行。与金属氧化物半导体场效应晶体管相比，硅基隧道场效应晶体管的一个缺点是正向电流较小，并且正向电流的大小由隧道电流产生的效率决定。可以通过减小用于产生带带隧穿电流的区域中的价带和导带之间的带隙或者通过减小隧穿区域的厚度来提高隧穿电流的产生效率。因此，在材料工程中，基于窄带隙半导体材料和异质结隧穿结构的隧道场效应晶体管器件得到了广泛开发[34-38]。同时，将二维材料引入到隧道场效应晶体管中作为具有超薄厚度的隧道层已经得到了广泛的研究[39-44]。此外，一些论文报道了隧道场效应晶体管的可靠性，如源极掺杂对隧道带隙交错的影响[45]，陷阱辅助隧道对隧道场效应晶体管亚阈值特性的影响[46]，以及随机掺杂对器件性能扰动的影响[47]。

然而，目前的研究成果主要针对单个隧道场效应晶体管的基本工作特性和工作原理，研发隧道场效应晶体管最重要的根本目的是，提供一种功耗更低的基本结构单元，取代现有的金属氧化物半导体场效应晶体管结构。为了实现这一基本目标，必须将其设置在特定的电路中，以验证其与金属氧化物半导体场效应晶体管技术的兼容性。目前，基于隧道场效应晶体管器件的电路设计策略正在逐步进行研究，如模拟和混合信号电路[48-49]、数字逻辑电路[50-51]、电源管理电路设计[52]。也有关于基于金属氧化物半导体场效应晶体管和隧道场效应晶体管的混合电路设计的研究[53]。

然而，源极区和漏极区的掺杂类型彼此相反，这造成源极区与漏极区不对称。这种不对称结构使得不可能用源极/漏极对称性完全取代金属氧化物半导体场效应晶体管。以 N 型隧道场效应晶体管为例。具有 P 型杂质的一侧被用作源极区，而具有 N 型杂质的一侧被用作漏极区。当器件工作时，必须从漏极区向源极区施加正电势差。如果源电极和漏电极互换，即 P 型杂质区域被设置在相对于 N 型杂质区域更高的电势，则由 P 型杂质区和 N 型杂质区形成的 PN 结将始终处于正偏置状态，这导致栅极的控制功能失效，隧道场效应晶体管将几乎总是处于导通状态并且不能被关断。换句话说，它会导致隧道场效应晶体管开关功能失效。换言之，必须利用晶体管的双向开关特性才能正常工作的电路功能模块(如传输门)，很难使用源极和漏极不对称结构的传统隧道场效应晶体管来实现。

为了解决这些问题，本节中，将提出一种源极-漏极对称可换双向隧道场效应晶体管[54]，与传统的非对称隧道场效应晶体管相比，它显示了双向开关特性和与 CMOS 集成电路兼容的优点。这里提出了一种改进的具有平面沟道的双边栅极控制双向隧道场效应晶体管。基于物理分析，详细解释了 N^+ 区和 P^+ 区的掺杂浓度、N^+ 区长度和本征区长度等关键结构参数对器件性能的影响，如传输特性、I_{on}/I_{off} 比和 SS，然后也对这些关键结构参数进行优化。

3.2.1　源漏双折叠栅极双向隧道场效应晶体管的结构与参数

图 3-7(a)为具有平面沟道的源漏双折叠栅极控制的 N 型双向隧道场效应晶体管的示意俯视图。图 3-7(b)为双向栅极控制的 N 型双向隧道场效应晶体管的横截面图。与传统的隧道场效应晶体管不同，双向隧道场效应晶体管是完全对称的，源极/漏极可互换的 P$^+$ 掺杂区域位于硅体的两侧，栅极电极位于硅体两侧。整个器件结构是对称的。N$^+$掺杂区位于硅体的中心部分。L 和 W 分别是器件的整个长度和整个宽度。L_i 是本征区域的长度；L_{N^+} 是 N$^+$区的长度；L_{SD} 和 W_{SD} 分别是 P$^+$源极/漏极可互换区域的长度和宽度；T 是硅体厚度；t_{ox} 是栅极氧化物的厚度；t_i 是源漏区和栅极氧化物之间本征隧道区的厚度。

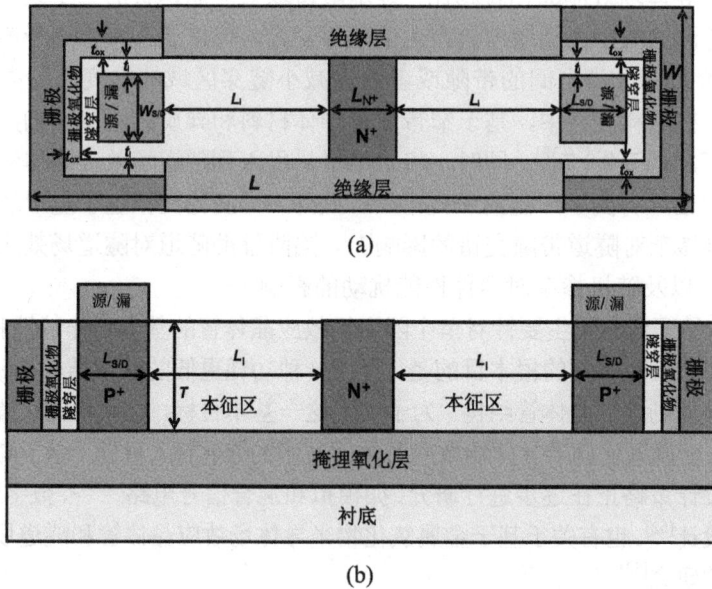

(a)

(b)

图 3-7　双向隧道场效应晶体管的俯视图和横截面图

本节分析采用的所有相关物理模型包括费米统计模型、CVT 迁移率模型、俄歇复合模型、带隙变窄模型和标准带间隧道模型。源漏双折叠栅双向隧道场效应晶体管的结构参数如表 3-1 所示。

表 3-1　源漏双折叠栅双向隧道场效应晶体管的结构参数

参　数	参　数　值
硅体厚度(T)	100 nm
器件宽度(W)	13 nm
栅极氧化物厚度(t_{ox})	1 nm
源漏区与栅极氧化物之间本征隧道区域的厚度(t_i)	0.5 nm
P$^+$源/漏可互换区域的长度($L_{S/D}$)	8 nm
P$^+$源/漏可互换区域的宽度($W_{S/D}$)	8 nm
N$^+$掺杂区长度(L_{N^+})	2 nm~160 nm

参　　数	参　数　值
本征区域的长度(L_i)	4 nm~100 nm
N$^+$区掺杂浓度(N_D)	10^{19} cm^{-3} ~ 10^{21} cm^{-3}
P$^+$区掺杂浓度(N_A)	10^{19} cm^{-3} ~ 10^{21} cm^{-3}
源漏电压(V_{DS})	0.5 V
栅极电压(V_{GS})	-0.2 V~1.0 V

3.2.2　N$^+$区掺杂浓度的影响

图 3-8(a)和图 3-8(b)显示了不同 N_D (1×10^{19}cm^{-3}~1×10^{21}cm^{-3})的双向隧道场效应晶体管传输特性、I_{on}/I_{off} 比和平均 SS。在图 3-8(a)中，N_D 影响反向偏置漏极到源极泄漏电流的强度。随着掺杂浓度的增加，漏电流被显著抑制，并且正向电流没有显著变化。在图 3-8(b)中，SS 和 I_{on}/I_{off} 也受到 N_D 的影响。随着掺杂浓度的增加，由于反向漏电流被显著抑制，静态工作点的电流减小，因此平均 SS 也减小。因为正向电流比反向泄漏受的影响小得多，所以 I_{on}/I_{off} 比随着掺杂浓度的增加而增加。图 3-8(c)和图 3-8(d)显示了双向隧道场效应晶体管的二维电势分布，其中 N_D 分别等于 1×10^{19}cm^{-3} 和 1×10^{21}cm^{-3}。当栅极电极被反向偏置时，在正向偏置的漏极电极和反向偏置的栅极电极之间将产生强电场，这导致漏极区域附近的强带带隧穿。在由此产生的电子-空穴对中，电子可以直接从漏极流出，而价带空穴必须流过 N$^+$区，随后流到源极侧的本征区域，并由源极放电以形成连续的漏电流。

为了最大限度地减少漏电流，应该有效地阻止由带带隧穿产生的空穴流出 N$^+$区。与浓度较低的 N$^+$区相比，浓度较高的 N$^+$区在 P$^+$区和 N$^+$区之间形成较大的电势差，即在本征区域和 N$^+$区之间的边界处的电势值将随着 N_D 的增加而增加，因为具有更高浓度的 N$^+$区可以在源极和漏极之间产生更大的电子浓度差。然后，更多的电子可以从 N$^+$区扩散到 N$^+$区两侧的本征区域，这增加了电离后 N$^+$区中的正电荷(主要由施主组成)的量，从而增加了 P$^+$区和 N$^+$区之间的电势差。

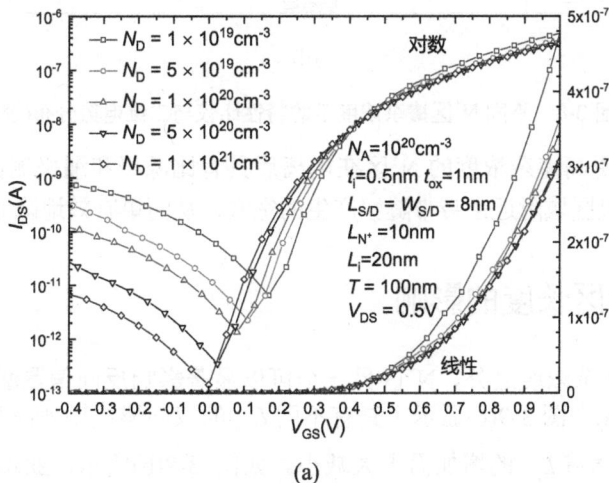

(a)

图 3-8　不同 N$^+$区掺杂浓度下的特性比较与二维电势分布

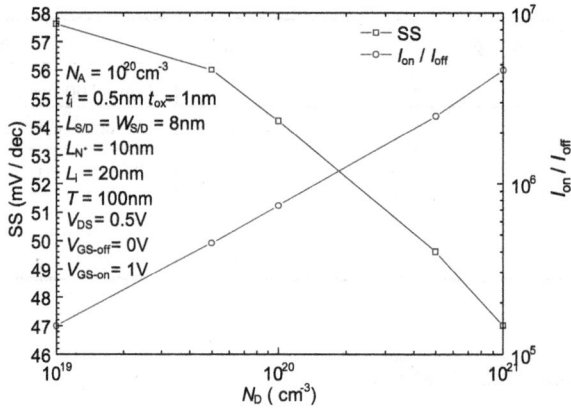

(b)

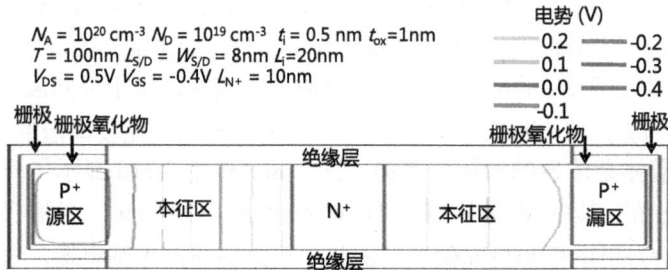

$N_A = 10^{20}\,cm^{-3}$ $N_D = 10^{19}\,cm^{-3}$ $t_i = 0.5\,nm$ $t_{ox} = 1nm$
$T = 100nm$ $L_{S/D} = W_{S/D} = 8nm$ $L_i = 20nm$
$V_{DS} = 0.5V$ $V_{GS} = -0.4V$ $L_{N+} = 10nm$

电势 (V)

(c)

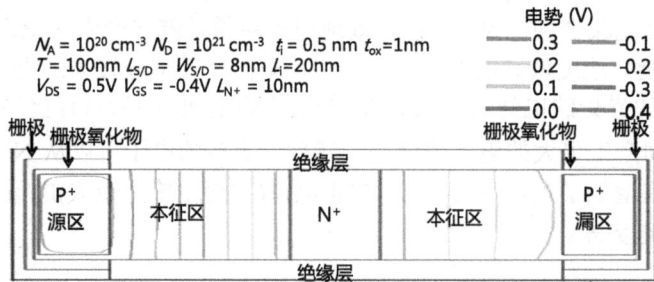

$N_A = 10^{20}\,cm^{-3}$ $N_D = 10^{21}\,cm^{-3}$ $t_i = 0.5\,nm$ $t_{ox} = 1nm$
$T = 100nm$ $L_{S/D} = W_{S/D} = 8nm$ $L_i = 20nm$
$V_{DS} = 0.5V$ $V_{GS} = -0.4V$ $L_{N+} = 10nm$

电势 (V)

(d)

图 3-8 不同 N$^+$区掺杂浓度下的特性比较与二维电势分布(续)

正是因为具有更高掺杂浓度的 N$^+$区在电离后具有比源极和漏极侧都高的电势,所以可以更有效地阻挡漏极区域附近由带带隧穿产生的空穴,从而更有效地降低漏电流。

3.2.3 N$^+$掺杂区长度的影响

除了 N$^+$区的掺杂浓度之外,N$^+$区另一个可以显著影响反向偏置漏电流的关键参数是 N$^+$区长度。图 3-9(a)和图 3-9(b)显示了具有不同 L_{N+} 的双向隧道场效应晶体管的传输特性。反向偏置的漏电流随着 L_{N+} 的增加而大大减小。如图 3-9(b)所示,亚阈值摆幅和 $I_{on}\,/\,I_{off}$ 比也受到 L_{N+} 的影响。随着 L_{N+} 的增加,因为反向泄漏电流被显著抑制,所以静态操作点处的电流和平均 SS 也被减小。正向电流的影响远小于反向泄漏，并且 I_{on}/I_{off} 比随着 L_{N^+} 的增加而增加。

图 3-9(c)和图 3-9(d)分别显示了 L_{N^+} 等于 2 nm 和 80 nm 时双向隧道场效应晶体管的二维空穴浓度分布。当 L_{N^+} 等于 2 nm 时，N^+ 区域中的最小空穴浓度大于 10^{17} cm^{-3}，而当 L_{N^+} 大于 80 nm 时，最小空穴浓度小于 10^{14} cm^{-3}。N^+ 区域长度的增加增强了其防止空穴穿过 N^+ 区的能力。作为 N^+ 区中的非平衡少数载流子，当 N^+ 区较长时，更多的空穴在通过 N^+ 区之前会与电子重新结合，因此 N^+ 区长度的增加也可以形成连续的反向偏置漏电流。平均 SS 可以降低到 40.2 mV/dec，并且 I_{on}/I_{off} 比可以超过 10^{10}。

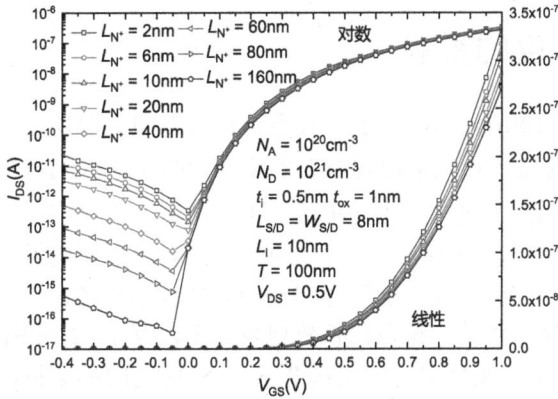

(a)

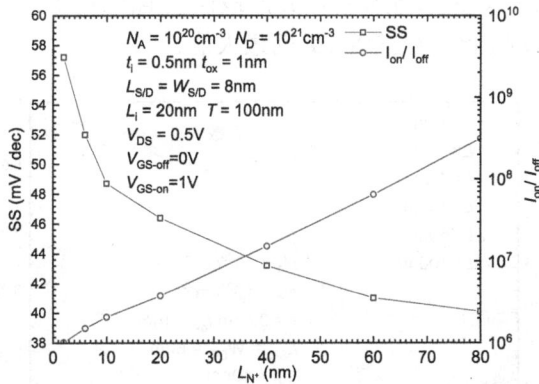

(b)

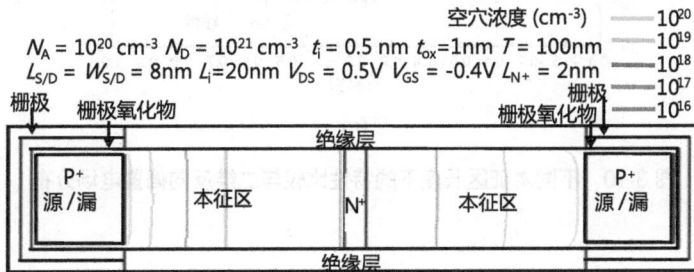

(c)

图 3-9　不同 N^+ 掺杂区长度下的特性比较与二维空穴浓度分布

$N_A = 10^{20}\,cm^{-3}$ $N_D = 10^{21}\,cm^{-3}$ $t_i = 0.5\,nm$ $t_{ox} = 1nm$ $T = 100nm$

空穴浓度 (cm^{-3}) ——10^{21} ——10^{17} 10^{20} ——10^{16}

$L_{S/D} = W_{S/D} = 8nm$ $L_i = 20nm$ $V_{DS} = 0.5V$ $V_{GS} = -0.4V$ $L_{N+} = 80nm$ 10^{19} ——10^{15} ——10^{18} ——10^{14}

栅极
栅极氧化物   绝缘层

本征区   N+   本征区

P+ 源/漏   绝缘层   P+ 源/漏

(d)

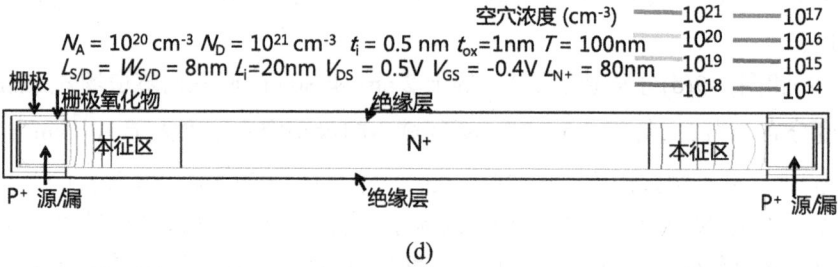

图 3-9   不同 N⁺掺杂区长度下的特性比较与二维空穴浓度分布(续)

3.2.4   本征区长度的影响

图 3-10(a)和图 3-10(b)分别显示了具有不同L_i的双向隧道场效应晶体管的传输特性以及 SS 和 I_{on}/I_{off} 比的变化。正向电流随着L_i的增加而减小，因为本征区域的电阻与其自身的长度成比例。然后，为了最大化正向电流，本征区域的长度应该最小化。然而，本征区域的长度的减小增强了源极 P⁺区和 N⁺区之间的本征区域中的电场，因此该区域附近的带弯曲大于漏极附近的本征区，这引起了更多反向偏置的漏电流。图 3-10(c)和图 3-10(d)显示了双向隧道场效应晶体管的二维反向偏置电场分布，其中 L_i 分别等于 4 nm 和 100 nm。对于最短的L_i(4 nm)情况，源极附近的源极 P⁺区和 N⁺区之间的本征区域中的电场比漏极附近的漏极 P⁺区和 N⁺区之间的本征区域中的电场强得多。然后，漏电流几乎保持恒定，这与栅极电压的变化无关。图 3-10(b)显示，L_i 的最佳值范围约为 7～10 nm，其中 SS 降至 41 mV/dec 的谷值，I_{on}/I_{off} 比增至接近 10^8 的最大值。

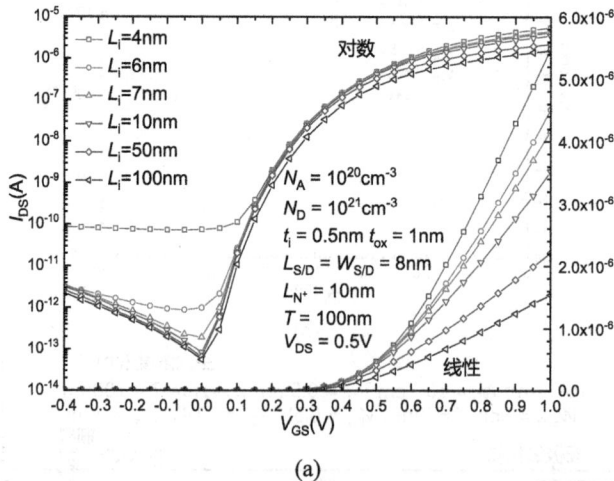

图 3-10   不同本征区长度下的特性比较与二维反向偏置电场分布

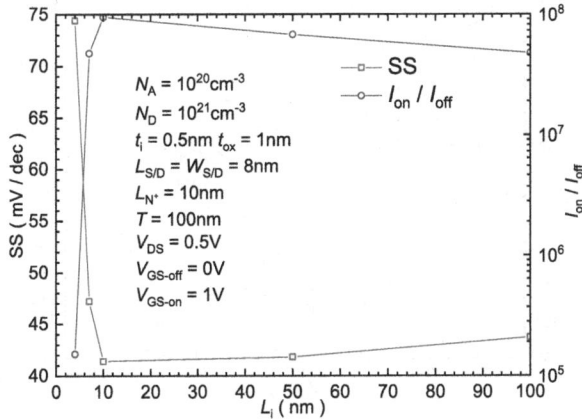

(b)

(c)

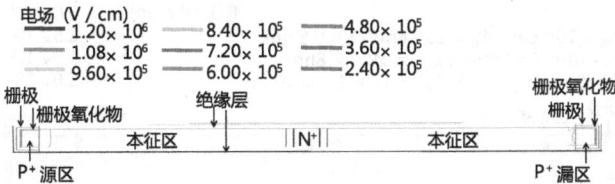

(d)

图 3-10　不同本征区长度下的特性比较与二维反向偏置电场分布(续)

3.2.5　P⁺区掺杂浓度的影响

图 3-11(a)和图 3-11(b)显示了具有不同 N_A 的双向隧道场效应晶体管的 I_{DS} - V_{GS} 传输特性以及 SS 和 I_{on}/I_{off} 比的变化。如图 3-11(a)所示，通过增加 P⁺掺杂区的浓度，我们可以获得更小的 SS 和更大的正向电流。反向偏置泄漏电流不明显受到 N_A 变化的影响，但正向电流可以随着 N_A 的增加而增加。在图 3-11(b)中，通过增加 N_A 可以提高 SS 和 I_{on}/I_{off} 比。图 3-11(c)和图 3-11(d)显示了双向隧道场效应晶体管的二维电场分布，其中 N_A 分别等于 10^{19}cm⁻³ 和 10^{21} cm⁻³。N_A 的增加增强了本征区域中的电场；然后，通过带带隧穿，可以产生更多的电子-空穴对，这增强了双向隧道场效应晶体管的正向电流。

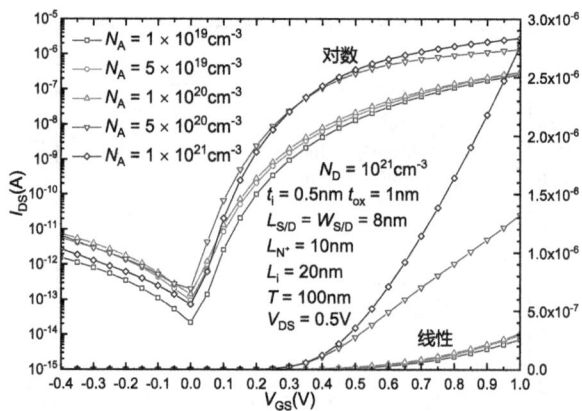

(a)

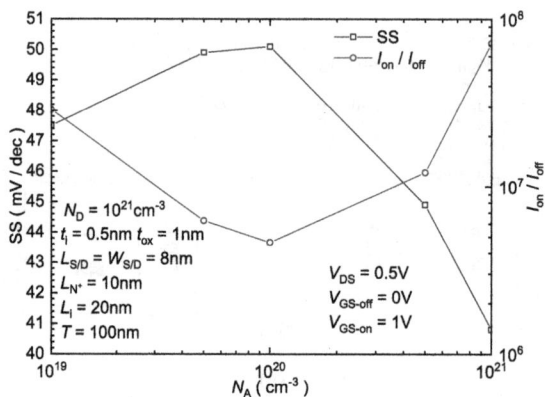

(b)

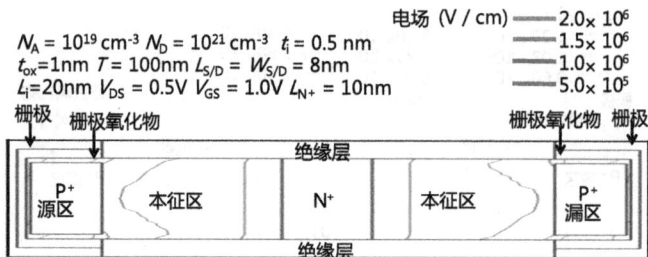

(c)

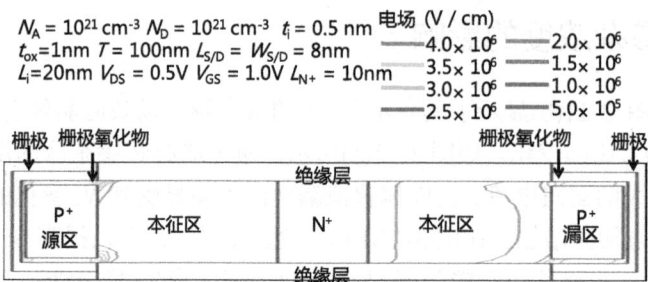

(d)

图 3-11 不同 P⁺区掺杂浓度下的特性比较与二维电场分布

3.2.6　L_{N^+} 的影响

根据以上讨论，N_D 和 N_A 都应设置为最大可能值。L_i 的最佳值范围为 7~10 nm。然而，在静态功耗和 L_{N^+} 之间存在折中。图 3-12 显示了具有不同 L_{N^+} 的优化双向隧道场效应晶体管的传输特性。L_{N^+} 可根据不同的静态功耗设计要求进行选择。作为折中方案，为了确保 I_{on}/I_{off} 比率高于 10^8，建议 L_{N^+} 高于 20 nm。导通电流增加到大约 6×10^{-6} A，SS 降低到 38 mV/dec。

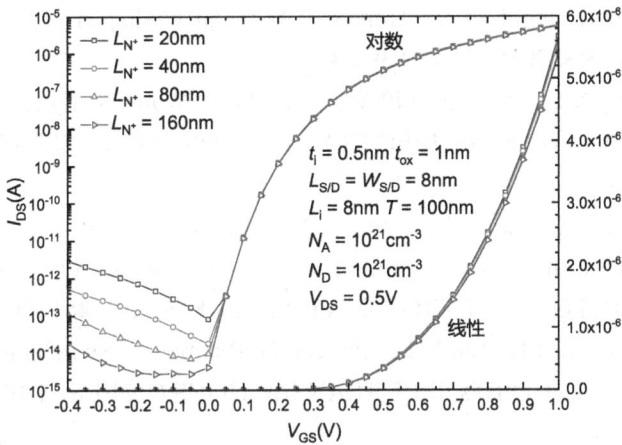

图 3-12　不同 L_{N^+} 的优化双向隧道场效应晶体管的传输特性

3.2.7　本节结语

本节分析了双向栅控源漏对称可互换双向隧道场效应晶体管的结构参数和内部机理的影响。详细讨论了 N^+ 区的浓度和长度、P^+ 区和 N^+ 区之间的本征区的长度以及 P^+ 区的浓度等关键参数的影响。与传统的隧道场效应晶体管相比，双向隧道场效应晶体管具有对反向偏置漏电流具有较强抵抗能力的优点。因此可以获得诸如较低的平均 SS 和较高的 I_{on}/I_{off} 比之类的良好性能。此外，由于结构对称、源极/漏极可互换和双向开关特性，它与 CMOS 电路设计更为兼容。

3.2.8　参考文献

[1] Avci UE, Morris DH, Young IA. Tunnel Field-Effect Transistors: Prospects and Challenges. IEEE Journal of the Electron Devices Society, 2015, 3(3): 88-95.

[2] DeMicheli G, Leblebici Y, Gijs M, Vörös J. Nanosystems Design and Technology, 2009, Springer.

[3] Chang, L. L., and L. Esaki. Tunnel triode—a tunneling base transistor. Applied Physics Letters, 1977, 31(10): 687-689.

[4] Ionescu AM, Riel H. Tunnel field-effect transistors as energy-efficient electronic switches. Nature, 2011, 479(7373): 329.

[5] Wu J Z, Min J, Taur Y. Short-Channel Effects in Tunnel FETs. IEEE TRANSACTIONS ON ELECTRON DEVICES, 2015, 62(9): 3019-3024.

[6] Ilatikhameneh H, Klimeck G, Rahman, R. Can Homojunction Tunnel FETs Scale Below 10 nm?. IEEE ELECTRON DEVICE LETTERS, 2016, 37(1): 115-118.

[7] Kim S W, Kim, J H, Liu, T K, Choi W Y, Park B G. Demonstration of L-Shaped Tunnel Field-Effect Transistors. IEEE TRANSACTIONS ON ELECTRON DEVICES, 2016, 63(4): 1774-1778.

[8] Yang Z N. Tunnel Field-Effect Transistor With an L-Shaped Gate. IEEE ELECTRON DEVICE LETTERS, 2016, 37(7): 839-842.

[9] Chen S P, Wang S L, Liu H X, Li0 W, Wang Q Q, Wang X. Symmetric U-Shaped Gate Tunnel Field-Effect Transistor. IEEE TRANSACTIONS ON ELECTRON DEVICES, 2017, 64(3): 1343-1349.

[10] Chen C Y, Ameen T A, Ilatikhameneh H, Rahman R, Klimeck G, Appenzeller J. Channel Thickness Optimization for Ultrathin and 2-D Chemically Doped TFETs. IEEE TRANSACTIONS ON ELECTRON DEVICES, 2018, 65(10): 4614-4621.

[11] Chen F, Ilatikhameneh H, Tan Y H, Klimeck G, Rahman R. Switching Mechanism and the Scalability of Vertical-TFETs. IEEE TRANSACTIONS ON ELECTRON DEVICES, 2018, 65(7): 3065-3068.

[12] Woo S, Kim S. Covered Source-Channel Tunnel Field-Effect Transistors With Trench Gate Structures. IEEE TRANSACTIONS ON NANOTECHNOLOGY, 2019, 18: 114-118.

[13] Ko E, Lee H J, Park J D, Shin C H. Vertical Tunnel FET: Design Optimization With Triple Metal-Gate Layers. IEEE TRANSACTIONS ON ELECTRON DEVICES, 2016, 63(12): 5030-5035.

[14] Lee J C, Ahn T J, Yu Y S. Work-Function Engineering of Source-Overlapped Dual-Gate Tunnel Field-Effect Transistor. JOURNAL OF NANOSCIENCE AND NANOTECHNOLOGY, 2018, 18(9): 5925-5931.

[15] Raad B, Nigam K, Sharma D, Kondekar P. Dielectric and work function engineered TFET for ambipolar suppression and RF performance enhancement. ELECTRONICS LETTERS, 2016, 52(9): 770-771.

[16] Ilatikhameneh H, Ameen T A, Klimeck G, Appenzeller J, Rahman R. Dielectric Engineered Tunnel Field-Effect Transistor. IEEE ELECTRON DEVICE LETTERS, 2015, 36(10): 1097-1100.

[17] Sahay S, Kumar M J. Controlling the Drain Side Tunneling Width to Reduce Ambipolar Current in Tunnel FETs Using Heterodielectric BOX. IEEE TRANSACTIONS ON ELECTRON DEVICES, 2015, 62(11): 3882-3886.

[18] Madan J, Chaujar R. Interfacial Charge Analysis of Heterogeneous Gate Dielectric-Gate All Around-Tunnel FET for Improved Device Reliability. IEEE TRANSACTIONS ON DEVICE AND MATERIALS RELIABILITY, 2016, 16(2): 227-234.

[19] Raad B R, Nigam K, Sharma D, Kondekar P N. Performance investigation of bandgap, gate material work function and gate dielectric engineered TFET with device reliability improvement. SUPERLATTICES AND MICROSTRUCTURES, 2016, 94: 138-146.

[20] Rahimian M, Fathipour M. Improvement of electrical performance in junctionless nanowire TFET using hetero-gate-dielectric. MATERIALS SCIENCE IN SEMICONDUCTOR PROCESSING, 2017, 63: 142-152.

[21] BAGga N, Sarkar S K. An Analytical Model for Tunnel Barrier Modulation in Triple Metal Double Gate TFET. IEEE TRANSACTIONS ON ELECTRON DEVICES, 2015, 62(7): 2136-2142.

[22] Kumar S, Goel E, Singh K, Singh B, Kumar M, Jit S. A Compact 2-D Analytical Model for Electrical Characteristics of Double-Gate Tunnel Field-Effect Transistors With a SiO_2/High-k Stacked Gate-Oxide Structure. IEEE TRANSACTIONS ON ELECTRON DEVICES, 2016, 63(8): 3291-3299.

[23] Kumar S, Goel E, Singh K, Singh B, Singh P K, Baral K, Jit S. 2-D Analytical Modeling of the Electrical Characteristics of Dual-Material Double-Gate TFETs With a SiO_2/HfO_2 Stacked Gate-Oxide Structure. IEEE TRANSACTIONS ON ELECTRON DEVICES, 2017, 64(3): 960-968.

[24] Guan Y H, Li Z C, Zhang W H, Zhang Y F. An Accurate Analytical Current Model of Double-gate Heterojunction Tunneling FET. IEEE TRANSACTIONS ON ELECTRON DEVICES, 2017, 64(3): 938-944.

[25] Mohammadi S, Khaveh HRT. An Analytical Model for Double-Gate Tunnel FETs Considering the Junctions Depletion Regions and the Channel Mobile Charge Carriers. IEEE TRANSACTIONS ON ELECTRON DEVICES, 2017, 64(3): 1268-1276.

[26] Kumar S, Singh K, Chander S, Goel E, Singh P K, Baral K, Singh B, Jit S. 2-D Analytical Drain Current Model of Double-Gate Heterojunction TFETs With a SiO_2/HfO_2 Stacked Gate-Oxide Structure. IEEE TRANSACTIONS ON ELECTRON DEVICES, 2018, 65(1): 331-338.

[27] Lu B, Lu H L, Zhang Y M, Zhang Y M, Cui X R, Lv Z J, Yang, S Z, Liu C. A Charge-Based Capacitance Model for Double-Gate Tunnel FETs With Closed-Form Solution. IEEE TRANSACTIONS ON ELECTRON DEVICES, 2018, 65(1): 299-307.

[28] Xu W J, Wong H, Iwai H. Analytical model of drain current of cylindrical surrounding gate p-n-i-n TFET. SOL ID-STATE ELECTRONICS, 2015, 111: 171-179.

[29] Dash S, Mishra G P. A new analytical threshold voltage model of cylindrical gate tunnel FET (CG-TFET). SUPERLATTICES AND MICROSTRUCTURES, 2015, 86: 211-220.

[30] Goswami R, Bhowmick, B. An Analytical Model of Drain Current in a Nanoscale Circular Gate TFET. IEEE TRANSACTIONS ON ELECTRON DEVICES, 2017, 64(1): 45-51.

[31] Jiang C S, Liang R R, Xu J. Investigation of Negative Capacitance Gate-all-Around Tunnel FETs Combining Numerical Simulation and Analytical Modeling. IEEE TRANSACTIONS ON NANOTECHNOLOGY, 2017, 16(1): 58-67.

[32] BAGga N, Dasgupta S. Surface Potential and Drain Current Analytical Model of Gate All

Around Triple Metal TFET. IEEE TRANSACTIONS ON ELECTRON DEVICES, 2017, 64(2): 606-613.

[33] Guan Y H, Li Z C, Zhang W H, Zhang Y F, Liang F. An Analytical Model of Gate-All-Around Heterojunction Tunneling FET. IEEE TRANSACTIONS ON ELECTRON DEVICES, 2018, 65(2): 776-782.

[34] Liu M S, Liu Y, Wang H J, Zhang Q F, Zhang C F, Hu S D, Hao Y, Han G Q. Design of GeSn-Based Heterojunction-Enhanced N-Channel Tunneling FET With Improved Subthreshold Swing and ON-State Current. IEEE TRANSACTIONS ON ELECTRON DEVICES, 2015, 62(4): 1262-1268.

[35] Lind E, Memisevic E, Dey A W, WernerSSon L E. III-V Heterostructure Nanowire Tunnel FETs. IEEE JOURNAL OF THE ELECTRON DEVICES SOCIETY, 2015, 3(3): 96-102.

[36] Ahish S, Sharma D, Kumar Y B N, Vasantha M H. Performance Enhancement of Novel InAs/Si Hetero Double-Gate Tunnel FET Using Gaussian Doping. IEEE TRANSACTIONS ON ELECTRON DEVICES, 2016, 63(1): 288-295.

[37] Dubey P K, Kaushik B K. T-Shaped III-V Heterojunction Tunneling Field-Effect Transistor. IEEE TRANSACTIONS ON ELECTRON DEVICES, 2017, 64(8): 3120-3125.

[38] Memisevic E, SvensSon J, Lind E, WernerSSon L E. InAs/InGaAsSb/GaSb Nanowire Tunnel Field-Effect Transistors. IEEE TRANSACTIONS ON ELECTRON DEVICES, 2017, 64(11): 4746-4751.

[39] Roy T, Tosun M, Cao X, Fang H, Lien D H, Zhao P D, Chen Y Z, Chueh Y L, Guo J, Javey A. Dual-Gated MoS2/WSe2 van der Waals Tunnel Diodes and Transistors. ACS NANO, 2015, 9(2): 2071-2079.

[40] Szabo A, Koester S J, Luisier M. Ab-Initio Simulation of van der Waals MoTe2-SnS2 Heterotunneling FETs for Low-Power Electronics. IEEE ELECTRON DEVICE LETTERS, 2015, 36(5): 514-516.

[41] Li M Esseni D Nahas J J Jena D Xing H G. Two-Dimensional Heterojunction Interlayer Tunneling Field Effect Transistors (Thin-TFETs). IEEE JOURNAL OF THE ELECTRON DEVICES SOCIETY, 2015, 3(3): 206-213.

[42] Sarkar D, Xie X J, Liu W, Cao W, Kang J H, Gong Y J, Kraemer S, Ajayan P M, Banerjee K. A subthermionic tunnel field-effect transistor with an atomically thin channel. NATURE, 2015, 526(7571): 91-95.

[43] Ameen T A, Ilatikhameneh H, Klimeck G, Rahman R. Few-layer Phosphorene: An Ideal 2D Material For Tunnel Transistors. SCIENTIFIC REPORTS, 2016, 6: 28515.

[44] Chen F W, Ilatikhameneh H, Ameen T A, Klimeck G, Rahman R. Thickness Engineered Tunnel Field-Effect Transistors Based on Phosphorene. IEEE ELECTRON DEVICE LETTERS, 2017, 38(1): 130-133.

[45] Min J, Wu J Z, Taur Y. Analysis of Source Doping Effect in Tunnel FETs With Staggered Bandgap. IEEE ELECTRON DEVICE LETTERS, 2015, 36(10): 1094-1096.

[46] Sajjad R N, Chern W, Hoyt J L, Antoniadis D A. Trap Assisted Tunneling and Its Effect on Subthreshold Swing of Tunnel FETs. IEEE TRANSACTIONS ON ELECTRON DEVICES,

2016, 63(11): 4380-4387.

[47] Carrillo-Nunez H, Lee J, Berrada S, Medina-Bailon C, Adamu-Lema F, Luisier M, Asenov A, Georgiev V P. Random Dopant-Induced Variability in Si-InAs Nanowire Tunnel FETs: A Quantum Transport Simulation Study. IEEE ELECTRON DEVICE LETTERS, 2018, 39(9): 1473-1476.

[48] Sedighi B, Hu X S, Liu H C, Nahas J J, Niemier M. Analog Circuit Design Using Tunnel-FETs. IEEE TRANSACTIONS ON CIRCUITS AND SYSTEMS I-REGULAR PAPERS, 2015, 62(1): 39-48.

[49] Settino F, Lanuzza M, Strangio S, Crupi F, Palestri P, Esseni D, Selmi L. Understanding the Potential and Limitations of Tunnel FETs for Low-Voltage Analog/Mixed-Signal Circuits. IEEE TRANSACTIONS ON ELECTRON DEVICES, 2017, 64(6): 2736-2743.

[50] Strangio S, Settino F, Palestri P, Lanuzza M, Crupi F, ESSeni D, Selmi L. Digital and analog TFET circuits: Design and benchmark. SOLID-STATE ELECTRONICS, 2018, 146: 50-65.

[51] Bi Y, Shamsi K, Yuan J S, Jin Y, Niemier M, Hu X S. Tunnel FET Current Mode Logic for DPA-Resilient Circuit Designs. IEEE TRANSACTIONS ON EMERGING TOPICS IN COMPUTING, 2017, 5(3): 340-352.

[52] Cavalheiro D N, Moll F, Valtchev S. Prospects of Tunnel FETs in the Design of Power Management Circuits for Weak Energy Harvesting DC Sources. IEEE JOURNAL OF THE ELECTRON DEVICES SOCIETY, 2018, 6(1): 382-391.

[53] Lanuzza M, Strangio S, Crupi F, Palestri P, Esseni D. Mixed Tunnel-FET/MOSFET Level Shifters: A New Proposal to Extend the Tunnel-FET Application Domain. IEEE TRANSACTIONS ON ELECTRON DEVICES, 2015, 62(12): 3973-3979.

[54] Jin X S, Gao Y X, Liu X, Lee J H. A source drain symmetric and interchangeable bidirectional tunneling field effect transistor. AIP ADVANCES, 2018, 8(8): 085318.

第4章 高肖特基势垒无掺杂隧道场效应晶体管

本章延续第 3 章所提出的隧道场效应晶体管技术，提出无需掺杂工艺，却可实现更优异隧穿晶体管工作特性的基于肖特基势垒的隧道场效应晶体管技术——平面高肖特基势垒双向隧道场效应晶体管。所提出的平面高肖特基势垒双向隧道场效应晶体管利用更高的肖特基势垒来最小化热发射电流。带间隧道电流的作用是使源极/漏极接触与硅体之间的界面附近发生的正向电流的传导机制最大化。平面高肖特基势垒双向隧道场效应晶体管结构中还引入了辅助栅，可以有效阻挡反向漏电流。在此基础上，又提出一种 H 形栅高肖特基势垒双向隧道场效应晶体管。与平面高肖特基势垒双向隧道场效应晶体管相比，H 形栅高肖特基势垒双向隧道场效应晶体管表现出更好的性能，如更高的导通状态电流、更低的静态功耗和更低的反向偏置泄漏电流、更低的 SS 和更大的 I_{on}/I_{off} 比。另外，本章还将系统地分析高导通状态漏源电流的产生机理以及延长垂直沟道高度对状态电流的影响。

本章提出一种源漏垂直嵌入式高肖特基势垒双向隧道场效应晶体管。与平面高肖特基势垒双向隧道场效应晶体管相比，源漏垂直嵌入式高肖特基势垒双向隧道场效应晶体管表现出更好的传输特性，如更灵敏的导通电流驱动能力和更低的反向漏电流。提出一种高低肖特基势垒隧道场效应晶体管。与基于掺杂的单向隧穿场效应晶体管(PIN 隧道场效应晶体管)不同，这种晶体管设计只需要一个具有独立电源的栅电极且无需掺杂。在源极与其中间硅区的导带之间形成的高肖特基势垒，产生隧道效应作为正向导通机制；在漏极与其中间硅区的导带之间形成低肖特基势垒，用于防止由热离子发射引起的空穴。并且这种设计完全避免了困难的制造工艺，例如在纳米尺度上形成突变的 PN 结的高成本的毫秒退火技术和高成本的精确离子注入技术。高低肖特基势垒隧道场效应晶体管对空穴具有自然的阻挡效应，并且这种阻挡效应不会随着漏极到源极电压的增加而显著降低。

本章还将提出一种新型的多肖特基势垒无掺杂双侧栅隧道场效应晶体管(高低高肖特基势垒双向隧道场效应晶体管)。与先前提出的平面高肖特基势垒双向隧道场效应晶体管技术相比，高低高肖特基势垒双向隧道场效应晶体管只需要一个具有独立电源的栅电极。由于在中央金属的漏极侧的半导体区域中形成的内置势垒高度与 V_{DS} 之间没有强烈的依赖性，因此除了在中央金属和其两侧的硅区的导带之间形成的低肖特基势垒高度已被设计用于防止价带中的载流子由于热离子发射效应而流入中央金属之外，并且，所提出的 N 型高低高肖特基势垒双向隧道场效应晶体管对价带中流动的载流子还具有自然阻挡效应，并且这种阻断效应不会随着 V_{DS} 的增加而显著降低，这是对先前技术的巨大提升。

4.1 平面高肖特基势垒双向隧道场效应晶体管

如前所述，集成电路基本单元的研究主要集中在两个方面。一方面，为了提高集成电路的集成度，需要尽可能减小集成电路基本单元的尺寸，改进的金属氧化物半导体场效应晶体管结构称为多栅极场效应晶体管[1]，例如亚 30 nm 技术节点所提出的 FinFET 技术，有效地缓解了短沟道效应。另一方面，为了带来性能提升，有目的地开发工作性能更好的新型结构单元电池，并用于替代现有单元。最具代表性的是隧道场效应晶体管[2]。这两个方面的研究需要满足一个巨大的前提，那就是纳米尺度技术的可实现性。然而即使是多栅极场效应晶体管，也无法完全克服亚 10 nm 尺度的短沟道效应[3]，而且从技术上来说，在如此小的尺寸下制造突变结是非常困难的。这对加工热预算造成了严重限制，并且需要开发昂贵的毫秒退火技术。

尽管提出的这些新型装置可能会带来新的问题，但有几种解决该技术问题的建议。其中一种方案是肖特基势垒源漏金属氧化物半导体场效应晶体管，简称 SB-SD-MOSFETS，它利用金属与半导体在源漏区界面上形成肖特基势垒，金属氧化物半导体场效应晶体管的源极和漏极掺杂区的 PN 结势垒代替了传统金属氧化物半导体场效应晶体管中的 PN 结势垒[4-6]。由于传统金属氧化物半导体场效应晶体管的掺杂源极/漏极扩展被可能提供原子级锐利界面的金属结所取代，随着金属氧化物半导体场效应晶体管技术的缩放进入十纳米范围，金属源极/漏极(源漏)架构保持了其独特的优势，在于可以放松对源漏掺杂的严格限制[7]。以 P 型肖特基势垒金属氧化物半导体场效应晶体管为例，正向电流(对于负偏栅源电压)是空穴热发射电流和价带隧道电流的组合，而反向电流是电子热发射电流的组合。

为了增强正向电流，应尽可能减小价带空穴肖特基势垒产生的源极和漏极电阻。因此，价带空穴的肖特基势垒高度通常设置得比导带电子的肖特基势垒高度小得多。对于最理想的情况，肖特基势垒高度为 0 V，并且该器件可以作为理想金属氧化物半导体场效应晶体管工作，其在室温下显示 SS($\mathrm{dlog}(I_{\mathrm{DS}})/\mathrm{d}V_{\mathrm{GS}}$)等于 60 mV/dec[8]，对于有限的肖特基势垒高度，热电子发射电流总是小于理想 0 V 势垒高度情况下的电流，此后肖特基势垒金属氧化物半导体场效应晶体管的 SS 通常大于 60 mV/dec。简单的电势映射方法已经证明，在不考虑其他物理机制(例如带间隧道效应)的情况下，肖特基势垒无法实现亚热(sub thermal)SS(即 SS 无法低于 60 mV/dec)[9]。然而，在反向偏置状态下，带间隧道效应引起的漏电流将显著增加，在某些情况下甚至大于正向偏置电流[10]。这些物理机制导致肖特基势垒金属氧化物半导体场效应晶体管的开关电流比和正反向电流比均低于传统金属氧化物半导体场效应晶体管。

隧道场效应晶体管作为最具代表性的新型器件，已经被研究和讨论了多年[11]。它利用带间隧道效应作为电流传导机制，可以实现亚热 SS。隧道场效应晶体管也存在一些缺点，限制了其应用范围。隧道场效应晶体管的正向电流是基于带间隧道电流的，为了实现隧道场效应晶体管更大的正向电流和更小的 SS，需要尽可能提高带间隧道效应的产生效率，即栅极控制能力。需要加强并在重掺杂区和本征区之间形成陡峭的突变结，这与传统金属氧化物半导体场效应晶体管面临的问题相同。因此，这一要求也增加了高性能隧道场效应晶体管的制造难度。即使对于 $10^{20}\,\mathrm{cm}^{-3}$ 重掺杂 P+到本征突变结，隧道场效应晶体管的正向电流也比传统金属氧化物半导体场效应晶体管或肖特基势垒金属氧化物半导体场效应晶体管小得多，并且传统隧道场效应晶体管的不对称结构导致其无法完全替代具有对称结构特征的金属氧化物半导体场效应晶体管。

以 N 型隧道场效应晶体管为例，如果 N+型漏极和 P+型源极反向偏置($V_{\mathrm{DS}} < 0$)，则源极和漏极形成的 PN 结工作在正向偏置状态，此后，器件将始终处于导通状态，栅电极将无法控制器件，开关特性彻底失效。这意味着传统的隧道场效应晶体管无法实现需要利用晶

体管双向开关特性工作的电路功能模块(如传输门)。与传统金属氧化物半导体场效应晶体管一样,反向偏置的隧道场效应晶体管也会感应栅极致漏极漏电流,并且由于隧道场效应晶体管的正向电流相对较小,因此正反向电流往往比较小。基于以上分析,不难发现,先进的纳米器件应具有更小的 SS、更高的开关电流比,以及尽可能与金属氧化物半导体场效应晶体管结构兼容的特点,同时避免采用重掺杂突变等工艺。新型高肖特基势垒源/漏极接触隧道场效应晶体管(高肖特基势垒双向隧道场效应晶体管)与传统的肖特基势垒金属氧化物半导体场效应晶体管不同,传统的肖特基势垒金属氧化物半导体场效应晶体管应使肖特基势垒尽可能低,新型器件利用更高的肖特基势垒来最小化由肖特基势垒隧道效应主导的电流。而带间隧道电流发生在源极/漏极接触与硅本体之间的界面附近,使正向电流传导机制最大化。器件结构中还引入了辅助栅极,可以有效阻挡反向漏电流。与传统的肖特基势垒金属氧化物半导体场效应晶体管或无结场效应晶体管相比,高肖特基势垒双向隧道场效应晶体管可以实现更低的 SS,更小的反向偏置漏电流,更高的 I_{on}/I_{off} 比,与传统的隧道场效应晶体管相比,可以实现更大的导通电流,此外该器件的对称性使其更适合与金属氧化物半导体场效应晶体管技术兼容。

4.1.1　平面高肖特基势垒双向隧道场效应晶体管的结构与参数

图 4-1(a)是平面高肖特基势垒双向隧道场效应晶体管的横截面图,图 4-1(b)和图 4-1(c)分别是沿图 4-1(a)中的切割线 A 和 B 切割的俯视图和横截面图。如图 4-1(a)和图 4-1(b)所示,器件结构对称,源漏区可互换。以 N 型为例,硅与源极/漏极之间的源极/漏极界面形成肖特基接触。主栅电极形成于结构靠近源漏区的两侧,主控制栅的形状类似于一对支架,控制靠近源漏接触的硅的三个侧面。栅极控制硅体的中心部分。L 是源极和漏极接触之间的硅体长度,T 是硅体厚度,t_{ox} 是栅极氧化物厚度,L_{SD} 和 W_{SD} 分别是源极/漏极接触的长度和宽度。t_{tunnel} 是隧道区的厚度,L_{AG} 是辅助栅的长度,W 是硅体的宽度。图 4-1(b)所示为高肖特基势垒双向隧道场效应晶体管沿图 4-1(a)中的切割线 A 切割的横截面图,图 4-1(c)的横截面图所提出的高肖特基势垒双向隧道场效应晶体管沿着图 4-1(a)中的切割线 B 的低SS 可以通过陡峭突变结上的带间隧道效应获得,并且金属结可以比基于重掺杂的 P$^+$ 到 N$^+$结或 P$^+$/ N$^+$ 到本征结更为陡峭,因此采用了金属结在源极和漏极区域形成肖特基势垒。

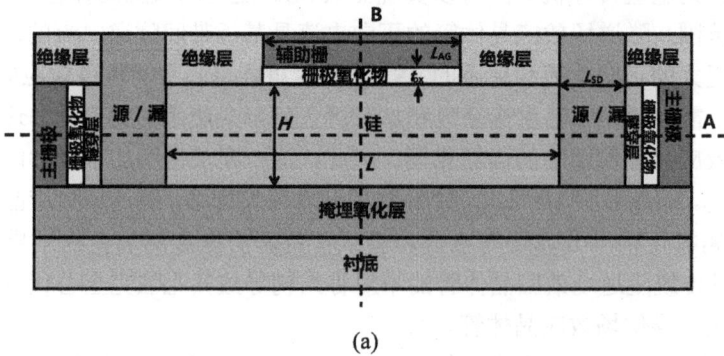

(a)

图 4-1　平面高肖特基势垒双向隧道场效应晶体管示意图

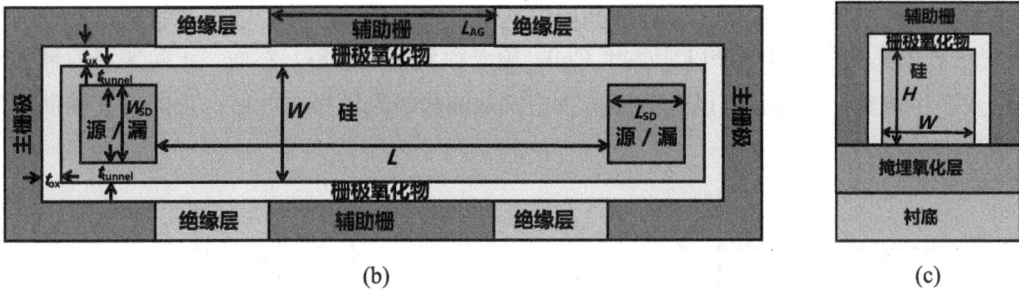

图 4-1　平面高肖特基势垒双向隧道场效应晶体管示意图(续)

　　需要注意的是，与传统肖特基势垒金属氧化物半导体场效应晶体管不同，考虑到其关态电流主要由较低肖特基势垒引起的热电子发射电流主导，我们采用较高的肖特基势垒来阻挡肖特基势垒热电子发射电流，换句话说，肖特基势垒用于阻止电流从金属接触直接流向半导体，而不是产生流过相对较低的肖特基势垒的热电子发射电流作为正向电流供应的物理机制。一般来说，所提出的器件的高肖特基势垒有两个主要功能，一是提供陡峭的金属结，以产生比 P$^+$/ N$^+$结所能提供的更强的半导体带间隧道效应，这是提供正向电流的主导物理机制，也可阻挡从金属到半导体的热电子发射电流。一个好的开关器件应具有正向和反向电流比大、静态功耗低等特点。

　　此后，应当解决的另一个重要问题是减小关断状态和反向偏置状态下的漏电流。为了尽可能减少漏电流，应有效地阻挡在反向偏置栅极条件下源极/漏极区域附近产生的载流子。很容易证明，对于传统的肖特基势垒金属氧化物半导体场效应晶体管，无论肖特基势垒的高度如何设置，都无法避免大量的漏电流，以 N 型肖特基势垒金属氧化物半导体场效应晶体管为例，当它被反向偏置时，如果价带中空穴的肖特基势垒高度设置为大于导带中电子的肖特基势垒高度，尽管肖特基势垒隧穿引起的空穴电流可以大大减少，但带间隧穿引起漏电流的另一个感应分量也可以增强。如果将价带中空穴的肖特基势垒的高度设置为小于导带中电子的肖特基阻挡层的高度，则在导带中流动的正向偏置电子热离子发射电流将大大减小，并且在价带中流动的反向偏置空穴热离子发射电流也可以增强。此后，在这种情况下，正向电流甚至小于反向偏置电流。我们建议的这个问题的解决方案是，在器件的中心部分引入一个辅助栅，并将其设置为特定的恒定偏压，并且仅在源极/漏极区域附近形成主栅极。

　　图 4-2(a)所示为在正向偏置 V_{GS} 下，高肖特基势垒双向隧道场效应晶体管在源极到栅极隧穿区附近的能带图的示意图，图 4-2(b)所示为在反向偏置 V_{GS} 和正向偏置 V_{DS} 下，漏极到栅极隧道区附近的能带图的示意图，图 4-2(c)所示为在正向偏置 V_{AGS}、正向偏置 V_{DS} 和正向偏置 V_{GS} 下，高肖特基势垒双向隧道场效应晶体管从源极到漏极的能带图的示意图，图 4-2(d)所示为在正偏置 V_{AGS}、正向偏置 V_{DS} 和反向偏置 V_{GS} 下，高肖特基势垒双向隧道场效应晶体管从漏极到源极的能带图的示意图。$q\phi_{Bn}$ 和 $q\phi_{Bp}$ 分别是高肖特基势垒双向隧道场效应晶体管对于导带中的电子和价带中的空穴的肖特基势垒高度，E_C 和 E_V 分别是导带的底部和价带的顶部。E_{FS}、E_{FD} 和 E_{FG} 分别是源极接触、漏极接触和栅极接触的费米能级。以 N 型为例，如图 4-2(a)和图 4-2(c)所示，如果主控制栅极和辅助栅都正向偏置，则带间隧穿产生的电子-空穴对主要在源极隧道层中，空穴流向源极侧，并且由于没有形成用于电子从源极到漏极的势垒，所以导带中的电子可以容易地流到漏极接触。如图 4-2(b)和图 4-2(d)所示，

如果主控制栅极被反向偏置，并且辅助栅仍然保持正向偏置状态，则由带带隧穿产生的电子-空穴对主要在漏极区域中(V_{DG} 大于 V_{SG})，电子流到漏极接触，然而，正向偏置的辅助栅为空穴产生势垒，该势垒可以有效地防止空穴从漏极流到源极，此后，正向偏置辅助栅可以阻挡大量泄漏。

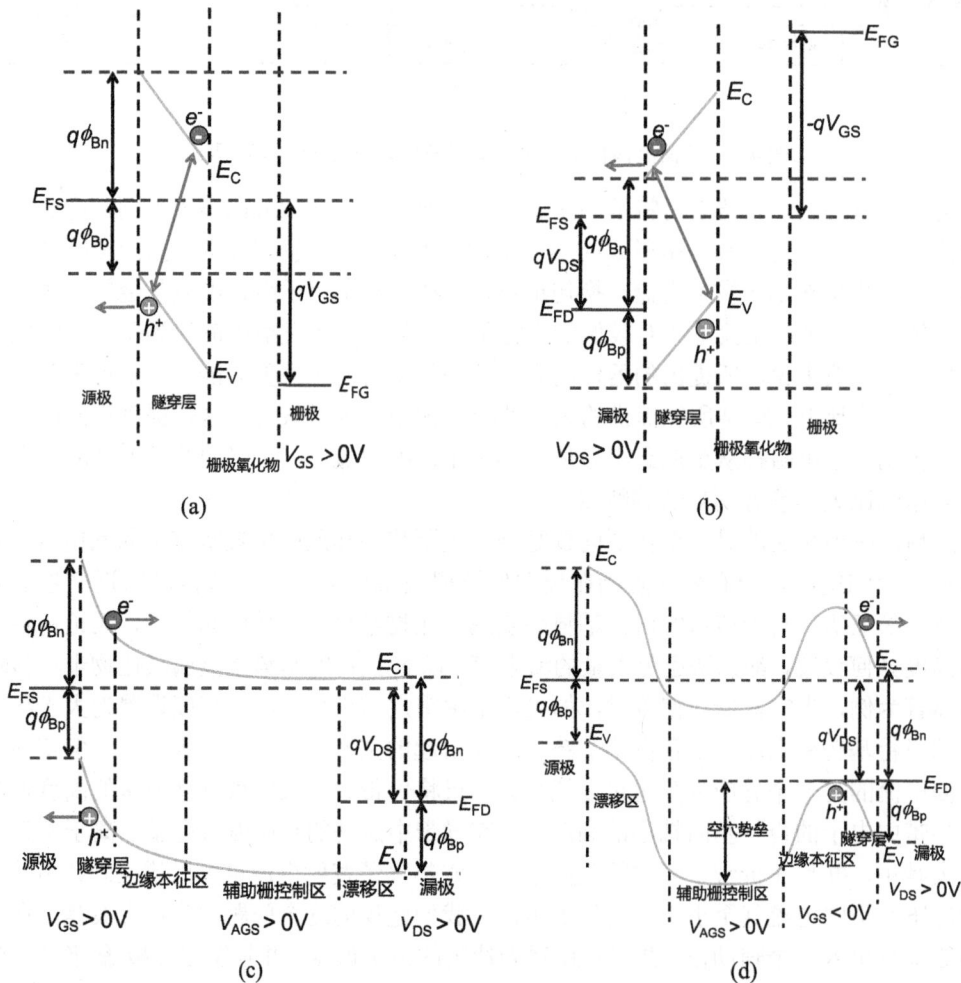

图 4-2 高肖特基势垒双向隧道场效应晶体管的能带图的示意图

对于传统肖特基势垒金属氧化物半导体场效应晶体管，无论肖特基势垒高度设置为多少，都会产生大量的漏电流，以 N 型肖特基势垒金属氧化物半导体场效应晶体管为例，当处于反向偏置状态时，如果肖特基势垒高度对于价带来说设置得小于导带，虽然由肖特基势垒产生的空穴电流大量减少，而由带带隧穿产生的漏电流则会被增加。如果肖特基势垒高度对于价带来说设置得大于导带，则正向偏置电流将大幅度减小，反向偏置热电子空穴电流流过价带也被加强，因此，这种情况下，正向电流甚至小于反向偏置电流。为了解决这个问题，我们在器件的中心位置引入一个辅助栅结构，设置一个特定的值，主控栅极只控制源/漏区，辅助栅控制体硅区。以 N 型为例，如果主控栅极和辅助栅都为正向偏置，电子空穴对主要由源区的带带隧穿产生，空穴流向源极，导带电子可以容易地流向漏极，因为对于电子从源极到漏极没有形成势垒。如果主控栅极为反偏，辅助栅仍然保持正偏，电子空穴对主要由漏区带带隧穿产生，电子流向漏极，但是，正向偏置辅助栅对空穴形成一个潜在的势垒，能够有效地阻止空穴从漏极流向源极，因此，大量漏电流被阻止。平面沟道深肖特基势垒双栅隧道场效应晶体管的结构参数如表 4-1 所示。

表 4-1　平面高肖特基势垒双向隧道场效应晶体管的结构参数

参　　数	参　数　值
体硅长度(L)	60 nm
体硅宽度(W)	5 nm
体硅高度(H)	5 nm
辅助栅长度(L_{AG})	30 nm
栅极氧化物厚度(t_{ox})	0.5 nm
隧穿发生区厚度(t_{tunnel})	0.5 nm
漏源电压(V_{DS})	0.6 V
辅助栅电压(V_{AGS})	1.0 V

4.1.2　与隧道场效应晶体管和肖特基势垒金属氧化物半导体场效应晶体管的对比

本小节比较肖特基势垒双向隧道场效应晶体管与传统隧道场效应晶体管、肖特基势垒金属氧化物半导体场效应晶体管高在相同结构条件下的 I_{DS}-V_{GS} 特性，如图 4-3 所示。

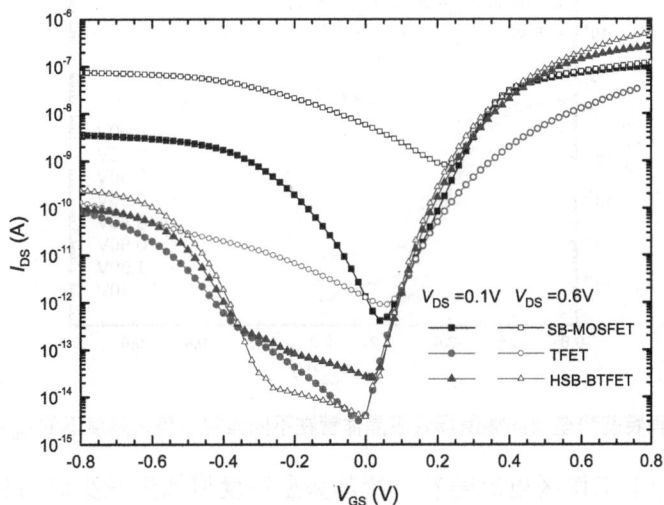

图 4-3　比较高肖特基势垒双向隧道场效应晶体管与隧道场效应晶体管、
肖特基势垒金属氧化物半导体场效应晶体管的 I_{DS}-V_{GS} 特性

其中传统隧道场效应晶体管的掺杂浓度设置为 10^{20} cm^{-3}。肖特基势垒金属氧化物半导体场效应晶体管要求势垒高度尽量低，设为 0.3 V，高肖特基势垒双向隧道场效应晶体管相反，需要相对高的势垒高度设为 0.9 V。

从 I_{DS}-V_{GS} 特性曲线可以清晰地看出,当处于小漏源电压情况时,无论是从正向导通电流角度还是从反向漏电流和 SS 角度分析,隧道场效应晶体管和高肖特基势垒双向隧道场效应晶体管的电学特性均优于肖特基势垒金属氧化物半导体场效应晶体管。但是随着漏源电压的增大,隧道场效应晶体管和肖特基势垒金属氧化物半导体场效应晶体管的反向漏电流均大幅度增加,而高肖特基势垒双向隧道场效应晶体管几乎没有变化。因此,高肖特基势垒双向隧道场效应晶体管器件的电学特性更加优越,可以实现更大的导通电流、更小的漏电流以及更陡的 SS,更适用于低功耗电路中。

4.1.3 肖特基势垒高度的影响

设置高肖特基势垒双向隧道场效应晶体管体硅宽度 W =5 nm,体硅长 L =60 nm,栅极氧化物厚度 t_{ox} =0.5 nm,隧穿发生区厚度 t_{tunnel} =0.5 nm,辅助栅长度 L_{AG} =30 nm,漏源电压 V_{DS} =0.6 V,辅助栅电压 V_{AGS} =1.0 V。在本节中改变肖特基势垒高度 $q\phi_B$ 从 0.40 eV 到 1.10 eV,I_{DS}-V_{GS} 特性的仿真结果如图 4-4 所示。根据 I_{DS}-V_{GS} 特性曲线结果,可以将其分为三部分:正向导通区,静态工作区以及反向漏电区。首先可以看出 ϕ_B 变化对正向导通区基本没有影响,因为器件的导通机理为带带隧穿电流,改变肖特基势垒高度对能带弯曲程度没有影响,隧穿载流子数量不会增加,因此正向导通电流不变。静态工作区电流先随着肖特基势垒高度增加而减小,当势垒高度超过 0.85 V 时,电流不再随着高度增加而减小,反而增加。而对于反向漏电区,随着肖特基势垒高度的增加,漏电流降低。

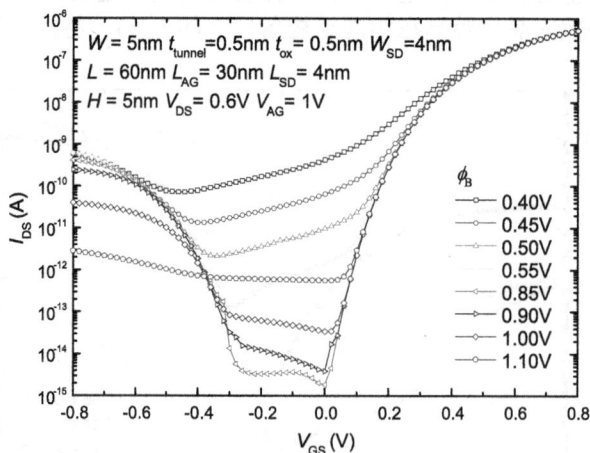

图 4-4 高肖特基势垒双向隧道场效应晶体管在不同肖特基势垒高度下的 I_{DS}-V_{GS} 特性

如上所述,静态工作区电流随着肖特基势垒高度增加先减少后增加,势垒高度为 0.85 V、V_{GS} =0.0 V 时,器件有最小漏电流。这是因为随着势垒高度增加,电子不再拥有足够的能量跃迁到导带,热电子发射效应产生的电流减小;同时栅极电压较小,势垒弯曲程度较弱,带带隧穿电流也很小。如图 4-5(a) 和图 4-5(b) 所示,肖特基势垒高度从 0.45 V 增加到 0.80 V,电子浓度大幅度降低,也进一步证明了随着势垒高度增加热电子发射效应减弱。当势垒高度大于 0.85 V 后,静态工作区电流不再继续减小,反而增加。势垒高度增加导致 E_{FM} 持续接近 E_V,此时,虽然对于电子来说,没有足够的能量跃迁到导带,热电子发射电流很小，但是，对于空穴跃迁到价带来说势垒很小，因此此时大量空穴堆积到价带，空穴电流增加。

如图 4-5(c)所示，显示了势垒高度分别等于 0.85 V 和 1.00 V 时的电子/空穴浓度，此时在隧穿区空穴浓度远远大于电子浓度，而且随着势垒高度增加，空穴浓度增加，电子浓度基本没有变化。与静态工作区电流不同，反向漏电流随着势垒高度增加而减小。随着势垒高度增加，金属费米能级 E_{FM} 接近 E_V，电子热发射效应几乎接近于零，此时源漏区与半导体硅接触界面处相当于欧姆接触，此时不需要在表面加太大的电压，空穴轻易地到达价带，空穴在半导体体内大量堆积，反而抑制了能带的弯曲程度。虽然 V_{GS} 反向增加，但是因为能带弯曲程度减弱，带带隧穿电流总体减小。如图 4-5(d)和图 4-5(e)所示，对比了肖特基势垒高度为 0.40 V、0.85 V 和 1.10 V，V_{GS} =0.0 V 和 V_{GS} =-0.8 V 时的空穴浓度和电场强度。

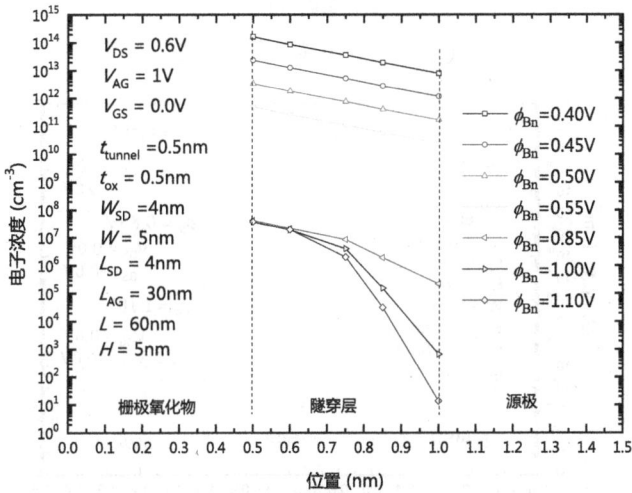

(a) 电子浓度分布

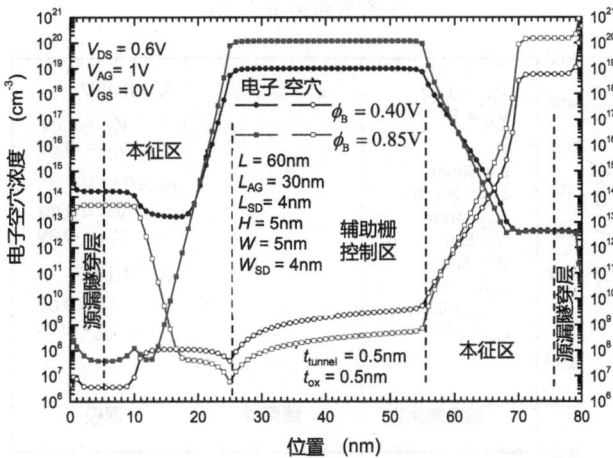

(b) 电子/空穴浓度分布曲线

图 4-5　不同势垒高度时高肖特基势垒双向隧道场效应晶体管的电子/空穴浓度分布和电场强度

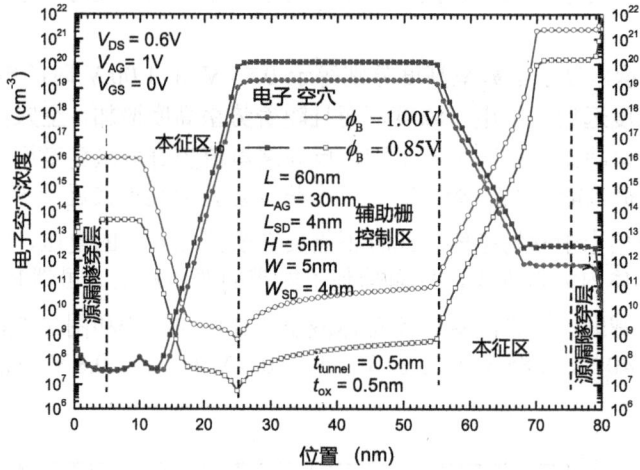

(c) 电子/空穴浓度分布曲线

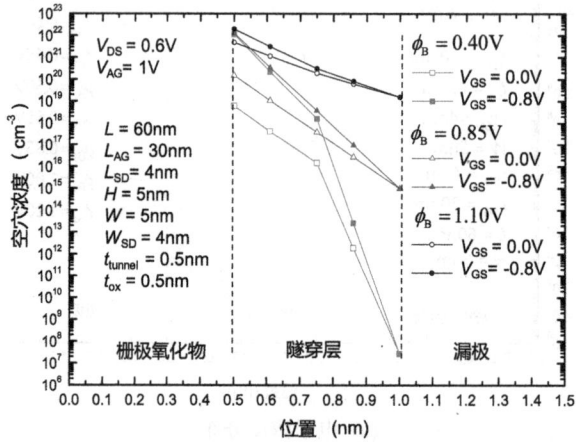

(d) 空穴浓度分布曲线

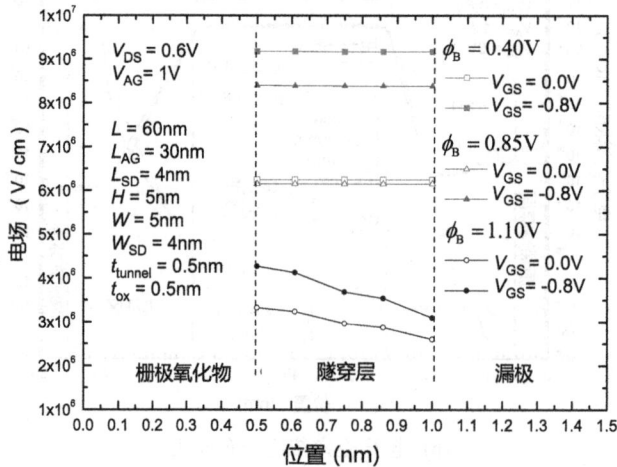

(e) 电场强度分布曲线

图 4-5　不同势垒高度时高肖特基势垒双向隧道场效应晶体管的电子/空穴浓度分布和电场强度(续)

当栅极电压一定时，势垒高度越小电场强度越大，能带弯曲程度越大，相同栅极电压，就会产生较大的漏电流。相对于 V_{GS} =0.0 V，V_{GS} =﹣0.8 V 时空穴浓度更大，随着势垒高度增加，电流也增加，这证实了上面所说的空穴电流为漏源电流的主要组成，同时也抑制了能带弯曲程度。这意味着证实了高肖特基势垒双向隧道场效应晶体管的势垒高度并不是越大越好，需要根据静态工作区电流和反向漏电流选择一个理想值。

4.1.4　本节结语

本节提出了一种平面高肖特基势垒双向隧道场效应晶体管。所提出的平面高肖特基势垒双向隧道场效应晶体管利用更高的肖特基势垒来最小化热发射电流。带间隧道电流的作用是使源极/漏极接触与硅体之间的界面附近发生的正向电流的传导机制最大化。平面高肖特基势垒双向隧道场效应晶体管结构中还引入了辅助栅，可以有效阻挡反向漏电流。与传统的肖特基势垒金金属氧化物半导体场效应晶体管或隧道场效应晶体管相比，平面高肖特基势垒双向隧道场效应晶体管可以实现更低的 SS、更小的反向偏置漏电流和更高的 I_{on}/I_{off} 比，与传统的隧道场效应晶体管相比，可以实现更大的导通电流和 I_{on}/I_{off} 比，此外，该器件的对称性使其与金属氧化物半导体场效应晶体管技术更加兼容。

4.1.5　参考文献

[1] Colinge, J. P.. Multi-gate SOI MOSFETs. MICROELECTRONIC ENGINEERING, Volume: 84, Issue: 9-10, Pages: 2071-2076,SEP-OCT, 2007.

[2] Sarkar D, Xie XJ, Liu W, Cao W, Kang JH, Gong YJ, Kraemer S, Ajayan PM, Banerjee K. A subthermionic tunnel field-effect transistor with an atomically thin channel. NATURE, Volume 526, Issue 7571, Pages 91-95, OCT 1, 2015.

[3] Liu X, Wu, ML, Jin XS, Chuai RY, Lee JH. Simulation study on deep nanoscale short channel junctionless SOI FinFETs with triple-gate or double-gate structures. JOURNAL OF COMPUTATIONAL ELECTRONICS, Volume 13 Issue 2 Pages 509-514, JUN 2014.

[4] Bashir, F, Alharbi, AG, Loan, SA. Electrostatically Doped DSL Schottky Barrier MOSFET on SOI for Low Power Applications. IEEE JOURNAL OF THE ELECTRON DEVICES SOCIETY, Volume 6, Issue 1, Pages 19-25, DEC, 2018.

[5] Bashir F, Loan SA, Rafat M, Alamoud ARM, Abbasi SA. A High-Performance Source Engineered Charge Plasma-Based Schottky MOSFET on SOI. IEEE TRANSACTIONS ON ELECTRON DEVICES,Volume 62, Issue 10, Pages 3357-3364, OCT, 2015.

[6] Kale S, Kondekar PN. Design and investigation of double gate Schottky barrier MOSFET using gate engineering. MICRO & NANO LETTERS, Volume 10, Issue 12, Pages 707-711, DEC 2015.

[7] Kim SD, Park CM, and Woo JCS. Advanced model and analysis for series resistance in sub-100 nm CMOS including poly depletion and overlap doping gradient effect, International Electron Devices Meeting 2000. Technical Digest. IEDM, Pages 723-726,

DEC, 2000.

[8] Zhao YJ, Candebat D, Delker C, Zi YL, Janes D, Appenzeller J, Yang C. Understanding the Impact of Schottky Barriers on the Performance of Narrow Bandgap Nanowire Field Effect Transistors. NANO LETTERS, Volume 12, Issue 10, Pages 5331-5336, OCT 2012.

[9] Solomon, PM. Inability of Single Carrier Tunneling Barriers to Give Subthermal Subthreshold Swings in MOSFETs. IEEE ELECTRON DEVICE LETTERS, Volume 31, Issue 6, Pages 618-620, JUN 2010.

[10] Penumatcha AV, Salazar RB, Appenzeller J. Analysing black phosphorus transistors using an analytic Schottky barrier MOSFET model. NATURE COMMUNICATIONS, Volume 6, Article Number: 8948, NOV 2015.

[11] Avci UE, Morris DH, Young IA. Tunnel Field-Effect Transistors: Prospects and Challenges. IEEE JOURNAL OF THE ELECTRON DEVICES SOCIETY, Volume 3, Issue 3, Pages 88-95, MAY 2015.

4.2 H 形栅极高肖特基势垒双向隧道场效应晶体管

为了提高半导体芯片的集成度,芯片中单个单元的最小尺寸被尽可能地连续减小。为了减少尺寸同时减小对器件性能的影响,提出了 FinFET 等 3D 器件[1-2],并成为近年来的主流技术。在制造过程中,应形成尖锐的 PN 结。然而,在最近的纳米级技术节点中很难实现这一点。为了克服这个问题,人们试图用金属形成源极/漏极(源漏)区域,以取代基于掺杂的突变结,代价是在金属源漏和半导体之间形成肖特基势垒,因此,该器件被称为肖特基势垒金属氧化物半导体场效应晶体管[3-5]。应该注意的是,肖特基势垒(SB)并不是被设计为用于改善器件特性的特征,而是最后的手段。肖特基势垒金属氧化物半导体场效应晶体管的导电类型由在源漏金属材料和半导体区域之间的界面上形成的肖特基势垒决定。

例如,为了制造 N 型肖特基势垒金属氧化物半导体场效应晶体管,半导体区域的导带的肖特基势垒越低越好。因此,可以选择诸如铒的金属材料以在源漏电极和半导体区域之间形成 ErSi 界面。ErSi 导带 $q\phi_{Bn}$ 中电子的肖特基势垒远小于价带 $q\phi_{Bp}$[6-7]中空穴的肖特基势垒。此后,与空穴从半导体的价带流入金属相比,电子更容易从金属流入半导体的导带。然而,由于肖特基势垒形成在源极/漏极区域和半导体区域[8-10]之间,且该肖特基势垒将降低热离子发射效率,并且它小于具有重掺杂源极/漏电极的金属氧化物半导体场效应晶体管的情况,该金属氧化物半导体场效应晶体管已经增强了带弯曲以增强带带隧穿效应的强度,从而降低了由肖特基势垒引起的源极/源极电阻。对于肖特基势垒金属氧化物半导体场效应晶体管,没有重掺杂源极区/漏极区来克服肖特基势垒。能够降低源极电阻的带弯曲必须取决于栅电极和源电极之间电势差的消耗。势垒高度相对较低的肖特基势垒金属氧化物半导体场效应晶体管的亚阈值摆幅(SS)大于金属氧化物半导体场效应晶体管[11]。尽管在纳米级工艺中,肖特基势垒金属氧化物半导体场效应晶体管比传统金属氧化物半导体场效应晶体管更容易制造,但肖特基势垒也会降低器件性能,如较低的开关电流比(I_{on} / I_{off} 比)和正反向电流比($I_{forward}$ / $I_{reverse}$ 比)[12]。

为了提高器件的 SS，一种有效的方法是采用带间隧道效应产生载流子，这类器件通常被称为隧道场效应晶体管[13-19]。然而，为了实现更小的 SS，突变 PN 结也是必要的[20-23]。正向导通状态电流比金属氧化物半导体场效应晶体管低得多，并且导通-截止电流比比主流 FinFET 技术差得多。为了实现制造工艺简化的无掺杂隧道场效应晶体管，在上节中，提出了一种基于高肖特基势垒和辅助栅的隧道场效应晶体管[24]。然而，由于带间隧道效应是高肖特基势垒双向隧道场效应晶体管正向导通状态的物理机制，与其他类型的隧道场效应晶体管类似，源极-漏极阻抗远高于主流的 FinFET 技术。

为了在不引起集成退化的情况下显著增加导通电流，在这项工作中提出了一种结构优化的 H 形栅极双向隧道场效应晶体管(H-gate 高肖特基势垒双向隧道场效应晶体管)。通过充分利用垂直空间，H 形栅极和辅助栅都嵌入硅体的凹槽区域。在不增加任何额外芯片面积的情况下，源极/漏极与硅之间的接触面积显著增加，并且相应的垂直延长的 H 形栅极可以帮助从带间隧道效应产生更多的电子-空穴对。因此，源极-漏极阻抗大大降低，并且可以产生高得多的导通电流。与高肖特基势垒双向隧道场效应晶体管相比，高肖特基势垒双向隧道场效应晶体管可以实现良好的开关特性，如更好的正向电流驱动能力、更低的 SS、更低的静态功耗、更高的 I_{on}/I_{off} 比和更低的反向漏电流。

4.2.1　H 形栅极高肖特基势垒双向隧道场效应晶体管的结构与参数

图 4-6(a)是 H 形栅极高肖特基势垒双向隧道场效应晶体管的俯视图，图 4-6(b)是沿图 4-6(a)中的切割线 A 切割的横截面图。正门(主控栅极)的形状类似于字母"H"。图 4-6(b)显示半导体区域具有字母"U"形状。用于形成源漏电极的金属沉积到 U 形的半导体的左侧和右侧。源漏电极在垂直方向上沉积到沟道部分中。在主控栅极和辅助栅(AG)之间存在绝缘间隔层。图 4-6(c)是沿图 4-6(a)中切割线 B 切割的横截面图。辅助栅的形状与主流 FinFET 技术的栅极电极相似。通过扩大垂直沟道的高度和源极/漏极接触的高度，可以在不扩大器件规模的情况下大大增加源漏电极和半导体之间的界面的总面积。考虑到发生带间隧道效应的区域中的电场强度由栅极电极和源极电极之间的电势差控制，需要自适应地调整栅极电极的形状。辅助栅的作用是控制所提出的 H 形栅极高肖特基势垒双向隧道场效应晶体管的水平沟道中的载流电子流。

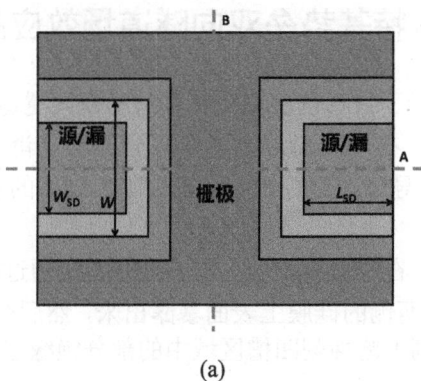

(a)

图 4-6　H 形栅极高肖特基势垒双向隧道场效应晶体管的结构

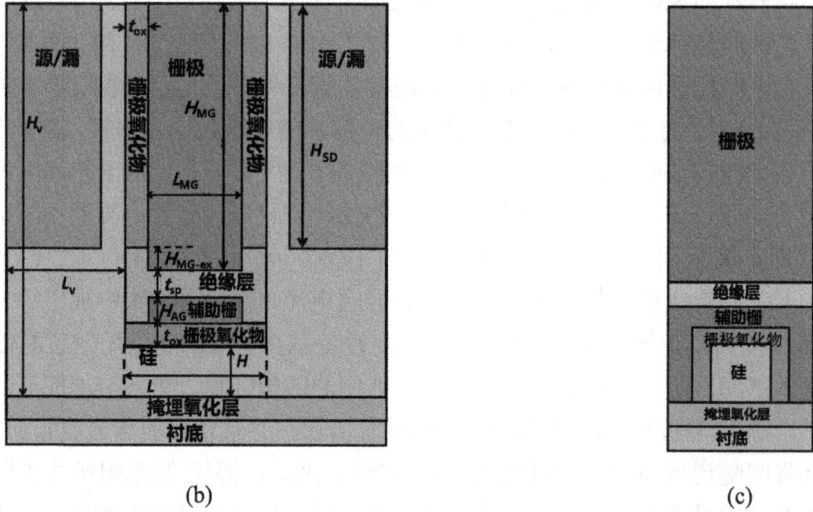

(b)　　　　　　　　　　　　　(c)

图 4-6　H 形栅极高肖特基势垒双向隧道场效应晶体管的结构(续)

对于 N 型 H 形栅极高肖特基势垒双向隧道场效应晶体管，辅助栅总是正向偏置的，这有助于电子在导带中形成电流，并防止空穴在价带中形成。L 表示水平方向上的通道长度。L_v 表示垂直方向上的通道长度。L_{SD} 表示源漏电极的长度。W_{SD} 表示源漏电极的宽度。W 是半导体的宽度。t_{ox} 表示 HfO_2 栅极氧化物的厚度。H_{AG} 是间隔物和 HfO_2 栅极氧化物之间的辅助栅的高度。t_{sp} 表示主控栅极和辅助栅之间的间隔物厚度。H_{MG} 是主控栅极的高度，H_{MG-ex} 是间隔物和源漏电极之间主控栅极的延伸高度。H_{SD} 是源漏电极的高度。H 和 H_v 分别是水平沟道高度和垂直沟道高度。与高肖特基势垒双向隧道场效应晶体管相同，H 形栅极高肖特基势垒双向隧道场效应晶体管也在带隙中心附近形成高肖特基势垒，用于尽可能多地阻挡热离子发射产生的载流子通过。相反，它增加了带间隧道电流的产生，作为设备的开启机制。对于 N 型，导带 $q\phi_{Bn}$ 中电子的高肖特基势垒应该远高于价带 $q\phi_{Bp}$ 中空穴的高肖特基势垒。因此，PtSi 是一个很好的选择，因为 $q\phi_{Bn}$ 约为 0.84 eV[25]。由于带间隧道效应产生的载流子与具有临界电场的硅体积成比例，并且与带弯曲强度呈指数依赖关系，因此隧道区的体积应设计得尽可能大。

4.2.2　H 形栅极高肖特基势垒双向隧道场效应晶体管工艺流程设计

图 4-7(a)至图 4-7(y)显示了 H 形栅极高肖特基势垒双向隧道场效应晶体管的制造流程。如图 4-7(a)至图 4-7(d)所示，在 SOI 晶片上制作 H 形栅极高肖特基势垒双向隧道场效应晶体管，通过光刻和蚀刻对半导体膜进行蚀刻，以去除半导体的正面和背面以及部分中间区域。实现了 U 形凹陷结构。

从图 4-7(e)到图 4-7(h)，在 SOI 晶片上方沉积绝缘层，通过化学机械抛光(CMP)工艺将 SOI 晶片的表面压平，直到两侧的硅膜上表面暴露出来，然后初步形成间隔层。从图 4-7(i)到图 4-7(k)，通过光刻和蚀刻工艺蚀刻凹槽区域中的部分绝缘层，然后沉积高 k 电介质 HfO_2 材料。通过化学机械抛光(CMP)工艺将 SOI 晶片的表面平坦化，直到两侧的硅膜的上表面暴露出来，然后初始形成栅极氧化物层。

从图 4-7(l)到图 4-7(n)，通过光刻和蚀刻工艺蚀刻凹槽区域中的部分 HfO_2 栅极氧化物，然后沉积金属材料。通过化学机械抛光(CMP)工艺将 SOI 晶片的表面平坦化，直到两侧的硅膜的上表面暴露出来，然后初步形成辅助栅。

从图 4-7(o)到图 4-7(q)，通过光刻和蚀刻工艺蚀刻凹槽区域中的部分金属材料，然后沉积绝缘材料。通过化学机械抛光(CMP)工艺将 SOI 晶片的表面平坦化，直到两侧的硅膜的上表面暴露出来，然后进一步形成辅助栅和间隔物。

从图 4-7(r)到图 4-7(t)，通过光刻和蚀刻工艺蚀刻硅附近的部分间隔物，然后沉积高 k 电介质 HfO_2 材料。通过化学机械抛光(CMP)工艺将 SOI 晶片的表面平坦化，直到两侧的硅膜的上表面暴露出来，然后进一步形成栅极氧化物和间隔物。

从图 4-7(u)到图 4-7(w)，通过光刻和蚀刻工艺蚀刻栅极氧化物附近的部分间隔物，然后沉积金属材料。通过化学机械抛光(CMP)工艺将 SOI 晶片的表面平坦化，直到两侧的硅膜的上表面暴露出来，然后形成主栅极。

从图 4-7(x)和图 4-7(y)，通过深度反应离子刻蚀工艺(DRIE)去除具有凹陷结构的硅两侧垂直部分的上部区域，在具有凹陷结构硅两侧形成隧道层，然后沉积铂/铒等金属，形成源极/漏极。退火后，$PtSi / ErSi$ 界面形成，Pt 与硅之间形成高肖特基势垒界面。将 SOI 晶片的表面平坦化，直到通过 CMP 工艺再次暴露出两侧的硅膜的上表面，并且形成金属源极/漏极区域。

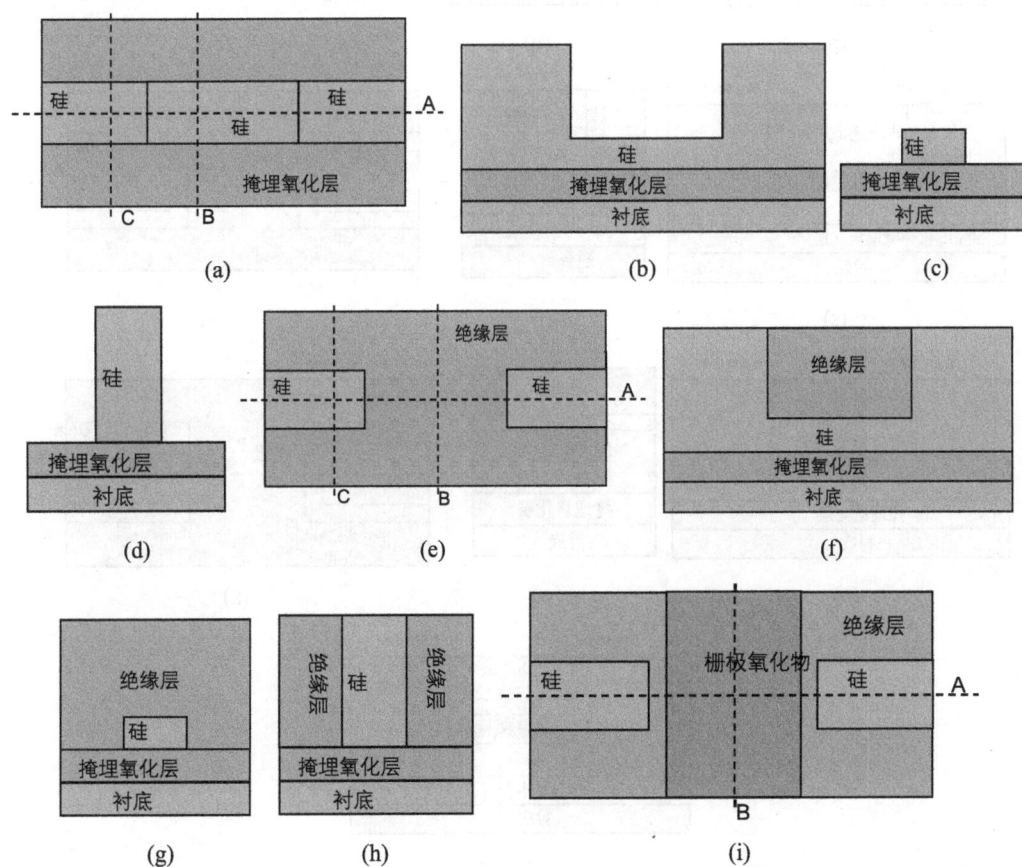

图 4-7 工艺流程设计

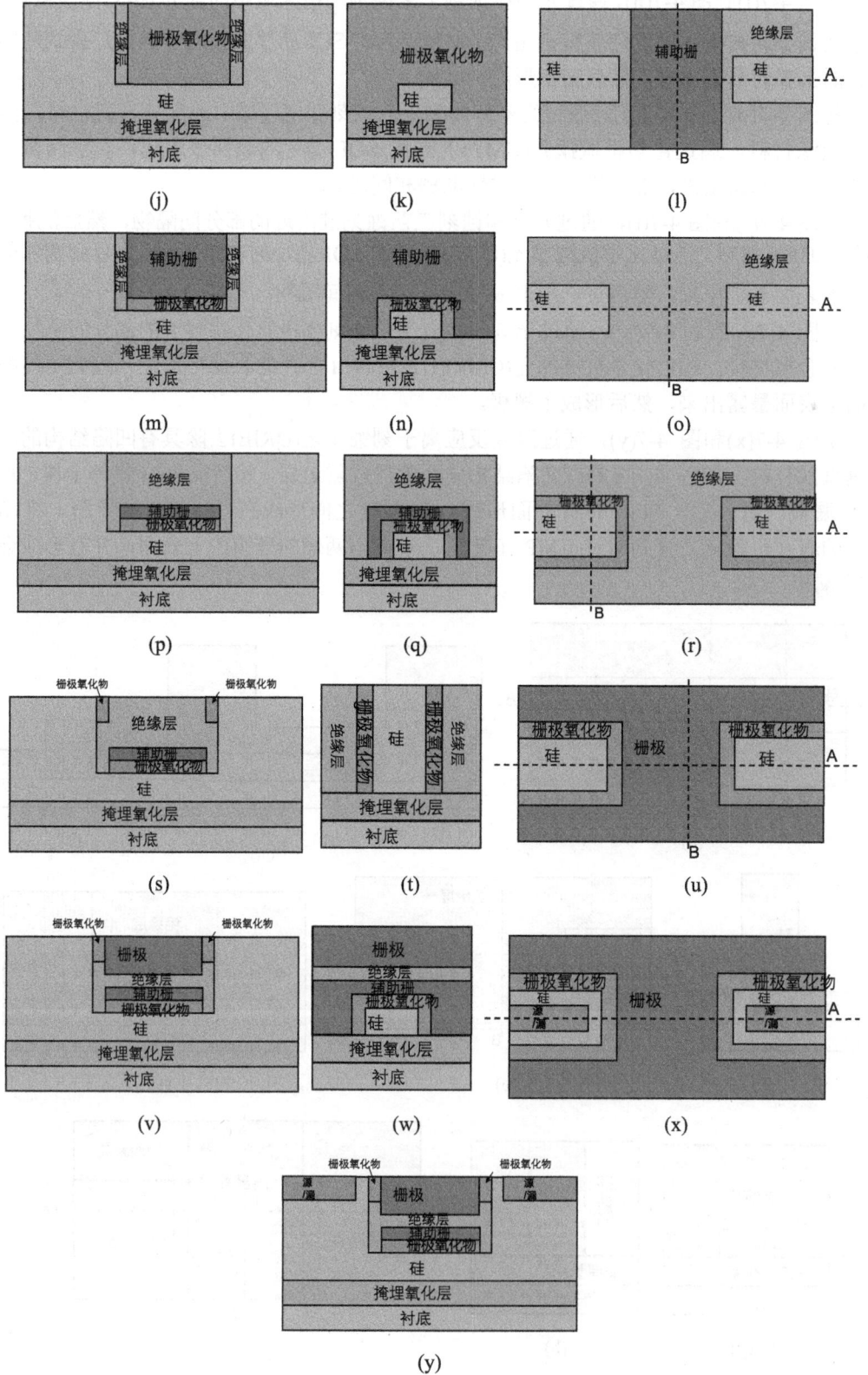

图 4-7　工艺流程设计(续)

4.2.3　与平面高肖特基势垒双向隧道场效应晶体管的比较

图 4-8(a)为平面高肖特基势垒双向隧道场效应晶体管的俯视图，图 4-8(b)为平面高肖特基势垒双向隧道场效应晶体管沿图 4-8(a)中的切割线 A 切割的横截面图，图 4-8(c)为平面高肖特基势垒双向隧道场效应晶体管沿图 4-8(a)中的切割线 B 切割的横截面图，L_{AG} 表示平面高肖特基势垒双向隧道场效应晶体管的辅助栅的长度。L_{SP} 表示平面高肖特基势垒双向隧道场效应晶体管的辅助栅和源极/漏极之间的间隔物的长度。H_{SD1} 是平面高肖特基势垒双向隧道场效应晶体管的源漏电极的高度。H_1 是平面高肖特基势垒双向隧道场效应晶体管的硅的高度。

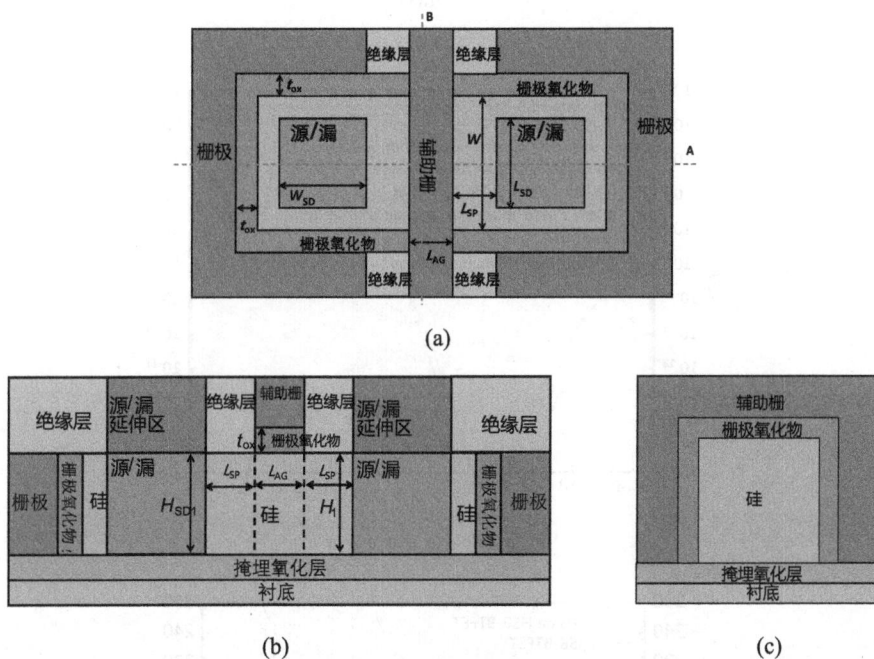

图 4-8　平面高肖特基势垒双向隧道场效应晶体管的结构

在相同的仿真环境中比较了不同器件的 I_D-V_G 传输特性。PtSi 被用作形成高肖特基势垒的界面材料，其通常用于 P 型肖特基势垒金属氧化物半导体场效应晶体管。导带 ϕ_{Bn} 中电子的肖特基势垒为 0.84 eV，而价带 ϕ_{Bp} 中空穴的肖特基势垒则为 0.26 eV。为了校准模拟环境，我们在 TCAD 模拟和图 4-9(a)中的实验结果之间比较了具有 PtSi 源漏接触的 P 型肖特基势垒金属氧化物半导体场效应晶体管[27]。

图 4-9(a)证明了模拟结果与实验数据基本一致。图 4-9(b)显示了 H 形栅极高肖特基势垒双向隧道场效应晶体管和高肖特基势垒双向隧道场效应晶体管的传输特性的比较。图 4-9(c)显示了 H 形栅极高肖特基势垒双向隧道场效应晶体管和高肖特基势垒双向隧道场效应晶体管的 SS 的比较。H 形栅极高肖特基势垒双向隧道场效应晶体管的垂直沟道的高度为 500 nm。如图 4-9(b)所示，与高肖特基势垒双向隧道场效应晶体管相比，H 形栅极高肖特基势垒双向隧道场效应晶体管在正向栅极偏置区域具有更高的导通状态电流。同时，在反向偏置状态下，降低了静态功耗和反向漏电流。

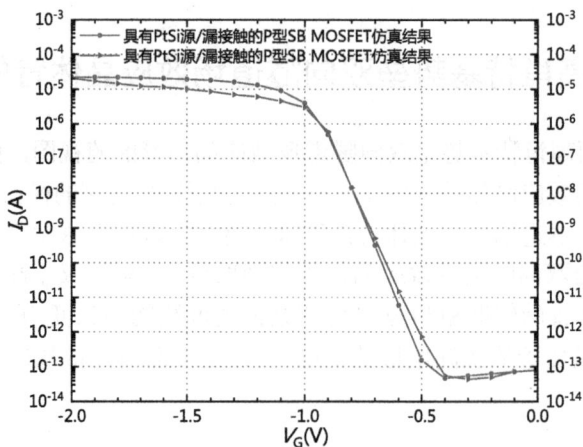

(a)

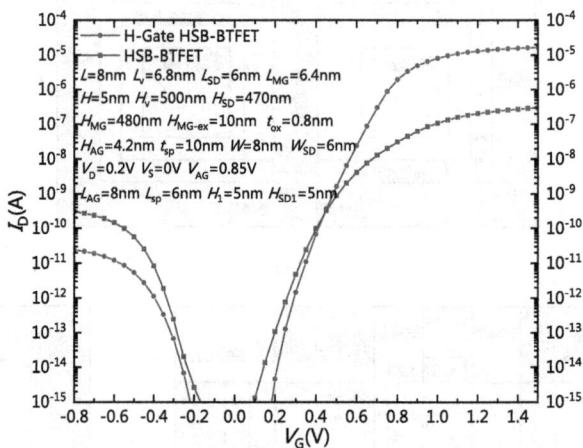

(b)

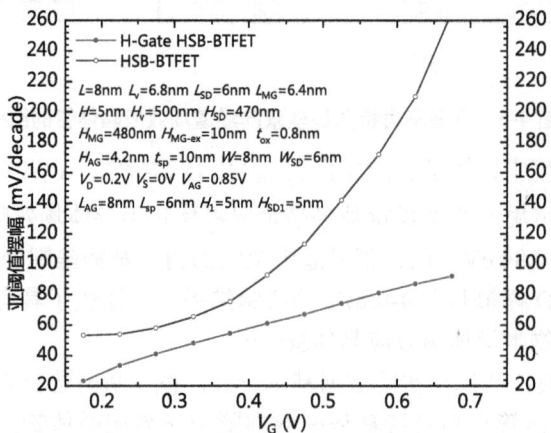

图 4-9 相关比较

更重要的是，与高肖特基势垒双向隧道场效应晶体管相比，H 形栅极高肖特基势垒双向隧道场效应晶体管实现了更低的 SS 和高得多的 10^6 的 I_{on}/I_{off} 比。当栅极电压增加时，与 H 形栅极高肖特基势垒双向隧道场效应晶体管的 SS 相比，高肖特基势垒双向隧道场效应晶体管的 SS 显著增加。H 形栅极高肖特基势垒双向隧道场效应晶体管的最小 SS 低至 25 mV/dec，平均 SS 约为 50 mV/dec。而高肖特基势垒双向隧道场效应晶体管的最小 SS 为 52 mV/dec，平均 SS 约为 79 mV/dec。

图 4-10(a)和图 4-10(b)分别显示了处于导通状态的辅助栅下方的硅截面中 H 形栅极高肖特基势垒双向隧道场效应晶体管和高肖特基势垒双向隧道场效应晶体管的总电流密度分布。图 4-10(c)和图 4-10(d)分别显示了 H 形栅极高肖特基势垒双向隧道场效应晶体管和高肖特基势垒双向隧道场效应晶体管在平行于衬底平面的横截面中的导带能量分布。

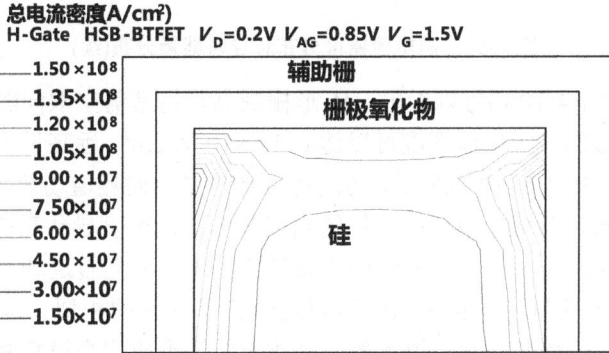

(a)

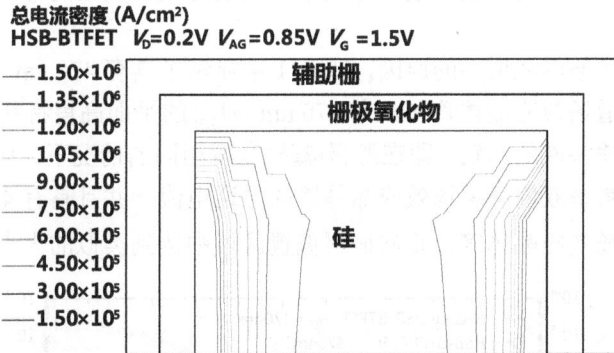

(b)

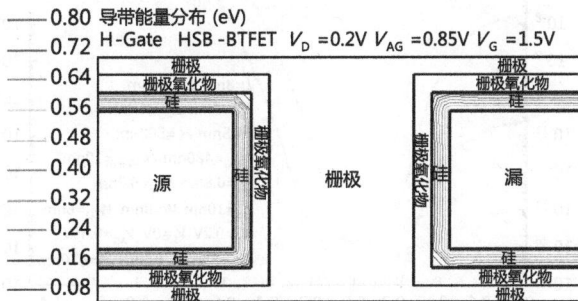

(c)

图 4-10 总电流密度分布和导带能量分布

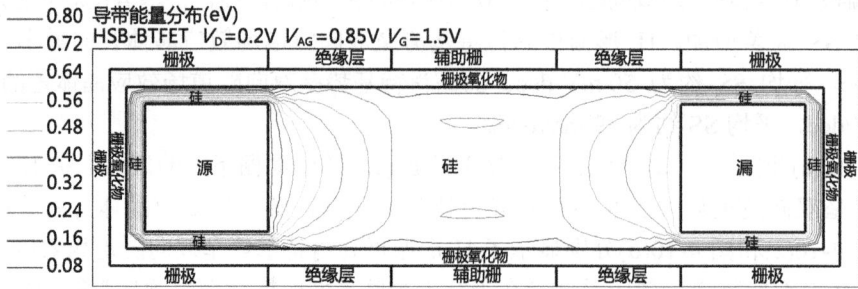

(d)

图 4-10 总电流密度分布和导带能量分布(续)

从图 4-10(a)和图 4-10(b)可以看出，H 形栅极高肖特基势垒双向隧道场效应晶体管导通状态下半导体区域的最大电流密度可以达到 $1.5×10^8\,\text{A/cm}^2$，远高于平面高肖特基势垒双向隧道场效应晶体管的 $1.5×10^6\,\text{A/cm}^2$。与高肖特基势垒双向隧道场效应晶体管相比，H 形栅极高肖特基势垒双向隧道场效应晶体管的高得多的电流密度导致高得多的导通电流。从图 4-10(c)和图 4-10(d)可以看出，H 形栅极高肖特基势垒双向隧道场效应晶体管的隧道层中的能带弯曲强度与高肖特基势垒双向隧道场效应晶体管的相似。因此，可以合理地推断，H 形栅极高肖特基势垒双向隧道场效应晶体管能够形成比高肖特基势垒双向隧道场效应晶体管大得多的正向导通电流的根本原因不是它能够激发更强的带弯曲，而是还有另一个原因。

为了解释正向导通电流增加的原因，图 4-11 中显示了具有 470 nm H_{SD} 的 H 形栅极高肖特基势垒双向隧道场效应晶体管和具有 470 nm H_{SD1} 的平面高肖特基势垒双向隧道场效应晶体管之间的传输特性的比较。即在源极/漏极高度相同的情况下，具有 470 nm H_{SD1} 的 H 形栅极高肖特基势垒双向隧道场效应晶体管的导通电流，并且具有 470 nm H_{SD1} 的高肖特基势垒双向隧道场效应晶体管在正向栅极偏置区域中达到类似的大小。

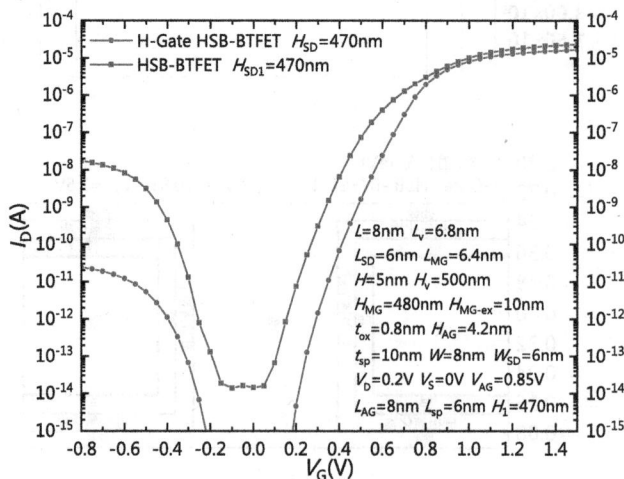

图 4-11 具有 470 nm H_{SD} 之间的 H 形栅极高肖特基势垒双向隧道场效应晶体管与具有 470 nm H_{SD1} 的高肖特基势垒双向隧道场效应晶体管传输特性的比较

如图 4-9(b)所示，具有 470 nm H_{SD1} 的高肖特基势垒双向隧道场效应晶体管实现了比具有 5 nm H_{SD1} 大得多的正向导通状态电流。这表明，当电流密度恒定时，源极/漏极与硅之间的接触面积的增加是正向导通状态电流增加的主要原因。然而，应该注意的是，对于高肖特基势垒双向隧道场效应晶体管，简单地增加高度也可以像 H 形栅极高肖特基势垒双向隧道场效应晶体管一样增加正向导通电流，但反向电流也显著增加。具有 470 nm H_{SD1} 的高肖特基势垒双向隧道场效应晶体管产生更高的反向电流，比 H 形栅极高肖特基势垒双向隧道场效应晶体管高近 3 个数量级。这证明，对于凹陷硅结构，在增加源极/漏极两侧的隧道层的高度的同时，H 形栅极高肖特基势垒双向隧道场效应晶体管利用垂直纵向空间来保持主栅极和辅助栅之间的足够距离。与简单增加高肖特基势垒双向隧道场效应晶体管高度的方案相比，H 形栅极高肖特基势垒双向隧道场效应晶体管确保了在器件平面尺寸不增加的情况下，实现了同步增强正向导通电流和抑制反向漏电流的技术效果。

4.2.4　源漏电极高度的影响

图 4-12 显示了具有不同 H_{SD} 的 H 形栅极高肖特基势垒双向隧道场效应晶体管的 I_D-V_G 传输特性。随着 H_{SD} 的增加，H 形栅极高肖特基势垒双向隧道场效应晶体管的导通 I_D 从 1×10^{-6} A 增加到大约 2.6×10^{-5} A。状态 I_D 增加了约 26 倍。

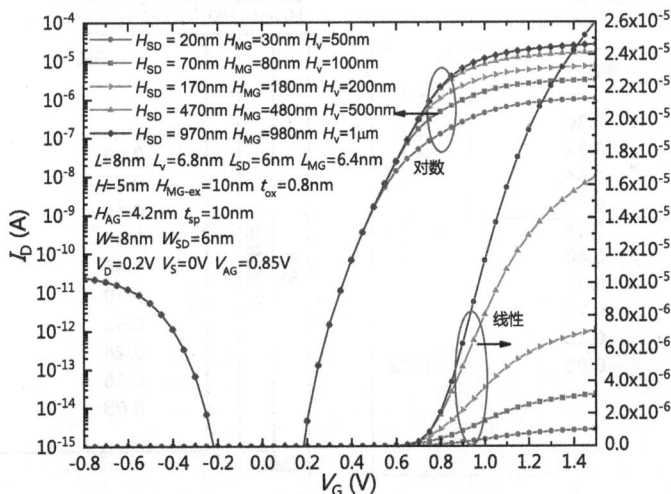

图 4-12　H 形栅极高肖特基势垒双向隧道场效应晶体管在不同 H_{SD} 下的 I_D-V_G 传输特性

图 4-13(a)和图 4-13(b)分别显示了 H 形栅极高肖特基势垒双向隧道场效应晶体管与 20 nm H_{SD} 和 470 nm H_{SD} 在垂直体区域的总电流密度分布的比较。图 4-13(c)和图 4-13(d)分别显示了 H 形栅极高肖特基势垒双向隧道场效应晶体管与 20 nm H_{SD} 和 470 nm H_{SD} 在垂直体区域的导带能量分布的比较。从图 4-13(c)和图 4-13(d)可以看出，具有不同 H_{SD} 的设备的频带分布没有显著差异。然而，总电流密度分布存在显著差异。

从图 4-13(a)和图 4-13(b)可以看出，具有 470 nm H_{SD} 的 H 形栅极高肖特基势垒双向隧道场效应晶体管总电流密度峰值是具有 20 nm H_{SD} 的 H 形栅极高肖特基势垒双向隧道场效应晶体管总电流密度峰值的 10 倍。垂直沟道高度的增加可以提高 I_D。然而，电子从沟道顶部流到沟道底部的距离会随着载流子产生位置高度的增加而增加。形成的 I_D 密度从上到下逐渐增加。电流密度随垂直沟道高度的增加而趋于饱和。因此 I_D 密度不能通过增加 H_{SD} 而无限增加。建议 H_{SD} 优化值为 470 nm。

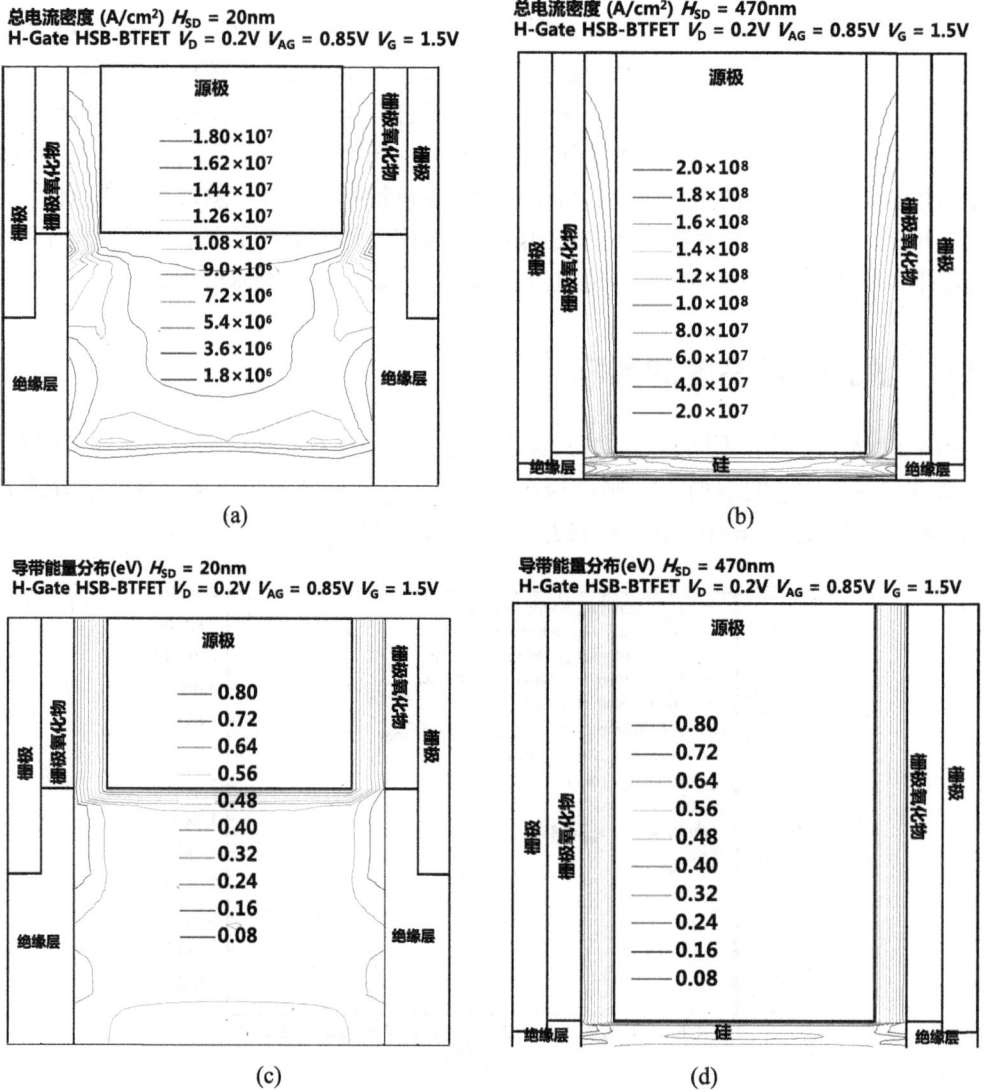

(a)

(b)

(c)

(d)

图 4-13　总电流密度分布比较和导带能量分布比较

4.2.5　主控栅极与辅助栅间距的影响

图 4-14 显示了具有不同 t_{sp} 的 H 形栅极高肖特基势垒双向隧道场效应晶体管的 I_D-V_G 传输特性。随着 t_{sp} 的增加，H 形栅极高肖特基势垒双向隧道场效应晶体管的导通状态 I_D 逐渐减小。然而，通过增加 t_{sp} 可以在很大程度上消除反向漏电流。为了实现大的正向/反向电流比，我们建议 t_{sp} 的优化值约为 30 nm。

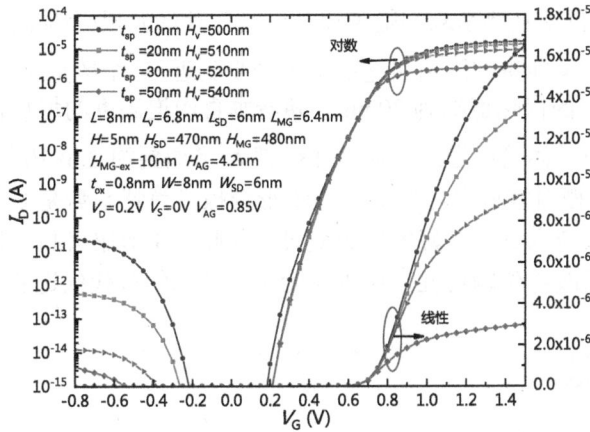

图 4-14　具有不同 t_{sp} 的 H 形栅极高肖特基势垒双向隧道场效应晶体管的 I_D-V_G 传输特性

4.2.6　H 形栅极高肖特基势垒双向隧道场效应晶体管的输出特性

图 4-15 显示了具有不同 V_G 的 H 形栅极高肖特基势垒双向隧道场效应晶体管的 I_D-V_D 特性。H 形栅极高肖特基势垒双向隧道场效应晶体管对厄利效应有很好的抑制作用。导通状态下的 I_D 是饱和的，并且受到主控栅极的严格限制。

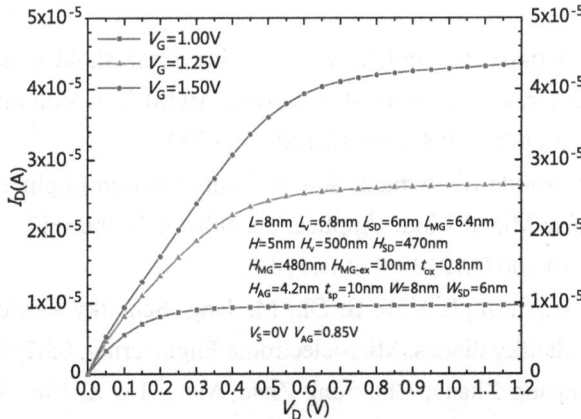

图 4-15　具有不同 V_G 的 H 形栅极高肖特基势垒双向隧道场效应晶体管的 I_D-V_D 特性

4.2.7　本节结语

本节提出了一种 H 形栅极高肖特基势垒双向隧道场效应晶体管。与高肖特基势垒双向隧道场效应晶体管相比，H 形栅极高肖特基势垒双向隧道场效应晶体管表现出更好的性能，如更高的导通状态电流、更低的静态功耗和更低的反向偏置泄漏电流、更低的 SS 和更大的 I_{on} / I_{off} 比。系统地分析了高导通状态 I_D 的产生机理以及延长垂直沟道高度对状态电流的影响。H 形栅极高肖特基势垒双向隧道场效应晶体管在导通状态下硅体内的最大电流密度可达 2×10^8 A/cm^2。当平面高肖特基势垒双向隧道场效应晶体管的导通电流与具有 10 nm

的 t_{sp} 的 H 形栅极高肖特基势垒双向隧道场效应晶体管的源极/漏极高度相同，导通电流达到相同的数量级时，反向带间隧道引起的泄漏减少到近 3 个数量级。为了实现大的正向/反向电流比，建议 t_{sp} 的优化值约为 30 nm。随着垂直沟道高度的增加，H 形栅极高肖特基势垒双向隧道场效应晶体管的导通电流从 $1×10^{-6}$ A 增加到约 $2.6×10^{-5}$ A。导通电流增加了约 26 倍。由于辅助栅对漏极电压的隔离，H 形栅极高肖特基势垒双向隧道场效应晶体管对沟道长度的调制效应也具有良好的抑制效果。因此，H 形栅极高肖特基势垒双向隧道场效应晶体管可以全面改善传输特性，可以作为主流技术的替代候选者。

4.2.8　参考文献

[1]　J. P. Colinge. Multi-gate SOI MOSFETs. Microelectron Engineering, vol. 84, no.9-10, pp. 2071-2076, SEP-OCT 2007. DOI: 10.1016/j.mee.2007.04.038.

[2]　X. Liu, Z. Xia, X. Jin, J.H. Lee. A High-Performance Rectangular Gate U Channel FETs with Only 2-nm Distance between Source and Drain Contacts. Nanoscale Research Letters, Vol.14, 43, Feb. 2019. DOI: 10.1186/s11671-019-2879-0.

[3]　S. D. Kim, C.M. Park, J. C. S. Woo. Advanced model and analysis for series resistance in sub-100 nm CMOS including poly depletion and overlap doping gradient effect. IEEE International Electron Devices Meeting (IEDM), San Francisco, CA, USA, 2000, pp. 723-724, 2000.

[4]　Prashanth Kumar, Brinda Bhowmick. A physics-based threshold voltage model for hetero-dielectric dual material gate Schottky barrier. MOSFET, Volume31, ISSue5, Article Numbere2320, SEP-OCT, 2018. DOI:10.1002/jnm.2320.

[5]　Prashanth Kumar, Brinda Bhowmick. Source-Drain Junction Engineering Schottky Barrier MOSFETs and their Mixed Mode Application. Silicon, Volume12, ISSue4, Page821-830, APR, 2020. DOI: 10.1007/s12633-019-00170-0.

[6]　M. Jun, Y. Kim, C. Choi, T. Kim, S. Oh, M. Jang. Schottky barrier heights of n/p-type erbium-silicided schottky diodes. Microelectronic Engineering, 85(2008) 1395-1398.

[7]　Xiaoshi Jin, Shouqiang Zhang, Chunrong Zhao, Meng Li, Xi Liu. A complementary low Schottky barrier S/D based nanoscale dopingless bidirectional reconfigurable field effect transistor with an improved forward current. Discover Nano, (2023) 18:57 | https://doi.org/10.1186/s11671-023-03835-3.

[8]　F. Bashir, A. G. Alharbi, S. A. Loan. Electrostatically doped DSL Schottky barrier MOSFET on SOI for low power applications, IEEE Journal of Electron Devices Society, vol. 6, no.1, pp. 19-25, Dec. 2017. DOI: 10.1109/JEDS.2017.2762902.

[9]　F. Bashir, S. A. Loan, M. Rafat, A. Alamoud, S. A. Abbasi. A high-performance source engineered charge plasma-based Schottky MOSFET on SOI. IEEE Transactions on Electron Devices, vol. 62, no. 10, pp. 3357-3364, Oct. 2015. DOI: 10.1109/TED.2015.2464112.

[10]　S. Kale, P. N. Kondekar. Design and investigation of double gate Schottky barrier MOSFET using gate engineering. Micro & Nano Letters, vol. 10, no. 12, pp. 707-711, Dec.

2015. DOI: 10.1049/mnl.2015.0046.

[11] P. M. Solomon. Inability of single carrier tunneling barriers to give subthermal subthreshold swings in MOSFETs. IEEE Electron Device Letters, vol. 31, no. 6, pp. 618-620, Jun. 2010. DOI: 10.1109/LED.2010.2046713.

[12] A. V. Penumatcha, R. B. Salazar, J. Appenzeller. Analysing black phosphorus transistors using an analytic Schottky barrier MOSFET model. Nature Communications, vol. 6, 8948, Nov. 2015. DOI: 10.1038/ncomms9948.

[13] D. Sarkar, XJ. Xie, W. Liu, W. Cao, JH. Kang, YJ. Gong, S. Kraemer, PM. Ajayan. A subthermionic tunnel field-effect transistor with an atomically thin channel. Nature, vol. 526, no.7571, pp. 91-95, Oct. 2015. DOI: 10.1038/nature15387.

[14] D. H. Ilatikhameneh, T. A. Ameen, G. Klimeck, J. Appenzeller, R. Rahman. Dielectric engineered tunnel field-effect transistor. IEEE Electron Device Letters, vol. 36, no. 10, pp. 1097-1100, Oct. 2015. DOI: 10.1109/LED.2015.2474147.

[15] E. Ko, H. J. Lee, J.-D. Park, C. H. Shin. Vertical tunnel FET: Design optimization with triple metal-gate layers. IEEE Transactions on Electron Devices, vol. 63, no. 12, pp. 5030-5035, Dec. 2016. DOI: 10.1109/TED.2016.2619372.

[16] M. Rahimian, M. Fathipour. Improvement of electrical performance in junctionless nanowire TFET using hetero-gatedielectric. Materials Science in Semiconductor Processing, vol. 63, pp.142-152, Jun. 2017. DOI: 10.1016/j.mssp.2016.12.011.

[17] J. C. Lee, T. J. Ahn, Y. S. Yu. Work-function engineering of source-overlapped dual-gate tunnel field-effect transistor. Journal of Nanoscience and Nanotechnology, vol. 18, no. 9, pp. 5925-5931, Sep. 2018. DOI: 10.1166/jnn.2018.15574.

[18] X.Jin, Y.Wang, K.Ma, M.Wu, X. Liu, J.H. Lee. A Study on the Effect of the Structural Parameters and Internal Mechanism of a Bilateral Gate-Controlled S/D Symmetric and Interchangeable Bidirectional Tunnel Field Effect Transistor. NANOSCALE RESEARCH LETTERS, Vol.16, no.1, 102, 2021.

[19] HAO LU, ALAN SEABAUGH. Tunnel Field-Effect Transistors: State-of-the-Art, VOLUME 2, NO. 4, JULY 2014, DOI: 10.1109/JEDS.2014.2326622.

[20] U. E. Avci, D. H. Morris, I. A. Young. Tunnel field-effect transistors: Prospects and challenges. IEEE Journal of Electron Devices Society, vol. 3, no.3, pp. 88-95, May 2015. DOI: 10.1109/JEDS.2015.2390591.

[21] Q. T. Zhao, S. Richter, C. Schulte-Braucks, L. Knoll, S. Blaeser, G.V. Luong, S.Trellenkamp, A. Schafer, A. Tiedemann, J.M. Hartmann, K.Bourdelle, S. Mantl. Strained Si and SiGe nanowire tunnel FETs for logic and analog applications. IEEE Journal of Electron Devices Society, vol. 3, no.3, pp. 103-114, May 2015. DOI: 10.1109/JEDS.2015.2400371.

[22] G.V. Luong, K. Narimani, A. Tiedemann, P. Bernardy, S.Trellenkamp, Q. T. Zhao, S. Mantl. Complementary strained Si GAA nanowire TFET inverter with suppressed ambipolarity. IEEE Electron Device Letters, vol. 37, no. 8, pp. 950-953, Aug. 2016.　DOI: 10.1109/LED.2016.2582041.

[23] G.V. Luong, S. Strangio, AT Tiedemann, P. Bernardy, S.Trellenkamp, P.Palestri, S. Mantl,

Q. T. Zhao. Strained silicon complementary TFET SRAM: Experimental demonstration and simulations. IEEE Journal of Electron Devices Society, vol. 6, no.1 pp. 1033-1040, 2018. DOI: 10.1109/JEDS.2018.2825639.

[24] X. Liu X, K. Ma, Y. Wang, M. Wu, J-H Lee, X. Jin. A Novel High High Schottky Barrier Based Bilateral Gate and Assistant Gate Controlled Bidirectional Tunnel Field Effect Transistor. IEEE Journal of the Electron Devices Society, vol.8 pp(99):1-1, 2020.

[25] V.W.L.Chin, J.W.V.Storey, M.A.Green. P-type PtSi Schottky-diode barrier height determined from I-V measurement. Solid-State Electronics 32 (1989) 475-478.

[26] Device Simulation—New Features in 2019 Baseline Release. Acce SS ed: Feb.2020. [Online]. Available:https://www.silvaco.com/products/tcad/device_simulation/device_simulation.html

[27] L.E.Calvet, H.Luebben, M.A.Reed, C.Wang, J.P. Snyder, J.R. Tucker. Subthreshold and scaling of PtSi Schottky barrier MOSFETs. Superlattices and Microstructures, Volume 28, Issues 5-6, pp. 501-506, November 2000.

4.3 源漏垂直嵌入式高肖特基势垒双向隧道场效应晶体管

对集成电路基本单元的研究主要基于两个方面。一是提高集成密度，二是提高器件性能。尽可能地减小集成电路的基本单元的尺寸是重要的。多栅极金属氧化物半导体场效应晶体管在亚 30 nm 技术节点中令人印象深刻[1-2]。然而，有必要使用昂贵的毫秒退火技术来实现纳米级的突变结[3]。肖特基势垒金属氧化物半导体场效应晶体管代替金属氧化物半导体场效应晶体管[4-6]的 PN 结势垒形成浅肖特基势垒。金属源极/漏极(源漏)结构具有放松对传统注入源漏施加的严格约束的优势[7]。对于 P 型肖特基势垒金属氧化物半导体场效应晶体管，价带 $q\phi_{Bp}$ 中空穴的肖特基势垒高度被设置为远小于导带 $q\phi_{Bn}$ 中电子的肖特基势垒高度。对于较浅的肖特基势垒高度，热离子发射电流总是小于理想的 0 eV 势垒高度的情况，此后，肖特基势垒金属氧化物半导体场效应晶体管的亚阈值摆幅(SS)大于 60 mV/dec，亚热 SS 不能通过肖特基势垒而不考虑其他物理机制，如带带隧穿(带间隧道)已经通过简单的电势映射方法证明了这一点，尽管肖特基势垒金属氧化物半导体场效应晶体管在纳米级工艺中比传统金属氧化物半导体场效应晶体管更容易制造，但这些物理机制也会导致性能下降，如较低的开关电流比和正向反向电流比[8-9]。

为了提高性能，有目的地开发了几种新型器件，其中隧道场效应晶体管最具代表性，它利用带间隧道作为电流传导机制，可以实现更灵敏的亚热亚阈值摆幅[10-14]。遗憾的是，为了实现更小的 SS，还必须在隧道场效应晶体管中形成突变结，这与金属氧化物半导体场效应晶体管[15-18]类似。此外，电流驱动能力比金属氧化物半导体场效应晶体管差得多，在反向偏置状态下，带间隧道感应的漏电流将显著增加，甚至大于正向电流。为了避免隧道场效应晶体管中的掺杂过程，提出了无掺杂隧道场效应晶体管或基于电荷等离子体的纳米线隧道场效应晶体管[19-23]。

对于双向操作，有一种基于高肖特基势垒的双向隧道场效应晶体管(HSB BTFET)，如高肖特基势垒双向隧道场效应晶体管和一种新型的基于高-低-高肖特基势垒的双向隧道效应晶体管[24-25]。然而，由于带间隧道是高肖特基势垒双向隧道场效应晶体管或高低高肖特基势垒双向隧道场效应晶体管的主要电流产生机制，与其他类型的隧道场效应晶体管类似，形成了高的源极-漏极阻抗，并且正向导通状态电流驱动能力受到严重限制。

为了在不导致集成退化的情况下显著增加正向导通电流，本节提出一种高灵敏度的垂直插入源极-漏极接触的高肖特基势垒双向栅极和辅助栅控制的双向隧道场效应晶体管(源漏垂直嵌入式高肖特基势垒双向隧道场效应晶体管)。有效的源极-漏极接触面积显著增加，而不增加任何额外的芯片面积，源极和漏极接触被深深地插入硅体中，使接触面积最大化。最大化接触面积增加了在相同电压下通过带带隧穿效应产生的电子-空穴对的数量，并且可以产生高得多的导通状态电流。与先前提出的高肖特基势垒双向隧道场效应晶体管相比，源漏垂直嵌入式高肖特基势垒双向隧道场效应晶体管可以实现更高的集成度、更低的 SS、更小的反向偏置漏电流、更高的导通电流和更高的 I_{on}/I_{off} 比。

4.3.1　源漏垂直嵌入式高肖特基势垒双向隧道场效应晶体管的结构与参数

图 4-16(a)是源漏垂直嵌入式高肖特基势垒双向隧道场效应晶体管的顶视图，图 4-16(b)和图 4-16(c)分别是沿图 4-16(a)中的切割线 A 和 B 切割的横截面图。如图 4-16(a)和图 4-16(b)所示，器件结构是对称的，并且源极/漏极区域是可互换的。

如图 4-16(a)所示，主控制栅极是源极和漏极两侧的一对支架，用于从三个方向控制源极和漏电极附近的硅。加强对源和漏的控制。图 4-16(b)显示了硅被蚀刻成 U 形结构。通过再次蚀刻硅体的两侧，源极和漏极被插入 U 形硅两侧的垂直部分的一定高度。图 4-16(c)显示辅助栅呈现倒 U 形结构，类似于 FinFET 的栅极结构，控制 U 形硅体底部水平部分的三侧。L_V 和 L_H 分别是 U 形硅的垂直部分和水平部分沿着源极到漏极方向的长度。W 是 U 形硅的水平部分的宽度。L_{SD} 和 W_{SD} 分别是源极/漏极接触的长度和宽度。H_{SD} 是源极/漏极接触的高度。H_H 和 H_V 都是 U 形硅的水平部分和垂直部分的厚度。t_{ox} 是栅极氧化物的厚度，H_{AG} 是辅助栅的高度。L_{AG} 是辅助门的宽度。H_{MG} 是主闸门的高度。

考虑到亚热亚阈值摆幅可以通过在尖锐的金属结上的带带隧穿来获得，在源极和漏极区域中都形成了基于金属结的高肖特基势垒。通常，肖特基势垒金属氧化物半导体场效应晶体管通过相对较低的肖特基势垒产生热离子发射电流，作为正向电流供应的物理机制。本书提出的源漏垂直嵌入式高肖特基势垒双向隧道场效应晶体管在带隙中心附近形成高肖特基势垒。这可以在很大程度上阻断肖特基势垒热离子发射电流。相反，它增加了带通电流的产生，作为器件的导通机制。考虑到隧穿电流的总量与可能发生隧穿效应的硅区域的总体积和隧穿区域中的电场大小有关，隧穿区域应设计得尽可能大。

如图 4-16(b)所示，通道部分设计为凹陷结构，为 U 形通道。为源漏垂直嵌入式高肖特基势垒双向隧道场效应晶体管设计了嵌入式源极-漏极接触，通过扩大带间隧道区的有效面积来增强导通状态电流，以实现载流子产生的最大化，并确保源极-漏极距离相对较大，从而有效防止反向泄漏。通过增加 U 形硅区域的垂直部分的高度，可以在不增加器件所占据的总芯片面积的情况下大大增加隧道层的总体积。倒 U 形辅助闸门控制设备的中央通道中的载体的流动。U 形硅区域的水平部分允许电子穿过并阻挡空穴。

(a)

(b)   (c)

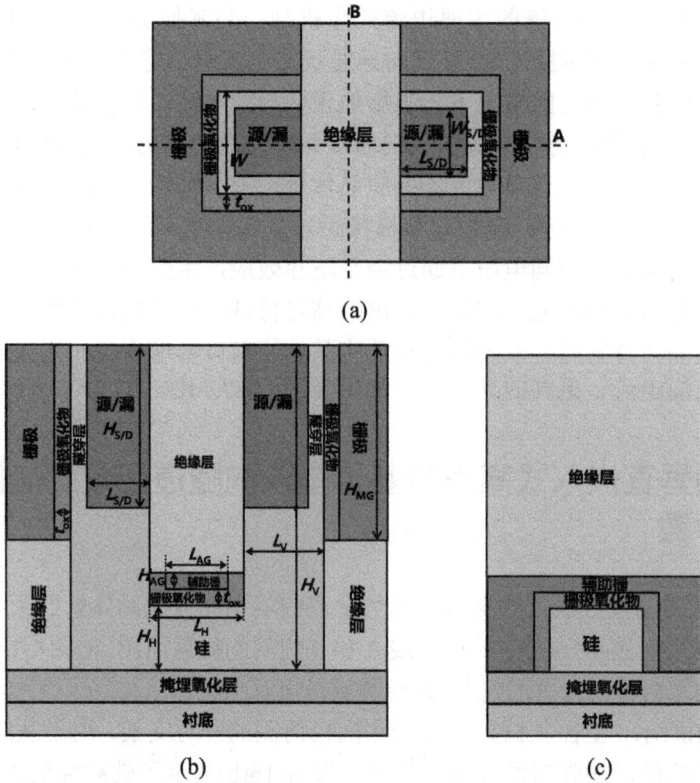

图 4-16   源漏垂直嵌入式高肖特基势垒双向隧道场效应晶体管的结构示意

4.3.2   与平面高肖特基势垒双向隧道场效应晶体管对比

为了验证器件的性能，我们对新提出的源漏垂直嵌入式高肖特基势垒双向隧道场效应晶体管和平面高肖特基势垒双向隧道场效应晶体管进行了比较。图 4-17(a)为平面高肖特基势垒双向隧道场效应晶体管的顶视图，图 4-17(b)和图 4-17(c)是沿着图 4-17(a)中的切割线 A 和 B 切割的横截面图。在相同的仿真环境下，比较了平面高肖特基势垒双向隧道场效应晶体管和源漏垂直嵌入式高肖特基势垒双向隧道场效应晶体管的 I_{DS}-V_{GS} 特性。

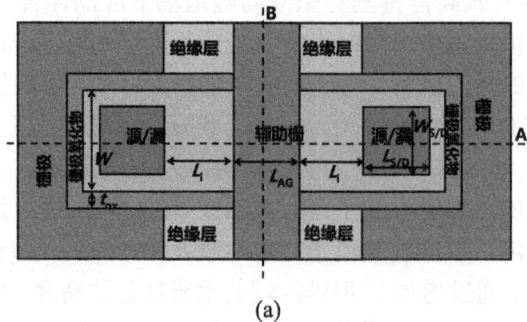

(a)

图 4-17   平面高肖特基势垒双向隧道场效应晶体管的结构示意

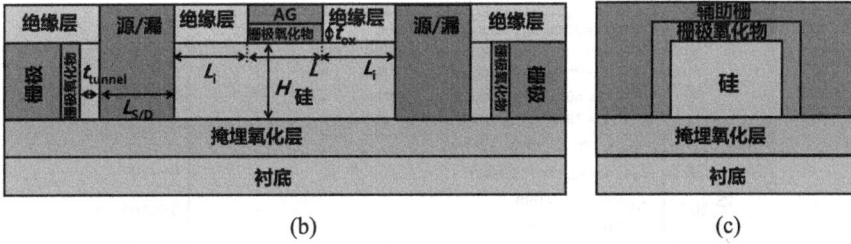

图 4-17　平面高肖特基势垒双向隧道场效应晶体管的结构示意(续)

图 4-18(a)显示了高肖特基势垒双向隧道场效应晶体管和源漏垂直嵌入式高肖特基势垒双向隧道场效应晶体管之间的传输特性比较。如图 4-18(a)所示，高肖特基势垒双向隧道场效应晶体管的沟道高度为 5 nm，源漏垂直嵌入式高肖特基势垒双向隧道场效应晶体管的垂直沟道的高度为 1000 nm。与高肖特基势垒双向隧道场效应晶体管相比，源漏垂直嵌入式高肖特基势垒双向隧道场效应晶体管在静态和反向偏置状态下具有更低的电流，这导致更低的静态功耗和更低的反向漏电流。同时，在正向栅极偏置区域中，源漏垂直嵌入式高肖特基势垒双向隧道场效应晶体管产生高得多的导通状态电流。源漏垂直嵌入式高肖特基势垒双向隧道场效应晶体管的导通电流从 2.5×10^{-7} A 增加到约 2×10^{-5} A。导通电流增加了约 80 倍。更重要的是，与高肖特基势垒双向隧道场效应晶体管相比，源漏垂直嵌入式高肖特基势垒双向隧道场效应晶体管实现了更低的 SS 和更高的 I_{on}/I_{off} 比。而且，与高肖特基势垒双向隧道场效应晶体管相比，源漏垂直嵌入式高肖特基势垒双向隧道场效应晶体管获得了更灵敏的电流驱动能力。

图 4-18(b)显示了具有不同垂直沟道高度的源漏垂直嵌入式高肖特基势垒双向隧道场效应晶体管的 I_{DS}-V_{GS} 特性。垂直沟道高度范围为 50 nm 到 1000 nm。随着垂直沟道高度的增加，在相同的栅极偏置下，正向导通电流变得更大。由于垂直沟道高度增加，源极-漏极与硅之间的接触面积增加，发生隧穿效应的硅区域的总体积增加，总隧穿电流增加，导致源极-漏电极与硅界面处的正向导通电流增大。

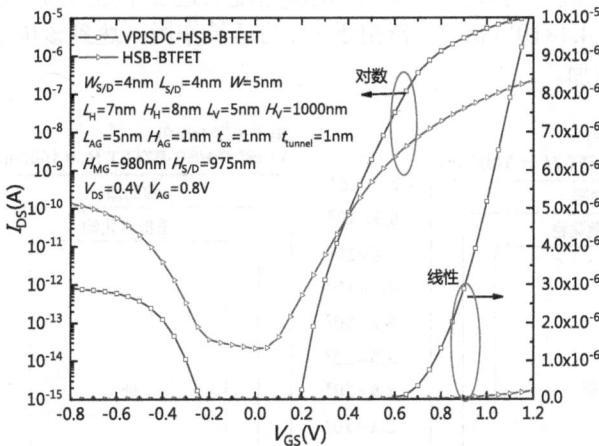

(a)

图 4-18　传输特性比较和垂直沟道高度的影响

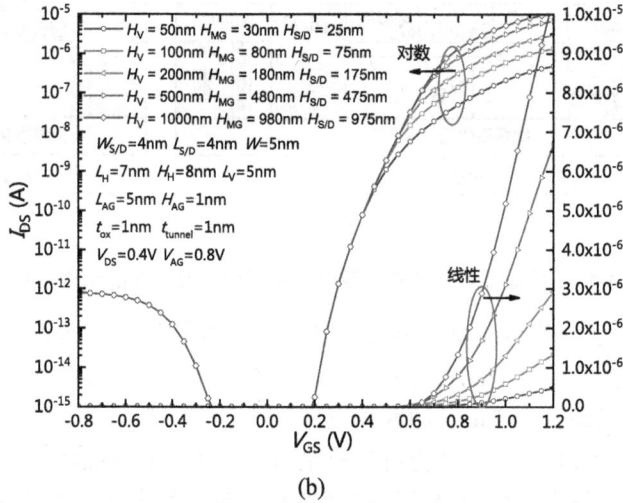

(b)

图 4-18 传输特性比较和垂直沟道高度的影响(续)

　　注意，反向漏电流没有明显变化，因为源极和漏极接触没有直接插入硅体的底部，因此主栅极和辅助栅之间保持一定的距离，这有效地降低了反向栅极偏置状态下硅体中的最大电场强度，并防止了主要由带带隧穿产生的漏电流发生在主栅极和辅助栅之间的区域。随着垂直沟道高度的增加，有效沟道长度增加，越来越多的载流子通过，电流密度增加，但不是无限增加。当垂直沟道高度在 500 nm 以上时，正向电流不会显著增加，此后垂直沟道高度有一个最佳值，建议约为 1000 nm。

　　图 4-19(a)、图 4-19(b)和图 4-19(c)分别显示了具有 1000 nm H_V 的源漏垂直嵌入式高肖特基势垒双向隧道场效应晶体管、具有 50 nm H_V 的源漏垂直嵌入式高肖特基势垒双向隧道场效应晶体管与高肖特基势垒双向隧道场效应晶体管在导通状态下辅助栅控制下的水平硅体沟道中的总电流密度分布和电子浓度的比较。在辅助栅偏压相同的情况下，高肖特基势垒双向隧道场效应晶体管的电流密度最大值比具有 1000 nm H_V 的源漏垂直嵌入式平面高肖特基势垒双向隧道场效应晶体管的电流密度低近 2 个数量级。这三种器件的电子浓度峰值几乎相同(约 $4.4\times10^{19}\text{cm}^{-3}$)，但由于 H_V 的延长作用，达到该电子浓度峰值的总面积随着 H_V 的增加而增加。

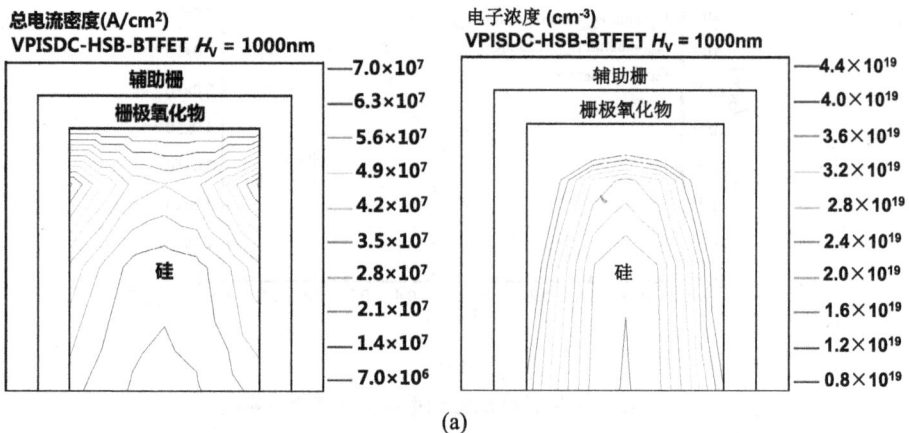

(a)

图 4-19 总电流密度分布和电子浓度比较

总电流密度 (A/cm²)
VPISDC-HSB-BTFET H_V = 50nm

辅助栅
栅极氧化物

硅

— 5.0× 10⁶
— 4.5× 10⁶
— 4.0× 10⁶
— 3.5× 10⁶
— 3.0× 10⁶
— 2.5× 10⁶
— 2.0× 10⁶
— 1.5× 10⁶
— 1.0× 10⁶
— 5.0× 10⁵

电子浓度 (cm⁻³)
VPISDC-HSB-BTFET H_V = 50nm

辅助栅
栅极氧化物

硅

— 4.4× 10¹⁹
— 4.0× 10¹⁹
— 3.6× 10¹⁹
— 3.2× 10¹⁹
— 2.8× 10¹⁹
— 2.4× 10¹⁹
— 2.0× 10¹⁹
— 1.6× 10¹⁹
— 1.2× 10¹⁹
— 0.8× 10¹⁹

(b)

总电流密度(A/cm²)
HSB-BTFET

辅助栅
栅极氧化物

硅

— 1.8×10⁶
— 1.6×10⁶
— 1.4×10⁶
— 1.2×10⁶
— 1.0×10⁶
— 8.0×10⁵
— 6.0×10⁵
— 4.0×10⁵
— 2.0×10⁵
— 0.0×10⁵

电子浓度 (cm⁻³)
HSB-BTFET

辅助栅
栅极氧化物

硅

— 4.4×10¹⁹
— 4.0×10¹⁹
— 3.6×10¹⁹
— 3.2×10¹⁹
— 2.8×10¹⁹
— 2.4×10¹⁹
— 2.0×10¹⁹
— 1.6×10¹⁹
— 1.2×10¹⁹
— 0.8×10¹⁹

(c)

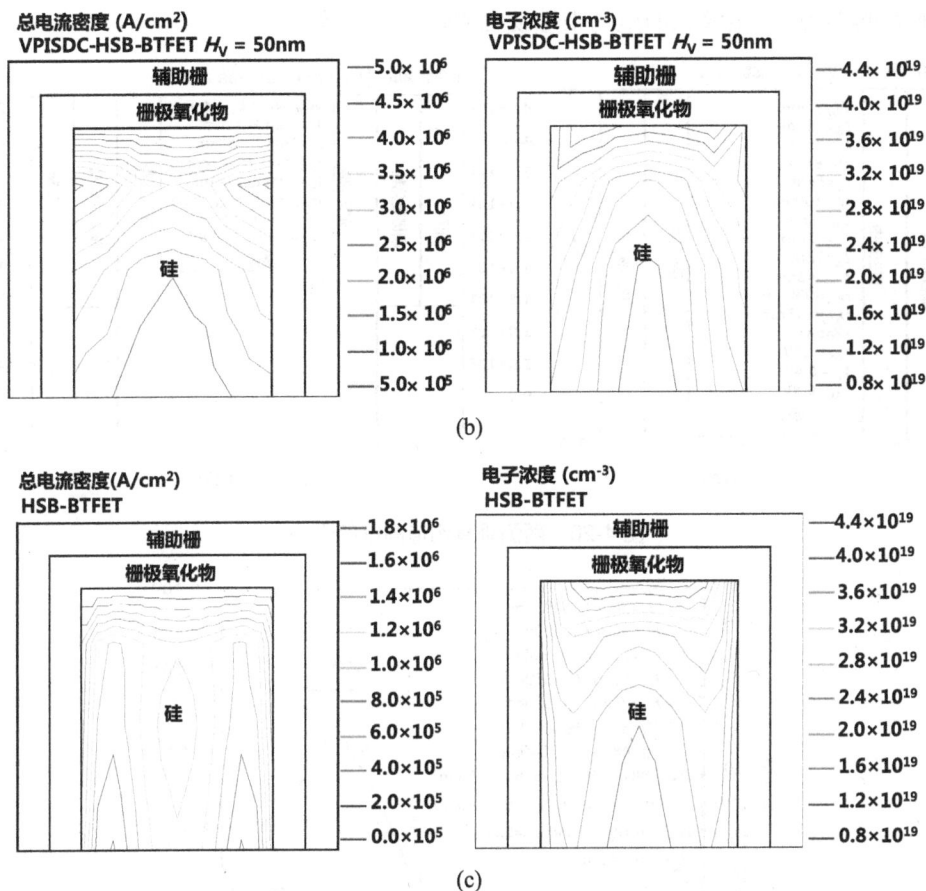

图 4-19　总电流密度分布和电子浓度比较(续)

4.3.3　两侧垂直沟道高度的影响

图 4-20(a)和图 4-20(b)分别显示了具有 1000 nm H_v 的源漏垂直嵌入式高肖特基势垒双向隧道场效应晶体管和具有 50 nm H_v 的源漏垂直嵌入式高肖特基势垒双向隧道场效应晶体管在导通状态下主栅极控制下的总电流密度分布和垂直沟道中的电子浓度的比较。随着垂直沟道高度的增加，由隧道效应从不同高度产生的电子会聚到垂直沟道的底部。因此，随着垂直沟道高度的增加，所产生的隧道电荷和相应的隧道电流之和逐渐增加。然而，随着垂直沟道高度的增加，在较高垂直沟道高度产生的隧道电子从源极侧流到漏极侧所需的距离也增加，因此隧道电子对总电流的贡献将随着垂直沟道深度的增加而继续减小。因此，推荐的垂直沟道高度约为 1000 nm。

4.3.4　中央水平沟道高度的影响

图 4-21 显示了具有不同水平沟道高度 H_H 的源漏垂直嵌入式高肖特基势垒双向隧道场效应晶体管的传输特性的比较。在相同的 V_{AG} 下，传递特性几乎不受 H_H 变化的影响。这主要是由于主控栅极和辅助栅之间有足够的保留距离，并且主控栅极和辅助栅的电势差不足

以在辅助栅附近产生足够强的电场来触发强的带间隧道效应。

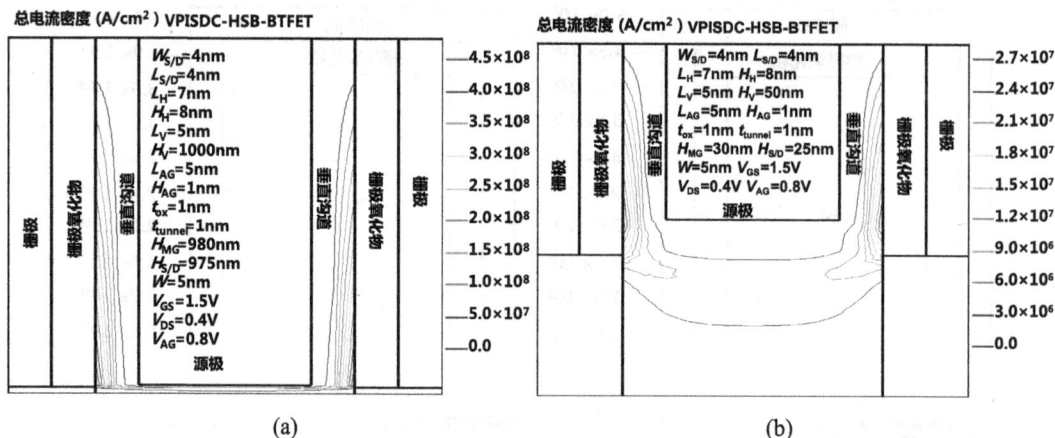

图 4-20　两侧垂直沟道高度的影响

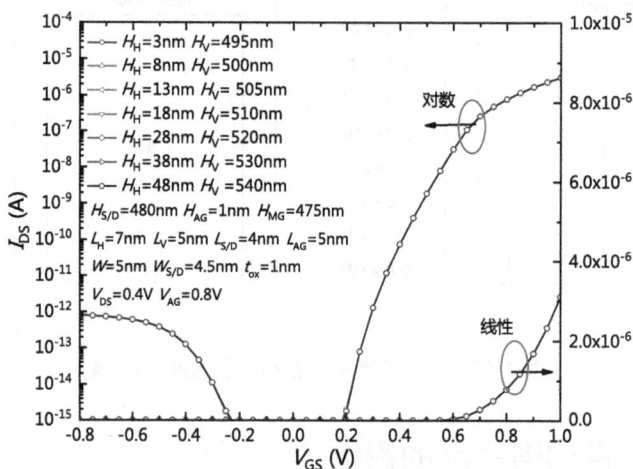

图 4-21　具有不同水平沟道高度的源漏垂直嵌入式高肖特基势垒双向隧道场效应晶体管的传输特性比较

4.3.5　辅助栅电压的影响

　　图 4-22 显示了源漏垂直嵌入式高肖特基势垒双向隧道场效应晶体管在不同辅助栅电压 V_{AG} 下的传输特性比较。漏电流的大小强烈依赖于 V_{AG}。过小的 V_{AG} 会限制水平沟道中的载流子浓度并限制正向电流的形成，而过大的辅助栅电压则会导致辅助栅控制的硅区域中的强带弯曲，导致过多的漏电流产生。对于 1 nm 的栅极氧化物厚度，推荐的 V_{AG} 在 0.8 V 和 1.2 V 之间。

4.3.6　与 FinFET 的比较

　　图 4-23(a)是主流传统鳍式场效应晶体管(FinFET)的顶视图，图 4-23(b)和图 4-23(c)是传统 FinFET 沿图 4-23(a)中的切割线 A 和 B 切割的横截面图。为了更合理地比较两种装置

的性能，两种装置在结构参数上尽可能保持一致。使用相同的参数，例如水平沟道长度、宽度和高度(L_H 、 W 和 H)以及栅极氧化物厚度(t_{ox})。

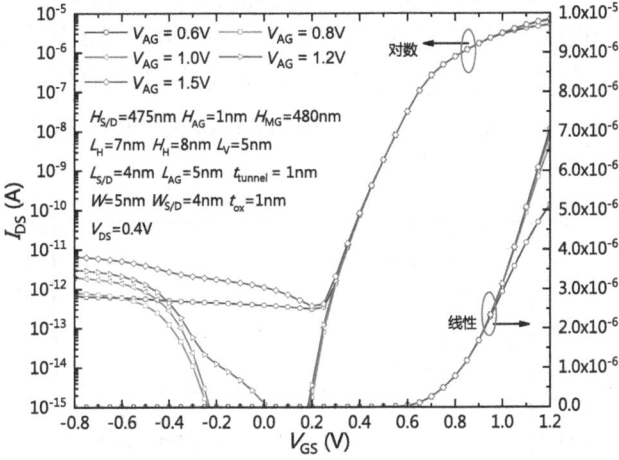

图 4-22　源漏垂直嵌入式高肖特基势垒双向隧道场效应晶体管在不同辅助栅电压下的传输特性比较

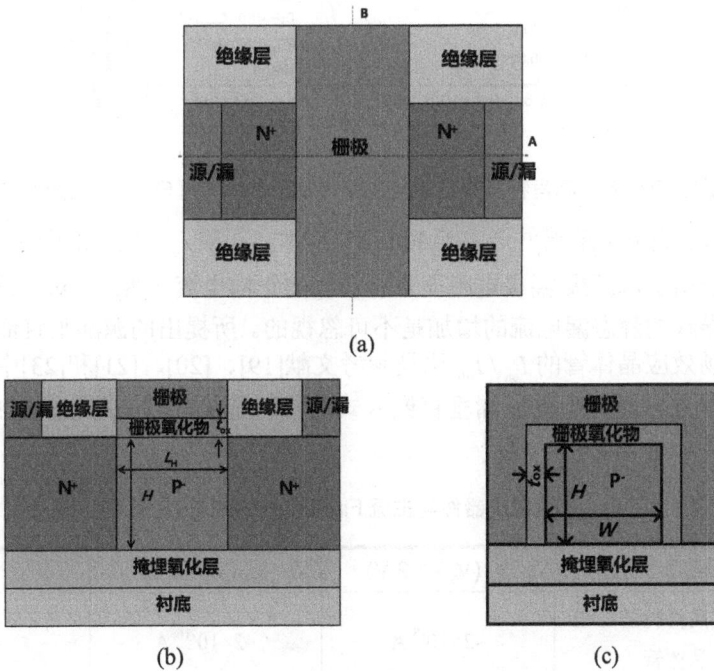

图 4-23　传统 FinFET 的结构

在相同的仿真环境下，比较了传统 FinFET 和源漏垂直嵌入式高肖特基势垒双向隧道场效应晶体管的 I_{DS}-V_{GS} 特性。图 4-24 显示了源漏垂直嵌入式高肖特基势垒双向隧道场效应晶体管和传统 FinFET 之间的传输特性比较。FinFET 的沟道高度和 U 形沟道源漏垂直嵌入式高肖特基势垒双向隧道场效应晶体管的水平部分都设置为 5 nm，并且源漏垂直嵌入式高肖特基势垒双向隧道场效应晶体管硅沟道的垂直部分的高度为 1000 nm。

与传统的 FinFET 相比，源漏垂直嵌入式高肖特基势垒双向隧道场效应晶体管在较低的正向偏置区和反向偏置区具有较低的电流,这导致了较低的静态功耗和较低的反向漏电流。同时,与传统的 FinFET 相比,在正向偏置区域,源漏垂直嵌入式高肖特基势垒双向隧道场效应晶体管产生 10^{-5} A 的导通电流,而 FinFET 产生 $4×10^{-5}$ A。因此,源漏垂直嵌入式高肖特基势垒双向隧道场效应晶体管的导通状态电流和截止状态电流比(I_{on}/I_{off} 比)以及正向电流和反向电流比($I_{forward}/I_{reverse}$ 比)大于 FinFET。源漏垂直嵌入式高肖特基势垒双向隧道场效应晶体管的平均 SS 也降低到小于 50 mV/dec,优于传统 FinFET 理想的 63 mV/dec 的 SS。

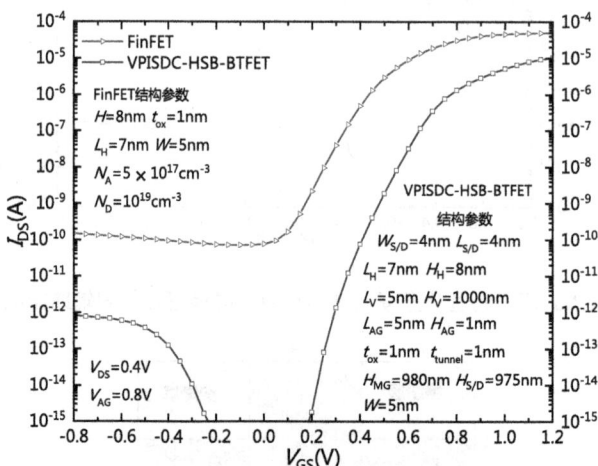

图 4-24   源漏垂直嵌入式高肖特基势垒双向隧道场效应晶体管和 FinFET 之间的传输特性比较

表 4-2 显示了高灵敏度器件与主流 FinFET 技术之间的 I_{on}/I_{off} 比的比较。主流 FinFET 技术的优点在于由于低源极/漏极电阻而具有较高的正向电流。然而,对于纳米级来说,由于尺寸减小而导致的静态漏电流的增加是不可忽视的。所提出的源漏垂直嵌入式高肖特基势垒双向隧道场效应晶体管的 I_{on}/I_{off} 比是参考文献[19]、[20]、[21]和[23]中提出的器件的 I_{on}/I_{off} 比的数量级。所提出的源漏垂直嵌入式高肖特基势垒双向隧道场效应晶体管的 I_{on} 大大增加,接近主流 FinFET 的值。

表 4-2   高灵敏度器件与主流 FinFET 技术的 I_{on}/I_{off} 比的比较

器　件	I_{on} (V_G =1.2 V)	I_{off} (V_G =0 V)	I_{on}/I_{off} 比
源漏垂直嵌入式高肖特基势垒双向隧道场效应晶体管	~$2×10^{-5}$ A	~$2×10^{-16}$ A	~10^{11}
高肖特基势垒双向隧道场效应晶体管	~$2×10^{-7}$ A	~$2×10^{-14}$ A	~$2×10^{7}$
FinFET	~$4×10^{-5}$ A	~10^{-10} A	~$4×10^{5}$
参考文献 [19]	~$2×10^{-6}$ A	~10^{-17} A	~$2×10^{11}$
参考文献 [20]	~$2×10^{-6}$ A	~10^{-17} A	~$2×10^{11}$
参考文献 [21]	~$2×10^{-6}$ A	~10^{-17} A	~$2×10^{11}$
参考文献 [22]	~$8×10^{-7}$ A	~10^{-15} A	~$8×10^{8}$
参考文献 [23]	~$2×10^{-6}$ A	~10^{-17} A	~$2×10^{11}$

4.3.7　源漏垂直嵌入式高肖特基势垒双向隧道场效应晶体管工艺流程设计

图 4-25 显示了源漏垂直嵌入式高肖特基势垒双向隧道场效应晶体管的简要制造过程。如图 4-25(a)、图 4-25(b)和图 4-25(c)所示，制备 SOI 晶片，并通过光刻和蚀刻工艺蚀刻 SOI 晶片上方的单晶硅膜，以去除周围的单晶硅膜。

如图 4-25(d)、图 4-25(e)和图 4-25(f)所示，在晶片上沉积绝缘材料，然后通过 CMP 工艺将表面压平，初步形成间隔物。

如图 4-25(g)和图 4-25(h)所示，通过光刻和蚀刻工艺去除位于硅膜中心部分上方和下方的间隔物，露出 BOL，为栅极绝缘层和辅助栅留出空间。

如图 4-25(i)和图 4-25(j)所示，通过光刻和蚀刻工艺去除硅膜中心部分上方和下方的间隔物部分，然后在晶片上沉积高介电常数的绝缘材料，如 HfO_2，然后通过 CMP 工艺使表面平坦化，初步形成栅极氧化物。

如图 4-25(k)和图 4-25(l)所示，通过光刻和蚀刻工艺去除硅膜中心部分上方和下方的栅极氧化物内部，然后在晶片上沉积金属或多晶硅，然后通过 CMP 工艺将表面平坦化，初步形成辅助栅。

如图 4-25(m)、图 4-25(n)和图 4-25(o)所示，通过光刻和蚀刻工艺去除一定厚度的硅膜中心部分，在晶片上沉积 HfO_2 等高介电常数的绝缘材料，然后通过 CMP 工艺将表面平坦化，进一步形成栅极氧化物。

如图 4-25(p)、图 4-25(q)和图 4-25(r)所示，通过光刻和蚀刻工艺去除一定厚度的栅极氧化物的内部中心部分，在晶片上沉积金属或多晶硅，然后通过 CMP 工艺将表面平坦化，进一步形成栅极氧化物和辅助栅。

如图 4-25(s)、图 4-25(t)和图 4-25(u)所示，通过光刻和蚀刻工艺去除一定厚度的栅极氧化物和辅助栅，在晶片上沉积绝缘材料，然后通过 CMP 工艺将表面压平，以进一步形成间隔物。

如图 4-25(v)、图 4-25(w)所示，通过光刻和蚀刻工艺去除硅膜左侧和右侧一定厚度的间隔物，然后在晶片上沉积 HfO_2 等高介电常数的绝缘材料，然后通过 CMP 工艺将表面平坦化，进一步形成栅极氧化物。

如图 4-25(x)和图 4-25(y)所示，通过光刻和蚀刻工艺去除硅膜左侧和右侧一定厚度的栅极氧化物部分，然后在晶片上沉积金属或多晶硅，然后通过 CMP 工艺将表面平坦化，形成主栅极。

如图 4-16(a)、图 4-16(b)和图 4-16(c)所示，通过光刻和蚀刻工艺去除两侧硅膜内部一定厚度，然后在晶片上沉积金属，如用于 N 型器件的 Pt 或用于 P 型器件的 Er，退火后，在源极/漏极和硅膜之间形成源极/漏电极和对应的 $PtSi$-Si/$ErSi$-Si 高肖特基势垒界面。

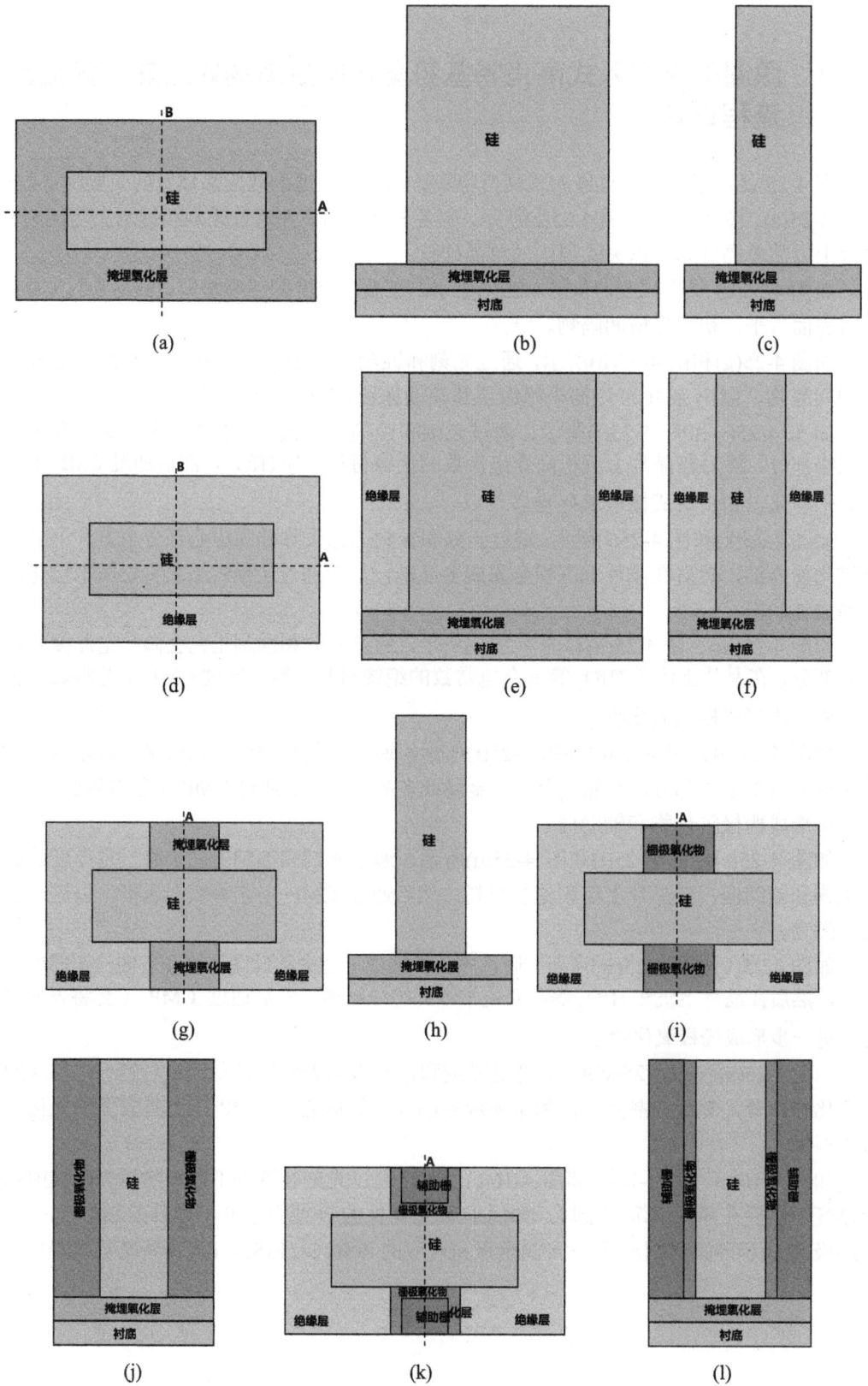

图 4-25　工艺流程设计

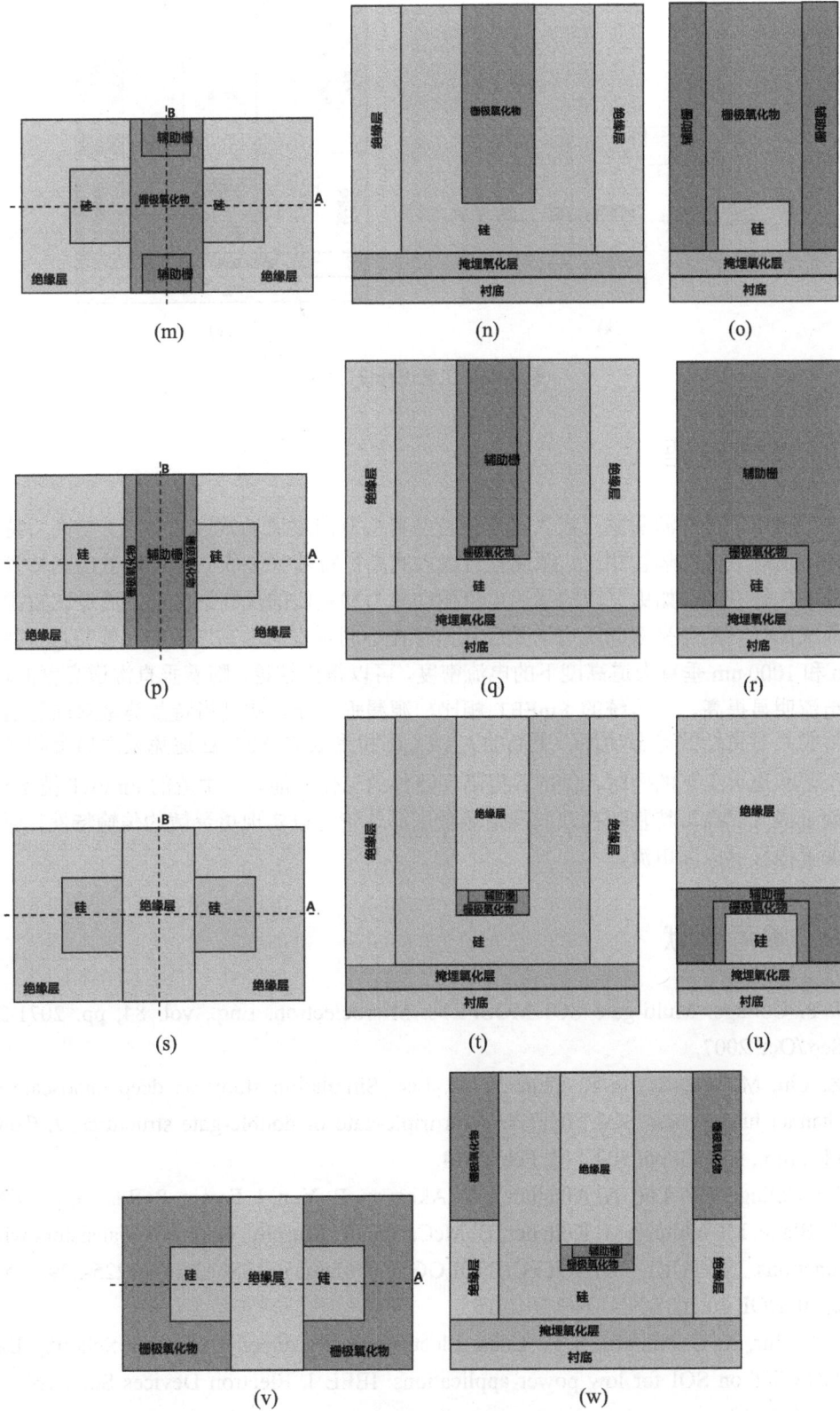

图 4-25　工艺流程设计(续)

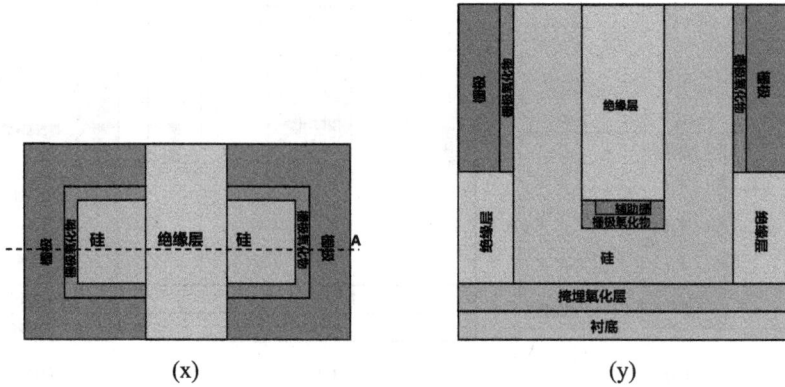

(x)   (y)

图 4-25　工艺流程设计(续)

4.3.8　本节结语

本节提出了一种源漏垂直嵌入式高肖特基势垒双向隧道场效应晶体管。与高肖特基势垒双向隧道场效应晶体管相比，源漏垂直嵌入式高肖特基势垒双向隧道场效应晶体管表现出更好的传输特性，如更灵敏的导通电流驱动能力和更低的反向漏电流。通过比较源漏垂直嵌入式高肖特基势垒双向隧道场效应晶体管在不同垂直沟道高度下的传输特性，并分析50 nm 和 1000 nm 垂直沟道高度下的电流密度，可以得出结论：随着垂直沟道高度的增加，导通电流明显提高。与传统的 FinFET 相比，源漏垂直嵌入式高肖特基势垒双向隧道场效应晶体管具有更低的静态功耗、更高的 I_{on}/I_{off} 比和更低的 SS。在避免采用昂贵和复杂的掺杂工艺和退火工艺的同时，保持并提高了器件的工作性能。与主流的 FinFET 技术相比，源漏垂直嵌入式高肖特基势垒双向隧道场效应晶体管可以实现更灵敏的传输特性，更低的反向偏置栅极感应漏电流。

4.3.9　参考文献

[1]　J. P. Colinge. Multi-gate SOI MOSFETs. Microelectron. Eng., vol. 84, pp. 2071-2076, Sep./Oct. 2007.

[2]　X. Liu, M. Wu, X. Jin R. Chuai, J. H. Lee. Simulation study on deep nanoscale short channel junctionless SOI FINFETs with triple-gate or double-gate structures. J. Comput. Electron., vol. 13, pp. 509-514, Feb. 2014.

[3]　J.P. Colinge, CW.Lee, A. Afzalian, ND. Akhavan, R. Yan, I. Ferain, P. Razavi, B. O'Neill, A. Blake, M. White, AM. Kelleher, B. McCarthy, R. Murphy. Nanowire transistors without junctions. NATURE NANOTECHNOLOGY, Volume5, ISSue3, Page225-229,　MAR, 2010, DOI: 10.1038/NNANO.2010.15.

[4]　F. Bashir, A. G. Alharbi, S. A. Loan. Electrostatically doped DSL High Schottky Barrier MOSFET on SOI for low power applications. IEEE J. Electron Devices Soc., vol. 6, pp. 19-25, 2017.

[5]　F. Bashir, S. A. Loan, M. Rafat, A. Alamoud, S. A. Abbasi. A high-performance source engineered charge plasma-based Schottky MOSFET on SOI. IEEE Trans. Electron Devices, vol. 62, no. 10, pp. 3357-3364, Oct. 2015.

[6]　S. Kale, P. N. Kondekar. Design and investigation of double gate High Schottky Barrier MOSFET using gate engineering. Micro Nano Lett., vol. 10, no. 12, pp. 707-711, Dec. 2015.

[7]　S. D. Kim, C.-M. Park, J. C. S. Woo. Advanced model and analysis for series resistance in sub-100 nm CMOS including poly depletion and overlap doping gradient effect. Int. Electron Devices Meeting Tech. Dig. (IEDM), San Francisco, CA, USA, 2000, pp. 723-724.

[8]　P. M. Solomon. Inability of single carrier tunneling barriers to give subthermal subthreshold swings in MOSFETs. IEEE Electron Device Lett., vol. 31, no. 6, pp. 618-620, Jun. 2010.

[9]　A. V. Penumatcha, R. B. Salazar, J. Appenzeller. Analysing black phosphorus transistors using an analytic High Schottky Barrier MOSFET model. Nat. Commun., vol. 6, p. 8948, Nov. 2015.

[10]　D. Sarkar et al. A subthermionic tunnel field-effect transistor with an atomically thin channel. Nature, vol. 526, pp. 91-95, Sep. 2015.

[11]　D. H. Ilatikhameneh, T. A. Ameen, G. Klimeck, J. Appenzeller, R. Rahman. Dielectric engineered tunnel field-effect transistor. IEEE Electron Device Lett., vol. 36, no. 10, pp. 1097-1100, Oct. 2015.

[12]　E. Ko, H. J. Lee, J.-D. Park, C. H. Shin. Vertical tunnel FET: Design optimization with triple metal-gate layers. IEEE Trans. Electron Devices, vol. 63, no. 12, pp. 5030-5035, Dec. 2016.

[13]　M. Rahimian, M. Fathipour. Improvement of electrical performance in junctionless nanowire TFET using hetero-gatedielectric. Mater. Sci. Semicond. ProceSS., vol. 63, pp. 142-152, Jun. 2017.

[14]　J. C. Lee, T. J. Ahn, Y. S. Yu. Work-function engineering of source-overlapped dual-gate tunnel field-effect transistor. J. Nanosci. Nanotechnol., vol. 18, no. 9, pp. 5925-5931, 2018.

[15]　U. E. Avci, D. H. Morris, I. A. Young. Tunnel field-effect transistors: Prospects and challenges. IEEE J. Electron Devices Soc., vol. 3, pp. 88-95, 2015.

[16]　Q. T. Zhao et al. Strained Si and SiGe nanowire tunnel FETs for logic and analog applications. IEEE J. Electron Devices Soc., vol. 3, pp. 103-114, 2015.

[17]　G. V. Luong et al. Complementary strained Si GAA nanowire TFET inverter with suppressed ambipolarity. IEEE Electron Device Lett., vol. 37, no. 8, pp. 950-953, Aug. 2016.

[18]　G. V. Luong et al. Strained silicon complementary TFET SRAM: Experimental demonstration and simulations. IEEE J. Electron Devices Soc., vol. 6, pp. 1033-1040, 2018.

[19]　Sunny Anand, S. Intekhab Amin, R. K. Sarin. Analog performance investigation of dual electrode based doping-less tunnel FET. JOURNAL OF COMPUTATIONAL ELECTRONICS, Volume 15, ISSue1, Page94-103, MAR, 2016 DOI:10.1007/s10825-015-0771-4.

[20]　Naveen Kumar, Ashish Raman. Performance assessment of the charge-plasma-based cylindrical GAA vertical nanowire TFET with impact of interface trap charges. IEEE

TRANSACTIONS ON ELECTRON DEVICES, Vol.66, ISSue10, Page4453-4460, OCT, 2019(d)OI: 10.1109/TED.2019.2935342.

[21] Ashok Kumar Gupta, Ashish Raman. Performance analysis of electrostatic plasma-based dopingless nanotube TFET. APPLIED PHYSICS A-MATERIALS SCIENCE & PROCESSING, Volume126, Issue7, Article Number573, JUN 30 2020, DOI: 10.1007/s00339-020-03736-7.

[22] Naveen Kumar, Ashish Raman. Novel Design Approach of Extended Gate-On-Source Based Charge-Plasma Vertical-Nanowire TFET: Proposal and Extensive Analysis. IEEE TRANSACTIONS ON NANOTECHNOLOGY, Volume19, Page421-428, 2020 DOI: 10.1109/TNANO.2020.2993565.

[23] Ashok Kumar Gupta, Ashish Raman, Naveen Kumar. Design and Investigation of a Novel Charge Plasma-Based Core-Shell Ring- TFET: Analog and Linearity Analysis. IEEE TRANSACTIONS ON ELECTRON DEVICES, VOL. 66, NO. 8, AUGUST 2019, pp3506-3512.

[24] Liu X, Ma K, Wang Y, et al. A Novel High Schottky Barrier Based Bilateral Gate and Assistant Gate Controlled Bidirectional Tunnel Field Effect Transistor. IEEE Journal of the Electron Devices Society, 2020, pp(99):1-1.

[25] Xiaoshi Jin, Shouqiang Zhang, Mengmeng Li, Xi Liu, Meng Li. A novel high-low-high Schottky barrier based bidirectional tunnel field effect transistor. Heliyon 9 (2023) e13809.

[26] Device Simulation—New Features in 2019(b)aseline Release. Accessed: Feb.2020. [Online]. https://www.silvaco.com/products/tcad/device_simulation/device_simulation.html.

[27] M. Lundstrom, R. Shuelke. Numerical Analysis of Heterostructure Semiconductor Devices. IEEE Trans., ED-30, p. 1151-1159, 1983.

[28] S. Selberherr. Analysis and Simulation of Semiconductor Devices. Springer-Verlag, Wien-New York. 1984.

[29] Hurkx, G.A.M, Klaassen, D.B.M., Knuvers, M.P.G. A New Recombination Model for Device Simulation Including Tunneling. IEEE Trans. Electron Devices, Vol. ED-39, Feb. 1992, p. 331-338.

[30] L.E.Calvet, H.Luebben, M.A.Reed, C.Wang, J.P. Snyder, J.R. Tucker. Subthreshold and scaling of PtSi Schottky barrier MOSFETs. Superlattices and Microstructures, Vol.28, No.5-6, 2000, pp501-506.

4.4　高低肖特基势垒隧道场效应晶体管

本节提出一种高低肖特基势垒隧道场效应晶体管。与基于掺杂的单向隧穿场效应晶体管(PIN 隧道场效应晶体管)不同，这种晶体管设计只需要一个具有独立电源的栅电极且无需掺杂。在源极与其中间硅区的导带之间形成的高肖特基势垒，产生隧道效应作为正向导通机制；在漏极与其中间硅区的导带之间形成低肖特基势垒，用于防止由热离子发射引起的空穴。此后，完全避免了困难的制造工艺，例如在纳米尺度上形成突变的 PN 结的昂贵的毫秒退火技术和昂贵的精确离子注入。所提出的高低肖特基势垒隧道场效应晶体管对空穴具有自然的阻挡效应，并且这种阻挡效应不会随着漏极到源极电压的增加而显著降低。本节将详细介绍高低肖特基势垒双向隧道场效应晶体管工作原理和传输特性、电势分布、载流子分布等，它具有较低的 SS、反向漏电更低、静态功耗更小的特性。

4.4.1　高低肖特基势垒隧道场效应晶体管的结构与参数

采用金属或合金材料替代掺杂工艺所形成的 N 型或 P 型的源区或漏区作为一种替代方案。本节提出的高低肖特基势垒隧道场效应晶体管与先前的 PIN 隧道场效应晶体管之间的显著区别在于，该器件的源漏两侧硅区不是进行 P^+、N^+ 掺杂，而是形成肖特基势垒进行工作。肖特基势垒不仅形成在源电极和硅之间的界面上，而且还形成在漏电极和硅区域之间的界面上。

然而，值得注意的是，以 N 型器件为例，与在源电极和硅区域的导带之间所形成的高肖特基势垒(势垒高度大于硅的能带隙的一半)不同，在漏电极和硅区域的价带之间所形成的肖特基势垒是高肖特基势垒。所设计的基于高低肖特基势垒的无掺杂隧道场效应晶体管结构如图 4-26 所示，图 4-26(a)为高低肖特基势垒隧道场效应晶体管的主视图，图 4-26(b)为沿主视图 4-26(a)中的切割线 A 切割所得剖面图，图 4-26(c)为沿主视图 4-26(a)中的切割线 B 切割所得剖面图。

源极/漏极区域是对称的并且可互换无掺杂，肖特基势垒形成在源极与源极一侧硅区域之间，还形成在漏极与漏极一侧硅区域之间。以 N 型器件为例，与在源电极和源极一侧硅区域的导带之间形成的高肖特基势垒不同，在漏极和漏极一侧硅区域导带之间的肖特基势垒是低肖特基势垒，这使得漏极对电子的约束力比源极的约束力弱，导致源极一侧接触硅的表面上的电势比漏极一侧接触硅的表面上的电势高，也就是说，在两侧的半导体区域中形成电势差。栅极形成在靠近源极区域的硅表面的上、前、后三个侧面上，呈倒 U 形状，控制硅主体的部分。L_i 是漏极和栅极之间的本征硅区域的长度，W 是漏极和栅极之间的本征硅区域的宽度，H 是漏极和栅极之间的本征硅区域的高度，t_{ox} 是内嵌在硅区和栅极中间的栅极氧化物的厚度，L_S 是源极的长度，L_D 是漏极的长度，L_G 是栅极的长度，W_{SD} 是源极和漏极的宽度。

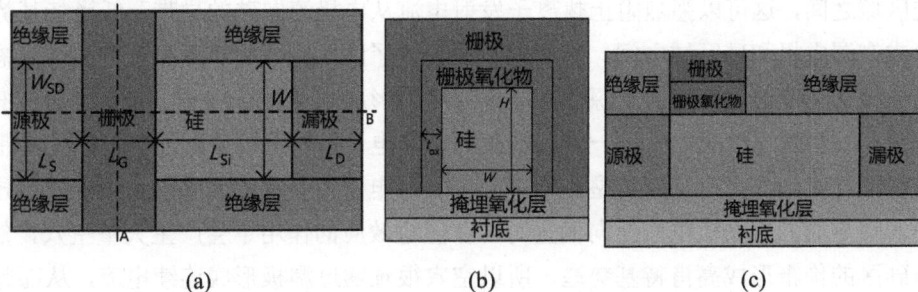

图 4-26　高低肖特基势垒隧道场效应晶体管的结构

这里所提出的高低肖特基势垒隧道场效应晶体管的特性已通过仿真验证。高低肖特基势垒隧道场效应晶体管的结构参数如表 4-3 所示。

表 4-3　高低肖特基势垒隧道场效应晶体管的结构参数

参　　数	参　数　值
硅体的宽度(W)	5 nm
硅体的高度(H)	200 nm
栅极氧化物的厚度(t_{ox})	1 nm
漏极和栅极之间的本征硅区域的长度(L_i)	10 nm
源极和漏极接触的长度(L_S、L_D)	5 nm
源极和漏极接触的宽度(W_{SD})	5 nm
栅极的长度(L_G)	5 nm
栅源电压(V_{GS})	−0.8 V~0.8 V
漏源电压(V_{DS})	0.2 V~0.7 V

4.4.2　高低肖特基势垒隧道场效应晶体管的工作原理

所提出的高低肖特基势垒隧道场效应晶体管在源极与硅区导带之间形成较高的肖特基势垒。与肖特基势垒金属氧化物半导体场效应晶体管不同，它利用更高的肖特基势垒来尽可能避免关断状态下的热离子发射电流，并实现更尖锐的突变结，用于带间隧穿，这是其正向电流产生机制。为了阻挡反向偏置的漏电流，在漏极与硅区导带之间形成较低的肖特基势垒，并将其设置为在恒定偏置下工作，以形成势垒，在栅极反向偏置时阻挡由带间隧穿效应产生的电子-空穴对。

图 4-27 为新设计高低肖特基势垒隧道场效应晶体管的能带仿真图，图 4-27(a)为栅源电压 V_{GS} 为 0.8 V 时不同漏源电压 V_{DS} 下的 N 型高低肖特基势垒隧道场效应晶体管的能带仿真图，图 4-27(b)为栅源电压 V_{GS} 为−0.8 V 时不同漏源电压 V_{DS} 下的 N 型高低肖特基势垒隧道场效应晶体管的能带仿真图。我们选择源电极和硅的价带上的肖特基势垒高度以及漏电极和硅的导带上的肖特基势垒高度都等于 0.2 V，此后，高肖特基势垒高度都形成在源电极和硅区域之间，这可以强烈阻止热离子发射电流从电极流向硅的导带，低肖特基势垒高度都形成在漏电极和硅区域之间，这样的设计是为了防止空穴电流处于反向偏置状态。

当栅极加正向电压时，由于源极与硅区的导带形成高肖特基势垒，所以会在内部形成能带弯曲，发生隧道效应，源极一侧所产生的价带电子从硅区价带跃迁到硅区的导带，漏极与硅区的导带形成低肖特基势垒，所以硅区导带电子很容易流入漏极，形成连续电流，继而使器件导通。当栅极电压反向偏置时，在隧道效应的作用下会产生大量空穴，然而，漏极与硅区的价带形成高肖特基势垒，所以空穴很难通过漏极形成连续电流，从而起到了抑制反向电流的作用，静态功耗也比较低。

(a)

(b)

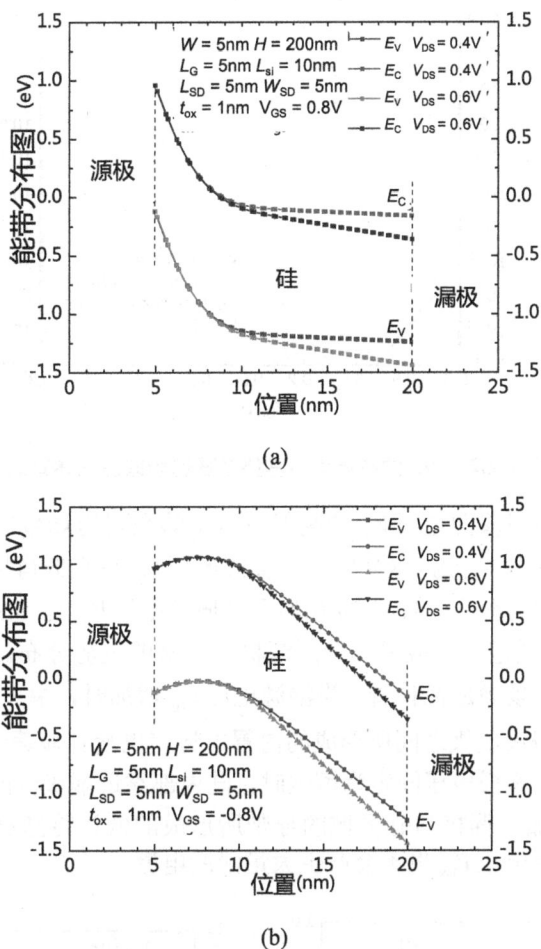

图 4-27　高低肖特基势垒隧道场效应晶体管的能带仿真图

4.4.3　高低肖特基势垒隧道场效应晶体管特性分析

图 4-28 显示了具有不同漏源电压 V_{DS} 的高低肖特基势垒隧道场效应晶体管之间的传输特性比较，分别展示了漏源电压 V_{DS} 为 0.2 V、0.4 V、0.6 V 三种状态下的传输特性曲线。从中可以看出，高低肖特基势垒隧道场效应晶体管的亚阈值幅度低，当栅极施加负电压时，由于在电场效应的作用下，价带电子将从中央本征硅区流向源电极，从而在本征硅区留下大量价带空穴，在电势差的作用下，价带空穴要从漏电极流出，然而漏电极与漏极一侧的硅区价带形成了高肖特基势垒，所以抑制了硅区价带空穴从漏电极流出，当栅极施加正电压时，源电极和源极一侧硅区导带形成的高肖特基势垒，可以强烈阻止热离子发射电流从电极流向硅的导带。在不同漏源电压 V_{DS} 下，器件的正向电流变化不大，都可以实现正常导通机制；反向电流虽稍有变化，但也都符合目前器件对反向漏电的要求，这也说明了高低肖特基势垒隧道场效应晶体管源极与硅区的导带形成高肖特基势垒可以实现器件的正常导通，漏极与硅区的导带形成低肖特基势垒可以实现抑制反向电流大量产生，并且静态功耗比较低。

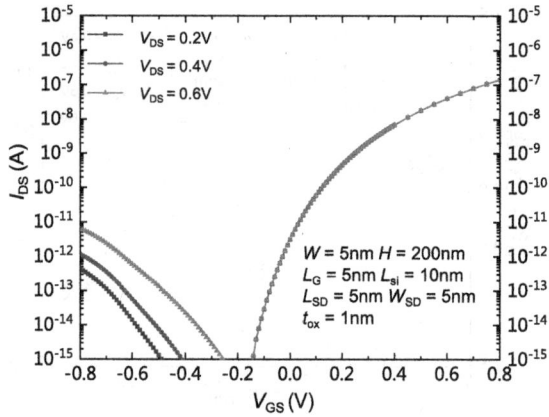

图 4-28　具有不同漏源电压 V_{DS} 的高低肖特基势垒隧道场效应晶体管之间的传输特性比较

图 4-29 为具有不同漏源电压 V_{DS} 的高低肖特基势垒隧道场效应晶体管的电势分布。图 4-29(a)显示了栅源电压 V_{GS} 为 0.8 V 时不同漏源电压 V_{DS} 下高低肖特基势垒隧道场效应晶体管从源极到漏极的电势分布，图 4-29(b)显示了栅源电压 V_{GS} 为-0.8 V 时在不同漏源电压 V_{DS} 下高低肖特基势垒隧道场效应晶体管从源极至漏极的电势分布。可以清楚地看到，对于高低肖特基势垒隧道场效应晶体管，当漏源电压 V_{DS} 增加时，中央硅区域的电势也增加，因此在中央硅区域和漏极电极之间所形成的内置电势差也没有显著变化。由于中央硅区域的电势由栅极控制，当栅极电压固定为恒定时，硅内部靠近漏极侧的内置电位差将随着漏源电压差的增加而增加，漏极与硅区域的导带所形成的低肖特基势垒对空穴具有阻挡作用，从而使更高的漏源电压 V_{DS} 也不会产生大量泄漏电流。

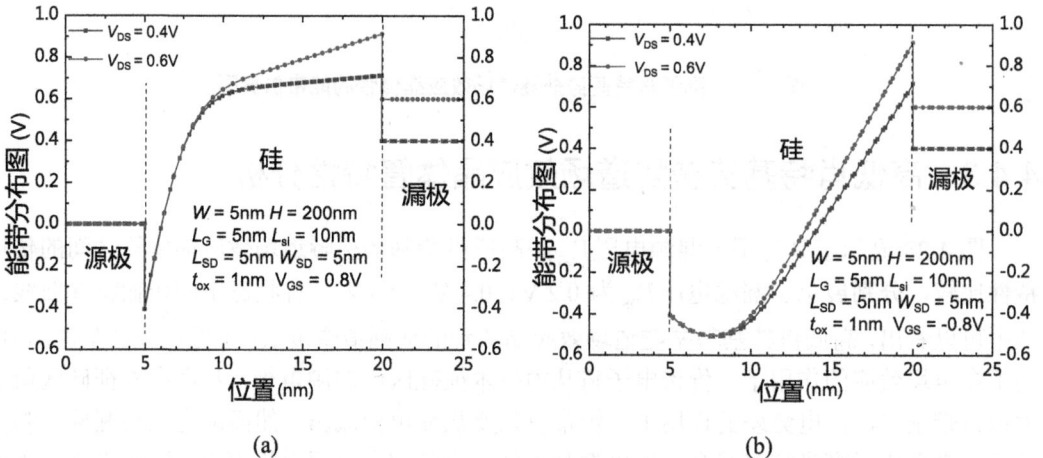

(a)　　　　　　　　　　　　　　　　　(b)

图 4-29　具有不同漏源电压 V_{DS} 的高低肖特基势垒隧道场效应晶体管的电势分布

图 4-30 为具有不同漏源电压 V_{DS} 的高低肖特基势垒隧道场效应晶体管的电子浓度和空穴浓度分布。图 4-30(a)显示了栅源电压 V_{GS} 为 0.8 V 时高低肖特基势垒隧道场效应晶体管在不同漏源电压 V_{DS} 下从源极到漏极的电子浓度和空穴浓度分布，图 4-30(b)显示了栅源电压 V_{GS} 为-0.8 V 时高低肖特基势垒隧道场效应晶体管在不同漏源电压 V_{DS} 下从源极到漏极的电子和空穴浓度分布。可以看出，当栅极加正向电压时，源极与硅区导带形成高肖特基

势垒，通过隧道效应，电子可以从源极流向漏极，硅区价带出现的空穴会被源极电子填充，所以漏极一侧电子浓度比空穴浓度高。当栅极电压反向偏置时，漏极与硅区价带形成高肖特基势垒，所以硅区价带空穴不能流向漏极，因此不能形成连续漏电流，对于较高的漏-源电压，由于漏极对空穴具有阻挡能力，不会形成连续空穴路径，因此静态漏极空穴电流减少。

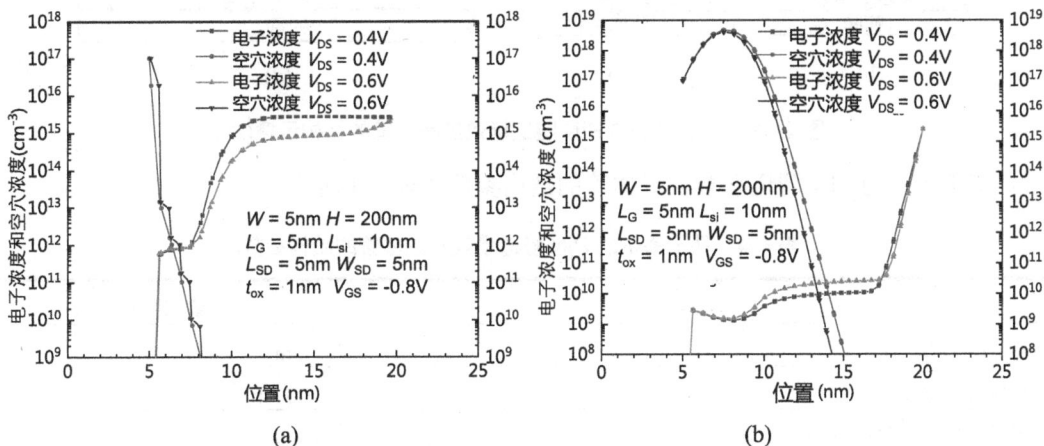

图 4-30　具有不同漏源电压 V_{ds} 的高低肖特基势垒隧道场效应晶体管的电子浓度和空穴浓度分布

4.4.4　与基于掺杂的 PIN 隧道场效应晶体管对比

图 4-31 为基于掺杂的 PIN 隧道场效应晶体管的结构示意。图 4-31(a)为 PIN 隧道场效应晶体管的主视图，图 4-31(b)为沿图 4-31(a)中的切割线 A 切割所得剖面图，图 4-31(c)为沿图 4-31(a)中的切割线 B 切割所得剖面图，图 4-31(d)为沿图 4-31(a)中的切割线 C 切割所得剖面图。所提出的 PIN 隧道场效应晶体管源极方向掺杂 P^+ 位于源极的正下方，漏极方向掺杂 N^+ 位于漏极的正下方，栅极位于靠近源极一侧。L_i 是漏极和栅极之间的本征硅区域的长度，W 是漏极和栅极之间的本征硅区域的宽度，H 是漏极和栅极之间的本征硅区域的高度，t_{ox} 是内嵌在硅区和栅极中间的氧化物的厚度，L_S 是源极的长度，L_D 是漏极的长度，L_G 是栅极的长度，W_{SD} 是源极/漏极的宽度，L_{N^+} 是漏极下方本征硅区掺杂区域的长度，L_{P^+} 是源极下方本征硅区掺杂区域的长度，N_A 是源极下方本征硅区掺杂区域的浓度，N_D 是漏极下方本征硅区掺杂区域的浓度。

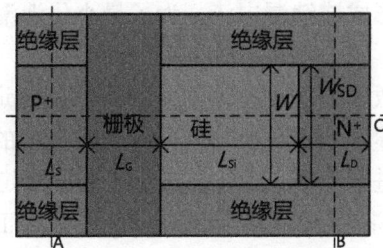

(a)

图 4-31　基于掺杂的 PIN 隧道场效应晶体管的结构示意

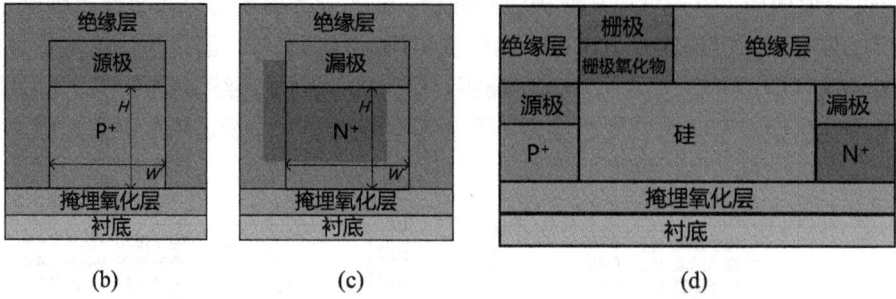

图 4-31　基于掺杂的 PIN 隧道场效应晶体管的结构示意(续)

基于掺杂的 PIN 隧道场效应晶体管的结构参数如表 4-4 所示。

表 4-4　基于掺杂的 PIN 隧道场效应晶体管的结构参数

参　　数	参　数　值
硅体的宽度(W)	5 nm
硅体的高度(H)	200 nm
栅极氧化物的厚度(t_{ox})	1 nm
漏极和栅极之间的本征硅区域的长度(L_i)	10 nm
源极和漏极接触之间的长度(L_{SD})	5 nm
源极和漏极接触之间的宽度(W_{SD})	5 nm
栅极的长度(L_G)	5 nm
N^+区域的长度(L_{N^+})	5 nm
掺杂 P^+的浓度(N_A)	10^{21} cm^{-3}
掺杂 N^+的浓度(N_D)	10^{21} cm^{-3}
栅源电压(V_{GS})	−0.8 V~0.8 V
漏源电压(V_{DS})	0.3 V/0.5 V/0.7 V

基于掺杂的单向隧道场效应晶体管的工作原理以 N 型隧道场效应晶体管为例加以说明。P 型掺杂位于源极正下方，N 型掺杂位于漏极正下方。器件正常工作时，当栅源电压必须施加正电压时(即 V_{GS} >0)，电子将从源极流向漏极。当栅极反向偏置时(即 V_{GS} <0)，正向偏置的 V_{DS} 和反向偏置的 V_{GS} 之间会产生强电场，从而在漏极区附近产生强带间隧穿，在由此产生的电子-空穴对中，电子可以直接流出漏电极，而价带空穴必须流过本征区，随后到达源极侧并被源电极放电形成连续漏电流，为了最小化泄漏电流，应有效地阻止带间隧穿产生的空穴流出 P^+区。

高低肖特基势垒隧道场效应晶体管和基于掺杂的 PIN 隧道场效应晶体管有所不同，高低肖特基势垒隧道场效应晶体管利用源极与硅区导带所形成的高肖特基势垒、漏极与硅区导带所形成的低肖特基势垒进行工作。而基于掺杂的 PIN 隧道场效应晶体管利用在硅区掺杂(源极一端为 P^+区，漏极一端为 N^+区)所形成的 PN 结进行工作。因此我们通过仿真比较了高低肖特基势垒隧道场效应晶体管和基于掺杂的 PIN 隧道场效应晶体管的传输特性，如图 4-32 所示。图 4-32 为在不同 V_{DS} 下高低肖特基势垒隧道场效应晶体管和基于掺杂的 PIN 隧道场效应晶体管之间的传输特性比较，从中可以观察到分别比较了当漏源电压

V_{DS}=0.3 V、V_{DS}=0.5 V、V_{DS}=0.7 V 时高低肖特基势垒隧道场效应晶体管和 PIN 隧道场效应晶体管的传输特性。高低肖特基势垒隧道场效应晶体管源极与硅区导带所形成的势垒高度设为 0.9 V，漏极与硅区导带所形成的势垒高度设为 0.2 V，基于掺杂的 PIN 隧道场效应晶体管中掺杂浓度 N_A=10^{21} cm^{-3}、N_D=10^{21} cm^{-3}。

　　高低肖特基势垒隧道场效应晶体管的反向漏电流、SS 和静态功耗均优于 PIN 隧道场效应晶体管，所以高低肖特基势垒隧道场效应晶体管在高漏源电压下更能抑制反向漏电，当漏源电压 V_{DS} 变化时，不论是高低肖特基势垒隧道场效应晶体管还是基于掺杂的 PIN 隧道场效应晶体管，正向导通电流都没有明显变化，说明肖特基势垒和 PN 结都是可以正向导通的。当漏源电压 V_{DS} 变化时，反向电压都出现变化，高低肖特基势垒隧道场效应晶体管在 V_{DS}=0.7 V 时的反向漏电流都要低于基于掺杂的 PIN 隧道场效应晶体管在 V_{DS}=0.3 V 时的反向漏电流，从整体来看，高低肖特基势垒隧道场效应晶体管的反向漏电还是要低于 PIN 隧道场效应晶体管的反向漏电，说明高低肖特基势垒隧道场效应晶体管漏极与硅区导带形成的低肖特基势垒对空穴的阻挡能力要强于基于掺杂的 PIN 隧道场效应晶体管形成的 PN 结对空穴的阻挡能力。高低肖特基势垒隧道场效应晶体管的高肖特基势垒形成在源电极和硅区域之间，这可以强烈阻止热离子发射电流从源电极流向硅的导带，低肖特基势垒形成在漏电极和硅区域之间，这样的设计可以防止空穴电流处于反向偏置状态，有很明显的效果。

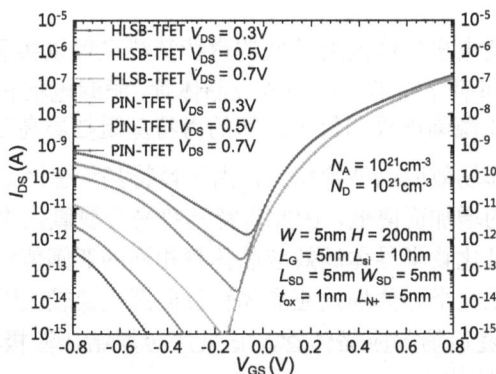

图 4-32　在不同 V_{DS} 下高低肖特基势垒隧道场效应晶体管和 PIN 隧道场效应晶体管之间的传输特性比较

4.4.5　本节结语

　　本节提出了一种高低肖特基势垒隧道场效应晶体管，详细介绍了其结构和工作原理。所提出的高低肖特基势垒隧道场效应晶体管在一种载流子的源极金属电极和硅区域之间形成深肖特基势垒界面，并且在漏极金属电极和硅区域之间形成这种载流子的低肖特基势垒，解决了制造工艺中的困难，例如避免了采用在纳米尺度上形成突变 PN 结的昂贵的毫秒退火技术和昂贵的精确离子注入技术。在静态和反向偏置状态下，载流子的传导路径被肖特基势垒界面显著阻断，由此，静态功耗可以显著降低，并且与不具有这种半导体-金属接触界面的传统双向隧道场效应晶体管相比，反向偏置带到带隧穿漏电流也大大降低。本节还详细分析了接触界面势垒高度对器件性能的影响。

4.5　高低高肖特基势垒双向隧道场效应晶体管

集成电路技术的发展取决于器件尺寸的减小、器件性能的提高和器件功能的丰富。对于亚 30 nm 技术，平面栅金属氧化物半导体场效应晶体管的短沟道效应变得严重。因此，多栅极 FET 被提出并取代了平面金属氧化物半导体场效应晶体管，显著降低了短沟道效应对器件亚阈值性能的影响。多栅极场效应晶体管的亚阈值摆幅在室温下可以保持为约 63 mV/dec，就像具有微米沟道长度的平面金属氧化物半导体场效应晶体管一样[1-2]。然而，为了进一步突破金属氧化物半导体场效应晶体管开关特性的瓶颈，提出了以带带隧穿(带间隧穿)效应为器件导通原理的隧道场效应晶体管，由于隧道电流和带弯曲强度之间更敏感的相关性，隧道场效应晶体管实现了比传统金属氧化物半导体场效应晶体管[3-5]更小的亚阈值摆幅。

隧道场效应晶体管和金属氧化物半导体场效应晶体管都是基于离子注入和其他掺杂工艺的器件。由于扩散作为自然的基本定律存在于异质介质之间，并且在更高温度的环境中扩散会显著加速，因此，用于形成突变结的制造过程对于纳米级掺杂器件来说变得复杂。这需要在毫秒内进行非常困难的退火处理。在精确的掺杂过程中还需要昂贵的用于离子注入的设备。这大大增加了生产所需的费用。与基于掺杂技术的金属氧化物半导体场效应晶体管的突变结相比，肖特基势垒金属氧化物半导体场效应晶体管使用金属材料作为器件的源极和漏极(源漏)区域[6-8]。

由于采用不同的合金电极形成高度较低的肖特基势垒可以实现导通电流的增强[9-13]，对于 N 型肖特基势垒金属氧化物半导体场效应晶体管，源漏电极和半导体导带之间的肖特基阻挡层高度(ϕ_{Bn})通常比源漏电极和价带之间的肖特基阻挡层高度(ϕ_{Bp})低得多[14]。与基于掺杂的金属氧化物半导体场效应晶体管相比，由于肖特基势垒降低了热离子发射效率，并且随着肖特基势垒高度的增加而降低，因此肖特基势垒金属氧化物半导体场效应晶体管不能实现与基于掺杂金属氧化物半导体场效应晶体管相同的亚阈值摆幅[15]。此外，带间穿引起的肖特基势垒金属氧化物半导体场效应晶体管反向漏电流较大[16]。研究人员提出了一种 N 型高肖特基势垒双向隧道场效应晶体管，它采用金属结在源极/漏极接触和硅区导带之间形成更高的肖特基势垒[17]。

与肖特基势垒金属氧化物半导体场效应晶体管不同的是，它利用更高的肖特基势垒，尽可能地消除了关断状态下的热离子发射电流，并实现了更尖锐的突变金属结，尽可能多地产生带间隧穿电流，这就是导通状态电流的产生机制。然而，为了阻止反向偏置漏电流的形成，须在中央部分设计一个辅助栅，并将其设置为在恒定偏置下工作，以形成势垒，从而防止由带间隧穿现象产生的电子-空穴对，形成反向偏置漏流。然而，我们发现，如果漏极-源极电压(V_{DS})大幅增加，辅助栅产生的势垒将大幅降低，最终失去对反向偏置状态下带间隧穿现象产生的电子-空穴对的阻挡作用，最终失去漏电流的可控性。

本节提出了一种新型的高低高肖特基势垒双向隧道场效应晶体管。与高肖特基势垒双向隧道场效应晶体管相比，所提出的高低高肖特基势垒双向隧道场效应晶体管只需要一个具有独立电源的栅电极。更重要的是，以 N 型高低高肖特基势垒双向隧道场效应晶体管为例，与先前提出的平面高肖特基势垒双向隧道场效应晶体管不同，由于中心金属的有效电势随着 V_{DS} 的增加而增加，当 V_{DS} 增加时，内置势垒高度保持在相同的值。因此，在漏极侧的半导体区域中形成的内置势垒高度与 V_{DS} 之间不存在强的依赖性。此外，在其两侧的硅区的导带与中心金属之间的界面上形成了低肖特基势垒(而在其两侧硅区的价带与中央金属之间形成了高肖特基势垒)，可以防止价带中的载流子因热离子发射效应而流入中心金属。此后，所提出的 N 型高低高肖特基势垒双向隧道场效应晶体管对价带中流动的载流子具有天然的阻挡效应，并且这种阻挡效应不会随着 V_{DS} 的增加而显著退化，这是对先前技术的巨大提升。研究人员对这两种技术进行了比较，与设计假设完全一致。

4.5.1　高低高肖特基势垒双向隧道场效应晶体管的结构与参数

图 4-33 为高低高肖特基势垒双向隧道场效应晶体管的结构示意，图 4-33(a)为高低高肖特基势垒双向隧道场效应晶体管的主视图，图 4-33(b)为沿图 4-33(a)中切割线 A 切割的左视剖面图。通过图 4-33(a)和图 4-33(b)可以看出，源极/漏极区域是对称的，并且可互换，无添加掺杂。以 N 型器件为例，所提出的高低高肖特基势垒双向隧道场效应晶体管的其他部分类似于先前提出的高肖特基势垒双向隧道场效应晶体管，控制栅极的形状类似于一对支架，并控制硅的三个侧面。L_i 是源极/漏极和中央金属区之间的本征硅区的长度，H 是内嵌在源漏中间本征硅体的高度，t_{ox} 是内嵌在硅区和栅极中间的氧化物的厚度，L_{SD} 和 W_{SD} 分别是源极和漏极的长度和宽度。t_{tunnel} 是内嵌在栅极氧化物和源极/漏极之间的本征隧穿区的厚度，L_M 是中央金属区域的长度，W 是内嵌在源漏中间的本征硅体的宽度。

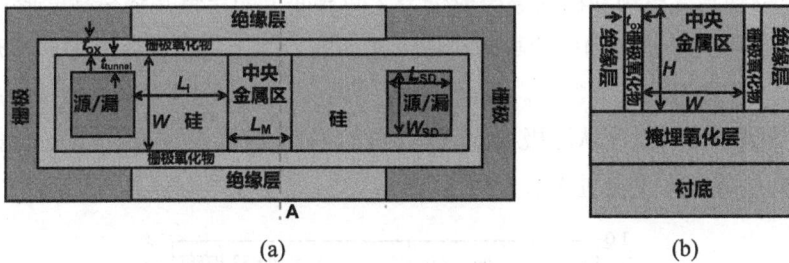

图 4-33　高低高肖特基势垒双向隧道场效应晶体管的结构示意

表 4-5 列出了高低高肖特基势垒双向隧道场效应晶体管的结构参数。

表 4-5　高低高肖特基势垒双向隧道场效应晶体管的结构参数

参　数	参　数　值
硅体的宽度(W)	6 nm
硅体的高度(H)	100 nm
栅极氧化物的厚度(t_{ox})	1 nm
本征隧穿区的厚度(t_{tunnel})	1 nm
源极和漏极的长度(L_{SD})	4 nm
源极和漏极的宽度(W_{SD})	4 nm
本征硅区的长度(L_{si})	10 nm
中央金属区域的长度(L_M)	5 nm
栅源电压(V_{GS})	−0.8 V～0.8 V
漏源电压(V_{DS})	0.3 V/0.5 V/0.7 V

4.5.2　高低高肖特基势垒双向隧道场效应晶体管的工作原理

为提升集成电路基本单元的亚阈值特性，采用金属或合金材料替代掺杂工艺所形成的 N 型或 P 型的源区或漏区作为一种替代方案。所提出的高低高肖特基势垒双向隧道场效应晶体管与先前的高肖特基势垒双向隧道场效应晶体管之间的显著区别在于，该器件的中心部分被中心金属代替，而不是辅助栅。不仅在源极/漏极电极和硅之间的界面上形成肖特基势垒，而且还形成在中心金属和分别位于中心金属两侧的硅区域之间的界面上。然而，值得注意的是，以 N 型器件为例，与在源极-漏极电极和硅区域的导带之间形成的高肖特基势垒(势垒高度大于硅的能带隙的一半)不同，中央金属区则是和硅区域价带之间形成高肖特基势垒。这使得中心金属对电子的约束力弱于两侧半导体，导致中心金属中的一些电子流向两侧半导体。因此，两侧半导体靠近中心金属区域部分的电势将高于两侧半导体靠近源极和漏极的部分。也就是说，在两侧的半导体区域中形成内置电势差。这种电势差的形成，有助于防止源极和漏极两侧的空穴流向中心金属区域，也有助于阻止中心金属中的更多电子流向源极和漏极两侧。

图 4-34 显示了 V_{ds} 等于 0.6 V 的 N 型高低高肖特基势垒双向隧道场效应晶体管的能带分布。$q\phi_{Bns}$ 和 $q\phi_{Bps}$ 分别是源电极和硅的导带或价带之间界面上的肖特基势垒高度形式。$q\phi_{Bnd}$ 和 $q\phi_{Bpd}$ 分别是漏电极和硅的导带或价带之间界面上的肖特基势垒高度形式。$q\phi_{Bncm}$ 和 $q\phi_{Bpcm}$ 分别是在中央金属区和硅的导带或价带之间的界面上的肖特基势垒高度形式。我们将 $q\phi_{Bps}$ 和 $q\phi_{Bpd}$ 设置为等于 0.2 eV。因此，$q\phi_{Bns}$ 和 $q\phi_{Bps}$ 都被设置为高肖特基势垒，这可以有力地阻止热离子发射电流从源极/漏极流入硅的导带，这样设置 $q\phi_{Bncm}$ 的原因是要防止空穴电流在反向偏置状态下流过中心金属区。

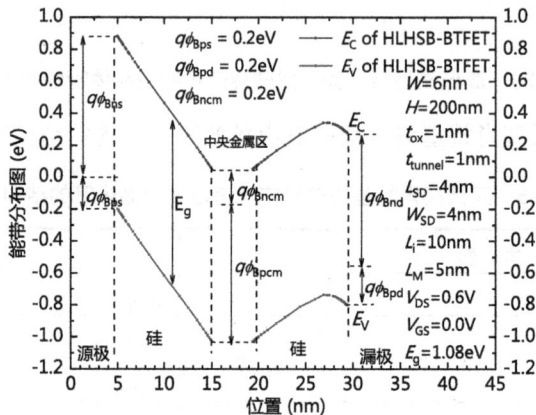

图 4-34　V_{DS} 等于 0.6 V 时高低高肖特基势垒双向隧道场效应晶体管的能带分布

4.5.3　本征硅区长度的影响

为了保证仿真实验的可行性和精确性，我们采用了控制单一变量的方式来验证器件参数对器件性能的影响。为了分析本征硅区长度对高低高肖特基势垒双向隧道场效应晶体管器件性能的影响，我们将本征硅区长度 L_{si} 分别设置为 5 nm、8 nm、10 nm、15 nm、20 nm、30 nm、50 nm，使其成为本节优化的唯一变量。再保持其他参数不变，内嵌在源漏中间本征硅体的宽度 W 设置为 6 nm，内嵌在源漏中间本征硅体的高度 H 设置为 100 nm，内嵌在硅区和栅极中间的氧化物的厚度 t_{ox} 设置为 1 nm，源极/漏极的长度 L_{SD} 设置为 4 nm，源极/漏极的宽度 W_{SD} 设置为 4 nm，内嵌在栅极绝缘层和源极/漏极之间的本征隧穿区的厚度 t_{tunnel} 设置为 1 nm，中央金属区域的长度 L_M 设置为 5 nm，加入漏源电压 $V_{DS} = 0.5$ V。

图 4-35 显示了不同本征硅区长度下高低高肖特基势垒双向隧道场效应晶体管的性能特性比较。其中图 4-35(a)为高低高肖特基势垒双向隧道场效应晶体管在不同本征硅区长度下的传输特性比较，图 4-35(b)为高低高肖特基势垒双向隧道场效应晶体管在不同本征硅区长度下的 SS 对比、I_{on}/I_{off} 比值变化，图 4-35(c)为高低高肖特基势垒双向隧道场效应晶体管在不同本征硅区长度下的空穴浓度比较，图 4-35(d)为高低高肖特基势垒双向隧道场效应晶体管在不同本征硅区长度下的电子浓度比较。

从图 4-35(a)中可以得到，当本征硅区长度从 5 nm 增加到 50 nm 发生变化时，正向导通电流没有出现明显变化，而反向漏电存在显著变化。若本征硅区长度逐渐增加，反向漏电随之减小，从而出现了大于一个数量级的显著变化。本征硅区长度 $L_{si} = 30$ nm 时，反向漏电最小。

从图 4-35(b)的两条曲线中可以看出，随着 L_{si} 从 5 nm 增加到 30 nm，SS 从 89.1 mV/dec 下降到 24.5 mV/dec，$L_{si} = 50$ nm 时 SS=24.3 mV/dec，由此可见本征硅区长度 L_{si} 到 30 nm 之后 SS 趋于平稳。I_{on}/I_{off} 比有着明显的变化，但是在本征硅区长度 $L_{si} = 30$ nm 之后，I_{on}/I_{off} 比的变化也趋于平缓。

从图 4-35(c)和图 4-35(d)两图中可以得到，当本征硅区有效长度为 30 nm 时，中央金属区两侧硅区内的空穴浓度比其他有效长度下的空穴浓度较大，中央金属区两侧硅区内的电子浓度比其他有效长度下的电子浓度较小，其原因为中央金属区两侧硅区太短，会使中央金属区和源漏金属功函数差比较大，从而引起硅区能带弯曲，引发漏电，中央金属区的电子倒流到两侧硅区，所以导致源漏附近堆积电子。从上述分析中可以观察到当本征硅区有效长度为 30 nm 时效果得到优化。

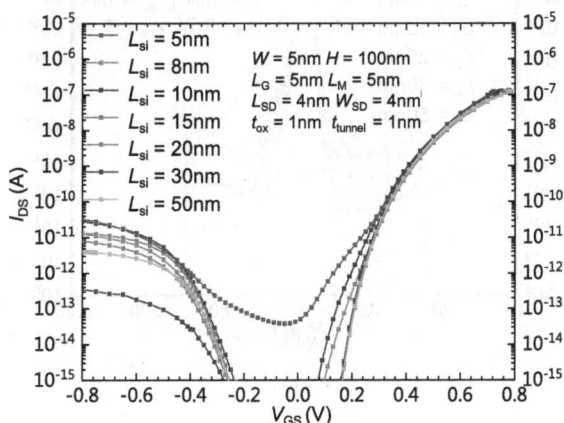

(a)

图 4-35　不同本征硅区长度下高低高肖特基势垒双向隧道场效应晶体管的性能特性

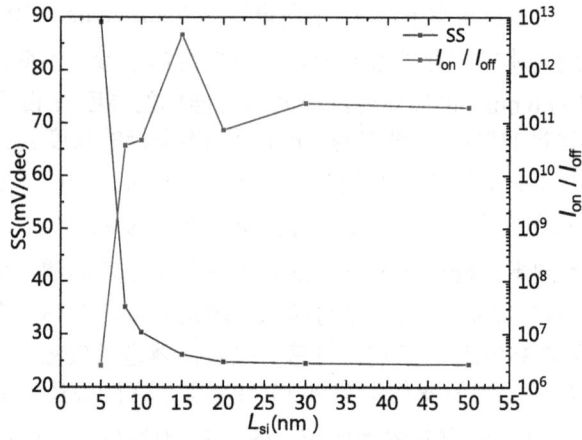

(b)

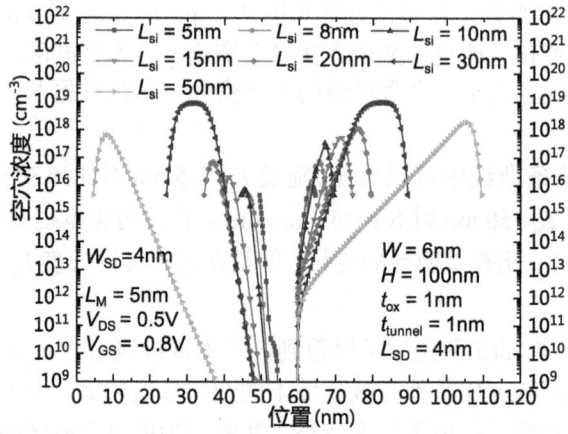

(c)

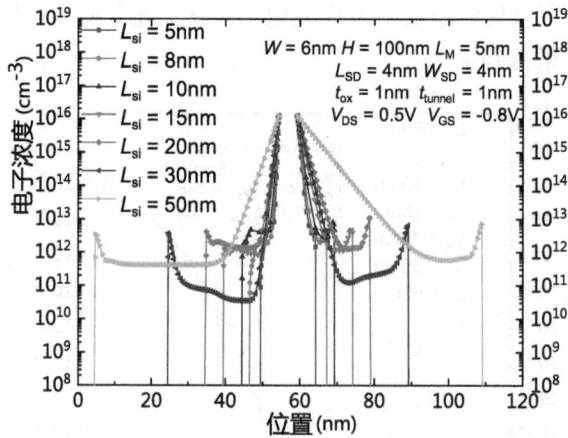

(d)

图 4-35　不同本征硅区长度下高低高肖特基势垒双向隧道场效应晶体管的性能特性(续)

4.5.4　栅极氧化物厚度的影响

为了验证栅极氧化物厚度对高低高肖特基势垒双向隧道场效应晶体管的影响，我们将栅极氧化物厚度 t_{ox} 分别设置为 0.5 nm、1 nm、1.5 nm、2 nm，使其成为本小节优化的唯一变量。内嵌在源漏中间本征硅体的宽度 W 设置为 6 nm，内嵌在源漏中间本征硅体的高度 H 设置为 100 nm，内嵌在栅极氧化物和源极/漏极之间的本征隧穿区的厚度 t_{tunnel} 设置为 1 nm，源极/漏极的长度 L_{SD} 设置成 4 nm，源极/漏极的宽度 W_{SD} 设置为 4 nm，中央金属区域的长度 L_M 设置为 5 nm，加入漏源电压 $V_{DS}=0.5$ V。由于从 4.5.3 小节中得到当本征硅区长度为 30 nm 时器件特性得到优化，所以 L_i 设置为 30 nm。栅极氧化物厚度对高低高肖特基势垒双向隧道场效应晶体管性能的影响如图 4-36 所示。

图 4-36(a)为高低高肖特基势垒双向隧道场效应晶体管在不同栅极氧化物厚度下的传输特性比较，图 4-36(b)为高低高肖特基势垒双向隧道场效应晶体管在不同栅极氧化物厚度下的 SS 对比、I_{on}/I_{off} 比值变化，图 4-36(c)为高低高肖特基势垒双向隧道场效应晶体管在不同栅极氧化物厚度下的空穴浓度比较，图 4-36(d)为高低高肖特基势垒双向隧道场效应晶体管在不同栅极氧化物厚度下的电子浓度比较。

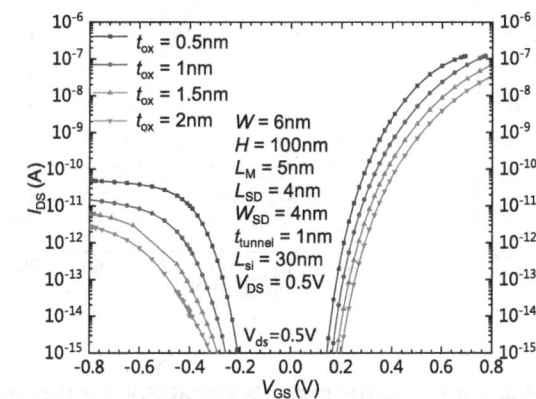

(a)

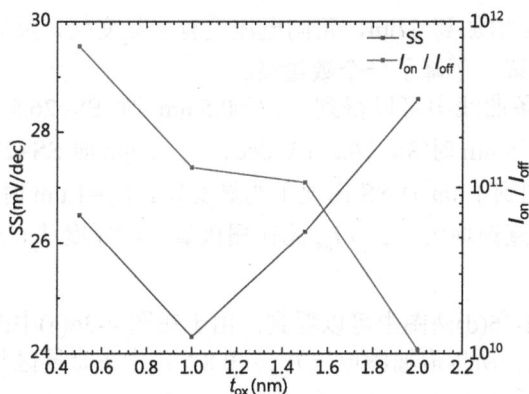

(b)

图 4-36　高低高肖特基势垒双向隧道场效应晶体管在不同栅极氧化物厚度下的性能特性

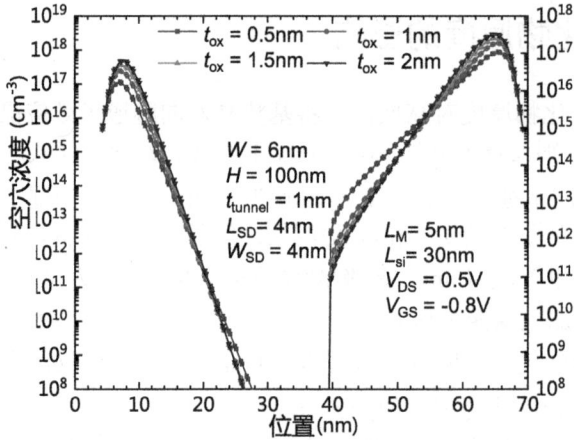

(c)

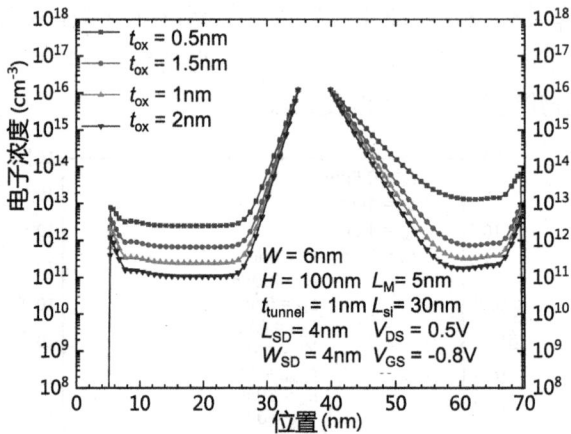

(d)

图 4-36　高低高肖特基势垒双向隧道场效应晶体管在不同栅极氧化物厚度下的性能特性(续)

从图 4-36(a)中可以看到，栅极氧化物厚度 t_{ox} 取 0.5 nm、1 nm、1.5 nm、2 nm，随着栅极氧化物厚度从 0.5 nm 增加到 2 nm，正向电流没有明显变化，反向漏电流出现了显著变化，反向漏电流逐渐下降，下降了一个数量级。

从图 4-36(b)的两条曲线中可以得到，t_{ox} =0.5 nm 时 SS=26.5 mV/dec、t_{ox} =1 nm 时 SS=24.3 mV/dec、t_{ox} =1.5 nm 时 SS=26.2 mV/dec、t_{ox} =2 nm 时 SS=28.6 mV/dec，在栅极氧化物厚度从 0.5 nm 增加到 1 nm 时 SS 出现了明显变化。t_{ox} =1 nm 时 SS 最小，栅极氧化物厚度大于 1 nm 时，SS 逐渐增大。I_{on} / I_{off} 比在栅极氧化物厚度从 0.5 nm 增加到 2 nm 时不断减小。

从图 4-36(c)和图 4-36(d)两图中可以看到，由于在图 4-36(a)中改变栅极氧化物厚度对反向漏电流有明显影响，所以取栅漏电压 V_{GS} =-0.8 V，中央金属区与其两侧硅区价带形成高肖特基势垒，所以硅区价带内因隧穿效应产生的大量空穴无法穿过高肖特基势垒形成连续电流，所以反向漏电流小。由图 4-36 可得，当 t_{ox} =1 nm 时，器件特性得到优化。

4.5.5　栅极氧化物材料的影响

为了验证栅极氧化物材料对高低高肖特基势垒双向隧道场效应晶体管的影响，栅极氧化物分别使用 HfO_2、SiO_2 这两种材料，使其成为本小节优化的唯一变量。同上面两个小节一样，把器件其他参数设置好，内嵌在源漏中间本征硅体的宽度 W 设置为 6 nm，内嵌在源漏中间本征硅体的高度 H 设置为 100 nm，内嵌在栅极氧化物和源/漏极之间的本征隧穿区的厚度 t_{tunnel} 设置为 1 nm，源极/漏极的长度 L_{SD} 设置为 4 nm，源极/漏极的宽度 W_{SD} 设置为 4 nm，中央金属区域的长度 L_M 设置为 5 nm，加入漏源电压 V_{DS}=0.5 V。

由于从上面两小节中得到当本征硅区长度为 30 nm 时器件特性得到优化，所以 L_i 设置为 30 nm；栅极氧化物厚度为 1 nm 时器件特性得到优化，所以 t_{ox} 设置为 1 nm。仿真结果如图 4-37 所示。图 4-37(a)为高低高肖特基势垒双向隧道场效应晶体管在不同栅极氧化物材料下的传输特性比较，图 4-37(b)为高低高肖特基势垒双向隧道场效应晶体管在不同栅极氧化物材料下的 SS 对比、I_{on}/I_{off} 比值变化，图 4-37(c)为高低高肖特基势垒双向隧道场效应晶体管在不同栅极氧化物材料下 V_{GS}=-0.8 V 时的电子浓度比较，图 4-37(d)为高低高肖特基势垒双向隧道场效应晶体管在不同栅极氧化物材料下 V_{GS}=0.8 V 时的电子浓度比较。

从图 4-37(a)中可以看到，HfO_2 正向导通电流比 SiO_2 的正向导通电流大两个数量级左右，虽然 HfO_2 反向漏电流比 SiO_2 反向漏电流低，但也在正常范围内。从图 4-37(b)中可以得到 HfO_2 的 SS=25.7 mV/dec，SiO_2 的 SS=58.8 mV/dec。HfO_2 的 I_{on}/I_{off} 比 SiO_2 的 I_{on}/I_{off} 大两个数量级左右。从图 4-37(c)和图 4-37(d)中可以得出，在中央金属区和其两侧的硅区的导带之间形成的低肖特基势垒高度对于防止由热离子发射引起的空穴流过中央金属区具有强烈的效果。此后，高低高肖特基势垒双向隧道场效应晶体管对空穴具有自然的阻挡效应，并且这种阻挡效应不会随着漏极-源极电压的增加而显著降低。

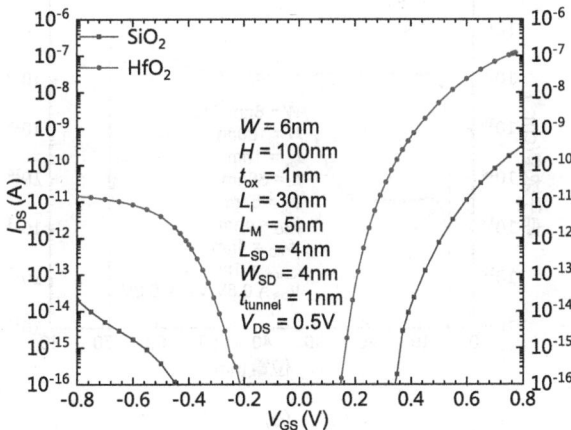

(a)

图 4-37　高低高肖特基势垒双向隧道场效应晶体管在不同栅极氧化物材料下的性能特性

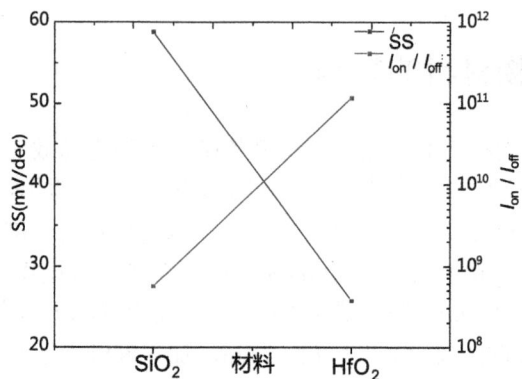

(b)

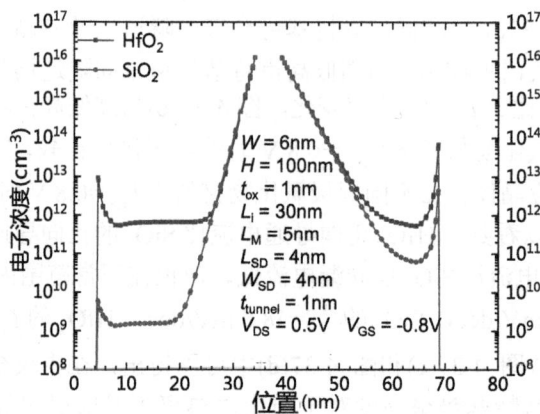

(c)

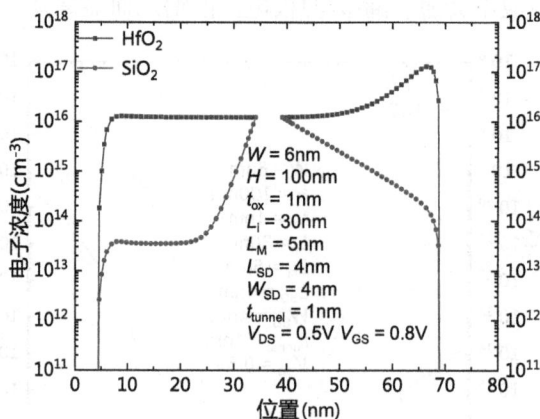

(d)

图 4-37　高低高肖特基势垒双向隧道场效应晶体管在不同栅极氧化物材料下的性能特性(续)

4.5.6　肖特基势垒高度的影响

为了验证肖特基势垒高度变化对高低高肖特基势垒双向隧道场效应晶体管的影响,我们将肖特基势垒高度 $q\phi_{Bncm}$ 分别设置为 0.0 V、0.1 V、0.2 V、0.3 V、0.4 V、0.5 V、0.6 V，使其成为本小节优化的唯一变量。同上面三个小节一样，把器件其他参数设置好，内嵌在源漏中间本征硅体的宽度 W 设置为 6 nm，内嵌在源漏中间本征硅体的高度 H 设置为 100 nm，源极/漏极的长度 L_{SD} 设置为 4 nm，源极/漏极的宽度 W_{SD} 设置为 4 nm，中央金属区域的长度 L_M 设置为 5 nm，内嵌在栅极绝缘层和源极/漏极之间的本征隧穿区的厚度 t_{tunnel} 设置为 1 nm，加入漏源电压 $V_{DS}=0.5$ V。由于从上面三个小节中最终得到当本征硅区长度为 30 nm 时器件特性得到优化，所以 L_i 设置为 30 nm；栅极氧化物厚度为 1 nm 时器件特性得到优化，所以 t_{ox} 设置为 1 nm；栅极氧化物材料采用 HfO_2。

图 4-38(a)显示了高低高肖特基势垒双向隧道场效应晶体管在不同 $q\phi_{Bncm}$ 下的传输特性比较，图 4-38(b)显示了高低高肖特基势垒双向隧道场效应晶体管在不同 $q\phi_{Bncm}$ 下的空穴电流密度比较，图 4-38(c)显示了高低高肖特基势垒双向隧道场效应晶体管在不同 $q\phi_{Bncm}$ 下的电势比较。

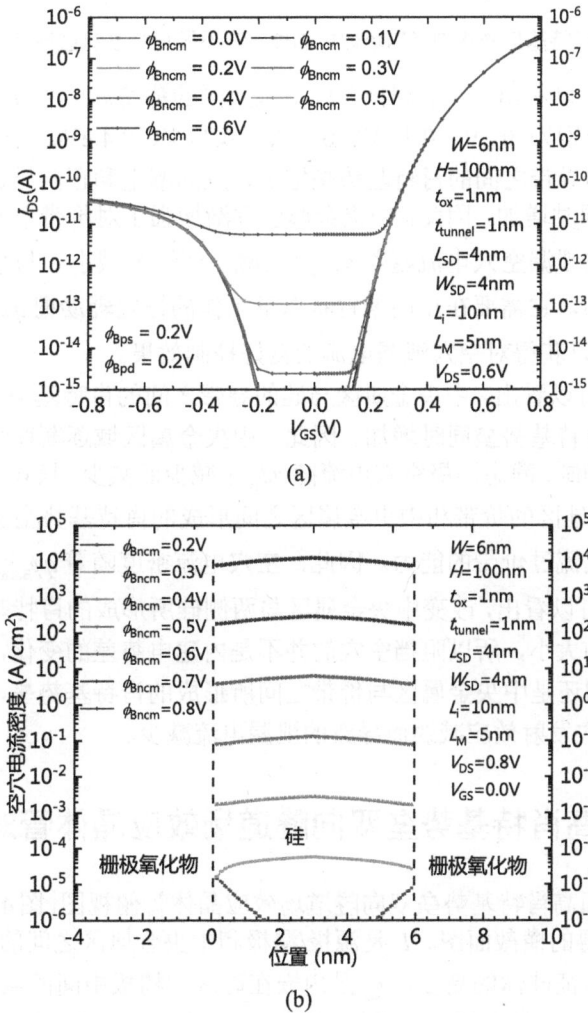

(a)

(b)

图 4-38　高低高肖特基势垒双向隧道场效应晶体管在不同肖特基势垒高度下的性能特性

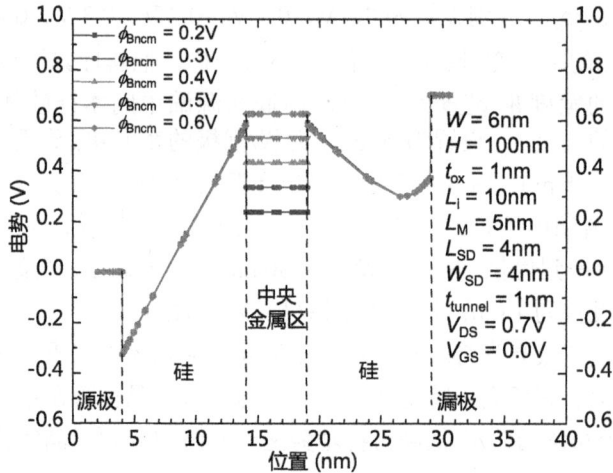

(c)

图 4-38　高低高肖特基势垒双向隧道场效应晶体管在不同肖特基势垒高度下的性能特性(续)

　　从图 4-38(a)中可以看出，当源漏极与中央金属区的势垒高度为 0.4e V，中央金属区与硅导带的势垒高度分别为 0 eV、0.1 eV、0.2 eV、0.3 eV、0.4 eV、0.5 eV、0.6 eV 时，随着中央金属区与硅的导带之间的肖特基势垒增加，反向漏电和正向导通电流不受影响。当 $q\phi_{Bncm}$ 降低，$q\phi_{Bpcm}$ 同时增加。因此，中央金属区逐渐增强了对价带中产生的热离子发射电流的抑制，因此静态泄漏空穴电流随着 $q\phi_{Bpcm}$ 的减小而逐渐减小。与高肖特基势垒双向隧道场效应晶体管不同，它需要在正向偏置状态下工作的恒定辅助栅 $q\phi_{Bncm}$ 小于带隙宽度的一半(约 0.5 eV)，可以获得对空穴泄漏电流的良好控制效果。

　　从图 4-38(b)中可以看出，中央金属区与硅的导带之间的肖特基势垒减小，中央金属区与硅的价带之间的肖特基势垒同时增加。因此，中央金属区域逐渐增强了对价带中产生的热离子发射电流的抑制，静态漏极空穴电流随 $q\phi_{Bncm}$ 减少而减少。换句话说，$q\phi_{Bncm}$ 在增加，$q\phi_{Bpcm}$ 同时下降。在硅区的价带和中央金属区之间形成的肖特基势垒正在减少，中央金属区逐渐失去阻挡空穴流过价带的能力。因此，空穴电流密度随着 $q\phi_{Bncm}$ 的增加而增加。

　　从图 4-38(c)中可以看出，改变中央金属区与两侧硅所形成的肖特基势垒高度并不是改变硅内内建电势差的大小，所以阻挡空穴的并不是内建电势差的变化，因为内建电势差几乎没变，阻挡空穴的还是中央金属区与价带之间所形成的肖特基势垒，这个势垒高度提升了，使得热电子/空穴发射效应减弱而导致的泄漏电流减少。

4.5.7　与平面高肖特基势垒双向隧道场效应晶体管对比

　　图 4-39(a)是平面高肖特基势垒双向隧道场效应晶体管俯视图，图 4-39(b)是沿图 4-39(a)中切割线 A 切割所得的横截面图。L_i 是源极/漏极和中央金属区之间的本征硅区的长度，H 是内嵌在源漏中间本征硅体的高度，t_{ox} 是内嵌在硅区和栅极中间的氧化物的厚度，L_{SD} 是源极和漏极的长度，W_{SD} 是源极和漏极的宽度。t_{tunnel} 是内嵌在栅极绝缘层和源极/漏极之间的本征隧穿区的厚度，L_{AG} 是源漏中间本征硅区上方的辅助栅的长度，W 是硅体的宽度。L_{AG} 是源漏中间本征硅区上方的辅助栅的长度。

平面高肖特基势垒双向隧道场效应晶体管的结构参数如表 4-6 所示。

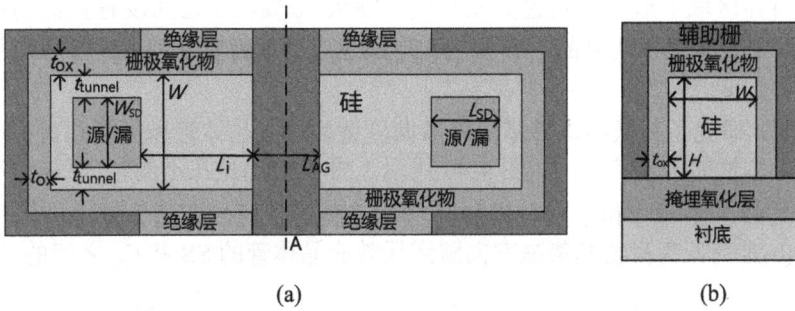

(a)　　　　　　　　　　(b)

图 4-39　平面高肖特基势垒双向隧道场效应晶体管的结构示意

表 4-6　平面高肖特基势垒双向隧道场效应晶体管的结构参数

参　数	参　数　值
硅体的宽度(W)	6 nm
硅体的高度(H)	100 nm
栅极氧化物的厚度(t_{ox})	1 nm
本征隧穿区的厚度(t_{tunnel})	1 nm
源极和漏极之间的长度(L_{SD})	4 nm
源极和漏极之间的宽度(W_{SD})	4 nm
源极/漏极和中央金属区之间的本征硅区的长度(L_i)	10 nm
辅助栅的长度(L_{AG})	5 nm
栅源电压(V_{GS})	−0.8 V~0.8 V
漏源电压(V_{DS})	0.3 V/0.5 V/0.7 V

平面高肖特基势垒双向隧道场效应晶体管采用辅助栅来得到更小的反向漏电流。与肖特基势垒金属氧化物半导体场效应晶体管不同，它利用更高的肖特基势垒来尽可能避免关断状态下的热离子发射电流，并实现更尖锐的突变金属结，用于带间隧穿，这是其正向电流产生机制。为了阻挡反向偏置的漏电流，在中央部分设计了一个辅助栅，并将其设置为在恒定偏置下工作，以形成势垒，在栅极反向偏置时阻挡由带间隧穿现象产生的电子-空穴对。在源漏之间的中心位置引入一个辅助栅，以 N 型为例，当 V_{GS}>0，V_{AG}>0 时，由带间隧穿产生的电子-空穴对主要位于源极一侧，其中空穴流向源极一侧，并且由于没有形成电子从源到漏的势垒，所以电子可以成功流向漏极一侧。当 V_{GS}<0，V_{AG}>0 时，由带间隧穿现象产生的电子-空穴对主要位于漏极区域，则电子流到漏极一侧，由于辅助栅正向偏置时，辅助栅与两侧硅区所形成的肖特基势垒有效阻挡了空穴从漏极流向源极，此后，可以阻止大量反向漏电流。然而如果漏极-源极电压 V_{DS} 大大增加，辅助栅将大大减少，最终失去对反向偏置状态下带间隧穿现象产生的电子-空穴对的阻挡效应，最终失去漏电流的可控性。平面高肖特基势垒双向隧穿场效应晶体管并没有中间肖特基势垒的存在，能带也是连续的，虽然辅助栅始终工作在正电压，但局部电场增强一点，就会产生电子-空穴对，价带有空穴，导带有电子，栅极对价带空穴虽然有排斥作用，但不能完全阻挡住，还是会有价带电子迎合着漏极空穴流出。而高低高肖特基势垒双向隧道场效应晶体管和平面高肖特基势

垒双向隧道场效应晶体管不同，高低高肖特基势垒双向隧道场效应晶体管在中央金属区的漏极侧的半导体区域中形成的内置势垒高度与漏极-源极电压之间没有强烈的相关性，此后，通过在中央金属区和两侧的半导体之间形成适当的低肖特基势垒，可以增加半导体两侧的内置势垒高度。

通过仿真，研究了高低高肖特基势垒双向隧道场效应晶体管和平面高肖特基势垒双向隧道场效应晶体管的传输特性，如图 4-40 所示。图 4-40(a)是在不同 V_{DS} 下高低高肖特基势垒双向隧道场效应晶体管和平面高肖特基势垒双向隧道场效应晶体管之间的传输特性比较，图 4-40(b)是高低高肖特基势垒双向隧道场效应晶体管的 SS 和 V_{GS} 之间的关系。

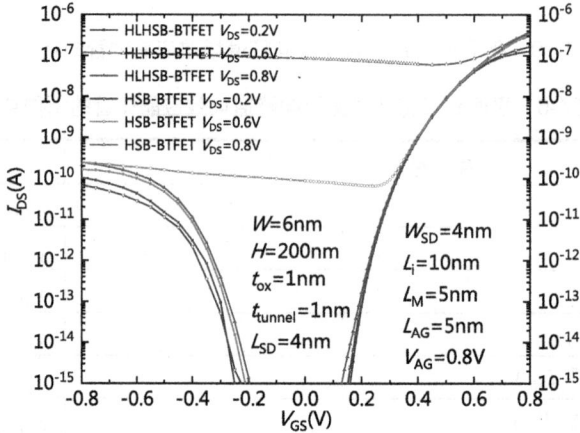

(a)

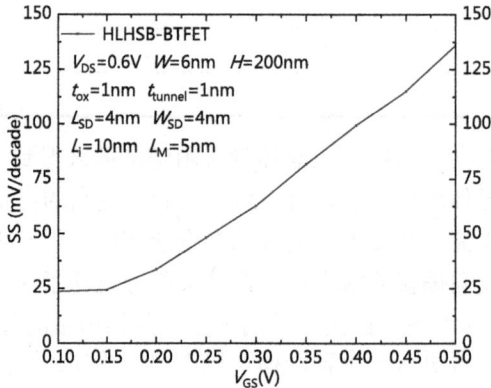

(b)

图 4-40　两种晶体管的特性比较

从图 4-40(a)中可以看到，平面高肖特基势垒双向隧道场效应晶体管的势垒高度设为 0.9 V，高低高肖特基势垒双向隧道场效应晶体管源极或漏极与硅的导带所形成的势垒高度设为 0.9 V，而中央金属区与硅的导带所形成的势垒高度设为 0.2 V。从仿真曲线可以清楚看到，当漏源电压为 0.3 V 时，高低高肖特基势垒双向隧道场效应晶体管与平面高肖特基势垒双向隧道场效应晶体管的正向导通电流、反向漏电流、SS 和静态功耗无明显变化。当漏源电压为 0.5 V 和 0.7 V 时，高低高肖特基势垒双向隧道场效应晶体管的反向漏电流、SS 和静态功耗均优于平面高肖特基势垒双向隧道场效应晶体管，所以高低高肖特基势垒双向隧道场效应晶体管在高漏源电压下更能抑制反向漏电。因此当 V_{DS} 较低时，平面高肖特基势垒双向隧道场效应晶体管和高低高肖特基势垒双向隧道场效应晶体管具有相对相似的传输特性；然而，随着 V_{DS} 的增加，平面高肖特基势垒双向隧道场效应晶体管开始逐渐失去控制空穴泄漏电流的能力；当 V_{DS} 上升到 0.8 V 时，平面高肖特基势垒双向隧道场效应晶体管几乎不能关断；相反高低高肖特基势垒双向隧道场效应晶体管几乎不受 V_{DS} 变化的影响。高低高肖特基势垒双向隧道场效应晶体管的高肖特基势垒都形成在源/漏电极和硅区域之间，这可以强烈阻止热离子发射电流从电极流向硅的导带，低肖特基势垒形成在中央金属区和硅区域之间，这对于防止空穴电流处于反向偏置状态，有很明显的效果。

　　图 4-40(b)显示了高低高肖特基势垒双向隧道场效应晶体管的 SS 和 V_{GS} 之间的关系。与其他类型的隧道场效应晶体管类似，高低高肖特基势垒双向隧道场效应晶体管获得了较低的 SS，该摆幅随栅极电压的增加而增加。与金属氧化物半导体场效应晶体管相比，高低高肖特基势垒双向隧道场效应晶体管的 SS 为 49 mV/dec，实现了更低的 SS。

　　图 4-41(a)显示了不同 V_{DS} 下高低高肖特基势垒双向隧道场效应晶体管从源极到漏极的电势分布，图 4-41(b)显示了在不同 V_{DS} 下平面高肖特基势垒双向隧道场效应晶体管从源极至漏极的电势分布。

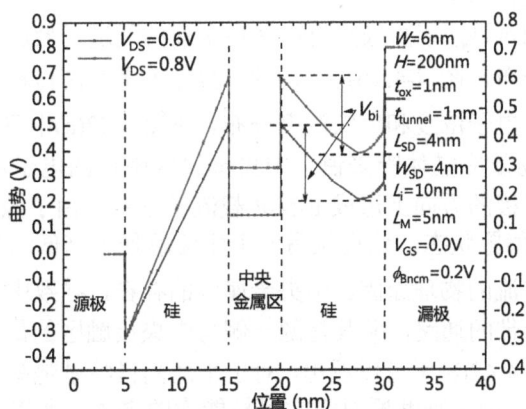

(a)

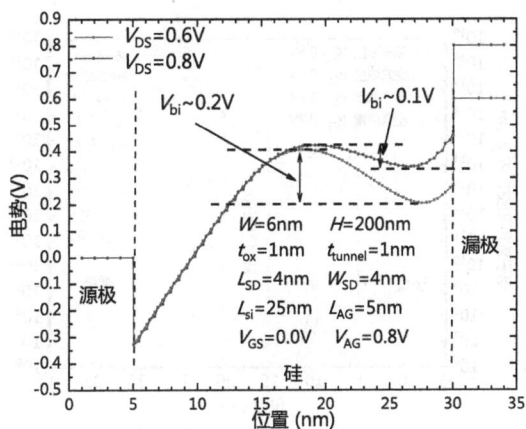

(b)

图 4-41　两种晶体管在不同 V_{DS} 下从源极到漏极的电势分布

在图 4-41(a)中可以清楚地看到，对于高低高肖特基势垒双向隧道场效应晶体管，当漏极-源极电压增加时，中央金属区的电势也增加。中央金属区的存在，导致两侧硅都产生了内建电势差，而且电场方向分别指向两侧。这种电场既防止空穴漏电，也防止电子漏电，让电子尽可能往中间聚集，空穴尽可能往两侧聚集，中央金属区两侧的 PN 结都是反偏阻断的，因此在中央金属区和漏电极之间的半导体中形成的内置电势差也没有显著变化。

在图 4-41(b)中可以清楚地看到，对于平面高肖特基势垒双向隧道场效应晶体管，由于中央硅区域的电势由辅助栅控制，当辅助栅电压固定为恒定时，硅内部靠近漏极侧的内置电位差将随着漏极-源极电压差的增加而减小，这将导致辅助栅失去其对空穴从漏极侧流向源极侧的阻挡作用，从而为更高的 V_{DS} 产生大量泄漏电流。高低高肖特基势垒双向隧道场效应晶体管正偏时，从源至漏总体上是电子浓度大于空穴浓度，且电场方向始终从漏指向源，易于形成电子电流。与在源极-漏极电极和硅区域的导带之间形成的高肖特基势垒不同，在中央金属区和硅区域导带之间的肖特基势垒是低肖特基势垒，这使得中央金属区对电子的约束力比两侧半导体的约束力弱，导致两侧半导体接触中央金属区的表面上的电势比内部区域的电势高。也就是说，在两侧的半导体区域中形成内置电势差。这种电势差的形成，有助于防止源极和漏极两侧的空穴流向中央金属区域，也有助于阻止更多的电子流向中央金属区中的源极和漏电极两侧。

图 4-42(a)显示了不同 V_{DS} 下高低高肖特基势垒双向隧道场效应晶体管从源极到漏极的电子浓度和空穴浓度分布，图 4-42(b)显示了不同 V_{DS} 下平面高肖特基势垒双向隧道场效应晶体管从源极至漏极的电子浓度和空穴浓度分布。在图 4-42(a)中可以分析出，对于高低高肖特基势垒双向隧道场效应晶体管来说，中央金属区附近的电子浓度总是远高于空穴浓度，因此在从源极到漏极的方向上形成 P-N-P 载流子分布。由于源极侧的 PN 结对于正向偏置 V_{DS} 总是处于反向偏置状态，这也从另一个角度解释了高低高肖特基势垒双向隧道场效应晶体管低静态漏电流的物理原因。中央金属区的存在，导致中央金属区两侧的空穴浓度超低，严重阻断了价带的通路，尤其是源一侧与中央接触区的部分，这也是导致泄漏电流低的根本原因。在图 4-42(b)中可以看出，对于平面高肖特基势垒双向隧道场效应晶体管来说，施加较高的 V_{DS}，由于辅助栅对空穴阻挡能力的丧失，所以平面高肖特基势垒双向隧道场效应晶体管形成了空穴路径，产生漏电。

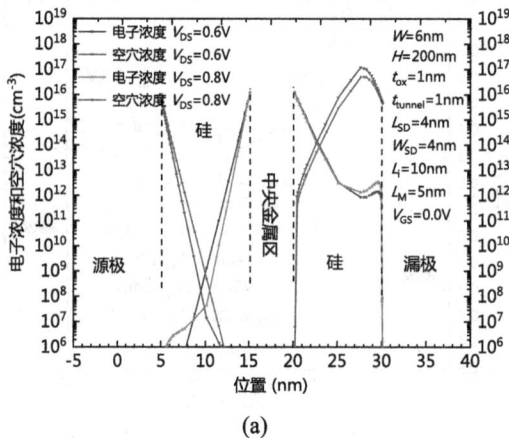

(a)

图 4-42 两种晶体管在不同 V_{DS} 下的电子浓度和空穴浓度分布

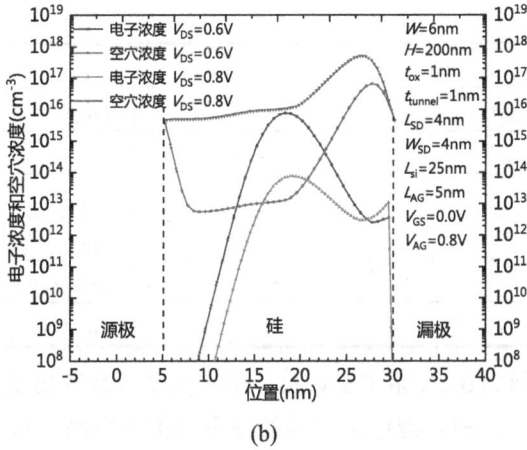

(b)

图 4-42　两种晶体管在不同 V_{DS} 下的电子浓度和空穴浓度分布(续)

4.5.8　与基于掺杂的双向隧道场效应晶体管对比

图 4-43(a)是基于掺杂的双向隧道场效应晶体管俯视图，图 4-43(b)是沿图 4-43(a)中切割线 A 切割所得的横截面图，图 4-43(c)是沿图 4-43(a)中切割线 B 切割所得的横截面图。L_i 是源极/漏极和中央 N^+ 掺杂区之间的本征硅区的长度，H 是内嵌在源漏中间 N^+ 掺杂区的高度，t_{ox} 是内嵌在硅区和栅极中间的氧化物的厚度，L_{SD} 是源极和漏极的长度，W_{SD} 是源极和漏极的宽度。t_{tunnel} 是内嵌在栅极氧化物和源极/漏极之间的本征隧穿区的厚度，L_{N^+} 是位于源漏之间的 N^+ 掺杂区的长度，L_{P^+} 是源极和漏极下方本征硅区 P^+ 掺杂区的长度，W 是硅体的宽度。

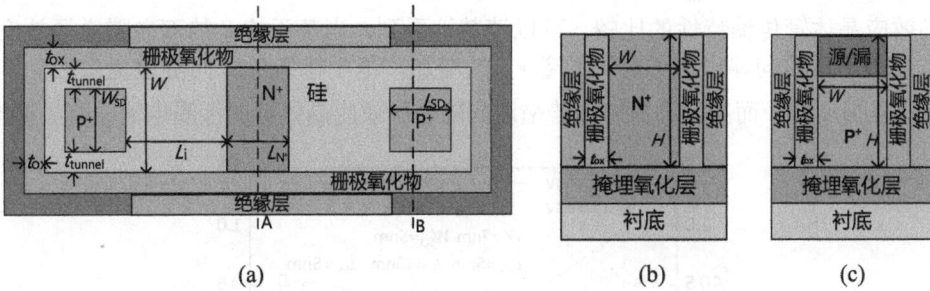

(a)　　　　　　　　　　　　(b)　　　　(c)

图 4-43　基于掺杂的双向隧道场效应晶体管的结构示意

表 4-7 给出了基于掺杂的双向隧道场效应晶体管的结构参数。

表 4-7　基于掺杂的双向隧道场效应晶体管的结构参数

参　　数	参　数　值
硅体的宽度(W)	6 nm
硅体的高度(H)	200 nm
栅极氧化物的厚度(t_{ox})	1 nm
本征隧穿区的厚度(t_{tunnel})	1 nm

续表

参　数	参　数　值
源极和漏极之间的长度(L_{SD})	4 nm
源极和漏极之间的宽度(W_{SD})	4 nm
本征硅区的长度(L_i)	10 nm
辅助栅的长度(L_{AG})	5 nm
栅源电压(V_{GS})	−0.8 V~0.8 V
漏源电压(V_{DS})	0.6 V

图 4-44(a)为 V_{ds} 分别为 0.4 V 和 0.8 V 的 N 型高低高肖特基势垒双向隧道场效应晶体管能带分布图。ϕ_{Bns} 和 ϕ_{Bps} 分别是源电极与硅的导带或价带界面上形成的肖特基势垒高度。ϕ_{Bnd} 和 ϕ_{Bpd} 分别是漏极与硅的导带或价带界面上形成的肖特基势垒高度。ϕ_{Bncm} 和 ϕ_{Bpcm} 分别是中心合金金属区与硅的导带或价带界面上的肖特基势垒高度形式。当 ϕ_{Bps} 和 ϕ_{Bpd} 远低于 ϕ_{Bns} 和 ϕ_{Bps} 时，源/漏电极与硅区导带之间都形成了较高的肖特基势垒高度 ϕ_{Bns} 和 ϕ_{Bnd}，能强烈阻止热离子发射电流从电极流向硅区导带。ϕ_{Bpcm} 的设计比 ϕ_{Bncm} 高得多，在硅区价带形成高肖特基势垒，防止空穴电流以静态和反向偏置状态流动。需要注意的是，由于钉扎效应，在中央金属区的合金结上形成的肖特基势垒高度不随漏极源电压的增加而变化，且在静态和反向偏置状态下均不变化。

图 4-44(b)是 V_{DS} 分别为 0.4 V 和 0.8 V 的 N 型双向隧道场效应晶体管能带分布图。可以清楚地看到，由于基于 PN 结的双向隧道场效应晶体管不像所提出的高低高肖特基势垒双向隧道场效应晶体管那样具有钉扎效应，硅内部漏极侧内置势垒的高度随着漏源电压 V_{DS} 的变化而变化。当漏极源电压从 0.4 V 增加到 0.8 V 时，内置电位差 0.7 V 减小到 0.5 V。

图 4-45 显示了不同 V_{DS} 下高低高肖特基势垒双向隧道场效应晶体管和基于掺杂的双向隧道场效应晶体管传输特性的比较。可以清楚地看到，当基于掺杂的双向隧道场效应晶体管工作在静态或反向偏压状态时，随着 V_{DS} 的增加，基于掺杂的双向隧道场效应晶体管的泄漏电流显著增加，而高低高肖特基势垒双向隧道场效应晶体管的泄漏电流没有显著增加。

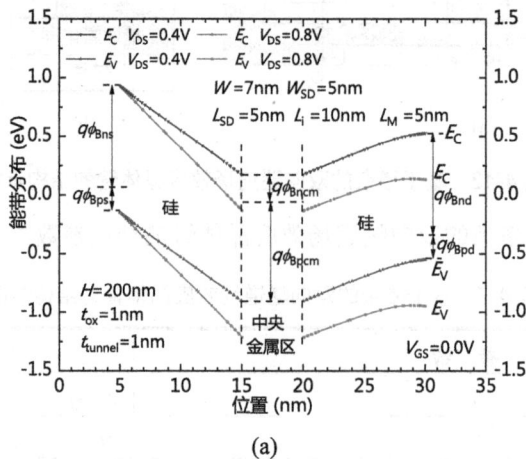

(a)

图 4-44　不同 V_{DS} 下的 N 型高低高肖特基势垒双向隧道场效应晶体管和

N 型双向隧道场效应晶体管能带分布图

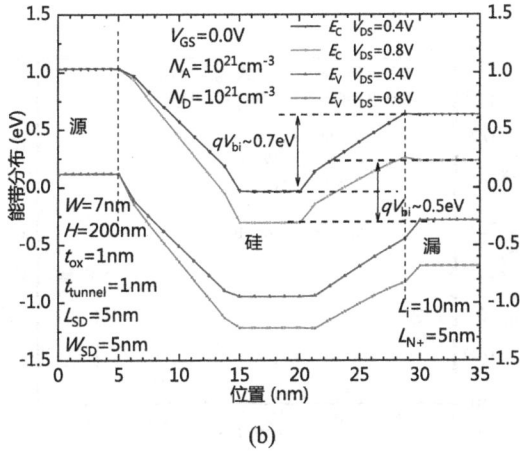

(b)

图 4-44　不同 V_{DS} 下的 N 型高低高肖特基势垒双向隧道场效应晶体管和

N 型双向隧道场效应晶体管能带分布图(续)

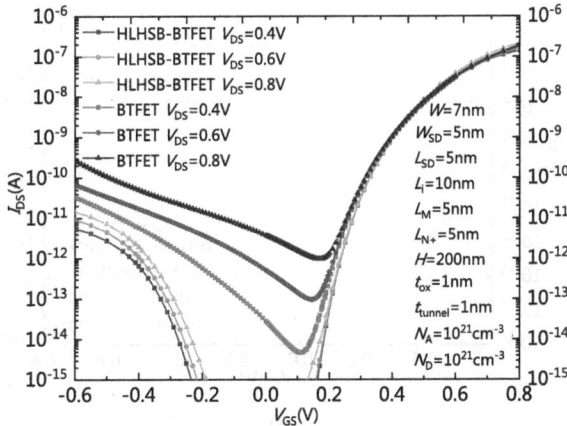

图 4-45　不同 V_{DS} 下的高低高肖特基势垒双向隧道场效应晶体管与基于掺杂的

双向隧道场效应晶体管传输特性比较

图 4-46 是不同 V_{DS} 下 N 型双向隧道场效应晶体管从源到漏的电子浓度和空穴浓度分布。对于高低高肖特基势垒双向隧道场效应晶体管，由于中心合金金属区和漏极侧硅区价带之间形成了很深的肖特基势垒，即使在高 V_{DS} 下，空穴也会被有效阻挡，中心合金金属区与源侧硅区界面上的空穴浓度远低于中心合金金属区与漏极侧硅区界面上的空穴浓度，使空穴不易从漏极侧流向源侧形成连续的漏电流。对于双向隧道场效应晶体管，随着 V_{DS} 的增加，内置势垒减小，更多的空穴流过 N^+ 区域并最终到达源侧，因此静态偏置和反向偏置的泄漏电流明显增大。

为了更清楚地验证 ϕ_{Bpcm} 对泄漏电流的影响，我们在图 4-47(a)中给出了不同 ϕ_{Bpcm} 下高低高肖特基势垒双向隧道场效应晶体管传输特性的比较。图 4-47(b)中显示了不同 ϕ_{Bpcm} 下高低高肖特基势垒双向隧道场效应晶体管硅区空穴电流密度的比较。可以清楚地看到，当 ϕ_{Bpcm} 增大时，中心合金金属区与硅区价带之间的肖特基势垒增大，中心合金金属区对价带产生的热离子发射电流的抑制作用逐渐增强，因此静态漏空穴电流随着 ϕ_{Bpcm} 的增大而逐渐减小。

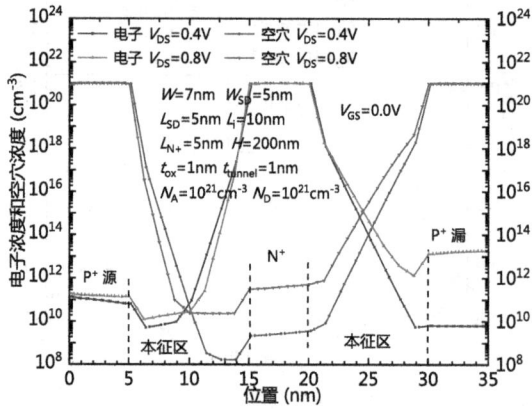

图 4-46　不同 V_{DS} 下 N 型双向隧道场效应晶体管从源到漏的电子浓度和空穴浓度分布

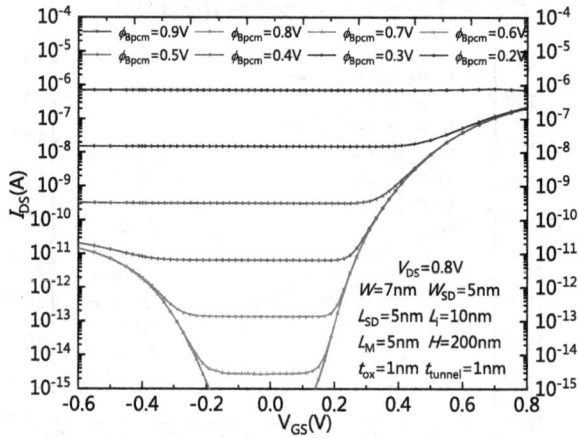

(a)

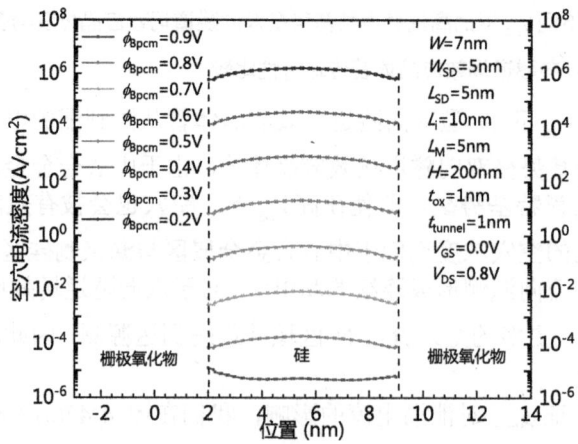

(b)

图 4-47　不同硅区 ϕ_{Bpcm} 下的高低高肖特基势垒双向隧道场效应晶体管的传输特性比较和空穴电流密度比较

4.5.9　高低高肖特基势垒双向隧道场效应晶体管工艺流程设计

图 4-48(a)至图 4.48(n)显示了拟建高低高肖特基势垒双向隧道场效应晶体管的简要制造流程。

如图 4-48(a)、图 4-48(b)和图 4-48(c)所示，准备 SOI 晶片，SOI 晶片的底部是硅衬底。SOI 晶片的顶部是硅膜。掩埋氧化层夹在它们之间。通过光刻和蚀刻工艺去除硅膜的中心区域，然后通过沉积工艺沉积第一种金属材料。在平整表面之后，形成中心金属。

如图 4-48(d)、图 4-48(e)和图 4-48(f)所示，通过光刻和蚀刻工艺去除硅膜和中心金属区域周围的一些区域，以露出掩埋氧化层。

如图 4-48(g)、图 4-48(h)和图 4-48(i)所示，通过沉积工艺，沉积用于形成栅极氧化层的绝缘介电材料。在平坦化绝缘介电材料的表面以暴露硅膜之后，通过光刻和蚀刻工艺去除绝缘介电物质周围的部分区域以暴露掩埋氧化层以形成栅极氧化物。

如图 4-48(j)、图 4-48(k)和图 4-48(l)所示，通过沉积工艺，沉积金属或多晶硅，使表面平整以露出硅膜，然后通过光刻和蚀刻工艺去除上下部分金属或多晶硅区域。通过沉积工艺沉积绝缘介电材料，再次平整表面以暴露硅膜，之后，通过上述步骤形成栅电极和隔离层。

如图 4-48(m)和图 4-48(n)所示，通过光刻和蚀刻工艺，蚀刻硅膜左侧和右侧的部分区域，以露出掩埋氧化层。然后通过沉积工艺沉积第二种金属材料，然后平整表面以露出硅膜，通过上述步骤形成金属源极/漏极可互换区域。

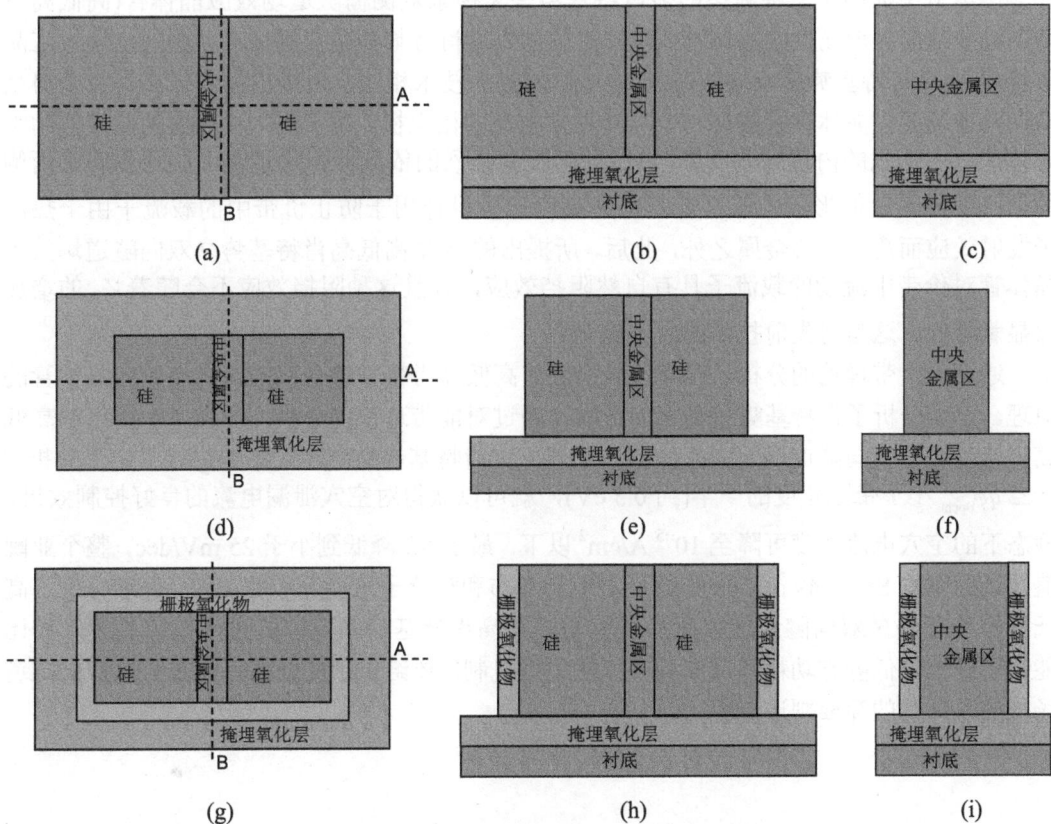

图 4-48　高低高肖特基势垒双向隧道场效应晶体管的工艺流程

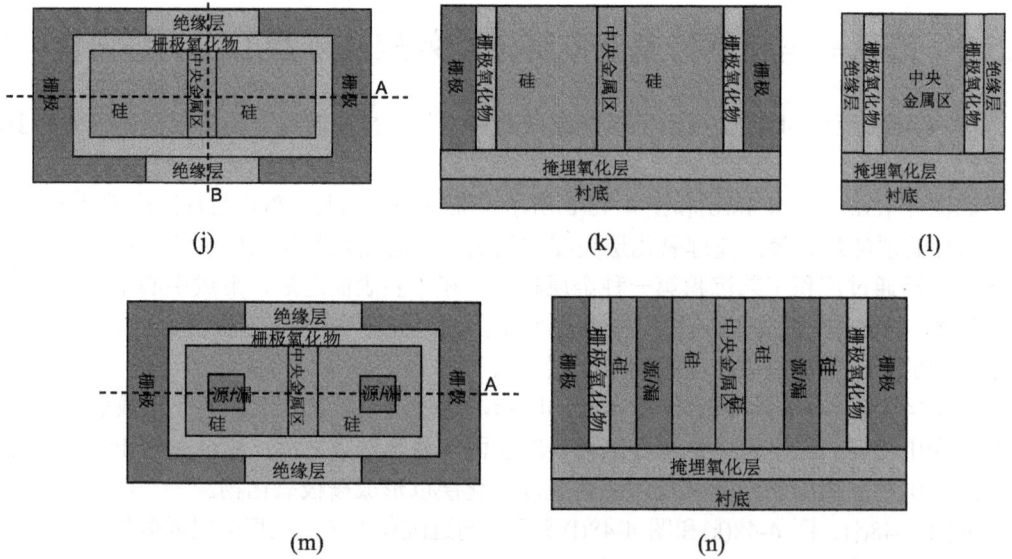

图 4-48　高低高肖特基势垒双向隧道场效应晶体管的工艺流程(续)

4.5.10　本节结语

在本节中提出了一种新型的多肖特基势垒无掺杂双侧栅隧道场效应晶体管(高低高肖特基势垒双向隧道场效应晶体管)。与先前被称为高肖特基势垒双侧栅辅助栅隧道场效应晶体管(平面高肖特基势垒双向隧道场效应晶体管)的技术相比，所提出的高低高肖特基势垒双向隧道场效应晶体管只需要一个具有独立电源的栅电极。由于在中央金属的漏极侧的半导体区域中形成的内置势垒高度与 V_{DS} 之间没有强烈的依赖性，除了在中心金属和其两侧的硅区的导带之间形成的低肖特基势垒高度已被设计用于防止价带中的载流子由于热离子发射效应而流入中心金属之外，此后，所提出的 N 型高低高肖特基势垒双向隧道场效应晶体管对价带中流动的载流子具有自然阻挡效应，并且这种阻挡效应不会随着 V_{DS} 的增加而显著降低，这是对先前技术的巨大提升。

通过对能带理论的分析，解释了所提出的高低高肖特基势垒双向隧道场效应晶体管的原理。定量分析了肖特基势垒高度的影响。通过对能带理论的分析，解释了所提出的高低高肖特基势垒双向隧道场效应晶体管的原理。对肖特基势垒高度的影响进行了定量分析，一旦 $q\phi_{Bpcm}$ 小于带隙宽度的一半(约 0.5 eV)，就可以获得对空穴泄漏电流的良好控制效果，静态下的空穴电流密度可降至 10^{-5} A/cm^2 以下。最小 SS 降低到小于 25 mV/dec，整个亚阈值区域的平均 SS 为 49 mV/dec。通过对电势分布和载流子浓度分布的比较，仔细分析了高低高肖特基势垒双向隧道场效应晶体管与平面高肖特基势垒双向隧道场效应晶体管相比能够更好地降低静态功耗和反向漏电流的物理机制。还给出了高低高肖特基势垒双向隧道场效应晶体管的简要制造流程。

4.5.11　参考文献

[1] J. P. Colinge. Multi-gate SOI MOSFETs. Microelectronic Engineering, 84 (2007) 2071-2076.

[2] X. Liu, Z. Xia, X. Jin, J-H Lee. A High-Performance Rectangular Gate U Channel FETs with Only 2-nm Distance between Source and Drain Contacts. Nanoscale Research Letters, 14 (2019) 43.

[3] D. Sarkar, X. Xie, W. Liu, W. Cao, J. Kang, Y. Gong, S. Kraemer, P. M. Ajayan, K. Banerjee. A subthermionic tunnel field-effect transistor with an atomically thin channel. Nature, 526 (2015) 91-95.

[4] S. Cristoloveanu, J. Wan, A. Zaslavsky. A Review of Sharp-Switching Devices for Ultra-Low Power Applications. Journal of the Electron Devices Society, 4 (2016) 215-226.

[5] U. E. Avci, D. H. Morris, I. A. Young. Tunnel Field-Effect Transistors: Prospects and Challenges. Journal of the Electron Devices Society, 3 (2015) 88-95.

[6] F. Bashir, A. G. Alharbi, S. A. Loan. Electrostatically doped DSL Schottky barrier MOSFET on SOI for low power applications. IEEE J. Electron Devices Soc., 6 (2017) 19-25.

[7] F. Bashir, S. A. Loan, M. Rafat, A. Alamoud, S. A. Abbasi. A high-performance source engineered charge plasma-based Schottky MOSFET on SOI. IEEE Trans. Electron Devices, 62 (2015) 3357-3364.

[8] S. Kale, P. N. Kondekar. Design and investigation of double gate Schottky barrier MOSFET using gate engineering. Micro Nano Lett., 10 (2015) 707-711.

[9] K.N.Tu, R.D. Thompson, B.Y. Tsaur. Low Schottky barrier of rare-earth silicide on n-Si. Applied Physics Letters, 38 (1981) 626.

[10] M. Jun, Y. Kim, C. Choi, T. Kim, S. Oh, M. Jang. Schottky barrier heights of n/p-type erbium-silicided schottky diodes. Microelectronic Engineering 85 (2008) 1395-1398.

[11] R. J. Hauenstein, T. E. Schlesinger, T. C. McGill. Schottky barrier height measurements of epitaxial NiSi2 on Si. Appl. Phys. Lett. 47 (1985) 853.

[12] L.E.Calvet, H.Luebben, M.A.Reed, C.Wang, J.P. Snyder, J.R. Tucker. Subthreshold and scaling of PtSi Schottky barrier MOSFETs. Superlattices and Microstructures, 28 (2000) 501-506.

[13] V.W.L.Chin, J.W.V.Storey, M.A.Green. P-type PtSi Schottky-diode barrier height determined from I-V measurement. Solid-State Electronics 32 (1989) 475-478.

[14] Y. J. Zhao, D. Candebat, C. Delker, Y.L. Zi, D. Janes, J. Appenzeller, C. Yang. Understanding the impact of Schottky barriers on the performance of narrow bandgap nanowire field effect transistors. NANO LETTERS, 12 (2012) 5331.

[15] P.M. Solomon. Inability of single carrier tunneling barriers to give subthermal subthreshold swings in MOSFETs. IEEE ELECTRON DEVICE LETTERS, 31 (2010) 618.

[16] A. V. Penumatcha. R. B. Salazar, J. Appenzeller. Analysing black phosphorus transistors

using an analytic Schottky barrier MOSFET model. Nat. Commun., 6 (2015) 8948.

[17] X.Liu, K.Ma, Y.Wang, M. Wu, J-H Lee, X. Jin. A Novel High Schottky Barrier Based Bilateral Gate and ASSistant Gate Controlled Bidirectional Tunnel Field Effect Transistor. Journal of Electron Devices Society, 8 (2020) 976-980.

[18] Device Simulation New Features in 2019 Baseline Release. Accessed: Feb. 2020. [Online]. https://www.silvaco.com/products/tcad/device_simulation/device_simulation.html.

第 5 章　可重置晶体管

本章是对近年来提出的一种新型集成技术(即可重置晶体管技术)的介绍。包括可重置晶体管概念的提出背景，以及目前的发展现状。提出一种 I 形栅控双向可重置隧道场效应管，改善了普通可重置晶体管的正向导通能力，实现了更低的功耗和漏电流。并提出具有互补低肖特基势垒源漏结构的双向可重置场效应晶体管，采用两种不同的金属材料在源漏和硅的界面上形成两种不同类型的肖特基势垒。导带和价带的低肖特基势垒同时形成。因此，与通过带间隧道效应产生载流子的普通双向可重置场效应晶体管相比，更多的载流子可以通过热电子发射轻松地从源极流入半导体区域。与传统可重置晶体管操作相比，可实现更高的正向传导电流、更陡峭的亚阈值斜率和更大的 I_{on}/I_{off} 比。

还提出一种通过基于互补掺杂源漏的低源漏电阻双向可重置场效应晶体管结构。与普通双向可重置场效应晶体管不同，互补掺杂源漏双向可重置场效应晶体管在源漏区形成互补掺杂的欧姆接触电极，由于消除了肖特基接触，任何作为控制栅的栅极都无须通过栅场效应克服肖特基势垒以产生正向传导电流。互补掺杂源漏技术显著提高了器件的正向传导电流，降低了导通电阻。与普通双向可重置场效应晶体管相比，互补掺杂源漏双向可重置场效应晶体管更适合用作 XNOR 逻辑门，以提高导通状态、输入一致性以及实现输入可互换功能。

5.1　可重置晶体管概述

5.1.1　可重置晶体管的提出

半导体器件的尺寸减小、性能提高和功能增加是保持半导体集成技术快速发展的驱动力。因此，具有三维栅极特性的 FinFET 取代了具有平面栅极的金属氧化物半导体场效应晶体管，以在减小尺寸的同时保持器件性能而不退化，到目前为止，它仍然是主流技术[1-2]。肖特基势垒金属氧化物半导体场效应晶体管不需要源极/漏极(源漏)掺杂，而是使用可以与半导体形成低肖特基势垒的金属材料作为源漏，有望在简化结构的基础上再次提高集成度。然而，肖特基势垒的存在会增加源极与半导体之间的电阻，导致其导通电阻大于金属氧化物半导体场效应晶体管[3-6]的导通电阻。作为器件开关特性的重要指标的亚阈值摆幅(SS)和开关电流比也有所下降[7-8]。

为了获得更好的开关特性，研究人员提出了隧道场效应晶体管。它通过控制通过栅电极弯曲的能带的强度，来控制带对带隧穿(带间隧道)效应的强度，并实现亚阈值摆幅[9-13]。与金属氧化物半导体场效应晶体管类似，隧道场效应晶体管仍然需要掺杂源漏[14-18]。尽管可以实现更小的亚阈值摆幅，但隧道场效应晶体管的正向电流远小于金属氧化物半导体场效应晶体管的正向电流。

金属氧化物半导体场效应晶体管、肖特基势垒金属氧化物半导体场效应晶体管和隧道场效应晶体管的共同点是，它们只是一种开关器件。为了实现更丰富的逻辑功能，需要多个设备的组合。由于光刻工艺即将达到物理极限，这些器件很难保持尺寸的连续减小。因此，相较减少器件尺寸以"硬性"增加晶体管的数量，这可能是一种"软性"提高 IC 功能密度的新方法。换言之，可以通过电路设计，使用更少的器件来实现更丰富的功能，或者通过器件设计，开发功能更丰富的新器件来实现 IC 的功能密度，从而减少所需设备的绝对数量。

研究人员还提出了可重置场效应晶体管(RFET)和双向可重置场效应晶体管(BRFET)。作为单个场效应晶体管，通过在操作[19-20]期间重置施加在编程栅极(PG)上的电压，可以将导通模式配置为 N 型或 P 型。每个构建块的价值增加，预示着实现更高的硬件灵活性和简化的技术实现。得益于这种可编程功能和重新配置行为，与传统的 CMOS 技术相比，RFET 可以在可编程逻辑阵列[21-22]领域提供明显的优势，并用比传统 CMOS 技术[23-31]更少的晶体管实现各种逻辑门，而不是盲目地减小晶体管尺寸。此后，RFET 引起了极大的关注，成为近年来的热门话题[32-34]，也进行了相应的器件建模工作[35-37]。

5.1.2　参考文献

[1] J. P. Colinge. Multi-gate SOI MOSFETs. Microelectron. Engineering, vol. 84, no.9-10, pp. 2071-2076, SEP-OCT 2007. DOI: 10.1016/j.mee.2007.04.038.

[2] X. Liu, Z. Xia, X. Jin, J.H. Lee. A High-Performance Rectangular Gate U Channel FETs with Only 2-nm Distance between Source and Drain Contacts. Nanoscale Research Letters, Vol.14, 43, Feb. 2019. DOI: 10.1186/s11671-019-2879-0.

[3] F. Bashir, A. G. Alharbi, S. A. Loan. Electrostatically doped DSL Schottky barrier MOSFET on SOI for low power applications. IEEE Journal of Electron Devices Society, vol. 6, no.1, pp. 19-25, Dec. 2017. DOI: 10.1109/JEDS.2017.2762902.

[4] F. Bashir, S. A. Loan, M. Rafat, A. Alamoud, S. A. Abbasi. A high-performance source engineered charge plasma-based Schottky MOSFET on SOI. IEEE Transactions on Electron Devices, vol. 62, no. 10, pp. 3357-3364, Oct. 2015. DOI: 10.1109/TED. 2015.2464112.

[5] S. Kale, P. N. Kondekar. Design and investigation of double gate Schottky barrier MOSFET using gate engineering. Micro & Nano Letters, vol. 10, no. 12, pp. 707-711, Dec. 2015. DOI: 10.1049/mnl.2015.0046.

[6] S. D. Kim, C.M. Park, J. C. S. Woo. Advanced model and analysis for series resistance in sub-100 nm CMOS including poly depletion and overlap doping gradient effect. IEEE International Electron Devices Meeting (IEDM), San Francisco, CA, USA, 2000, pp. 723-724, 2000.

[7] P. M. Solomon. Inability of single carrier tunneling barriers to give subthermal subthreshold swings in MOSFETs. IEEE Electron Device Letters, vol. 31, no. 6, pp. 618-620, Jun. 2010. DOI: 10.1109/LED.2010.2046713.

[8] A. V. Penumatcha, R. B. Salazar, J. Appenzeller. Analysing black phosphorus transistors using an analytic Schottky barrier MOSFET model. Nature Communications, vol. 6, 8948,

Nov. 2015. DOI: 10.1038/ncomms9948.

[9] D. Sarkar, XJ. Xie, W. Liu, W. Cao, JH. Kang, YJ. Gong, S. Kraemer, PM. Ajayan. A subthermionic tunnel field-effect transistor with an atomically thin channel. Nature, vol. 526, no.7571, pp. 91-95, Oct. 2015. DOI: 10.1038/nature15387.

[10] D. H. Ilatikhameneh, T. A. Ameen, G. Klimeck, J. Appenzeller, R. Rahman. Dielectric engineered tunnel field-effect transistor. IEEE Electron Device Letters, vol. 36, no. 10, pp. 1097-1100, Oct. 2015. DOI: 10.1109/LED.2015.2474147.

[11] E. Ko, H. J. Lee, J.-D. Park, C. H. Shin. Vertical tunnel FET: Design optimization with triple metal-gate layers. IEEE Transactions on Electron Devices, vol. 63, no. 12, pp. 5030-5035, Dec. 2016. DOI: 10.1109/TED.2016.2619372.

[12] M. Rahimian, M. Fathipour. Improvement of electrical performance in junctionless nanowire TFET using hetero-gatedielectric. Materials Science in Semiconductor Processing, vol. 63, pp.142-152, Jun. 2017. DOI: 10.1016/j.mSSp.2016.12.011.

[13] J. C. Lee, T. J. Ahn, Y. S. Yu. Work-function engineering of source-overlapped dual-gate tunnel field-effect transistor. Journal of Nanoscience and Nanotechnology, vol. 18, no. 9, pp. 5925-5931, Sep. 2018. DOI: 10.1166/jnn.2018.15574.

[14] U. E. Avci, D. H. Morris, I. A. Young. Tunnel field-effect transistors: Prospects and challenges. IEEE Journal of Electron Devices Society, vol. 3, no.3, pp. 88-95, May 2015. DOI: 10.1109/JEDS.2015.2390591.

[15] Q. T. Zhao, S. Richter, C. Schulte-Braucks, L. Knoll, S. Blaeser, G.V. Luong, S.Trellenkamp, A. Schafer, A. Tiedemann, J.M. Hartmann, K.Bourdelle, and S. Mantl. Strained Si and SiGe nanowire tunnel FETs for logic and analog applications. IEEE Journal of Electron Devices Society, vol. 3, no.3, pp. 103-114, May 2015. DOI: 10.1109/JEDS.2015.2400371.

[16] G.V. Luong, K. Narimani, A. Tiedemann, P. Bernardy, S.Trellenkamp, Q. T. Zhao, S. Mantl. Complementary strained Si GAA nanowire TFET inverter with suppressed ambipolarity. IEEE Electron Device Letters, vol. 37, no. 8, pp. 950-953, Aug. 2016. DOI: 10.1109/LED.2016.2582041.

[17] G.V. Luong, S. Strangio, AT Tiedemann, P. Bernardy, S.Trellenkamp, P.Palestri, S. Mantl, Q. T. Zhao. Strained silicon complementary TFET SRAM: Experimental demonstration and simulations. IEEE Journal of Electron Devices Society, vol. 6, no.1 pp. 1033-1040, 2018. DOI: 10.1109/JEDS.2018.2825639.

[18] X.Jin, Y.Wang, K.Ma, M.Wu, X. Liu, J.H. Lee. A Study on the Effect of the Structural Parameters and Internal Mechanism of a Bilateral Gate-Controlled S/D Symmetric and Interchangeable Bidirectional Tunnel Field Effect Transistor. NANOSCALE RESEARCH LETTERS, Vol.16, no.1, 102, 2021. DOI: 10.1186/s11671-021-03561-8.

[19] A. Heinzig, S. Slesazeck, F. Kreupl, T. Mikolajick, W. M. Weber. Reconfigurable silicon nanowire transistors. Nano Letters, vol. 12, no.1, pp.119-124, Jan. 2012. DOI: 10.1021/nl203094h.

[20] M. D. Marchi, D. Sacchetto, S. Frache, J. Zhang, P.E. Gaillardon, Y. Leblebici, G. De Micheli. Polarity control in double-gate, gate all-around vertically stacked silicon nanowire

FETs. IEEE INTERNATIONAL ELECTRON DEVICES MEETING (IEDM), San Francisco, CA, US, Dec. 2012.

[21] J. Liu, I. O'Connor, D. Navarro, F. Gaffiot. Novel CN TFET based reconfigurable logic gate design. in Proc. 44th ACM/IEEE Design Autom. Conf., Jun. 2007, pp. 276-277. DOI: 10.1109/DAC.2007.375171.

[22] M. H. Ben Jamaa, K. Mohanram, G. De Micheli. Novel library of logic gates with ambipolar CN TFET s: Opportunities for multi-level logic synthesis. in Proc. Design, Autom. Test Eur. Conf. Exhibit., pp. 622-627, APR. 2009.

[23] J. Trommer, A. Heinzig, S. Slesazeck, T. Mikolajick, W. M. Weber. Elementary aspects for circuit implementation of reconfigurable nanowire transistors. IEEE Electron Device Letters, vol. 35, no. 1, pp. 141-143, Jan. 2014. DOI: 10.1109/LED.2013.2290555.

[24] M. D. Marchi, J. Zhang, S. Frache, D. Sacchetto, P.E. Gaillardon, Y. Leblebici, G. De Micheli. Configurable logic gates using polarity-controlled silicon nanowire gate-all-around FETs. IEEE Electron Device Letters, vol. 35, no. 8, pp. 880-882, Aug. 2014.

[25] J. Zhang, X. Tang, P.-E. Gaillardon, G. De Micheli. Configurable circuits featuring dual-threshold-voltage design with three-independentgate silicon nanowire FETs. IEEE Transactions on Circuits and Systems I- Regular Papers, vol. 61, no. 10, pp. 2851-2861, Oct. 2014. DOI: 10.1109/TCSI.2014.2333675.

[26] W. M. Weber, A. Heinzig, J. Trommer, M. Grube, F. Kreupl, T. Mikolajick. Reconfigurable nanowire electronics-enabling a single CMOS circuit technology. IEEE Transactions on Nanotechnology, vol. 13, no. 6, pp.1020-1028, Nov. 2014. DOI: 10.1109/TNANO. 2014.2362112.

[27] T. Mikolajick, A. Heinzig, J. Trommer, T. Baldauf, W. M. Weber. The RFET—A reconfigurable nanowire transistor and its application to novel electronic circuits and systems. Semiconductor Science and Technology, vol. 32, no. 4, 043001, Apr. 2017. DOI: 10.1088/1361-6641/aa5581.

[28] A. Heinzig, S. Pregl, J. Trommer, T. Mikolajick, W. M. Weber. Reconfigurable NAND-NOR circuits fabricated by a CMOS printing technique. in Proc. IEEE 12th Nanotechnol. Mater. Devices Conf. (NMDC), pp. 179-181, Oct. 2017.

[29] S. Rai, S. Srinivasa, P. Cadareanu, XZ. Yin, XS. Hu, PE. Gaillardon, V. Narayanan, A. Kumar. Emerging reconfigurable nanotechnologies: Can they support future electronics? Proc. Int. Conf. Comput.-Aided Design (ICCAD), pp. 1-8, Nov. 2018 DOI: 10.1145/ 3240765.3243472.

[30] S. Rai, A.Rupani, D. Walter, M. Raitza, A. Heinzig, T.Baldauf, C.Mayr, WM. Weber, A. Kumar. A physical synthesis flow for early technology evaluation of silicon nanowire based reconfigurable FETs. Proc. Design, Autom. Test Europe Conf. Exhibit. (DATE), Mar. 2018, pp. 605-608.

[31] S. Rai, J.Trommer, M.Raitza, T.Mikolajick, WM.Weber, A. Kumar. Designing efficient circuits based on runtime-reconfigurable field-effect transistors. IEEE Transactions on Very Large Scale Integration (VLSI) Systems, vol. 27, no. 3, pp. 560-572, Mar. 2019. DOI:

10.1109/TVLSI.2018.2884646.

[32] A. Bhattacharjee, M. Saikiran, A. Dutta, B. Anand, S. Dasgupta. Spacer engineering-based high-performance reconfigurable FET with low OFF current characteristics. IEEE Electron Device Letters, vol. 36, no. 5, pp. 520-522, May 2015. DOI: 10.1109/LED.2015.2415039.

[33] A. Bhattacharjee, S. Dasgupta. Impact of Gate/Spacer-Channel Underlap, Gate Oxide EOT, and Scaling on the Device Characteristics of a DG-RFET. IEEE Transactions on Electron Devices, vol. 64, no. 8, pp. 3063-3070, Aug. 2017. DOI: 10.1109/TED.2017.2710236.

[34] International Roadmap for Devices and Systems. 2018 Edition. [Online]. Available: https://irds.ieee.org/

[35] A. Bhattacharjee, S. Dasgupta. A compact physics-based surface potential and drain current model for an S/D spacer-based DG-RFET. IEEE Transactions on Electron Devices, vol. 65, no. 2, pp. 448-455, Feb. 2018. DOI: 10.1109/TED.2017.2786302.

[36] R. Ranjith, R. Jayachandran, K. J. Suja, R. S. Komaragiri. Two dimensional analytical model for a reconfigurable field effect transistor. Superlattices Microstructures, vol. 114, pp. 62-74, Feb. 2018. DOI: 10.1016/j.spmi.2017.12.006.

[37] R. Ranjith, K. J. Suja, R. S. Komaragiri. An analytical model for a reconfigurable tunnel field effect transistor. Superlattices Microstructures, vol. 131, pp. 40-52, Jul. 2019. DOI10.1016/j.spmi.2019.05.025.

5.2　I 形栅控双向可重置隧道场效应管

由于电流产生机制的差异性，沿着源极和沟道之间界面的载流子隧穿主导了导通电流。因此相较于主流 FinFET 技术，常规的 RFET 的正向导通状态的电流驱动能力(I_{on})较差[1]。为了进一步挖掘 RFET 在超大规模集成电路应用中的潜力，有必要开发基于器件级的新方法和途径，来提高 RFET 的导通饱和电流。为了增加电流，提出了一些改进的 RFET：拱形非对称 RFET 和在漏一侧具有非对称绝缘阻挡层的 RFET[2-3]。然而，该结构所提高的电流驱动能力的增加不足一个数量级。考虑到隧道效应产生的载流子数量非常有限，RFET 的正向导通电流远小于金属氧化物半导体场效应晶体管，这也是基于肖特基势垒的 RFET 的先天局限性。值得注意的是，现有的可重置晶体管和传统主流器件之间缺乏相对合理的性能比较研究。

本节提出一种新型的具有高导通电流驱动能力的源漏嵌入式接触的 I 形栅控双向可重置隧道场效应管。通过与主流 FinFET 的传输特性比较，验证了所提出的 I 形栅控双向可重置隧道场效应晶体管的正向导通能力随着嵌入式源极/漏极接触厚度的增加而增加。此外，I 形栅控双向可重置隧道场效应晶体管实现了功耗和更低的漏电流。本节还分析和解释了嵌入式源极/漏极接触厚度对正向特性和内部机制的影响。作为双向开关，它可以在源极和漏极互换时正常工作，并可以通过改变编程门的偏置电压来切换导通类型。这些优势使其适合成为下一代高集成度和高性能集成电路的基本单元。

5.2.1 I 形栅控双向可重置隧道场效应管的结构与参数

图 5-1(a)是 I 形栅控双向可重置隧道场效应晶体管的俯视图，图 5-1(b)和图 5-1(c)分别是沿图 5-1(a)中的剖面线 A 和剖面线 B 的横截面图。控制门看起来像图 5-1(a)中的大写字母"I"，并控制 U 形硅的两个垂直部分的三个侧面。图 5-1(b)显示了硅被蚀刻成 U 形(凹陷)结构。通过再次蚀刻两侧的硅区域的部分，源漏电极插入 U 形硅两侧垂直部分一定高度。控制栅极和编程栅极通过一层绝缘间隔物彼此隔离。图 5-1(c)显示了编程栅极呈现倒 U 形结构，这与 FinFET 的栅极结构相似。L_v 和 L_h 分别是 U 形硅的垂直部分和水平部分沿着源极到漏极方向的长度。L_{sdc} 是源漏触点的长度。t_h 和 t_v 分别是 U 形硅的垂直部分和水平部分的厚度。t_{cg-ex} 是相对于源极/漏极的延伸厚度。t_{ox} 是 HfO$_2$ 栅极氧化物的厚度，t_{pg} 是编程栅极的厚度，t_{sp} 是控制栅极和编程栅极之间的间隔物的厚度。W 是硅的宽度。

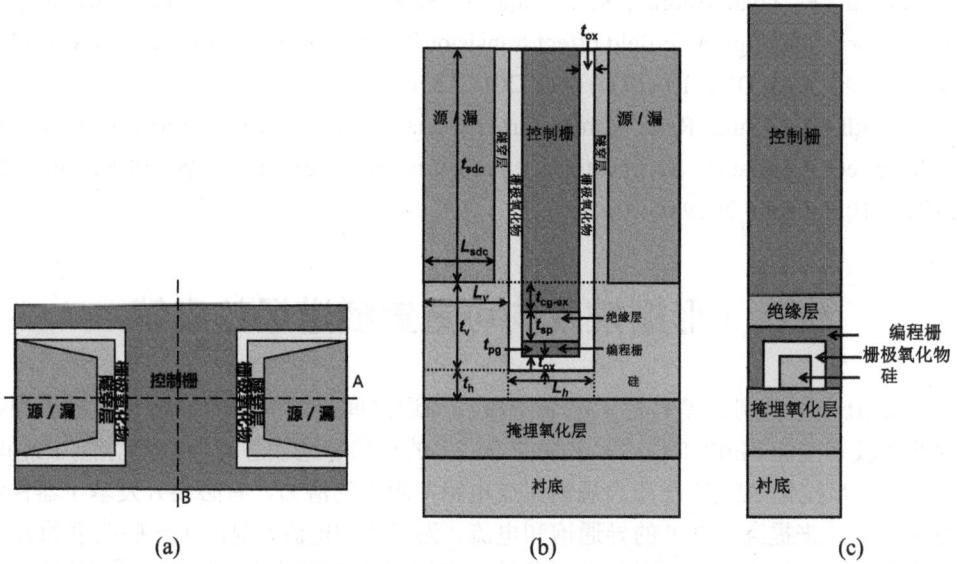

图 5-1 I 形栅控双向可重置隧道场效应晶体管的结构

与金属氧化物半导体场效应晶体管相比，在尖锐的金属结上通过带间隧道可以实现更小的 SS。与肖特基势垒金属氧化物半导体场效应晶体管不同，I 形栅控双向可重置隧道场效应晶体管的肖特基势垒是为了防止载流子直接从金属接触流到半导体，而不是产生通过相对较低的肖特基势垒的热离子发射电流，作为正向电流供应的物理机制。为了尽可能防止载流子通过热离子发射从金属接触直接流到半导体，金属结应该在源漏和半导体的导带之间以及源漏和半导体的价带之间形成高肖特基势垒。此后，总是采用 NiSi 作为源极/漏极的材料。NiSi 源漏电极与硅导带之间的势垒高度 $q\phi_{Bn}$ 约为 0.6 eV，而 NiSi 源漏电极和硅价带之间的势垒高度约为 0.5 eV[4]。

通常，所提出的器件的肖特基势垒提供了尖锐的金属结，以产生更强的带对带隧穿，用于在较高电压下正向或反向偏置控制栅极，并阻挡从金属到半导体的热离子发射电流，用于在较低电压下偏置控制栅极。这种物理机制有利于实现设备的开启和关闭功能。另一方面，考虑到隧穿电流的总量与可能发生隧穿效应的硅区域的总体积和隧穿区域中的电场大小有关，隧穿区域应设计得尽可能大。同时，为了实现高集成度的目的，需要将器件总尺寸尽可能减小。并且，为了同时实现导通电流的增加和高集成度，为 I 形栅控双向可重置隧道场效应晶体管设计了嵌入式源极/漏极接触。

如图 5-1(b)所示，通过增加嵌入式源极/漏极接触的厚度，可以在不增加器件所占据的总平面面积的情况下大大增加隧道层的总体积。程序门的主要功能是切换 I 形栅控双向可重置隧道场效应晶体管的导通类型。对于正向偏置的编程栅极，U 形硅区的水平部分允许电子穿过并阻挡空穴，并且器件可以在 N 型模式下工作，相反的设置允许器件在 P 型模式下工作。

5.2.2　I 形栅控双向可重置隧道场效应晶体管的工艺流程设计

图 5-2 显示了 I 形栅控双向可重置隧道场效应晶体管的简要制造流程。

如图 5-2(a)~(d)所示，制备 SOI 晶片，通过光刻和蚀刻工艺蚀刻 SOI 晶片上方的单晶硅膜，以去除前侧、后侧以及中间区域的一部分单晶硅膜，然后形成具有凹陷状结构的硅膜。

如图 5-2(e)~(j)所示，栅极氧化物形成在具有凹陷形状结构的硅膜的前外表面和后外表面上，栅极氧化物还通过沉积和蚀刻工艺，形成在凹陷结构两侧的凹陷的垂直部分的内表面和底部的水平部分的上表面上。

如图 5-2(k)~(p)所示，在 SOI 晶片上方沉积绝缘层，通过化学机械抛光(CMP)工艺将 SOI 晶片的表面压平，直到两侧的硅膜上表面露出，然后初步形成间隔层。

如图 5-2(q)~(s)所示，通过光刻和蚀刻工艺，蚀刻在前一步骤中形成的具有凹陷结构的单晶硅膜底部水平部分的前表面和后表面上的部分间隔层，以暴露栅极氧化物的侧表面，然后进一步形成间隔层，并且为程序门的一部分保留了空间。

如图 5-2(t)~(v)所示，通过沉积工艺，在 SOI 晶片上方沉积金属或多晶硅，使 SOI 晶片的表面平坦化，直到通过 CMP 工艺再次暴露出两侧硅膜的上表面，然后初始形成编程栅极。

如图 5-2(w)~(z)所示，通过光刻和蚀刻工艺去除具有凹陷结构的硅膜水平部分上方的部分间隔层，露出栅极氧化物，然后再次通过 CMP 工艺，在 SOI 晶片上方沉积金属或多晶硅，并使 SOI 晶片的表面变平。

如图 5-2(aa)~(dd)所示，通过光刻和蚀刻工艺，部分去除前一步骤中形成的编程栅极 2 的上部区域，以进一步形成编程栅极。通过沉积工艺在 SOI 晶片上方沉积间隔层，并使 SOI 晶片的表面变平，直到通过 CMP 工艺再次暴露出两侧硅膜的上表面。

如图 5-2(ee)~(hh)所示，通过光刻和蚀刻工艺部分去除间隔层，然后在 SOI 晶片上方沉积金属或多晶硅，使 SOI 晶片的表面变平，直到通过 CMP 工艺再次暴露出两侧硅膜的上表面，然后形成"I"形状。

如图 5-2(ii)~(jj)所示，通过深度反应离子刻蚀工艺(DRIE)去除具有凹陷结构的硅两侧垂直部分的上部区域的一部分，在具有凹槽结构的硅的两侧形成隧道层，然后在 SOI 晶片上方沉积 Ni 等金属，在 Ni 和硅之间形成肖特基势垒界面，使 SOI 晶片的表面平坦化，直到通过 CMP 工艺再次暴露出两侧硅膜的上表面并且形成金属源极/漏极区域。

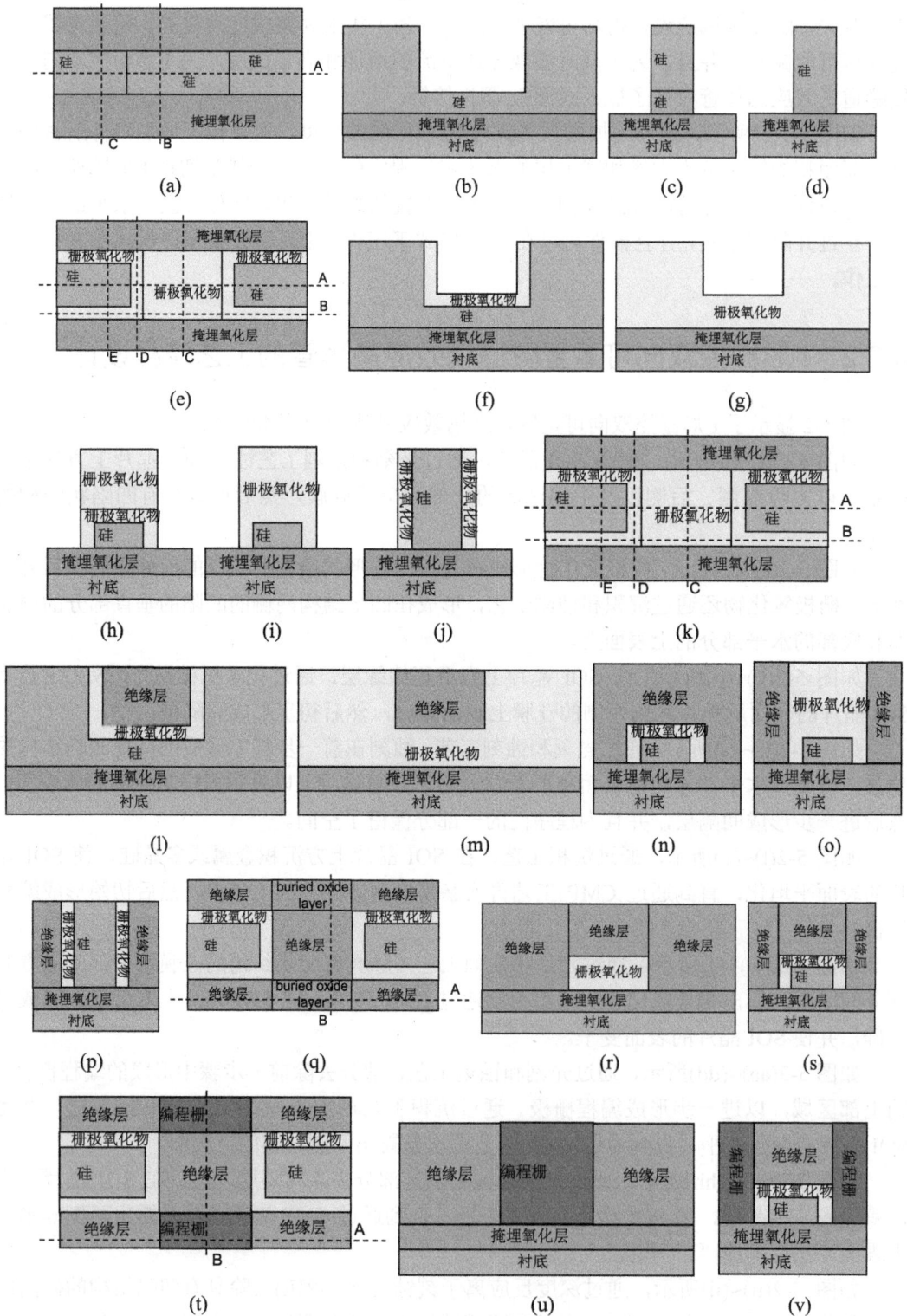

图 5-2 I 形栅控双向可重置隧道场效应晶体管的工艺流程设计

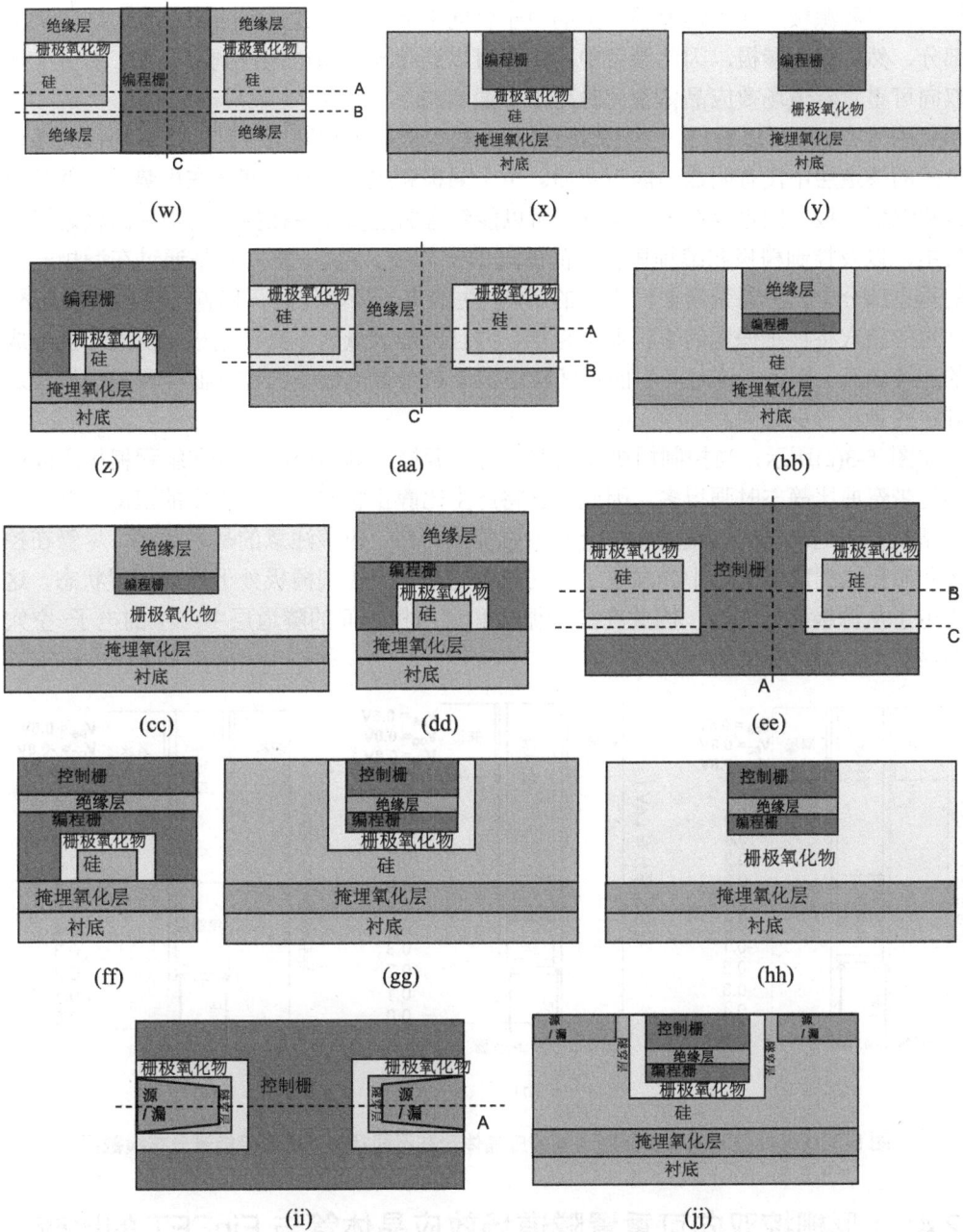

(w)　　　　　　　　(x)　　　　　　　　(y)

(z)　　　　　　　　(aa)　　　　　　　　(bb)

(cc)　　　　　　　　(dd)　　　　　　　　(ee)

(ff)　　　　　　　　(gg)　　　　　　　　(hh)

(ii)　　　　　　　　(jj)

图 5-2　I 形栅控双向可重置隧道场效应晶体管的工艺流程设计(续)

5.2.3　I 形栅控双向可重置隧道场效应管的工作原理

图 5-3 显示了 I 形栅控双向可重置隧道场效应晶体管在正向偏置状态和静态反向偏置状态下的导带能量分布横截面。

从图 5-3(a)可以看出，当控制栅极被正偏压时，在控制栅极和源电极之间的隧道层中发生强的带弯曲。此外，由于编程栅极此时也被正偏压，将形成导带中的电子路径，因此从控制栅极和源极之间的隧道层产生的电子将向下流动，穿过具有凹陷形状的硅底部的水平部分，然后流向漏极，因此导带中的电子可以连续地从源电极流到漏电极，并且 I 形栅控双向可重置隧道场效应晶体管此时处于导通状态。

从图 5-3(b)中可以看出，当控制栅极和源极电极处于相同电位时，控制栅极与源极电极之间的隧道层中没有明显的能带弯曲。由于漏极和控制栅极之间存在电势差，并且控制栅极和编程栅极之间也存在电势差异，所以能带弯曲主要发生在控制栅极和漏极之间的隧道层中，以及控制栅极和编程栅极之间的硅的部分中。电子-空穴对是通过在漏极一侧的硅的垂直部分中发生的带弯曲而产生的。所产生的电子可以流到正偏置的漏极电极。然而，所产生的空穴将被正偏置的编程栅极阻挡，并且不能大量地流到源电极，从而不能形成大量的连续电流。因此，这时产生的带间隧道泄漏是由源电极侧的控制栅极和编程栅极之间的硅中的带弯曲引起的。

如图 5-3(c)所示，当控制栅极反向偏置时，源极一侧的控制栅极和编程栅极之间的硅中的能带弯曲比静态时强得多。因此，它将产生比静止状态下相对更多的泄漏。此外，在控制栅极和源电极之间的隧道层中会发生强能带弯曲。应该注意的是，此时，尽管在控制栅极和源极之间的隧道层中会发生了大的能带弯曲，但控制栅极处于反向偏置状态，这将阻止电子从源极流向漏极，因此在控制栅极和源电极之间的隧道层中产生的电子-空穴对不会显著增加漏电流的量。

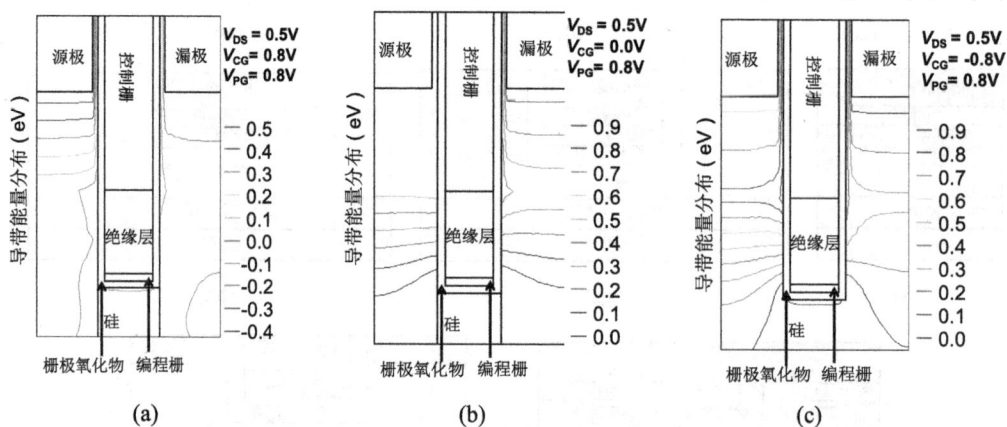

图 5-3 I 形栅控双向可重置隧道场效应晶体管在不同状态下的导带能量分布横截面

5.2.4 I 形栅控双向可重置隧道场效应晶体管与 FinFET 的比较

为了验证该器件的性能，我们将 I 形栅控双向可重置隧道场效应晶体管与具有相同面积和相同水平沟道厚度的 FinFET 进行比较。图 5-4(a)显示了 FinFET 的鸟瞰图，图 5-4(b)和图 5-4(c)分别是沿图 5-4(a)中的剖面线 A 和剖面线 B 的 FinFET 横截面。图 5-4(d)比较了具有 500nm 嵌入式源极/漏极厚度的 I 形栅控双向可重置隧道场效应晶体管和 FinFET 之间的传输特性。I 形栅控双向可重置隧道场效应晶体管实现了与 FinFET 相同的正向导通特性和更陡的亚阈值斜率。值得注意的是，I 形栅控双向可重置隧道场效应晶体管在较低栅极电压区域和反向栅极电压区域具有较低的电流，这导致较低的静态功耗和较低的反向漏电流。这是由于带弯曲导致程序栅极对来自漏极侧的空穴的阻挡作用。

(a)　　　　　　　　　　(b)　　　　　　　(c)

(d)

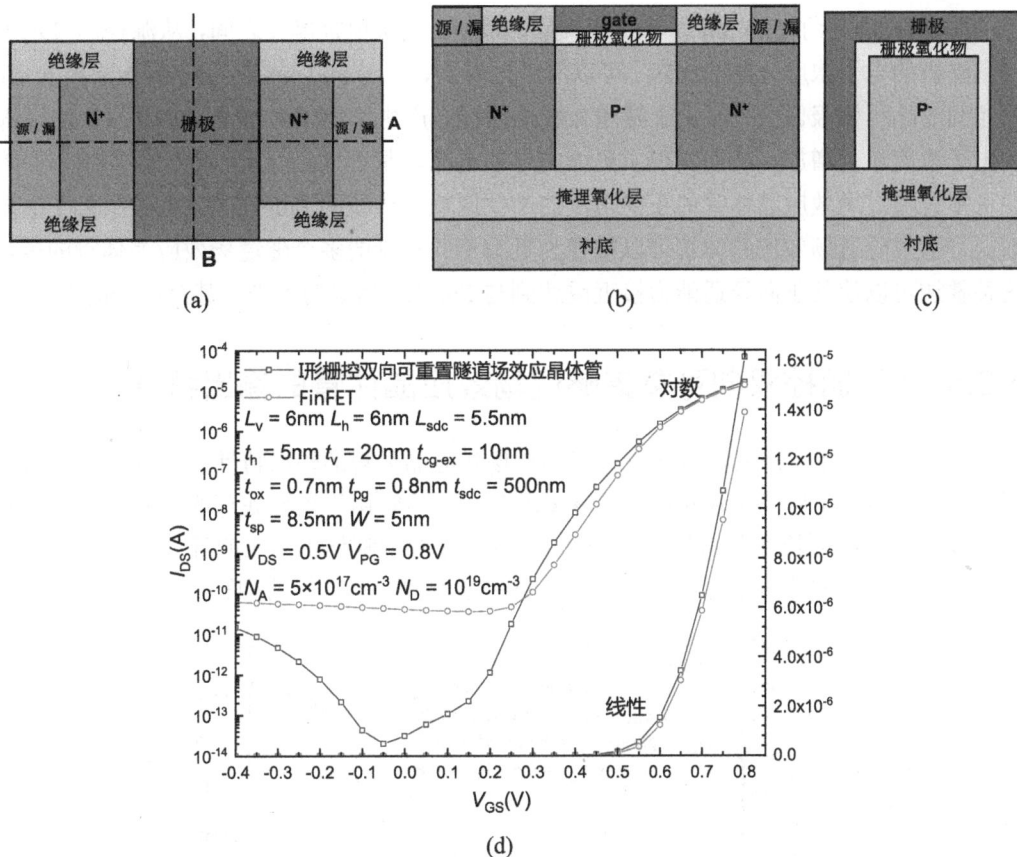

图 5-4　I 形栅控双向可重置隧道场效应晶体管与 FinFET 的结构及传输特性的比较

5.2.5　嵌入式源极/漏极厚度的影响

图 5-5(a)显示了 I 形栅控双向可重置隧道场效应晶体管在不同嵌入式源极/漏极厚度下的传输特性比较。可以清楚地看到，当厚度从 5 nm 增加到 500 nm 时，正向传导电流增加了 30 倍。

图 5-5(b)显示了不同 t_{sdc} 的垂直通道中的电流密度分布，可以清楚地看到，垂直通道上部的电流密度小于下部的电流密度，因为上部产生的载流子形成的电流分量逐渐向下部收敛。电流密度峰值随着源极/漏极接触 t_{sdc} 厚度的增加而增加。当 t_{sdc} 从 5 nm 增加到 200 nm 时，垂直沟道中的电流密度峰值从 $10^{8.5}$ A/cm^2 增加到 10^{10} A/cm^2。所以，这可能是提高电流密度的有效方法，然而，应该注意的是，随着垂直沟道的增加，从沟道的顶部到底部流动的电子的距离也增加。隧道效应发生在垂直插入源极/漏极与控制栅极之间形成的隧道层中，实际上相当于隧道层的一堆组件的平行，每个隧道层具有不同的垂直沟道长度，具有最短垂直沟道长度的具有最小导通电阻，而具有最长垂直沟道宽度的导通电阻最大。并且由于延伸的距离，由上隧道层中产生的上载流子形成的电流密度分量逐渐减小。由于它们对正向导通电流的贡献不同，所有这些隧道层产生的导通电流总量不能简单地是相同值的线性叠加。当 t_{sdc} 达到约 500 nm 时，总电流密度趋于饱和。

图 5-5(c)显示了在 5 nm 和 500 nm 嵌入式源极/漏极电极厚度之间，从源极通过水平沟道到漏极的电子浓度分布的比较。可以清楚地看到，对于 500 nm 嵌入式源极/漏极的情况，在相同的编程栅极偏压下，由于隧道效应的增强，产生了更多的电子，并且水平沟道部分的电子浓度显著增加，从而实现了更大的导通电流。基于以上分析，我们发现 I 形栅控双向可重置隧道场效应晶体管的正向电流的产生原理与传统的 FinFET 有很大不同。I 形栅控双向可重置隧道场效应晶体管可以被视为具有不同长度的多个隧道场效应晶体管的叠加。这种叠加可以使其正向导通能力接近或达到与 FinFET 相似的水平，甚至更好的性能。

5.2.6　I 形栅控双向可重置隧道场效应晶体管的输出特性

图 5-6 显示了 I 形栅控双向可重置隧道场效应晶体管的输出特性。可以看出，与传统的 FinFET 不同，I 形栅控双向可重置隧道场效应晶体管由于器件底部的编程栅极对漏极电压的隔离，对沟道长度调制效应(厄利效应)有很好的抑制作用，正向导通状态饱和电流受到控制栅极电压的严格限制，并且，该装置对早期效应有很好的抑制作用。

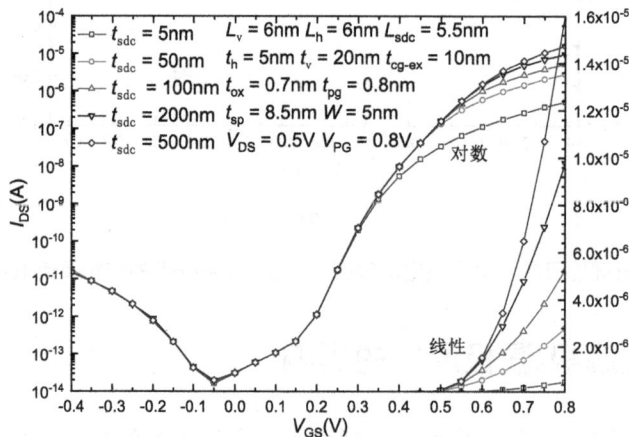

(a)

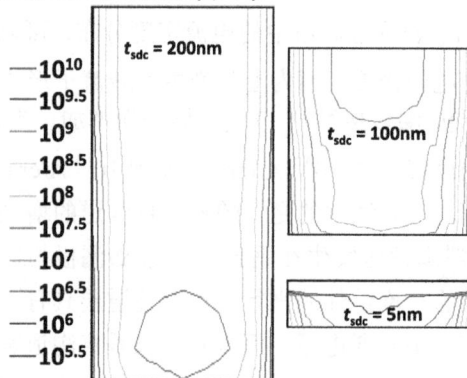

(b)

图 5-5　嵌入式源极/漏极厚度的影响

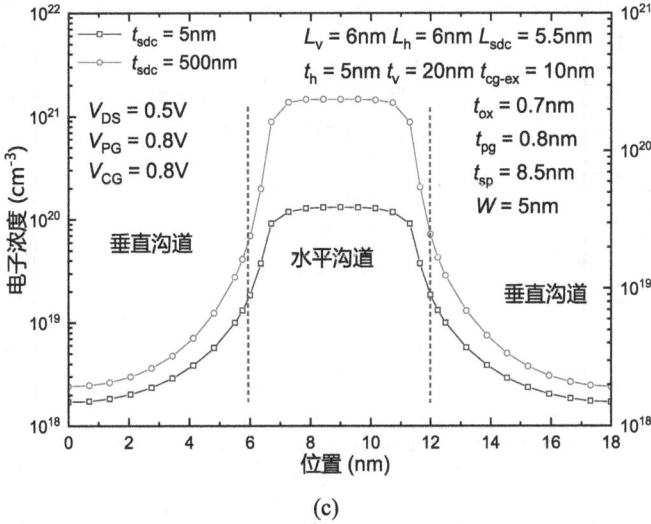

(c)

图 5-5　嵌入式源极/漏极厚度的影响(续)

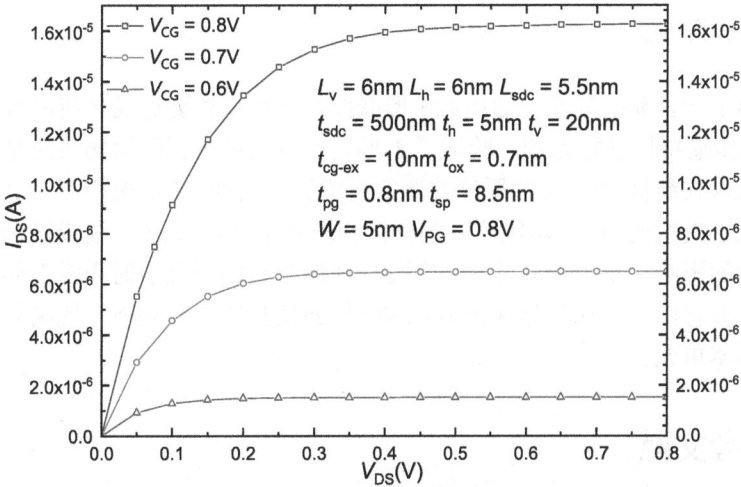

图 5-6　I 形栅控双向可重置隧道场效应晶体管的输出特性

5.2.7　I 形栅控双向可重置隧道场效应晶体管的可重置特性

图 5-7 显示了 I 形栅控双向可重置隧道场效应晶体管在 N 模式和 P 模式下的传输特性。编程门决定了 I 形栅控双向可重置隧道场效应晶体管的导通模式。当编程栅极正向偏置时，如果控制栅极也正向偏置，则由带对带隧穿效应产生的导带中的电子可以通过，并且器件工作在 N 模式的导通状态。如果控制栅极被反向偏置，则控制栅极将阻挡电子路径的形成。此时，仅形成少量的漏电流，并且器件工作在 N 模式的关断状态。类似地，当编程栅极被反向偏置时，由带间隧道效应产生的价带空穴可以被允许通过，并且器件在 P 模式工作。在这两种模式下，I 形栅控双向可重置隧道场效应晶体管都具有优异的正向特性，低静态功耗，并且 $I_{on}/I_{off} > 10^9$。

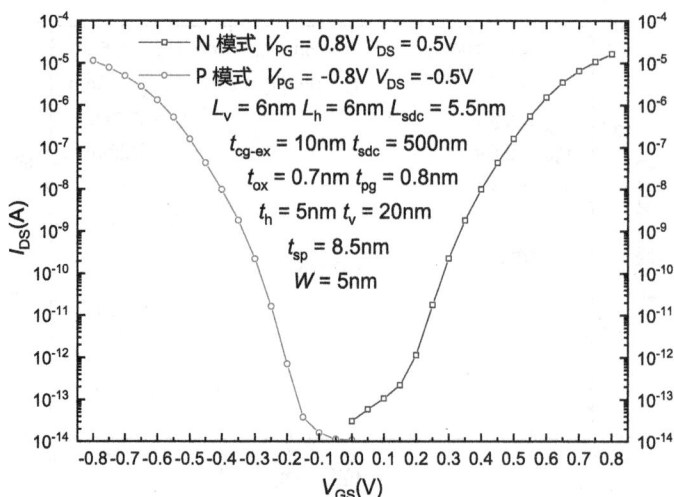

图 5-7　I 形栅控双向可重置隧道场效应晶体管在 N 模式和 P 模式下的传输特性

5.2.8　本节结语

　　本节提出了一种新型的高导通电流 I 形栅控双向可重置隧道场效应晶体管。通过把它与 FinFET 的传输特性进行比较，验证了 I 形栅控双向可重置隧道场效应晶体管的正向导通能力随着嵌入式源极/漏极接触厚度的增加而增加。此外，I 形栅控双向可重置隧道场效应晶体管实现了更低的功耗和漏电流。并分析和解释了嵌入式源极/漏极接触厚度对正向特性和内部机制的影响。作为双向开关，它可以在源极和漏极互换时正常工作，并可以通过改变编程门的偏置电压来切换导通类型。这些优势使其适合成为下一代高集成度和高性能集成电路的基本单元。

5.2.9　参考文献

[1] L. E. Calvet. Suppression of leakage current in Schottky barrier metal-oxide-semiconductor field-effect transistors. Journal of Applied Physics, vol. 91, no. 2, pp. 757-759, Jan. 2002. DOI: 10.1063/1.1425074.

[2] X. Li, Y. Sun, X. Li, Y. Shi, and Z. Liu. Electronic Assessment of Novel Arch-Shaped Asymmetrical Reconfigurable Field-Effect Transistorm. IEEE Transactions on Electron Devices, vol. 67, no. 4, Apr. 2020. DOI: 10.1109/TED.2020.2973004.

[3] Y. Yao, Y. Sun, X. Li, Y. Shi, and Z. Liu. Novel Reconfigurable Field-Effect Transistor With Asymmetric Spacer Engineering at Drain Side. IEEE Transactions on Electron Devices, Vol. 67, no. 2, Feb. 2020. DOI: 10.1109/TED.2019.2961212.

[4] R. J. Hauenstein, T. E. Schlesinger, T. C. McGill. Schottky barrier height measurements of epitaxial NiSi2 on Si. Appl. Phys. Lett. 47, 853 (1985); https://doi.org/10.1063/1.96007.

5.3 具有互补低肖特基势垒源漏的双向可重置场效应晶体管

为了提高 BRFET 在两种模式下的正向电流，本节提出一种具有互补的低肖特基势垒源漏基纳米级无掺杂双向可重置场效应晶体管(CLSB-BRFET)，将其特性与普通双向可重置场效应晶体管进行比较，并通过基于能带理论的分析解释了其工作原理。

5.3.1 具有互补低肖特基势垒源漏的双向可重置场效应晶体管的结构与参数

图 5-8(a)显示了具有互补低肖特基势垒源漏的双向可重置场效应晶体管的俯视图，图 5-8(b)~(e)分别显示了沿图 5-8(a)的切割线 A、B、C 和 D 的横截面。图 5-8(f)显示了沿图 5-8(b)的切割线 A 的横截面。图 5-8(g)显示了传统独特的基于肖特基势垒的 BRFET 的截面。L_{si} 是硅的长度，L_{CG} 是控制栅(CG)的长度，L_{PG} 是编程栅(PG)在源极或侧栅的长度，L_{SP} 是 CG 和 PG 之间间隔物的长度，t_{si} 是硅的厚度，t_{ox} 是 HfO$_2$ 栅极氧化物的厚度，W_{si} 是硅宽度，ε_{HfO_2} 是 HfO$_2$ 的相对介电常数，ε_{spacer} 是绝缘阻挡层的相对介电常数，$q\phi_{Bn1}$ 是源漏电极的第一种金属硅化铒(ErSi)与硅导带之间的势垒高度，$q\phi_{Bp1}$ 是源漏电极的第一种金属(ErSi)与硅的价带之间的势垒高度，$q\phi_{Bn2}$ 是源漏电极的第二种金属(PtSi)与硅的导带之间的势垒高度，并且 $q\phi_{Bp2}$ 是源漏电极的第二种金属(PtSi)与硅的价带之间的势垒高度。

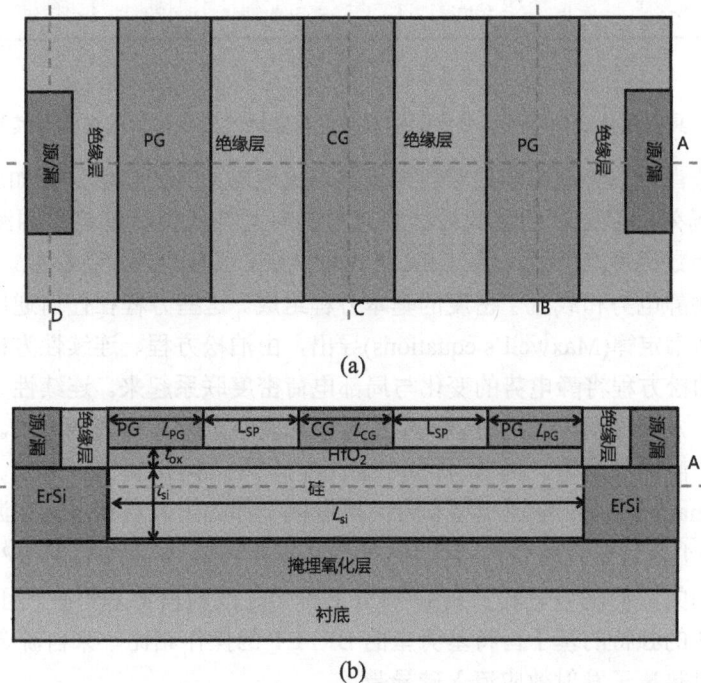

(a)

(b)

图 5-8 具有互补低肖特基势垒源漏的双向可重置场效应晶体管的结构及其截面

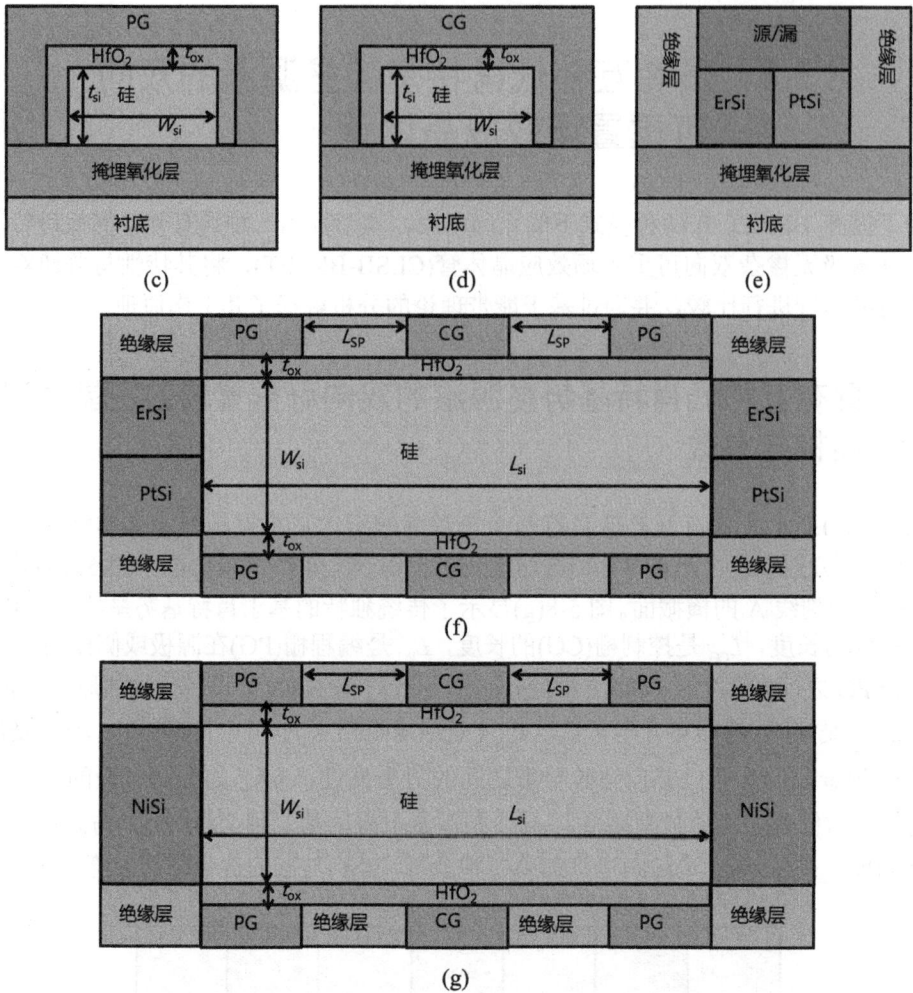

图 5-8 具有互补低肖特基势垒源漏的双向可重置场效应晶体管的结构及其截面(续)

具有互补低肖特基势垒源漏的双向可重置场效应晶体管的参数选择如表 5-1 所示。普通双向可重置场效应晶体管的参数被选择应与具有互补低肖特基势垒源漏的双向可重置场效应晶体管参数尽可能一致。通过 SILVACO Atlas 工具验证设备性能。Atlas 装置模拟工具由一组连接静电势和载流子密度的基本方程组成。这些方程在任何通用设备模拟器中求解,由麦克斯韦定律(Maxwell's equations)导出,由泊松方程、连续性方程和漂移扩散输运方程组成。泊松方程将静电势的变化与局部电荷密度联系起来。连续性方程和输运方程描述了电子和空穴密度由于输运过程、生成过程和复合过程而演变的方式。在所有的模拟工作中,漂移扩散输运模型、费米-狄拉克统计模型(Fermi-Dirac Statistics)、俄歇复合模型(Auger recombination)、FN 隧道模型和带间隧道模型都处于开启状态。在源漏电极和半导体(硅)之间形成了两种肖特基势垒。我们以 N 模式运算为例。因为 $q\phi_{Bn1}$ 比 $q\phi_{Bp1}$ 小得多,ErSi 和硅的导带之间的肖特基势垒低于 ErSi 和 Si 的价带之间的肖特基势垒。因此,当 PG 被正偏压时,与传统的独特的基于肖特基势垒的 BRFET 的操作相比,来自源金属材料 ErSi 的电子更容易通过热离子发射效应流入硅导带。

表 5-1　具有互补低肖特基势垒源漏的双向可重置场效应晶体管的参数选取

参　数	参 数 值
硅体的长度(L_{si})	30 nm
控制栅长度(L_{CG})	6 nm
编程栅长度(L_{PG})	6 nm
绝缘隔离层长度(L_{SP})	6 nm
HfO$_2$ 氧化层厚度(t_{ox})	1 nm
硅体厚度(silicon)(t_{si})	5 nm
硅体宽度(W_{si})	5 nm
HfO$_2$ 相对介电常数(ε_{HfO_2})	21.976
绝缘隔离层相对介电常数(ε_{spacer})	3.89
ErSi 源漏电极与导带间的肖特基势垒高度($q\phi_{Bn1}$)	0.25 eV
ErSi 源漏电极与价带间的肖特基势垒高度($q\phi_{Bn1}$)	0.83 eV
PtSi 源漏电极与导带间的肖特基势垒高度($q\phi_{Bn2}$)	0.83 eV
PtSi 源漏电极与价带间的肖特基势垒高度($q\phi_{Bn2}$)	0.25 eV
NiSi 源漏电极与导带间的肖特基势垒高度($q\phi_{Bn0}$)	0.56 eV
NiSi 源漏电极与价带间的肖特基势垒高度($q\phi_{Bn0}$)	0.52 eV
漏源电压(V_{DS})	−0.6~0.6 V
栅源电压(V_{GS})	−0.6~0.6 V
编程栅电压(V_{PG})	−0.6~0.6 V
源电极的费米能级(E_{FMS})	0 eV
漏电极的费米能级(E_{FMD})	−0.4 eV
电子浓度	cm^{-3}
表面电子浓度(n_s)	cm^{-3}
空穴浓度(p)	cm^{-3}
表面空穴浓度(p_s)	cm^{-3}
电子准费米能级(E_{FN})	eV
空穴准费米能级(E_{FP})	eV
导带有效态密度(N_c)	cm^{-3}
价带有效态密度(N_v)	cm^{-3}
导带底能级(E_c)	eV
价带顶能级(E_v)	eV
阈值电压(V_{TH})	V
开关电流比(I_{on}/I_{off})	
亚阈值摆幅(SS)	mV/dec

5.3.2 具有互补低肖特基势垒源漏的双向可重置场效应晶体管与普通双向可重置场效应晶体管的比较

图 5-9(a)显示了 N 模式下具有互补低肖特基势垒源漏的双向可重置场效应晶体管与具有不同源漏金属材料的普通双向可重置场效应晶体管之间的传输特性的比较。图 5-9(b)显示了 P 模式下具有互补低肖特基势垒源漏的双向可重置场效应晶体管与具有不同源漏金属材料的普通双向可重置场效应晶体管之间的传输特性的比较。很明显，具有互补低肖特基势垒源漏的双向可重置场效应晶体管是该组中唯一能够同时在 N 模式和 P 模式下实现更高正向导通电流和更好亚阈值特性的器件。

如图 5-9(a)所示，对于具有 ErSi 源漏电极的普通双向可重置场效应晶体管，源漏电极和半导体导带之间的肖特基势垒高度小于其他情况。因此，在 N 模式下具有 ErSi 源漏电极的 BRFET 的正向电流最大。由于具有互补低肖特基势垒源漏的双向可重置场效应晶体管同时使用 ErSi 和 PtSi 作为源漏金属材料，当器件以 N 模式工作时，导带中通过 ErSi 的热离子发射产生的正向电流远大于由带带隧道效应带间隧道所产生的正向电流。在这种情况下，ErSi 的作用占据主导地位。

类似地，如图 5-9(b)所示，对于具有 PtSi 源漏电极的普通双向可重置场效应晶体管，源漏电极和半导体价带之间的肖特基势垒高度小于其他情况。因此，P 模式下具有 PtSi 源漏电极的 BRFET 的正向电流最大。对于 P 模式下的具有互补低肖特基势垒源漏的双向可重置场效应晶体管，价带中通过 PtSi 的热离子发射产生的正向电流也远大于带间隧道产生的电流。在这种情况下，PtSi 的作用占据主导地位。

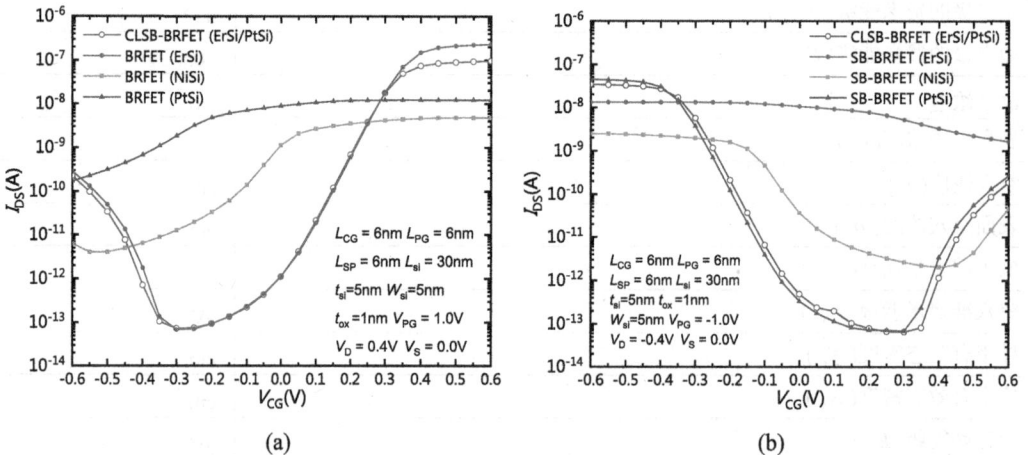

图 5-9 不同模式下不同源漏材料的具有互补低肖特基势垒源漏的双向可重置场效应晶体管和普通双向可重置场效应晶体管之间的传输特性比较

图 5-10(a)显示了 N 模式下靠近源极一侧的具有互补低肖特基势垒源漏的双向可重置场效应晶体管的电子浓度和 P 模式下靠近源极一侧的具有互补低肖特基势垒源漏的双向可重置场效应晶体管空穴浓度。

图 5-10(b)显示了 N 模式下靠近源极一侧的具有 ErSi 源漏电极的 BRFET 的电子浓度和

P 模式下靠近源极一侧的具有 ErSi 源漏电极的 BRFET 的空穴浓度。

　　图 5-10(c)显示了 N 模式下靠近源极一侧的具有 NiSi 源漏电极的 BRFET 的电子浓度和 P 模式下靠近源极一侧的带有 NiSi 源漏电极的 BRFET 的空穴浓度。

　　图 5-10(d)显示了 N 模式下靠近源极一侧的具有 PtSi 源漏电极的 BRFET 的电子浓度和 P 模式下靠近源极一侧的带有 PtSi 源漏电极的 BRFET 的空穴浓度。对于具有互补低肖特基势垒源漏的双向可重置场效应晶体管，当 PG 被正偏置时，它以 N 模式工作，并且电子通过源电极的 ErSi 部分流入半导体区域。

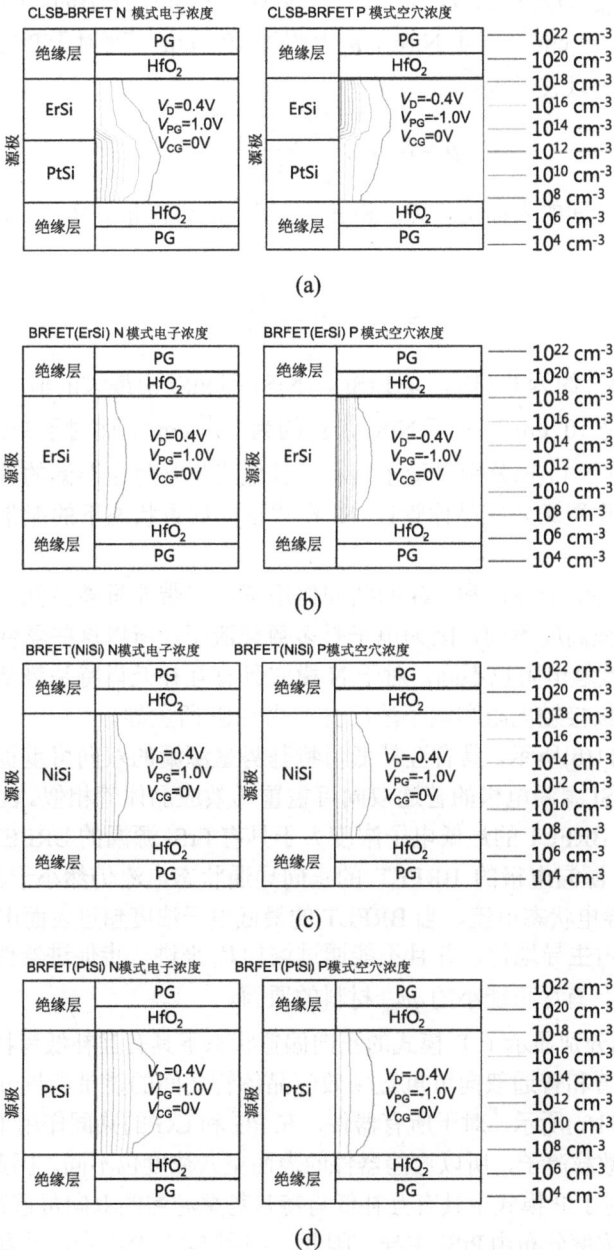

图 5-10　不同模式下的电子浓度和空穴浓度

电子浓度可以表示为：

$$n = N_C \exp\left(\frac{E_{FN} - E_C}{kT}\right) \tag{5.3.1}$$

在硅和源电极之间的表面上，E_{FN} 和 E_C 之间的能带能量差等于 $-q\phi_{Bn}$。因此，表面电子浓度可以表示为：

$$n_s = N_C \exp\left(\frac{-q\phi_{Bn}}{kT}\right) \tag{5.3.2}$$

对于 ErSi，$q\phi_{Bn1}$ 约为 0.25 V，是 ErSi、NiSi 和 PtSi 中最小的。因此 ErSi 的表面电子浓度最大，大约是 10^{15} cm^{-3}。对于 NiSi，n_s 大约为 10^{11} cm^{-3}，而对于 PtSi，n_s 约为 10^6 cm^{-3}。类似地，空穴浓度可以表示为：

$$p = N_V \exp\left(\frac{E_V - E_{FP}}{kT}\right) \tag{5.3.3}$$

在硅和源电极之间的表面上，E_{FP} 和 E_V 之间的能带能量差等于 $-q\phi_{Bn}$。因此，表面空穴浓度可以表示为：

$$p_s = N_V \exp\left(\frac{-q\phi_{Bp}}{kT}\right) \tag{5.3.4}$$

对于 ErSi，$q\phi_{Bp1}$ 约为 0.83V，是 ErSi、NiSi 和 PtSi 中最大的值。因此 ErSi 的表面空穴浓度最小，大约是 10^6 cm^{-3}。对于 NiSi，p_s 约为 10^{11} cm^{-3}，而对于 PtSi，p_s 为 10^{15} cm^{-3}。

图 5-11(a)和图 5-11(b)分别显示了具有互补低肖特基势垒源漏的双向可重置场效应晶体管和普通双向可重置场效应晶体管在 N 模式正向偏置状态下的能带能量分布和载流子浓度分布的比较。

如图 5-11(a)所示，在 PG 和 CG 的共同作用下，能带能量被拉低。然而，因为源极和硅之间的肖特基势垒高度不同，因为电子是多数载流子，所以这些器件的表面电子浓度也不同。因此，源极接触电阻也不同。对于 N 模式具有互补低肖特基势垒源漏的双向可重置场效应晶体管，源极接触电阻和电子浓度分布由 ErSi 所主导。

因此，如图 5-11(b)所示，具有互补低肖特基势垒源漏的双向可重置场效应晶体管的电子分布也与具有 ErSi 源漏电极的普通双向可重置场效应晶体管相似。注意，即使具有 NiSi 或 PtSi 源漏电极的 BRFET 的最低电子浓度大于具有 ErSi 源漏的 BRFET 的最低电子浓度，具有 NiSi 或者 PtSi 源漏电极的 BRFET 的正向导通状态电流仍然小于具有 ErSi S/P 电极的 BRFET 的正向导电状态电流。当 BRFET 的最低电子浓度超过表面电子浓度 n_s 时，肖特基接触产生的电阻占主导地位，并且不能通过增加 V_G 来进一步促进器件的正向电流。这也是在 N 模式下使用具有尽可能小的 $q\phi_{Bn}$ 材料的原因。

图 5-11(c)和(d)分别显示了 P 模式的正向偏置状态下具有互补低肖特基势垒源漏的双向可重置场效应晶体管和普通双向可重置场效应晶体管之间的能带能量分布和载流子浓度分布的比较。如图 5-11(c)所示，对于所有器件，在 PG 和 CG 的共同作用下，能带能量都被拉高。因为空穴是多数载流子，所以这些器件的表面空穴浓度也不同。因此，P 模式下的源极接触电阻也不同。对于 P 模式下具有互补低肖特基势垒源漏的双向可重置场效应晶体管，源极接触电阻和空穴浓度分布由 PtSi 主导。因此，如图 5-11(d)所示，具有互补低肖特基势垒源漏的双向可重置场效应晶体管的空穴分布也与具有 PtSi 源漏电极的普通双向可重置场效应晶体管相似。其与 N 模式类似，当 BRFET 的最小空穴浓度超过表面空穴浓度 n_s 时，

肖特基接触产生的电阻占主导地位，并且不能通过降低 V_G 来进一步促进器件的正向电流。在 P 模式中应采用具有尽可能小的 $q\phi_{Bp}$ 材料。

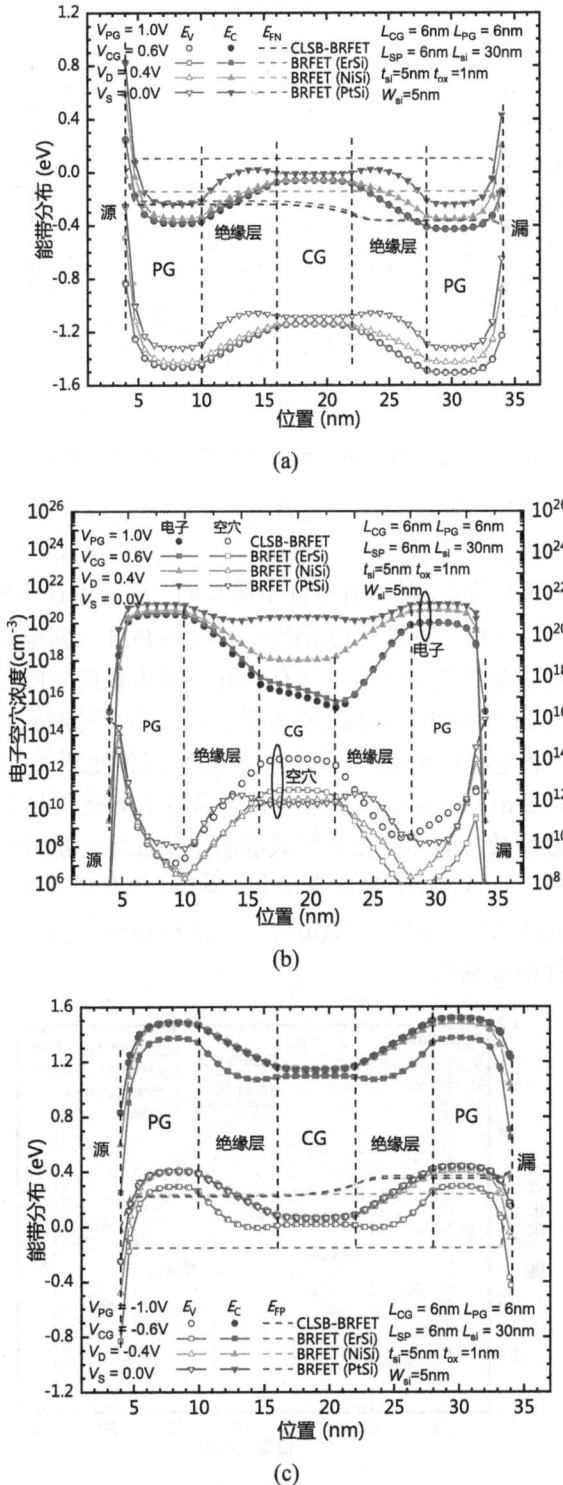

(a)

(b)

(c)

图 5-11　能带能量分布和载流子浓度分布比较(1)

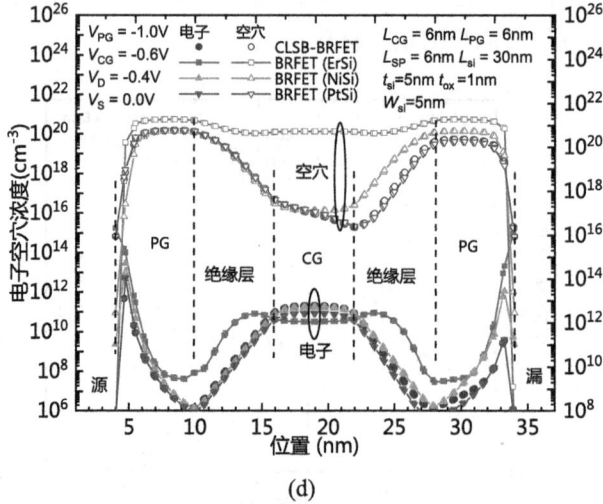

(d)

图 5-11 能带能量分布和载流子浓度分布比较(1)(续)

图 5-12(a)和图 5-12(b)分别显示了具有互补低肖特基势垒源漏的双向可重置场效应晶体管和普通双向可重置场效应晶体管在 N 模式静态下的能带能量分布和载流子浓度分布。中心部分为 PtSi 的 BRFET 的 E_{FN} 是所有器件中最高的。所有器件中央部分的 E_C 几乎是相同的。因此，根据公式(5.3.1)，如图 5-12(b)所示，具有 PtSi 源漏电极的 BRFET 中心部分的电子浓度是这些器件中最高的。因此，具有 PtSi 源漏电极的 BRFET 的静态漏电流在 N 模式下最大。由于 ErSi 在 N 模式下的具有互补低肖特基势垒源漏的双向可重置场效应晶体管中占主导地位，其静态电流和亚阈值电流与具有 ErSi 源漏电极的 BRFET 相似。

图 5-12(c)和图 5-12(d)分别显示了具有互补低肖特基势垒源漏的双向可重置场效应晶体管和普通双向可重置场效应晶体管在 P 模式静态下的能带能量分布和载流子浓度分布。中心部分为 ErSi 的 BRFET 的 E_{FP} 是所有器件中最低的。所有器件中心部分的 E_V 几乎是相同的。因此，根据公式(5.3.3)，如图 5-12(d)所示，具有 ErSi 源漏电极的 BRFET 中心部分的空穴浓度是这些器件中最高的。

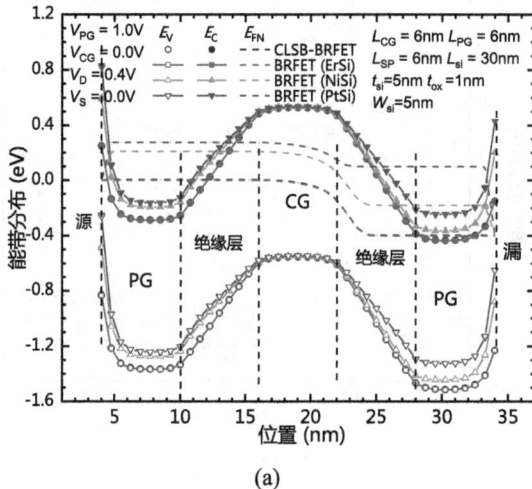

(a)

图 5-12 能带能量分布和载流子浓度分布比较(2)

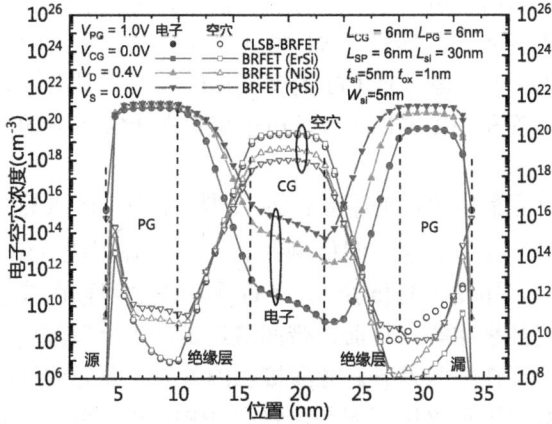

(b)

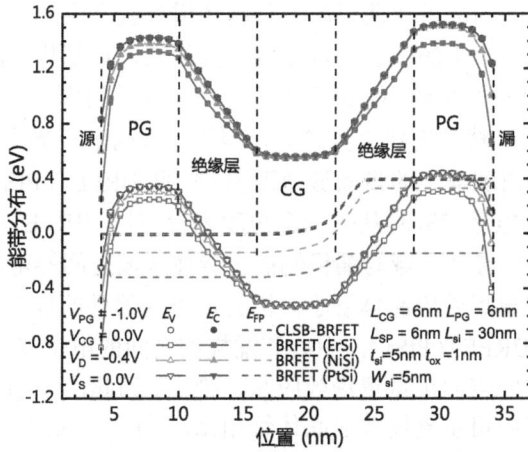

(c)

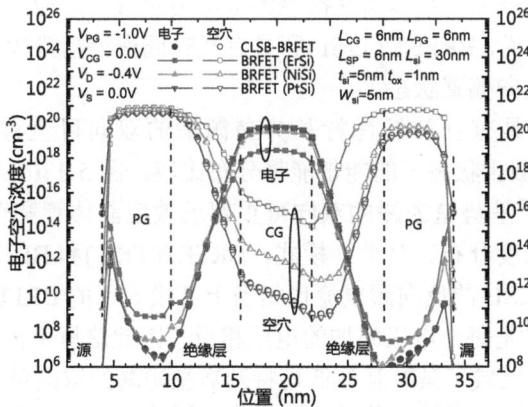

(d)

图 5-12　能带能量分布和载流子浓度分布比较(2)(续)

　　因此，具有 ErSi 源漏电极的 BRFET 的静态漏电流在 P 模式下最大。由于 PtSi 在 P 模式下的具有互补低肖特基势垒源漏的双向可重置场效应晶体管中占主导地位，其静态电流和亚阈值电流与 P 模式下具有 PtSi 源漏电极的 BRFET 相似。

图 5-13(a)和图 5-13(b)分别显示了具有互补低肖特基势垒源漏的双向可重置场效应晶体管和普通双向可重置场效应晶体管在 N 模式反向截止状态下的能带能量分布和载流子浓度分布的比较。当 PG 为正偏压且 CG 为负偏压时，对于具有互补低肖特基势垒源漏的双向可重置场效应晶体管和 BRFET 而言，电子聚集在 PG 下方的半导体区域中，而空穴聚集在 CG 下方的半导体区域中。

如图 5-13(b)所示，源漏侧附近的半导体为 N 型，而中心区域的半导体为 P 型。当 V_D 为正时，中心区域的 P 型半导体和靠近漏极侧的 N 型半导体形成反偏 PN 结。因此，所有器件均处于反向截止状态。如图 5-13(a)所示，CG 和 PG 之间存在较强的能带弯曲，并且所有器件的能带弯曲程度几乎相等。目前，带间隧道是产生反向漏电流的主要机制。然而，不同器件产生的漏电流存在一些差异。源漏接触的差异主要导致这些差异。对于具有互补低肖特基势垒源漏的双向可重置场效应晶体管和 BRFET(ErSi)，如图 5-13(a)所示，漏极侧附近的半导体中产生的内建电位远小于 BRFET(NiSi)和 BRFET(PtSi)产生的内建电位。因此，由 CG 和 PG 之间的能带弯曲引起的带间隧道效应产生的电子更容易从漏极流出。对于 BRFET(NiSi)来说，产生的内建电位比具有互补低肖特基势垒源漏的双向可重置场效应晶体管和 BRFET(ErSi)产生的小，因此电子在内建电位的作用下不容易从漏极流出。对于 BRFET(PtSi)来说，虽然其内建电势最大，但半导体与漏极界面处的能带弯曲也最大。

因此，在该界面处出现最强的带间隧道现象，因此 BRFET(PtSi)产生的漏电流也大于 BRFET(NiSi)产生的漏电流。然而，从另一个角度来看，对于 BRFET(PtSi)和 BRFET(NiSi)来说，CG 下方的中央半导体区域与漏极侧的半导体区域之间的电位差比具有互补低肖特基势垒源漏的双向可重置场效应晶体管小。因此，不同器件的反向偏压程度也不尽相同。对于 BRFET(NiSi)和 BRFET(PtSi)，中心和漏极侧之间的电位差比 BRFET(ErSi)和具有互补低肖特基势垒源漏的双向可重置场效应晶体管小。因此，与 BRFET(ErSi)和具有互补低肖特基势垒源漏的双向可重置场效应晶体管相比，当 $V_{CG}=-0.6$ V 时，对于 BRFET(NiSi)和 BRFET(PtSi)来说，它们的亚阈值状态刚刚结束，而反向截止状态刚刚开始，而对于 BRFET(ErSi)和具有互补低肖特基势垒源漏的双向可重置场效应晶体管，它们的亚阈值状态结束得更早。换句话说，BRFET (ErSi)和具有互补低肖特基势垒源漏的双向可重置场效应晶体管处于更深的反向偏置状态。

图 5-13(c)显示了具有互补低肖特基势垒源漏的双向可重置场效应晶体管与传统 BRFET 在 P 模式反向截止状态下的能带能量分布比较。图 5-13(d)显示了 P 模式反向截止状态下具有互补低肖特基势垒源漏的双向可重置场效应晶体管和普通双向可重置场效应晶体管之间的载流子浓度分布。对于 P 模式，BRFET(ErSi)和 BRFET(PtSi)的情况相反。与正向和静态类似，CLSB 的反向漏电流也相当于 P 模式下的 BRFET(PtSi)。由于 N 模式和 P 模式高度相似，只是每个电极施加的电压相反，因此这里不再重复分析。

图 5-14(a)~(c)分别比较了具有互补低肖特基势垒源漏的双向可重置场效应晶体管和传统 BRFET 之间的 I_{on} / I_{off} 电流比、SS(SS)和阈值电压(V_{TH})。

如图 5-14(a)所示，如果 V_{PG} 选择适当且足够大，V_D 不会影响 I_{on} / I_{off}。具有互补低肖特基势垒源漏的双向可重置场效应晶体管的 I_{on} / I_{off} 远大于具有 NiSi 源漏电极的传统 BRFET。

如图 5-14(b)所示，如果 V_D 增加，SS 会稍微降低。具有互补低肖特基势垒源漏的双向可重置场效应晶体管的 SS 远小于具有 NiSi 源漏电极的 NBRFET。具有互补低肖特基势垒

源漏的双向可重置场效应晶体管的平均 SS 约为 80 mV/dec，而具有 NiSi 源漏电极的
NBRFET 的最小 SS 大于 100 mV/dec。

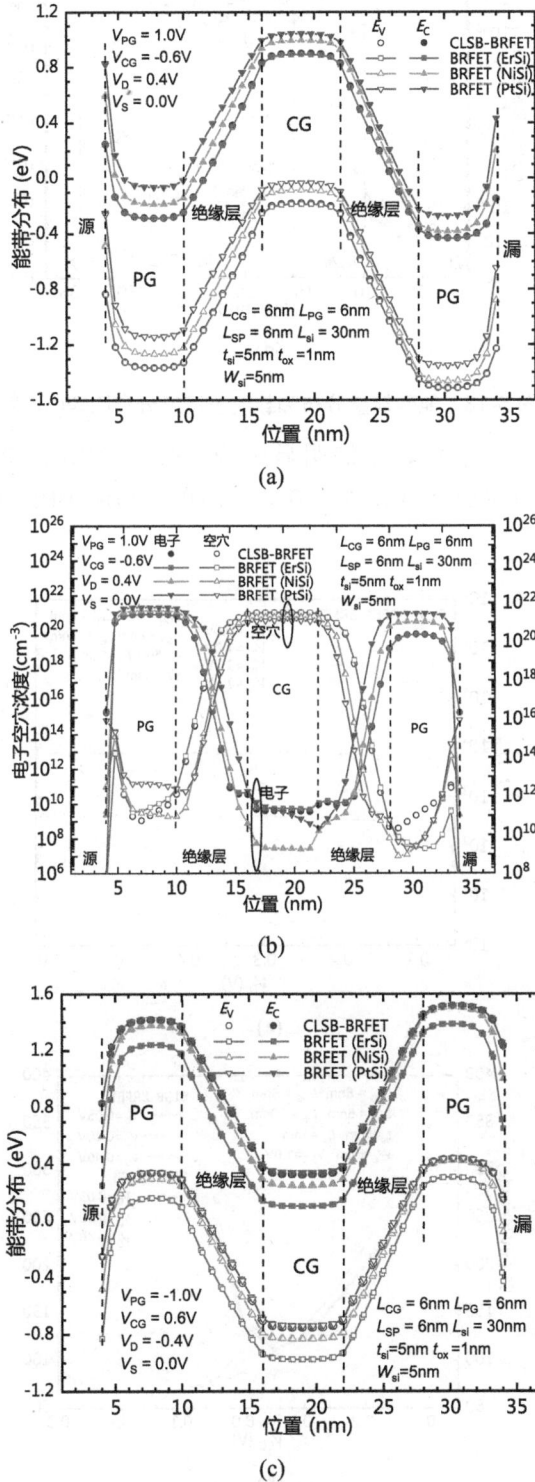

图 5-13　能带能量分布和载流子浓度分布比较(3)

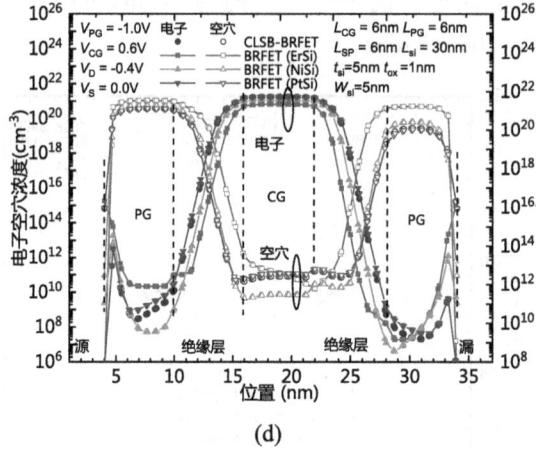

(d)

图 5-13　能带能量分布和载流子浓度分布比较(3)(续)

如图 5-14(c)所示，V_{TH} 不受 V_D 的明显影响，传统 NBRFET 的 V_{TH} 约为 0 V，而 CLSB-NBRFET 的 V_{TH} 约为 0.22 eV，大于 0 V，说明 CLSB-NBRFET 更适合用作可重置型器件。

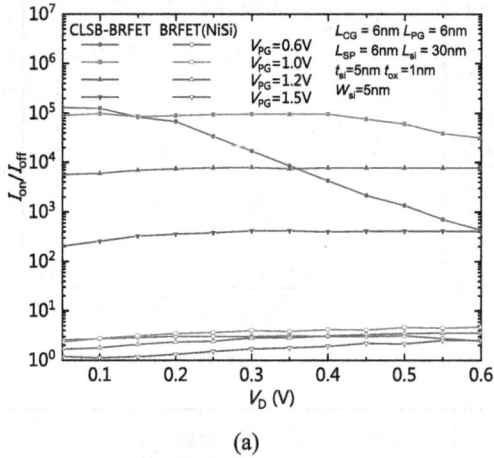

(a)

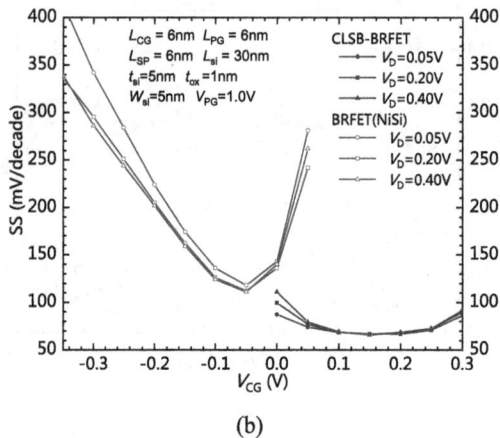

(b)

图 5-14　具有互补低肖特基势垒源漏的双向可重置场效应晶体管与传统 BRFET 之间的比较

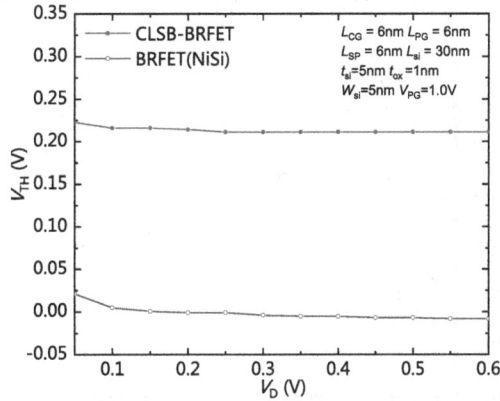

(c)

图 5-14　具有互补低肖特基势垒源漏的双向可重置场效应晶体管与传统 BRFET 之间的比较(续)

5.3.3　可重置特性分析

图 5-15(a)显示了不同 V_{PG} 的具有互补低肖特基势垒源漏的双向可重置场效应晶体管在 N 模式下的传输特性比较。图 5-15(b)显示了不同 V_{PG} 的具有互补低肖特基势垒源漏的双向可重置场效应晶体管在 P 模式下的传输特性比较。由于使用了两种金属材料,其中一种在金属与导带之间的界面上形成低肖特基势垒,另一种在相应金属与价带之间的界面上形成低肖特基势垒,因此需要应用向 PG 提供足够的电压以确定导通模式。如果 V_{PG} 太低,会导致相反类型的载流子更容易通过并产生漏电流。增加 V_{PG} 可以提高正向电流。然而,太大的 V_{PG} 会导致 PG 和 CG 之间的电位差增大,从而增加漏电流。因此,亚阈值特性劣化。考虑 V_{PG} 对反向、静态和正向特性的影响,N 模式下 V_{PG} 的优化值约为 1 V,P 模式下 V_{PG} 的优化值约为-1 V。

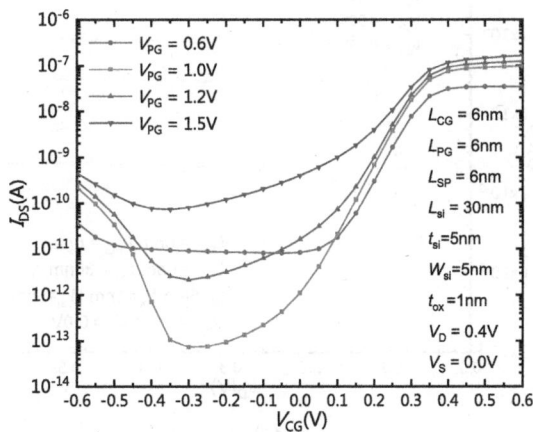

(a)

图 5-15　具有不同 V_{PG} 的具有互补低肖特基势垒源漏的双向可重置场效应晶体管
　　　　在 N 模式和 P 模式下的传输特性比较

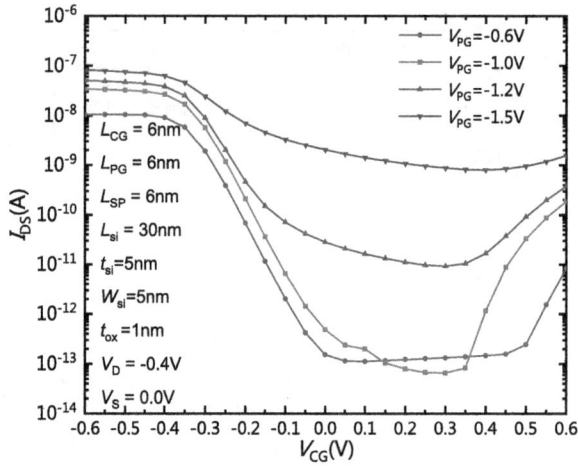

(b)

图 5-15 具有不同 V_{PG} 的具有互补低肖特基势垒源漏的双向可重置场效应晶体管
在 N 模式和 P 模式下的传输特性比较(续)

图 5-16(a)显示了具有互补低肖特基势垒源漏的双向可重置场效应晶体管在 N 模式下不同 V_{CG} 的输出特性。图 5-16(b)显示了具有互补低肖特基势垒源漏的双向可重置场效应晶体管在 P 模式下不同 V_{CG} 的输出特性。正向通态饱和电流受到 V_{CG} 的严格限制。并且,具有互补低肖特基势垒源漏的双向可重置场效应晶体管对早期效果具有良好的抑制作用。随着 V_{DS} 的增加,输出特性从线性区进入饱和区。漏极饱和电流随着栅极电压的增加而增加。

图 5-17 显示了不同 L_{CG} 和 L_{PG} 的具有互补低肖特基势垒源漏的双向可重置场效应晶体管的传输特性。L_{CG} 和 L_{PG} 的变化对传输特性没有明显影响,除非 L_{CG} 和 L_{PG} 减小到 3 nm。这类似于传统 MOS 器件的短沟道效应。当 L_{CG} 和 L_{PG} 发生变化时,曲线会发生稍微的平移现象。

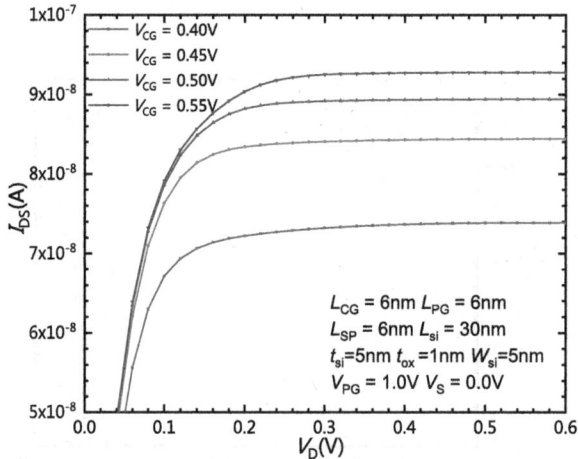

(a)

图 5-16 具有互补低肖特基势垒源漏的双向可重置场效应晶体管
在 N 模式和 P 模式下不同 V_{CG} 的输出特性

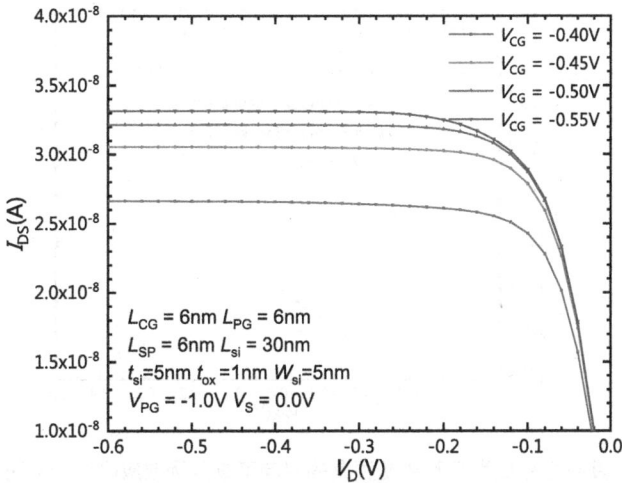

(b)

图 5-16　具有互补低肖特基势垒源漏的双向可重置场效应晶体管
在 N 模式和 P 模式下不同 V_{CG} 的输出特性(续)

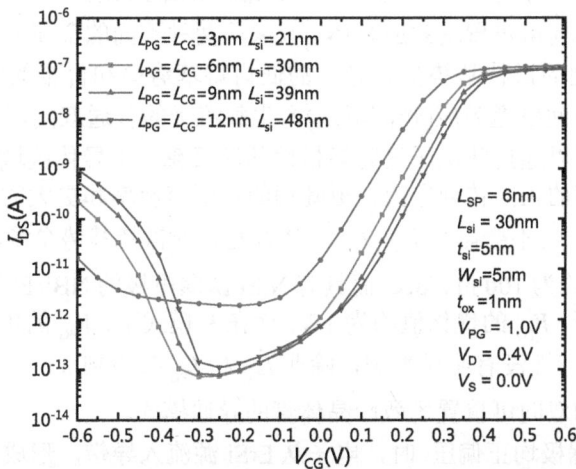

图 5-17　不同 L_{CG} 和 L_{PG} 的具有互补低肖特基势垒源漏的双向可重置场效应晶体管的传输特性

　　图 5-18 显示了具有互补低肖特基势垒源漏的双向可重置场效应晶体管的可重置特性。V_{PG} 决定传导模式。当 PG、CG 和漏极均正偏压时，电子从 ErSi 源流入导带，形成正向电流。具有互补低肖特基势垒源漏的双向可重置场效应晶体管在 N 模式下的导通状态工作。类似地，当 PG、CG 和漏极均为负偏压时，空穴从 PtSi 源流入价带，形成正向电流。具有互补低肖特基势垒源漏的双向可重置场效应晶体管在 P 模式的导通状态下工作。如果在两种模式下 V_D 都增加，则正向通态电流也会增加。而且，反向漏电流也略有增加。在两种模式下，I_{on} / I_{off} 约为 10^5。

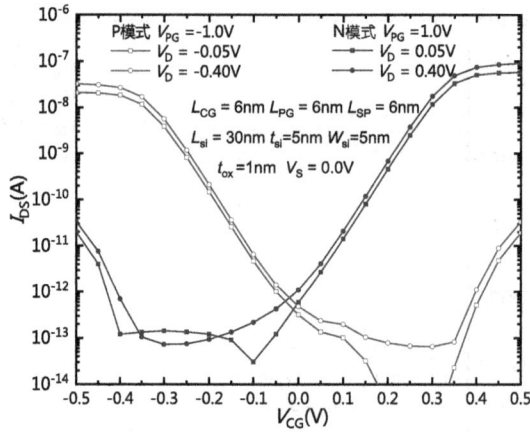

图 5-18　具有互补低肖特基势垒源漏的双向可重置场效应晶体管的可重置特性

5.3.4　本节结语

本节提出了一种基于互补低肖特基势垒源漏的纳米级无掺杂双向 RFET(具有互补低肖特基势垒源漏的双向可重置场效应晶体管)。采用两种不同的金属材料在源漏和硅的界面上形成两种不同类型的肖特基势垒。导带的低肖特基势垒和价带的低肖特基势垒同时形成。因此，与通过带间隧道效应(带间隧道)产生载流子的普通双向可重置场效应晶体管相比，更多的载流子可以通过热电子发射轻松地从源极流入半导体区域。与传统 BRFET 操作相比，可实现更高的正向传导电流、更陡峭的亚阈值斜率和更大的 I_{on}/I_{off}。如果 V_{PG} 选择的适当且足够大，V_D 不会影响 I_{on}/I_{off}。具有互补低肖特基势垒源漏的双向可重置场效应晶体管的平均 SS 约为 100 mV/dec，而具有 NiSi 源漏电极的 NBRFET 的最小 SS 大于 100 mV/dec。在 N 模式下，V_{PG} 的优化值约为 1 V，而在 P 模式下，V_{PG} 的优化值约为-1 V。 L_{CG} 和 L_{PG} 的变化对传输特性没有明显影响，除非 L_{CG} 和 L_{PG} 减小到 3 nm。V_{PG} 决定了具有互补低肖特基势垒源漏的双向可重置场效应晶体管的导通模式。

当 PG、CG 和漏极均正偏压 时，电子从 ErSi 源流入导带，形成正向电流。具有互补低肖特基势垒源漏的双向可重置场效应晶体管在 N 模式的导通状态下工作。类似地，当 PG、CG 和漏极均负偏压时，空穴从 PtSi 源流入价带，形成正向电流。具有互补低肖特基势垒源漏的双向可重置场效应晶体管在 P 模式的导通状态下工作。在两种模式下，具有互补低肖特基势垒源漏的双向可重置场效应晶体管都具有良好的通态导通特性和低静态功耗，N 模式和 P 模式下的 I_{on}/I_{off} 均达到约 10^5。

5.4　互补掺杂源漏双向可重置场效应晶体管

本节提出一种低源漏电阻的互补掺杂源漏双向可重置场效应晶体管(CDSD-BRFET)。与形成肖特基接触源极和漏极的普通双向可重置场效应晶体管不同，源极和漏电极同时形成互补的 N 型区域和 P 型区域，从而形成互补的欧姆接触源电极和漏电极。作为输入端子的两个分离的门分别控制信道的一部分。这两个栅极的施加电压决定了它们所控制的沟道部分的载流子类型。由于肖特基接触被消除，任何作为控制栅的栅极都不需要通过栅场效应克服肖特基势垒以产生正向传导电流。一方面，互补掺杂技术显著提高了器件的正向传导电流并降低了导通电阻；另一方面，与普通双向可重置场效应晶体管相比，当两个门分别用作控制门时，传输特性具有更好的一致性。因此，与普通双向可重置场效应晶体管相比，互补掺杂源漏双向可重置场效应晶体管更适合用作 XNOR 逻辑门，以改善导通状态的导电性和输入的一致性，并实现输入可互换功能。

5.4.1　互补掺杂源漏双向可重置场效应晶体管的结构与参数

图 5-19(a)是互补掺杂源漏双向可重置场效应晶体管的俯视图，图 5-19(b)和(c)分别是沿图 5-19(a)中切割线 A 和切割线 B 的横截面。图 5-19(d)和(e)分别是沿图 5-19(a)中切割线 C 和切割线 D 的横截面。图 5-19(f)是分别沿图 5-19(a)或图 5-19(b)中的切割线 A 的横截面。L_{CG} 是控制栅的长度，L_{sdex} 是由程序栅控制和编程的源/漏扩展区的长度。L_{SP} 和 t_{SP} 分别是源极侧和漏极侧的控制栅电极和编程栅电极之间间隔物的长度和厚度。L_{si} 是未掺杂的本征硅体区的长度。t_{ox} 是栅极氧化层的厚度。t_{si} 是本征硅的厚度。W_{si} 是硅体的宽度。

当编程栅电极被正偏置时，源/漏电极分别通过源极和漏极侧的 N$^+$区将电子传输到硅体，从而在源漏两侧的编程栅下方的硅体区形成电子积累层。这个电子积累层实际上形成了一个扩展的 N$^+$源极/漏极区，而互补掺杂源漏双向可重置场效应晶体管现在实际上作为 N 型 FinFET 工作，同时向编程栅极施加反向偏置电压时，源/漏电极分别通过源极和漏极侧的 P$^+$ 区将空穴传输到硅体，从而在源漏两侧的编程栅下方的硅体区形成空穴积累层。这个空穴积累层实际上将形成相应的 P$^+$源极/漏极扩展区域，并制作建议的互补掺杂源漏双向可重置场效应晶体管，作为 P 型 FinFET 工作。由于结构的对称性，具有可互换的源漏电极，因此可以实现双向开关特性。

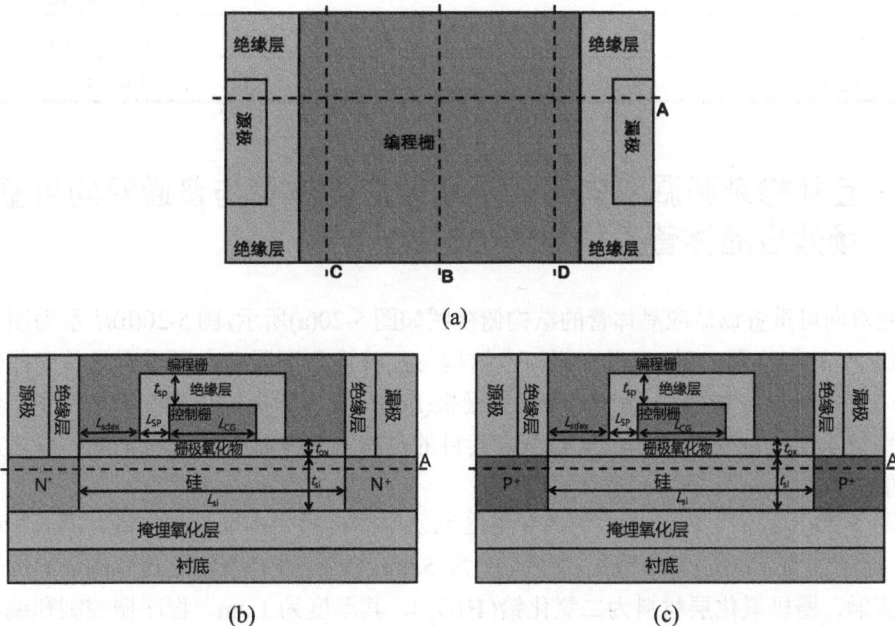

(a)

(b)　　　　　　　　　　　　(c)

图 5-19　互补掺杂源漏双向可重置场效应晶体管的结构

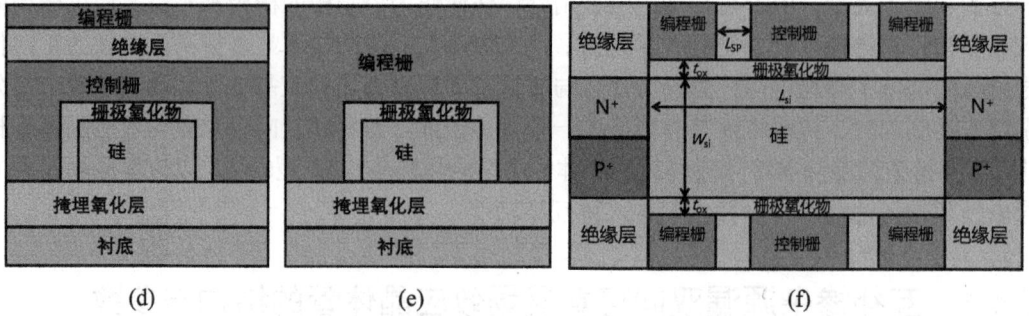

图 5-19　互补掺杂源漏双向可重置场效应晶体管的结构(续)

互补掺杂源漏双向可重置场效应晶体管的参数如表 5-2 所示。

表 5-2　互补掺杂源漏双向可重置场效应晶体管的参数及其值

参　数	参　数　值
程序栅控制和编程的源/漏扩展区的长度(L_{sdex})	5 nm
硅体的宽度(W_{si})	6 nm
硅体的厚度(t_{si})	5 nm
主控栅极的长度(L_{CG})	5 nm
未掺杂的本征硅体区的长度(L_{si})	25 nm
栅极氧化层厚度(t_{ox})	1 nm
控制栅电极和编程栅电极之间的绝缘层长度(L_{SP})	5 nm
N$^+$掺杂浓度(N_D)	10^{21} cm^{-3}
P$^+$掺杂浓度(N_A)	10^{21} cm^{-3}
栅源电压(V_{CG})	-0.8 V~0.8 V
编程栅源电压(V_{PG})	-0.8 V~0.8 V
漏源电压(V_{DS})	0.5 V/-0.5 V

5.4.2　互补掺杂源漏双向可重置场效应晶体管与普通双向可重置场效应晶体管工作原理的对比

普通双向可重置场效应晶体管的结构俯视图如图 5-20(a)所示,图 5-20(b)所示为图 5-20(a)中沿虚线 A 的剖视图。以 N 型为例,本结构与互补掺杂源漏双向可重置场效应晶体管结构相似,具有倒 U 形控制栅极(CG)和编程栅极(PG),编程栅极位于控制栅极两侧。源极和漏极分别位于结构的左右两侧,呈 L 型,其目的是增大与本征硅的接触面积,以增加其正向导电能力。

由图 5-20(b)我们可以看出,沟道导电区域使用的材料为本征半导体硅,其长度(L_{si})为 25 nm,通道的宽度(W_{si})为 5 nm,高度(t_{si})为 5 nm。本征硅导电沟道与源漏极界面处形成肖特基接触,栅极氧化层材料为二氧化铪(HfO$_2$),其厚度为 1 nm。程序栅控制和编程的源/漏扩展区的长度 L_{sdex} 为 4 nm,主控栅极的长度 L_{CG} 为 5 nm,控制栅电极和编程栅电极之间

的绝缘层长度 L_{SP} 为 5 nm。普通双向可重置场效应晶体管基本结构的参数如表 5-3 所示。

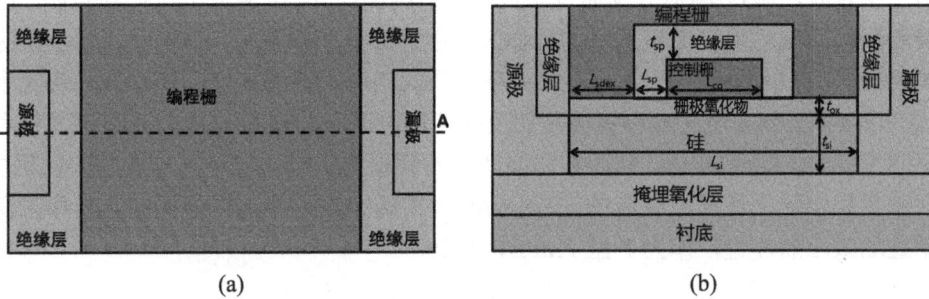

图 5-20　普通双向可重置场效应晶体管的结构

表 5-3　普通双向可重置场效应晶体管的参数与参数值

参　数	参　数　值
程序栅控制和编程的源/漏扩展区的长度(L_{sdex})	4 nm
硅体的宽度(W_{si})	5 nm
硅体的厚度(t_{si})	5 nm
主控栅极的长度(L_{CG})	5 nm
未掺杂的本征硅体区的长度(L_{si})	25 nm
栅氧化层厚度(t_{ox})	1 nm
控制栅电极和编程栅电极之间的绝缘层长度(L_{SP})	5 nm

　　普通双向可重置场效应晶体管是利用源漏形成肖特基势垒再形成源漏电阻，然后通过隧道效应作为正向导通机制，是通过控制栅极和编程栅极施加偏置电压状态来决定器件的导通和关断的类型，从而实现同或门功能操作。当编程栅电极被正偏置时，源/漏电极分别通过源极和漏极与本征硅接触处发生带带隧穿，将电子传输到硅体。这样，在源漏两侧的程序栅下方的硅体区中形成了电子积累层。这个电子积累层实际上形成了一个扩展的源极/漏极区，而双向可重置场效应晶体管在此状态下实际上是作为 N 型金属氧化物半导体场效应晶体管工作的。

　　向程序栅极施加反向偏置电压时，源/漏电极分别通过源极和漏极与本征硅接触处发生带带隧穿，将空穴传输到硅体。这样，在源漏两侧的程序栅下方的硅体区中形成了空穴积累层。这个空穴积累层实际上形成了一个扩展的源极/漏极区，并使双向可重置场效应晶体管在 P 型模式工作。由于结构的对称性，源极和漏极可以互换。因此，它可以实现双向切换功能。

　　作为一个独立的半导体器件，双向可重置场效应晶体管可以使用其编程门和控制门作为 XNOR 逻辑门的两个输入，当编程门被反向偏置、控制门被正向偏置，或者控制门被反向偏置、编程门被正向偏置时，漏极到源极电流作为 XNOR 逻辑门的输出，实现"01"或"10"输入，双向可重置场效应晶体管现在工作在关断状态，并且没有生成足够的 I_{DS}，输出可以被视为逻辑 0，当编程门被正向偏置、控制门被正向偏置时，双向可重置场效应晶体管工作在 N 型导通状态，当编程门被反向偏置、控制门被反向偏置时，双向可重置场效应晶体管工作在 P 型导通状态，在这两种模式下均形成明显的 I_{DS}，此时输出可以视为

逻辑 "1"。而对于基于互补掺杂源漏的低源漏电阻双向可重置场效应晶体管，当编程栅电极被正偏置时，源极/漏极分别通过源极和漏极两侧的 N^+ 区将电子传输到硅体。因此，在源极和漏极两侧的编程栅极下方的硅体区域中形成电子积累层。该电子积累层实际上形成了扩展的 N^+ 源极/漏极区，并且互补掺杂源漏双向可重置场效应晶体管现在实际上是作为 N 型 FinFET 工作，而向编程栅极施加反向偏置电压时，源/漏电极分别通过源极和漏极侧的 P^+ 区将空穴传输到硅体。从而在源漏两侧的编程栅下方的硅体区形成空穴积累层。这个空穴积累层实际上将形成相应的 P^+ 源极/漏极扩展区域，并制作建议的互补掺杂源漏双向可重置场效应晶体管，作为 P 型 FinFET 工作。

5.4.3 互补掺杂源漏双向可重置场效应晶体管与普通双向可重置场效应晶体管性能的对比

本节研究了互补掺杂源漏双向可重置场效应晶体管与普通双向可重置场效应晶体管输出特性的比较。验证物理模型包括 Shockley Read Hall 复合模型、俄歇复合模型、玻尔兹曼统计模型、CVT 迁移率模型，其中横向场、掺杂相关迁移率的温度相关部分由三个分量给出，这三个分量使用 Mathiessen 规则、带隙变窄模型、标准带带隧穿模型和 Fowler-Nordheim 隧穿模型进行组合。

图 5-21(a)显示了普通双向可重置场效应晶体管的异或非门在 N 模式和 P 模式下的 I_{DS}-V_{CG} 传输特性曲线。通过改变 V_{PG} 的极性来决定可重置场效应晶体管的工作模式，当 V_{PG} 输入电压为 1 V 时，普通双向可重置场效应晶体管工作在 N 模式，当 V_{PG} 输入电压为-1 V 时，普通双向可重置场效应晶体管工作在 P 模式。

图 5-21(b)显示了普通双向可重置场效应晶体管在 N 模式和 P 模式下的 I_{DS}-V_{PG} 传输特性曲线。通过改变 V_{CG} 的极性来决定双向可重置场效应晶体管的工作模式，当 V_{CG} 输入电压为 1 V 时，普通可重置场效应晶体管工作在 N 模式，当 V_{CG} 输入电压为-1 V 时，普通双向可重置场效应晶体管工作在 P 模式。

图 5-21(c)显示了普通双向可重置场效应晶体管在 N 模式下的 I_{DS}-V_{CG} 和 I_{DS}-V_{PG} 传输特性曲线，图 5-21(d)显示了普通双向可重置场效应晶体管在 P 模式下的 I_{DS}-V_{CG} 和 I_{DS}-V_{PG} 传输特性曲线，可以看出，当两个栅极分别作为控制栅极时，其输出转移特性曲线在器件工作时存在较大差异。这是由于肖特基势垒物理机制的限制，普通双向可重置场效应晶体管无法在小尺寸下产生足够大的正向传导电流。此外，在研究过程中，我们发现虽然双向可重置场效应晶体管可以实现 XNOR 逻辑门的基本逻辑功能，但施加在源极/漏极触点附近的控制栅极上的电压的变化和施加在中央部分的编程栅极上的电压变化对器件的物理影响是明显不同的。这将导致信号的切换点不同，或者换句话说，当这两个栅极分别用作控制栅极时，器件的阈值电压大不相同。为保证器件的可靠性，防止误码率的产生，实现两路输入可相互替换的功能，两路逻辑输入的逻辑状态切换点应一致，以尽可能保证输入信号的两种状态都有足够的允许电压范围。显然，普通双向可重置场效应晶体管由于其结构和物理机制的限制，难以实现上述功能。由于其源漏电极区形成肖特基接触，使其产生较大的寄生电阻，在导通时很难产生较高电流，即导通时的导通电阻较高，不利于电信号的传输，正向导通电流仅 10^{-9}A。

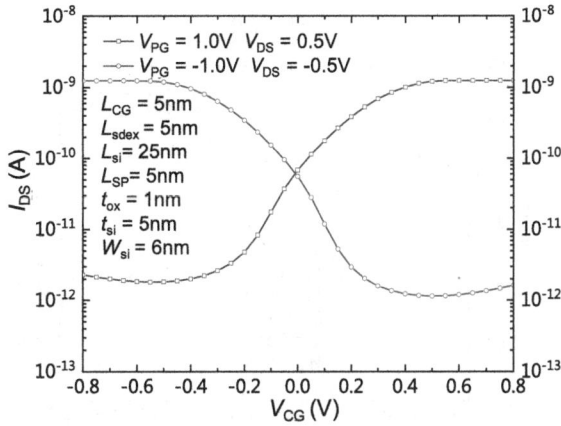

(a)

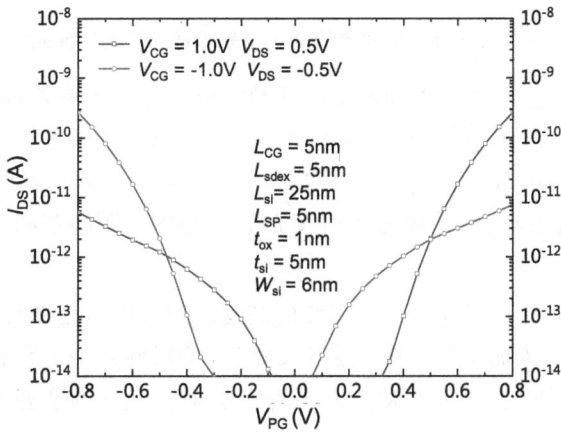

(b)

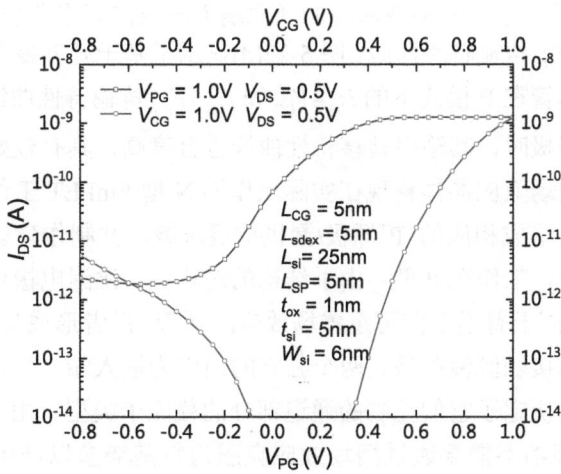

(c)

图 5-21　普通双向可重置场效应晶体管的传输特性曲线

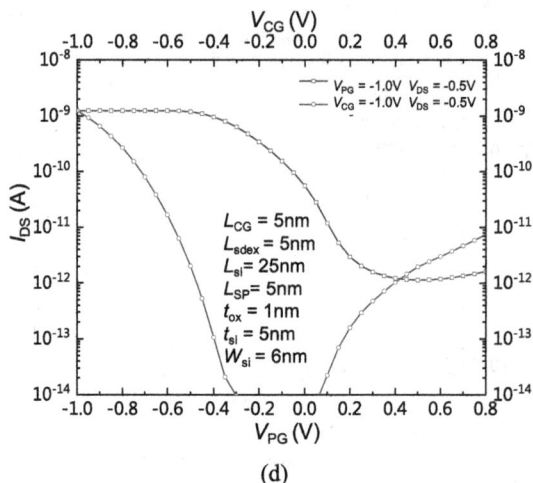

图 5-21　普通双向可重置场效应晶体管的传输特性曲线(续)

图 5-22(a)显示了基于互补掺杂源漏的低源漏电阻双向可重置场效应晶体管在 N 模式和 P 模式下的 I_{DS}-V_{CG} 传输特性曲线。通过改变 V_{PG} 的极性来决定互补掺杂源漏双向可重置场效应晶体管的工作模式，当 V_{PG} 输入电压为 1 V 时，互补掺杂源漏双向可重置场效应晶体管工作在 N 模式，当 V_{PG} 输入电压为-1 V 时，互补掺杂源漏双向可重置场效应晶体管工作在 P 模式。

图 5-22(b)显示了基于互补掺杂源漏的低源漏电阻双向可重置场效应晶体管在 N 模式和 P 模式下的 I_{DS}-V_{PG} 传输特性曲线。通过改变 V_{CG} 的极性来决定互补掺杂源漏双向可重置场效应晶体管的工作模式，当 V_{CG} 输入电压为 1 V 时，互补掺杂源漏双向可重置场效应晶体管工作在 N 模式，当 V_{CG} 输入电压为-1 V 时，互补掺杂源漏双向可重置场效应晶体管工作在 P 模式。CG 和 PG 作为输入，I_{DS} 为输出，实现了 XNOR 功能。

图 5-22(c)显示了基于互补掺杂源漏的低源漏电阻双向可重置场效应晶体管在 N 模式下的 I_{DS}-V_{CG} 和 I_{DS}-V_{PG} 传输特性曲线，图 5-22(d)显示了基于互补掺杂源漏的低源漏电阻双向可重置场效应晶体管在 P 模式下的 I_{DS}-V_{CG} 和 I_{DS}-V_{PG} 传输特性曲线，可以得知，当两个栅极分别作为控制栅极时，其输出转移特性曲线重合度高，具有较好的一致性，因为互补掺杂源漏双向可重置场效应晶体管现在实际上作为 N 型 FinFET 工作，同时向编程栅极施加反向偏置电压，将形成相应的 P⁺源极/漏极扩展区域，并制作建议的互补掺杂源漏双向可重置场效应晶体管，工作在 P 型。由于结构的对称性，源漏电极可以互换，因此可以实现双向传导特性。不同于普通双向可重置场效应晶体管，后者形成肖特基接触源漏区电极，前者形成互补的欧姆接触源漏电极。两个独立的门作为输入端，分别控制一部分通道。这两个栅极的施加电压决定了它们控制的通道部分的载流子类型。由于消除了肖特基接触，任何作为控制栅的栅都不需要通过栅场效应克服肖特基势垒以产生正向传导电流。一方面，互补掺杂技术显著改善了正向传导导通电流，降低导通电阻；另一方面，与普通双向可重置场效应晶体管相比，当两个门分别用作控制门时，传输特性具有更好的一致性。因此，与普通双向可重置场效应晶体管相比，互补掺杂源漏双向可重置场效应晶体管结构更适合用作 XNOR 逻辑门，以提高导通状态和输入的一致性，以及实现输入互换功能。

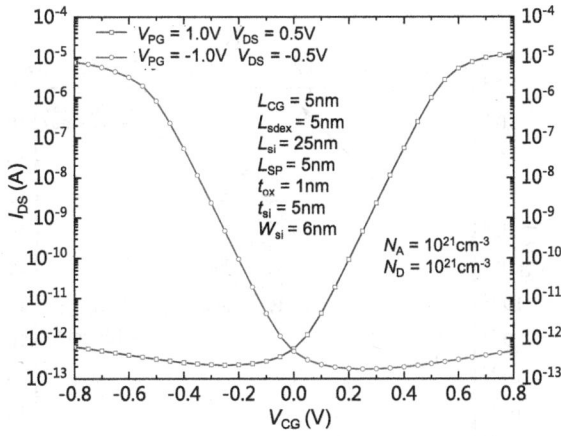

(a)

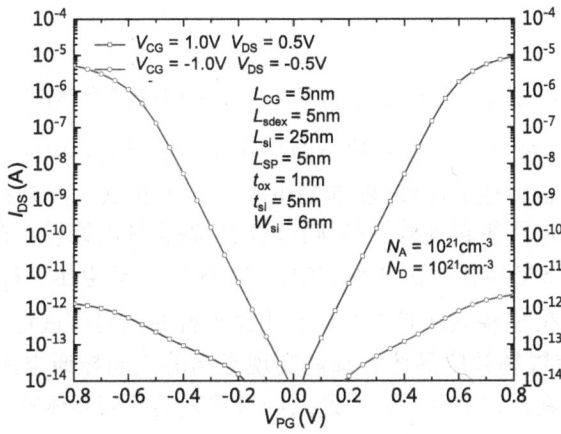

(b)

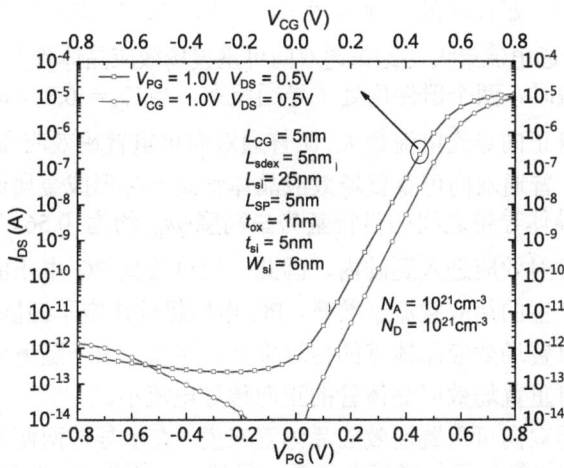

(c)

图 5-22　基于互补掺杂源漏的低源漏电阻双向可重置场效应晶体管的传输特性曲线

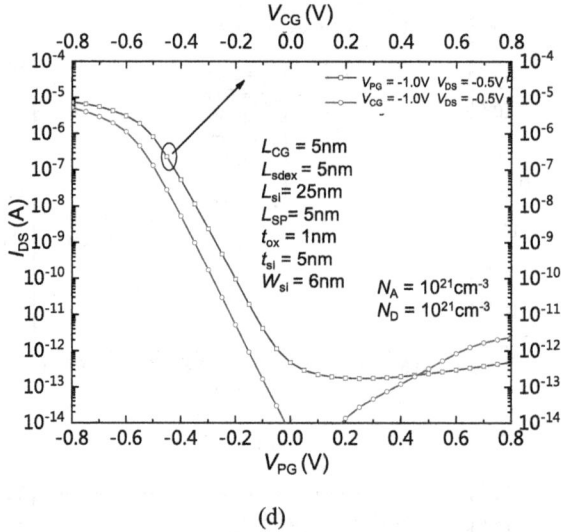

(d)

图 5-22 基于互补掺杂源漏的低源漏电阻双向可重置场效应晶体管的传输特性曲线(续)

图 5-23(a)显示了 N 模式下互补掺杂源漏双向可重置场效应晶体管和普通双向可重置场效应晶体管之间传输特性的比较,图 5-23(b)显示了 P 模式下互补掺杂源漏双向可重置场效应晶体管和普通双向可重置场效应晶体管之间传输特性的比较。在 N 模式中,V_{PG} 施加 1 V 电压,V_{DS} 施加 0.5 V 电压,在 P 模式中,V_{PG} 施加-1 V 电压,V_{DS} 施加-0.5 V 电压。很明显,无论器件工作在 N 模式还是 P 模式,相比于普通双向可重置场效应晶体管而言。互补掺杂源漏双向可重置场效应晶体管都能实现更高的正向导通电流和静态功耗更低的器件。当两种模式工作在反向截至区,普通双向可重置场效应晶体管的反向漏电流略大于互补掺杂源漏双向可重置场效应晶体管。

当 V_{DS} =0 V 时,互补掺杂源漏双向可重置场效应晶体管的静态功耗更低。在 N 模式下,栅极电压被正偏时,两个器件均处于导通状态,当 V_{DS} =0.8 V 时,互补掺杂源漏双向可重置场效应晶体管正向导通电流最大,比普通双向可重置场效应晶体管大 4 个数量级。在 P 模式下,栅极电压被反偏时,两个器件均处于导通状态,当 V_{DS} =-0.8 V 时,互补掺杂源漏双向可重置场效应晶体管正向导通电流最大,比普通双向可重置场效应晶体管大 4 个数量级。

如图 5-23(a)所示,普通双向可重置场效应晶体管是一种形成金属源极/漏极(源漏)结的器件,源漏电极和半导体导带之间的肖特基势垒高度 $q\phi_{Bn}$ 约为 0.56 eV,势垒高,电子就无法直接通过热电子发射效应进入到硅内,因此,通过改变 PG 电压的大小决定了频带弯曲的强度和带间隧道产生的相应载流子数量,PG 电压极性决定了源能提供的载流子类型,并决定了普通双向可重置场效应晶体管的传导类型。然而,由于隧道效应产生的载流子数量有限,使普通双向可重置场效应晶体管的正向传导电流小。

对于互补掺杂源漏双向可重置场效应晶体管来说,在半导体两侧形成正掺杂区和负掺杂区,导致金属半导体接触界面能带弯曲严重,虽然 $q\phi_{Bn}$ 不为 0,但是隧穿层厚度极其薄,相当于势垒高度虽然有,但是势垒厚度趋近于 0,结果就是相当于和没有势垒差不多,是一种近似的欧姆接触,由于消除了肖特基接触,任何作为控制栅的栅都无须通过栅场效应克服肖特基势垒以产生正向传导电流,互补掺杂技术显著改善了正向传导导通电流,降低了导通电阻。因此，互补掺杂源漏双向可重置场效应晶体管正向传导导通电流远大于普通双向可重置场效应晶体管。在 P 模式下，由于 N 模式和 P 模式存在高度的相似性，只是各个电极所施加的电压发生了反转，这里就不再赘述。

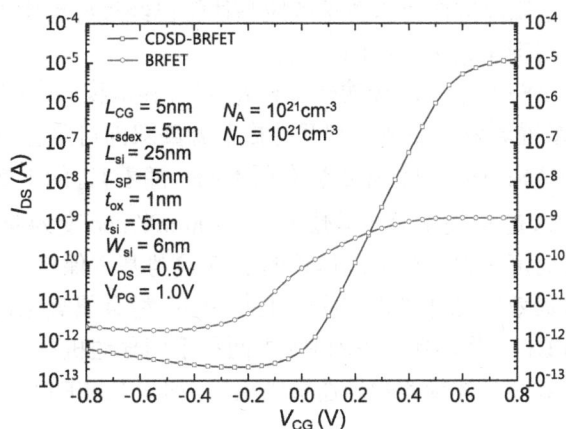

(a)

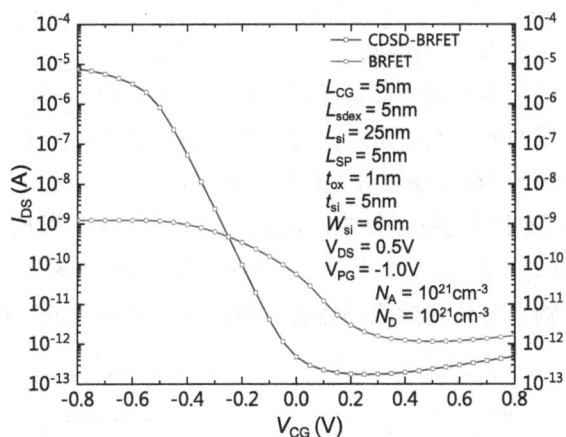

(b)

图 5-23　互补掺杂源漏双向可重置场效应晶体管和普通双向可重置场效应晶体管之间传输特性的比较

上面通过控制栅极和编程栅极互换的方式探讨了基于互补掺杂源漏的低源漏电阻双向可重置场效应晶体管(互补掺杂源漏双向可重置场效应晶体管)和普通双向可重置场效应晶体管(BRFET)的一致性问题。为了进一步探究互补掺杂源漏双向可重置场效应晶体管的物理机制，我们研究了不同 V_{DS} 下互补掺杂源漏双向可重置场效应晶体管和 BRFET 输出特性具有一致性的一些参数，如在阈值电压变化率 ΔV_{TH} (I_{DS}-V_{CG} 传输模式与 I_{DS}-V_{PG} 传输模式的阈值电压差)、SS 斜率变化 Δ SS(I_{DS}-V_{CG} 传输模式和 I_{DS}-V_{PG} 传输模式之间的 SS 差)、电流开关比、能带分布及载流子分布等方面进行了详细的物理分析。

图 5-24(a)显示了 ΔV_{TH} (I_{DS}-V_{CG} 传输模式和 I_{DS}-V_{PG} 传输模式之间的阈值电压差)在不同 V_{DS} 的普通双向可重置场效应晶体管和互补掺杂源漏双向可重置场效应晶体管之间的比较，互补掺杂源漏双向可重置场效应晶体管的阈值电压差(ΔV_{TH})小于 0.1V，而 BRFET 的

阈值电压差(ΔV_{TH})大于 0.4 V。在不同 V_{DS} 下，普通双向可重置场效应晶体管的阈值电压差远大于互补掺杂源漏双向可重置场效应晶体管的阈值电压差。换句话说，相比 BRFET，互补掺杂源漏双向可重置场效应晶体管中两个栅极分别作为控制栅极且导通电流相同时，电压差值很小。互补掺杂源漏双向可重置场效应晶体管已经很好地实现了输入互换功能，并且传输特性的一致性得到了很大程度的提高。

图 5-24(b)显示了 ΔSS（I_{DS}-V_{PG} 传输模式和 I_{DS}-V_{PG} 传输模式之间的亚阈值摆幅差)在不同 V_{DS} 的普通双向可重置场效应晶体管和互补掺杂源漏双向可重置场效应晶体管之间的比较。可以看出，两个结构 ΔSS 的总体走势有所不同，随着 V_{DS} 的不断增加，普通双向可重置场效应晶体管的 ΔSS 趋势是先增加再减小，从 100 mV/dec 变为 90 mV/dec，而互补掺杂源漏的低源漏电阻双向可重置场效应晶体管的 ΔSS 趋势基本保持不变，在 5 mV/dec 左右。这是因为普通可重置场效应晶体管现在实际上作为 N 型金属氧化物半导体场效应晶体管工作，而 P 型为 FinFET 工作，所以 BRFET 中两种不同导通机制下 SS 差值很大。互补掺杂源漏双向可重置场效应晶体管两种导通机制相同，均为 FinFET 工作，所以 SS 差值很小，在 5 mV/dec 左右。

图 5-24(c)显示了 I_{on} / I_{off} 在不同 V_{DS} 的 BRFET-XNOR 和互补掺杂源漏双向可重置场效应晶体管之间的比较。基于互补掺杂源漏的低源漏电阻双向可重置场效应晶体管，无论是控制栅极还是编程栅极作为控制栅极，其在不同 I_{DS} 下的 I_{on} / I_{off} 几乎不变，当 V_{CG}=1 V 时，基于互补掺杂源漏的低源漏电阻双向可重置场效应晶体管的 I_{on} / I_{off} 达到 10^9，当 V_{PG}=1 V 时，基于互补掺杂源漏的低源漏电阻双向可重置场效应晶体管的 I_{on} / I_{off} 达到 10^7。而普通可重置 BRFET 控制栅极和编程栅极分别作控制栅极时 I_{on} / I_{off} 变化较大，当 V_{CG}=1 V 时，普通可重置 FET 的异或非门为隧穿导通，其 I_{on} / I_{off} 达到 10^5，当 V_{PG}=1 V 时，普通可重置 FET 为 MOS 导通，其 I_{on} / I_{off} 远小于其他三种情况。这是因为隧道场效应晶体管的 I_{on} / I_{off} 会大于普通金属氧化物半导体场效应晶体管，所以隧穿会导致低工作电压、低功耗。

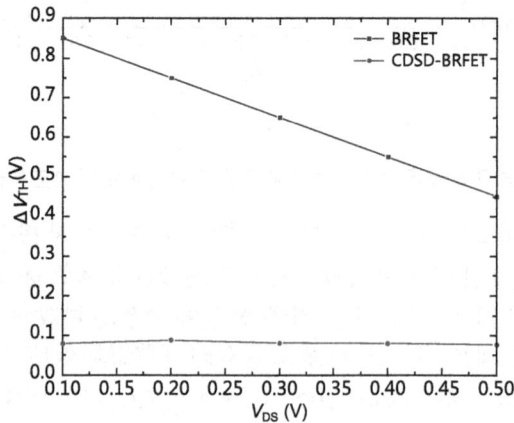

(a)

图 5-24 BRFET 和互补掺杂源漏双向可重置场效应晶体管之间的比较

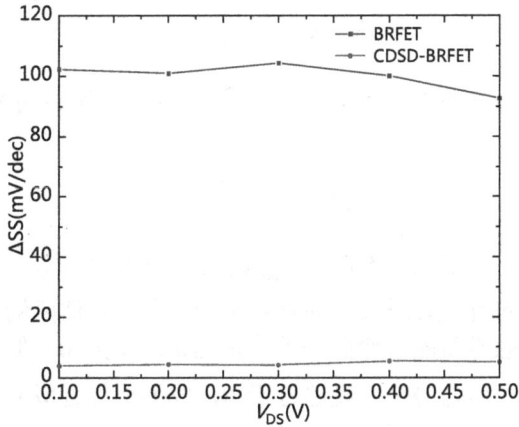

(b)

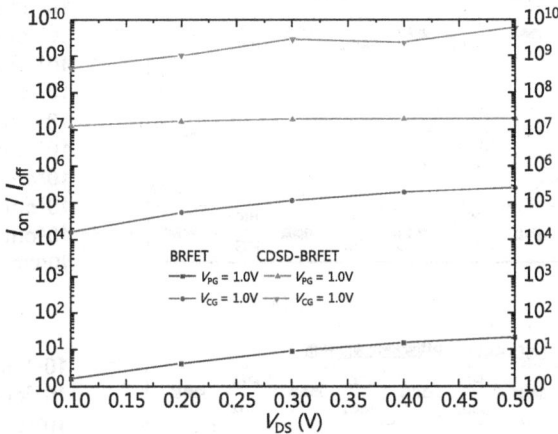

(c)

图 5-24 BRFET 和互补掺杂源漏双向可重置场效应晶体管之间的比较(续)

　　综上所述,不难发现,尽管基于肖特基势垒的可重置场效应晶体管可以实现逻辑门的基本逻辑功能,但当编程栅极和控制栅极作为输入信号的两个端子互换时,输出信号的开关点阈值电压、SS 等性能参数相差很大,这种转移特性的差异是由其结构和物理机制的局限性决定的。为了降低导通电阻,编程栅极必须在更高的电压下偏置,这会导致控制栅极和编程栅极之间的电位差在控制栅极反向偏置时显著增大,从而产生泄漏并增加功耗,特别是当控制栅极和编程栅极之间的距离减小到深纳米级时,漏电会显著增加。因此互补掺杂源漏双向可重置场效应晶体管结构更适合用作 XNOR 逻辑门,以提高导通状态和输入一致性,以及实现输入互换功能。

　　图 5-25(a)显示了 N 模式下互补掺杂源漏双向可重置场效应晶体管的电子浓度分布,图 5-25(b)显示了 P 模式下互补掺杂源漏双向可重置场效应晶体管的空穴浓度分布,图 5-25(c)显示了 N 模式下 BRFET 的电子浓度分布,图 5-25(d)显示了 P 模式下 BRFET 的空穴浓度分布。对于互补掺杂源漏双向可重置场效应晶体管,当 PG 被正偏置时,它以 N 模式工作,电子通过源电极的负掺杂区流入半导体区域,再经过半导体右侧及扩展的 N^+ 漏极区,最后从漏电极流出。其电子浓度可以表示为:

$$n = N_{\mathrm{C}} \exp\left(\frac{E_{\mathrm{FN}} - E_{\mathrm{C}}}{kT}\right) \tag{5.4.1}$$

在硅和源电极之间的表面上，E_{FN} 和 E_{C} 之间的带能差等于 $-q\phi_{\mathrm{Bn}}$。因此，表面电子浓度可以表示为：

$$n_{\mathrm{s}} = N_{\mathrm{C}} \exp\left(\frac{-q\phi_{\mathrm{Bn}}}{kT}\right) \tag{5.4.2}$$

对于 BRFET 而言，$q\phi_{\mathrm{Bn1}}$ 约为 0.56V，$q\phi_{\mathrm{Bn1}}$ 较大，其表面电子浓度较低，大约是 $10^{10}\mathrm{cm}^{-3}$，但对于互补掺杂源漏双向可重置场效应晶体管来说，在半导体两侧形成正掺杂区和负掺杂区，导致金属半导体接触界面能带弯曲严重，虽然 $q\phi_{\mathrm{Bn}}$ 不为 0，但是隧穿层厚度极其薄，相当于势垒高度虽然有，但是势垒厚度趋近于 0，成为一种近似的欧姆接触，其表面电子浓度约为 $10^{21}\mathrm{cm}^{-3}$。

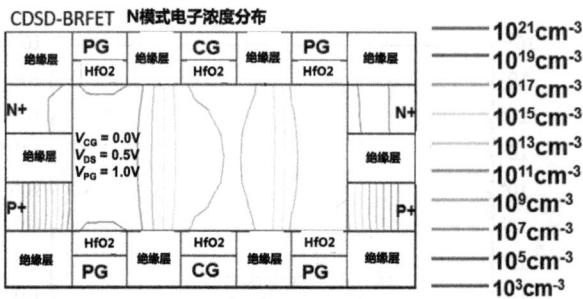

(a)

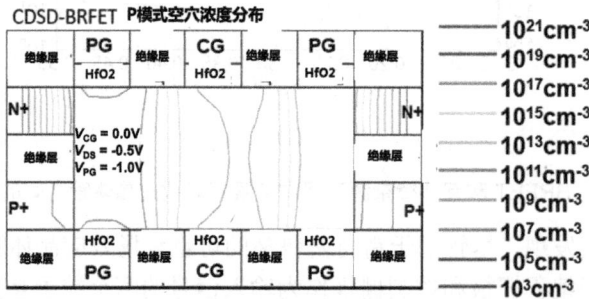

(b)

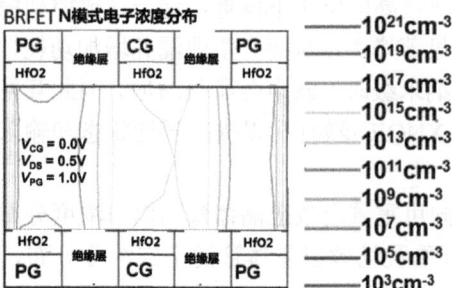

(c)

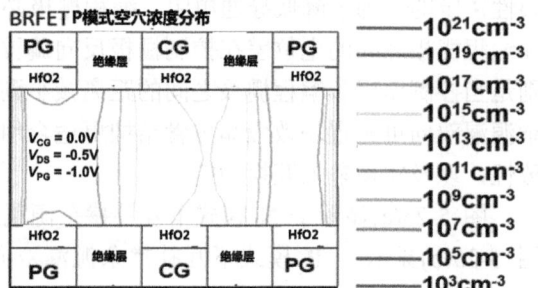

(d)

图 5-25　电子浓度分布和空穴浓度分布比较

对于互补掺杂源漏双向可重置场效应晶体管，当 PG 被反偏置时，它以 P 模式工作，空穴通过漏电极的正掺杂区流入半导体区域，再经过半导体左侧及扩展的 P^+ 漏极区，最后从源电极流出。其空穴浓度可以表示为：

$$p = N_{\mathrm{V}} \exp\left(\frac{E_{\mathrm{V}} - E_{\mathrm{FP}}}{kT}\right) \tag{5.4.3}$$

在硅和源电极之间的表面上，E_{FP} 和 E_{V} 之间的带能差等于 $-q\phi_{\mathrm{Bp}}$。因此，表面空穴浓度可以表示为：

$$p_{\mathrm{s}} = N_{\mathrm{V}} \exp\left(\frac{-q\phi_{\mathrm{Bp}}}{kT}\right) \tag{5.4.4}$$

对于 BRFET 而言，$q\phi_{\mathrm{Bp1}}$ 约为 0.52V，$q\phi_{\mathrm{Bn1}}$ 较大，其表面空穴浓度较低，大约是 $10^{10}\mathrm{cm}^{-3}$，而对于互补掺杂源漏双向可重置场效应晶体管，表面空穴浓度大约是 $10^{21}\mathrm{cm}^{-3}$。

图 5-26(a)和图 5-26(b)分别显示了互补掺杂源漏双向可重置场效应晶体管和 BRFET 在 N 模式正向状态下能带分布和载流子浓度分布的比较。如图 5-26(a)所示，两个器件在 PG 和 CG 共同作用下，频带能量被拉低。然而，由于源极和硅之间的肖特基势垒高度不同，作为多数载流子，这两个器件的表面电子浓度也不同。因此，源极接触电阻也不同。对于 N 型互补掺杂源漏双向可重置场效应晶体管，源极接触电阻和电子浓度分布由 N^+ 源极扩展区域主导。由于互补掺杂源漏双向可重置场效应晶体管在源漏电极区形成互补的 N 区和 P 区，这大大降低了源漏区的导通电阻，在漏一侧，互补掺杂源漏双向可重置场效应晶体管能带弯曲明显，同时 PG 和 CG 均正偏，这为导带中的电子提供了增强的流动路径，使互补掺杂源漏双向可重置场效应晶体管正向导通电流远大于 BRFET。因此，如图 5-26(b)所示，互补掺杂源漏双向可重置场效应晶体管的源漏电极和硅之间的界面上的电子浓度约为 $10^{21}\mathrm{cm}^{-3}$，然而，BRFET 的源漏电极和硅之间的界面上的电子浓度约为 $10^{10}\mathrm{cm}^{-3}$，远小于互补掺杂源漏双向可重置场效应晶体管，对于 BRFET，源漏形成肖特基接触产生的寄生电阻较大，在导通时很难产生较高电流，即导通时的导通电阻较高，不利于电信号的传输。

图 5-26(c)和图 5-26(d)分别显示了互补掺杂源漏双向可重置场效应晶体管和 BRFET 在 P 模式正向状态下能带分布和载流子分布的比较。如图 5-26(c)所示，两个器件在 PG 和 CG 共同作用下，频带能量被拉起。然而，由于源极和硅之间的肖特基势垒高度不同，作为多数载流子，这两个器件的表面空穴浓度也不同。因此，源极接触电阻也不同。对于 P 型互补掺杂源漏双向可重置场效应晶体管，源极接触电阻和空穴浓度分布由 P^+ 源极扩展区域主导。由于互补掺杂源漏双向可重置场效应晶体管在源漏电极区形成互补的 N 区和 P 区，这大大降低了源漏区的导通电阻，在漏一侧，互补掺杂源漏双向可重置场效应晶体管能带弯曲明显，同时 PG 和 CG 均反偏，这为导带中的电子提供了增强的流动路径，使互补掺杂源漏双向可重置场效应晶体管正向导通电流远大于 BRFET。因此，如图 5-26(b)所示，与 N 模式类似，互补掺杂源漏双向可重置场效应晶体管的源漏电极和硅之间的界面上的电子浓度远大于 BRFET，对于 BRFET，源漏形成肖特基接触产生的寄生电阻较大，在导通时很难产生较高电流，即导通时的导通电阻较高，不利于载流子传输。

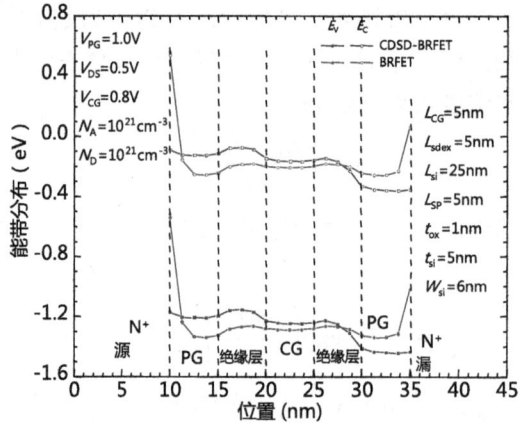

(a)

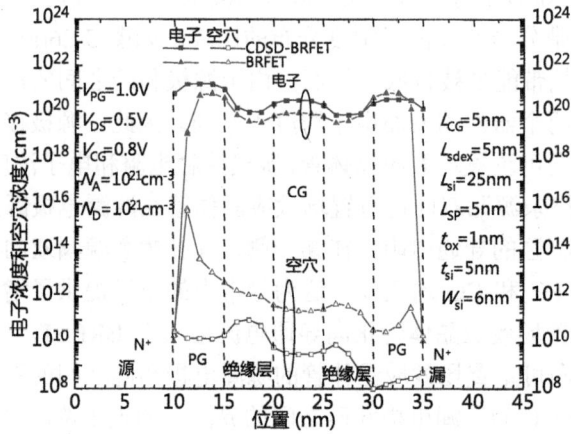

(b)

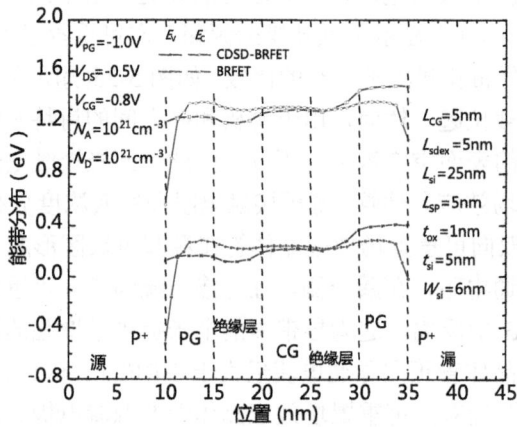

(c)

图 5-26　能带分布和载流子浓度分布(1)

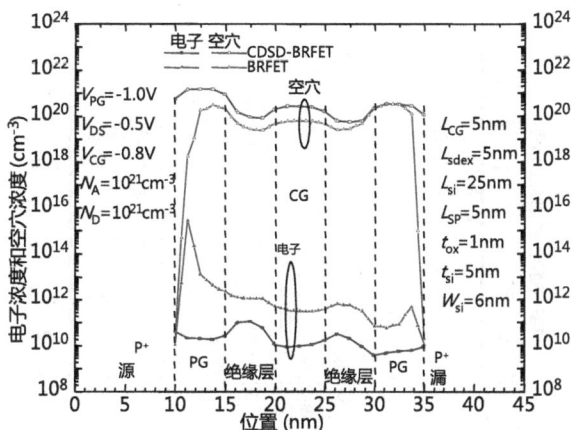

(d)

图 5-26 能带分布和载流子浓度分布(1)(续)

图 5-27(a)显示了互补掺杂源漏双向可重置场效应晶体管和 BRFET 在 N 模式静态下能带分布的比较，图 5-27(b)显示了互补掺杂源漏双向可重置场效应晶体管和 BRFET 在 N 模式静态下载流子浓度分布的比较。BRFET 中心部分的准费米能级(E_{FN})比互补掺杂源漏双向可重置场效应晶体管中心部分的准费米能级(E_{FN})高，两个器件中央部分的 E_C 差别不大。因此，根据公式(5.4.1)，如图 5-27(b)所示，对于互补掺杂源漏双向可重置场效应晶体管，BRFET 中心部分的电子浓度较高。因此，BRFET 的静态漏电流在 N 型中较大。这一分析与图 5-23(a)转移特性曲线完全吻合。

图 5-27(c)显示了互补掺杂源漏双向可重置场效应晶体管和 BRFET 在 P 模式静态下能带分布的比较，图 5-27(d)显示了互补掺杂源漏双向可重置场效应晶体管和 BRFET 在 P 模式静态下载流子浓度分布的比较。BRFET 中心部分的准费米能级(E_{FP})比互补掺杂源漏双向可重置场效应晶体管中心部分的准费米能级(E_{FP})低，两个器件中央部分的 E_V 差别不大。因此，根据公式(5.4.3)，如图 5-27(b)所示，对于互补掺杂源漏双向可重置场效应晶体管，BRFET 中心部分的空穴浓度较高。因此，BRFET 的静态漏电流在 P 型中较大。这一分析与图 5-23(b)转移特性曲线完全吻合。

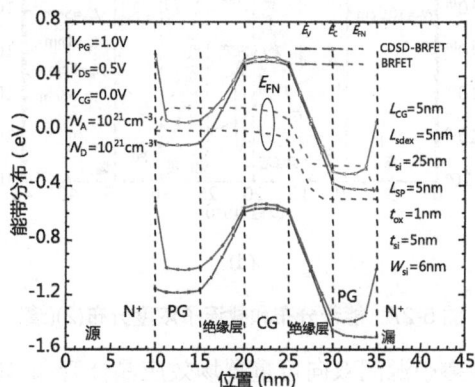

(a)

图 5-27 能带分布和载流子浓度分布(2)

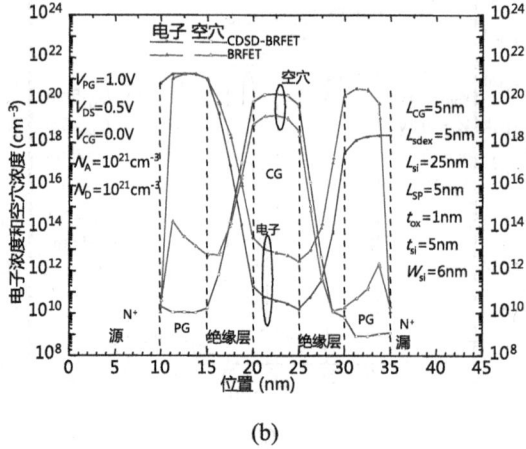

(b)

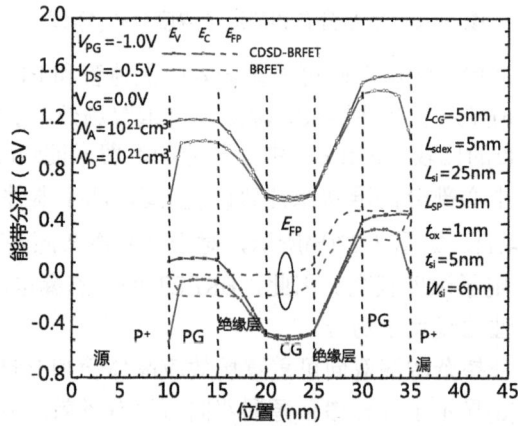

(c)

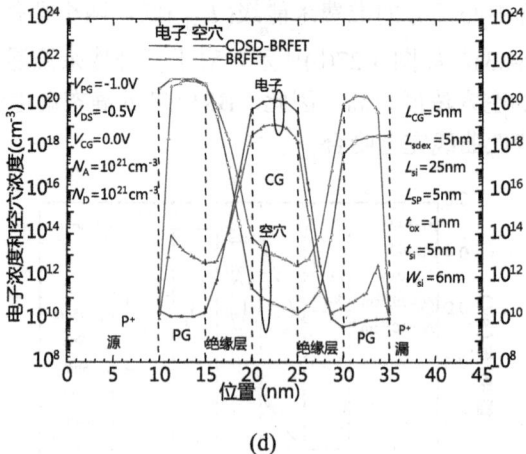

(d)

图 5-27 能带分布和载流子浓度分布(2)(续)

图 5-28(a)显示了互补掺杂源漏双向可重置场效应晶体管和 BRFET 在 N 模式反向截止状态下能带分布的比较,图 5-28(b)显示了互补掺杂源漏双向可重置场效应晶体管和 BRFET 在 N 模式反向截止状态下载流子浓度分布的比较。当 PG 施加正向电压而 CG 施加反向电压时,对于互补掺杂源漏双向可重置场效应晶体管和 BRFET,从图 5-28(b)可以看出,电

子聚集在 PG 下的半导体区域中，而空穴聚集在 CG 下的半导体区中。此时，PG 下方的半导体为 N 型，而中心区域的半导体为 P 型。当 V_D 为正时，在源到漏导电沟道上总存在一个反向偏置的 PN 结。因此，两个器件都处于反向切断状态。从图 5-28(a)可以看出，CG 和 PG 之间存在强烈的能带弯曲，两个器件的能带弯折程度几乎相等。这样，带间隧道就成为产生反向漏电流的主要机制。然而，不同装置产生的泄漏电流存在一些差异，这是因为源漏接触方式不同所导致的。对于互补掺杂源漏双向可重置场效应晶体管，从图 5-28(a)中可以看出，在漏极侧附近的半导体中产生的内建电势远小于 BRFET 产生的内建电势。因此，由 CG 和 PG 之间的能带弯曲引起的带间隧道效应产生的电子更有可能从漏极流出。由此可见，BRFET 在 N 模式下产生的泄漏电流比互补掺杂源漏双向可重置场效应晶体管大。然而，从另一个角度来看，对于 BRFET，CG 下的中心半导体区域和漏极侧的半导体区域之间的电势差小于互补掺杂源漏双向可重置场效应晶体管。因此，不同器件的反向偏置程度也不相同。当 $V_{CG}=-0.2V$ 时，对于 RFET-XNOR，其亚阈值状态刚刚结束，而反向截止状态刚刚开始，而对于互补掺杂源漏双向可重置场效应晶体管，其亚阈值状态更早结束。换句话说，互补掺杂源漏双向可重置场效应晶体管处于更深的反向偏置状态。

　　图 5-28(c)显示了互补掺杂源漏双向可重置场效应晶体管和 BRFET 在 P 模式反向截止状态下能带分布的比较，图 5-28(d)显示了互补掺杂源漏双向可重置场效应晶体管和 BRFET 在 P 模式反向截止状态下载流子浓度分布的比较。当 PG 施加反向电压而 CG 施加正向电压时，对于互补掺杂源漏双向可重置场效应晶体管和 BRFET，从图 5-28(d)可以看出，电子聚集在 CG 下的半导体区域中，而空穴聚集在 PG 下的半导体区中。此时，PG 下的半导体为 P 型，而中心区域的半导体为 N 型。当 V_D 为负时，在源到漏导电沟道上总存在一个形成反向偏置的 PN 结。因此，两个器件都处于反向切断状态。从图 5-28(c)可以看出，CG 和 PG 之间存在强烈的能带弯曲，两个器件的能带弯折程度几乎相等。这样，带间隧道就成为产生反向漏电流的主要机制。然而，不同装置产生的泄漏电流存在一些差异，这是因为源漏接触方式不同所导致的。对于互补掺杂源漏双向可重置场效应晶体管，从图 5-28(c)中可以看出，在漏极侧附近的半导体中产生的内建电势远小于 BRFET 产生的内建电压。因此，由 CG 和 PG 之间的能带弯曲引起的带间隧道效应产生的电子更有可能从漏极流出。

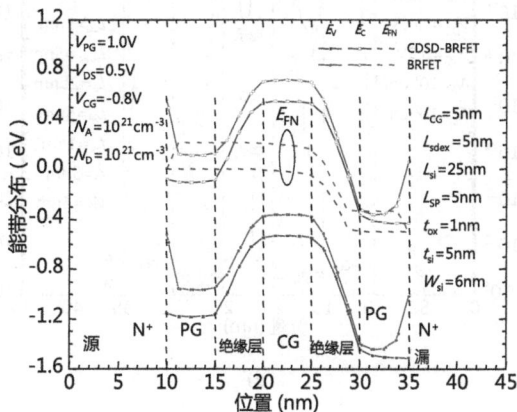

(a)

图 5-28　能带分布和载流子浓度分布(3)

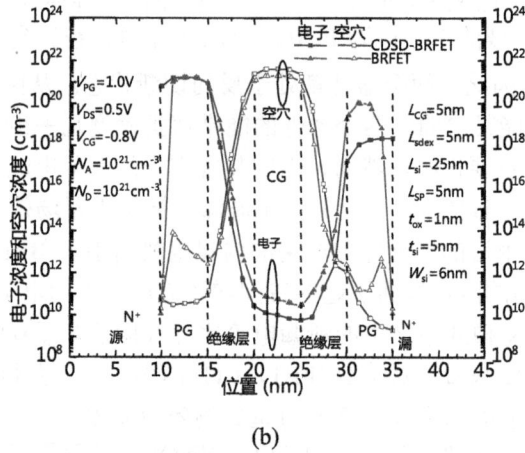

(b)

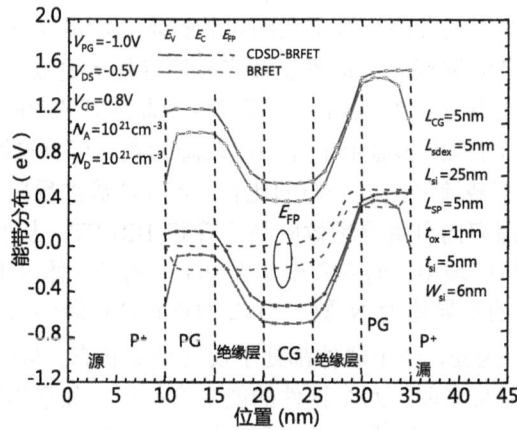

(c)

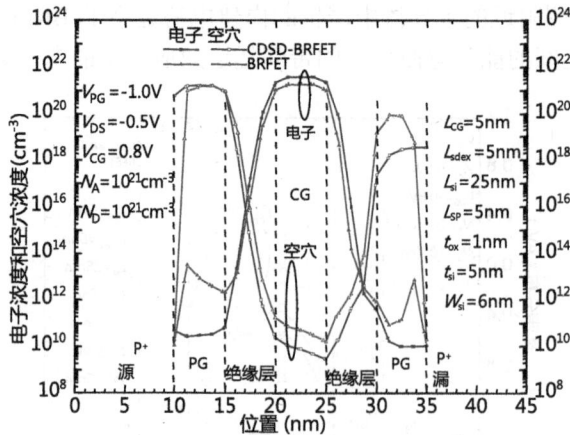

(d)

图 5-28　能带分布和载流子浓度分布(3)(续)

　　由此可见，BRFET 在 P 模式下产生的泄漏电流比互补掺杂源漏双向可重置场效应晶体管大。然而，从另一个角度来看，对于 BRFET，漏极侧的半导体区域和 CG 下的中心半导体区域之间的电势差小于互补掺杂源漏双向可重置场效应晶体管。因此，不同器件的反向偏置程度也不同。当 V_{CG}=0.2 V 时，对于 BRFET，其亚阈值状态刚刚结束，而反向截止状态刚刚开始，而对于互补掺杂源漏双向可重置场效应晶体管，其亚阈值状态更早结束。换句话说，互补掺杂源漏双向可重置场效应晶体管处于更深的反向偏置状态。

5.4.4 两侧编程栅极电压 V_{CG} 的影响

由于互补掺杂源漏双向可重置场效应晶体管具有 3 个栅极，本小节仿真将两侧设置为编程栅极(PG)，中间为控制栅极(CG)。保持器件参数不变，通过改变编程栅极电压来观察器件传输特性变化。图 5-29(a)显示了以控制栅极为控制电极的互补掺杂源漏双向可重置场效应晶体管在 N 模式下不同正 V_{PG} 的传输特性比较，V_{PG} 的电压分别设置为 0.4 V、0.7 V和 1 V。图 5-29(b)显示了以控制栅极为控制电极的互补掺杂源漏双向可重置场效应晶体管在 P 模式下不同负 V_{PG} 的传输特性比较，V_{PG} 的电压分别设置为-0.4 V、-0.7 V 和-1 V。

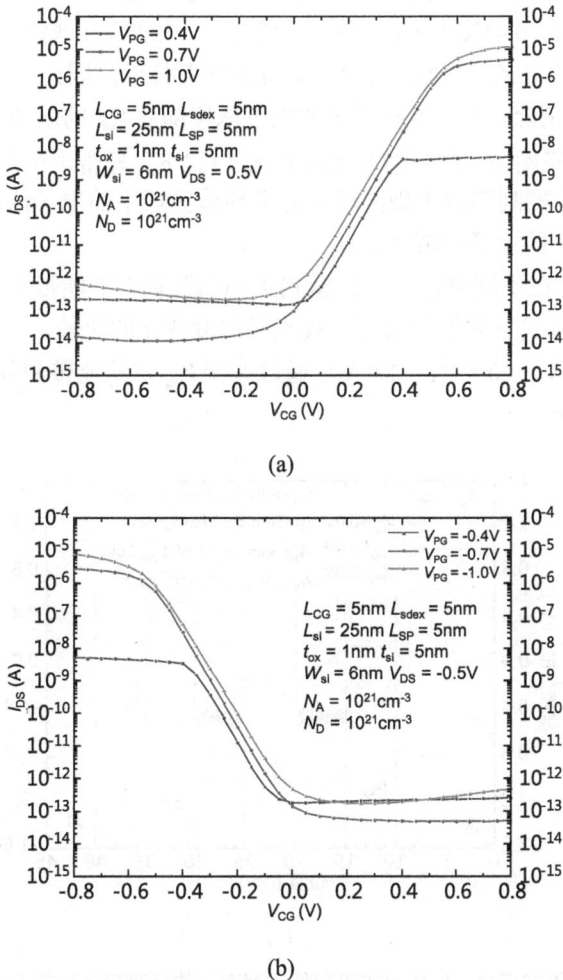

(a)

(b)

图 5-29 控制栅极为控制电极的互补掺杂源漏双向可重置场效应晶体管在不同 V_{PG} 下的传输特性比较

从图 5-29(a)中可以看出，当 PG 被正偏置时，此时器件工作在 N 模式下，如果 V_{PG} 电压太低，将导致相反类型的载流子更容易通过并产生泄漏电流。通过增加 V_{PG} 可以改善正向电流。然而，大大的 V_{PG} 会导致 PG 和 CG 之间的电势差增加，从而增加泄漏电流。因此，亚阈值特性随 V_{PG} 的增加而降低，反向泄漏也随 V_{PG} 增加而增加。考虑到 V_{PG} 对反向漏电和正向导通电流的影响，在 N 模式下，V_{PG} 的优化值约为 1 V，而在 P 模式下 V_{PG} 的最优值约为-1 V。与此同时，互补掺杂源漏双向可重置场效应晶体管具有可重置特性，V_{PG} 的极性决定了互补掺杂源漏双向可重置场效应晶体管的导通模式。当 PG、CG 和漏极都被正偏置时，电子从扩展的 N^+ 源极流入导带以形成正向电流。并且互补掺杂源漏双向可重置场效应晶体管 在 N 模式的导通状态下工作。类似地，当 PG、CG 和漏极都被反偏置时，空穴从扩展的 P^+ 源极的源区流入价带，形成正向电流。并且互补掺杂源漏双向可重置场效应晶体管在 P 模式的导通状态下工作。如果 V_{PG} 在两种模式下都增加，则正向导通状态电流增加。同时，反向漏电流也略有增加。

图 5-30(a)显示了在不同正 V_{PG} 下 N 模式正向偏置状态下能带变化的比较，图 5-30(b) 为在不同正 V_{PG} 下 N 模式正向偏置状态下载流子浓度变化的比较，其中控制栅电压为 1 V，编程栅电压分别为 0V、0.4V、1.0 V，通过改变 V_{PG}，从能带和载流子浓度角度来分析不同 V_{PG} 对器件的影响。随着 V_{PG} 的逐渐增加，能带被逐渐拉低，因此 N^+ 区和本征半导体区之间的内置势垒被逐渐消除。本征半导体区的电子浓度随着 V_{PG} 的增加而增加，并且 $V_{CG}>0$ V 时，在导带中形成电子沟道。此时器件工作在 N 模式下，导带电子最终流出漏极以形成正向电流。正 V_{PG} 的强度控制编程栅极区域下方半导体区域中的电子浓度。正 V_{PG} 越大，在相同 V_{CG} 下产生的导带中的电子电流越大。

图 5-31(a)显示了在不同负 V_{PG} 下 P 模式正向偏置状态下能带变化的比较，图 5-31(b) 为在不同负 V_{PG} 下 P 模式正向偏置状态下载流子浓度变化的比较，其中控制栅电压为-1 V，编程栅电压分别为 0 V、-0.4 V、-1.0 V，通过改变 V_{PG}，从能带和载流子浓度角度来分析不同 V_{PG} 对器件的影响。

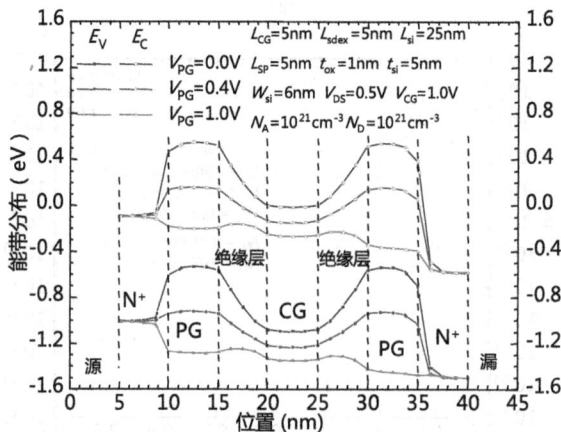

(a)

图 5-30 不同正 V_{PG} 下 N 模式正向偏置状态下的能带变化和载流子浓度变化

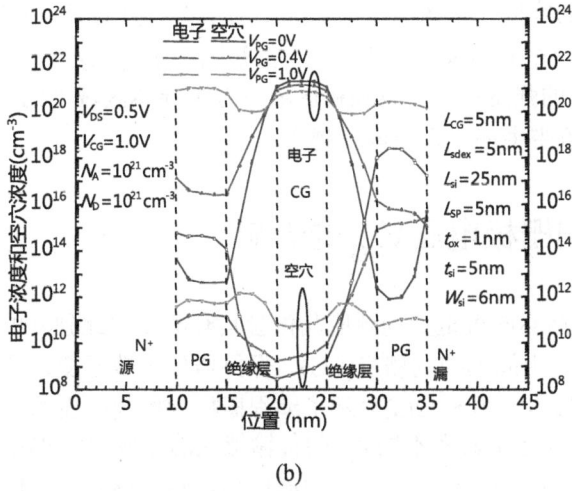

(b)

图 5-30　不同正 V_{PG} 下 N 模式正向偏置状态下的能带变化和载流子浓度变化(续)

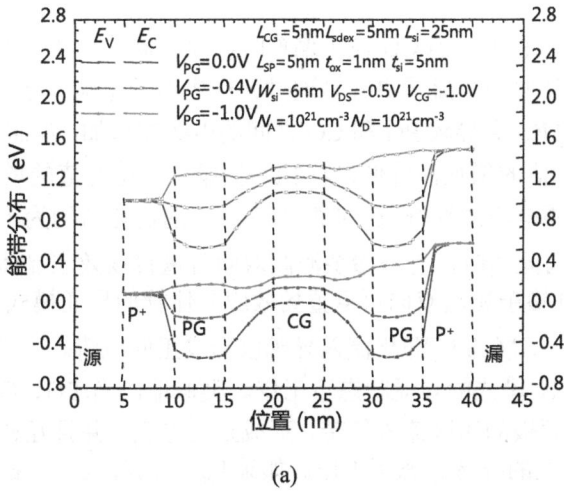

(a)

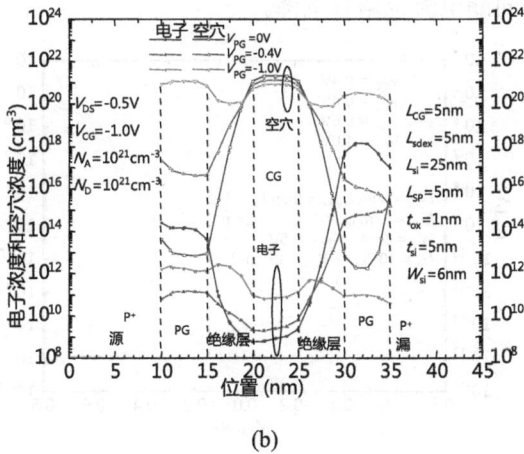

(b)

图 5-31　不同负 V_{PG} 下 P 模式正向偏置状态下的能带变化及载流子浓度变化

随着 V_{PG} 的逐渐减小，能带被逐渐拉高，因此 P^+ 区和本征半导体区之间的内置势垒被逐渐消除。随着 V_{PG} 的降低，P^+ 区的空穴浓度逐渐增加，并且 V_{CG} <0 V 时，在价带中形成空穴沟道。因此，器件在 P 模式下工作。来自漏极的电子可以流入价带并从 P^+ 源区流出以形成正向电流。负 V_{PG} 的强度控制编程栅极区域下方半导体区域中的空穴浓度。负 V_{PG} 越大，在相同 V_{CG} 下生成的价带中的空穴电流就越大。

5.4.5　中央控制栅极电压 V_{CG} 的影响

由于互补掺杂源漏双向可重置场效应晶体管具有两个彼此独立的栅极，本小节将两侧设置为编程栅极(PG)，中间为控制栅极(CG)。保持器件参数不变，通过改变控制栅极电压来观察器件传输特性变化。图 5-32(a)显示了编程栅极为控制电极的互补掺杂源漏双向可重置场效应晶体管在 N 模式下具有不同 V_{CG} 的传输特性的比较，V_{CG} 的电压分别设置为 0.4 V、0.5 V、0.6 V 和 1 V。图 5-32(b)显示了编程栅极为控制电极的互补掺杂源漏双向可重置场效应晶体管在 P 模式下不同 V_{CG} 的传输特性的比较，V_{CG} 的电压分别设置为-0.4 V、-0.5 V、-0.6 V 和-1 V。

在图 5-32(a)中可以看出，当 CG 被正偏置时，此时器件工作在 N 模式下，如果 V_{CG} 电压太低，将导致相反类型的载流子更容易通过并产生泄漏电流。通过增加 V_{CG} 可以改善正向电流。然而，太大的 V_{CG} 会导致 PG 和 CG 之间的电势差增加，从而增加泄漏电流。因此，亚阈值特性随 V_{CG} 绝对值的增加而降低，反向泄漏也随 V_{CG} 绝对值的增加而降低。考虑到 V_{CG} 对反向漏电和正向导通电流的影响，在 N 模式下，V_{CG} 的优化值约为 1 V，而在 P 模式下 V_{CG} 的最优值约为-1 V。与此同时，互补掺杂源漏双向可重置场效应晶体管具有可重置特性，V_{CG} 的极性决定了互补掺杂源漏双向可重置场效应晶体管的导通模式。当 PG、CG 和漏极都被正偏置时，电子从扩展的 N^+ 源极流入导带以形成正向电流。并且互补掺杂源漏双向可重置场效应晶体管在 N 模式的导通状态下工作。类似地，当 PG、CG 和漏极都被反偏置时，空穴从扩展的 P^+ 源极的源区流入价带，形成正向电流。并且互补掺杂源漏双向可重置场效应晶体管在 P 模式的导通状态下工作。如果 V_{PG} 在两种模式下都增加，则正向导通状态电流增加。同时，反向漏电流也略有下降。

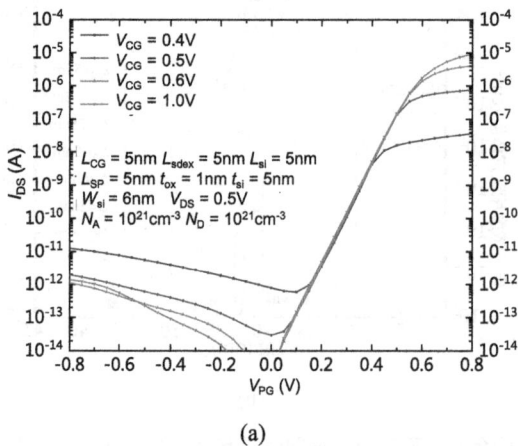

(a)

图 5-32　编程栅极为控制电极的互补掺杂源漏双向可重置场效应晶体管在不同 V_{CG} 下的传输特性的比较

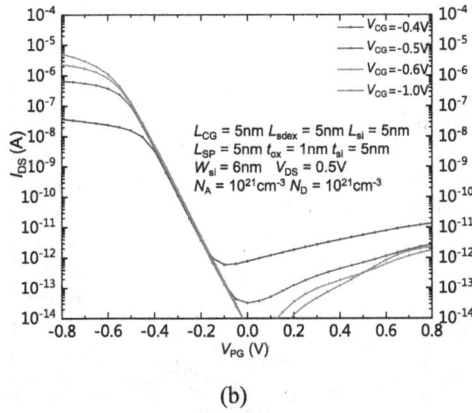

(b)

图 5-32 编程栅极为控制电极的互补掺杂源漏双向可重置场效应晶体管在不同 V_{CG} 下的传输特性的比较(续)

图 5-33(a)显示了在不同正 V_{CG} 下 N 模式正向偏置状态下的能带变化的比较,图 5-33(b)是在不同正 V_{CG} 下 N 模式正向偏置状态下载流子浓度变化的比较,其中控制栅电压为 0.4 V、0.5 V、0.6 V 和 1 V,编程栅电压分别为 1.0 V,通过改变 V_{CG},从能带和载流子浓度角度来分析不同 V_{CG} 对器件的影响。随着 V_{CG} 的逐渐增加,能带被逐渐拉低,因此 N^+ 区和本征半导体区之间的内置势垒被逐渐消除。本征半导体区的电子浓度随着 V_{CG} 的增加而增加,并且 V_{PG} 大于 0V 时,在导带中形成电子沟道。此时器件工作在 N 模式下,导带电子最终流出漏极以形成正向电流。正 V_{CG} 的强度控制 CG 区域下方半导体区域中的电子浓度。正 V_{CG} 越大,在相同 V_{PG} 下产生的导带中的电子电流越大。

图 5-34(a)显示了在不同负 V_{CG} 下 P 模式正向偏置状态下能带变化的比较,图 5-34(b)是在不同负 V_{CG} 下 P 模式正向偏置状态下载流子浓度变化的比较,其中控制栅电压为 0 V、-0.4 V、-1.0 V,编程栅电压为-1.0 V,通过改变 V_{CG},从能带和载流子浓度角度来分析不同 V_{CG} 对器件的影响。随着 V_{CG} 的逐渐减小,能带被逐渐拉高,因此 P^+ 区和本征半导体区之间的内置势垒被逐渐消除。随着 V_{CG} 的降低,P^+ 区的空穴浓度逐渐增加,并且 V_{PG} <0 V 时,在价带中形成空穴沟道。因此,器件在 P 模式下工作。来自漏极的电子可以流入价带并从 P^+ 源区流出以形成正向电流。负 V_{CG} 的强度控制 CG 区域下方半导体区域中的空穴浓度。负 V_{CG} 越大,在相同 V_{PG} 下生成的价带中的空穴电流越大。

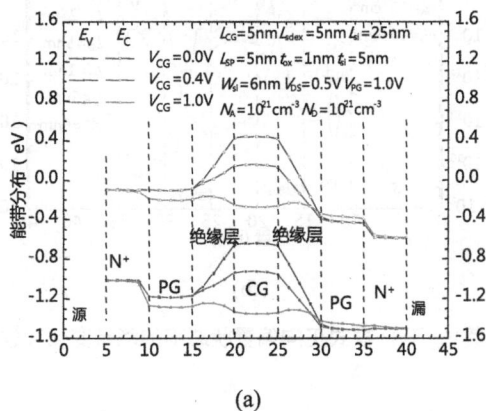

(a)

图 5-33 不同正 V_{CG} 下 N 模式正向偏置状态下的能带变化和载流子浓度变化

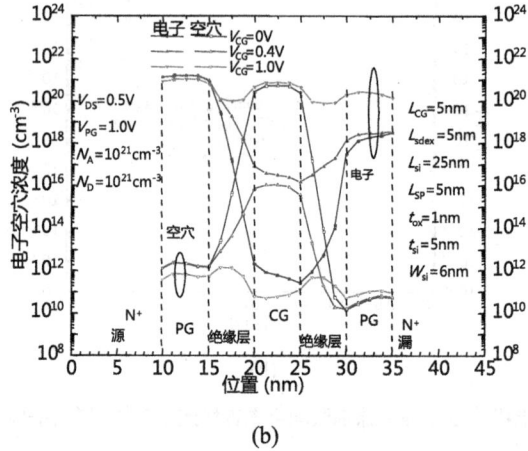

(b)

图 5-33 不同正 V_{CG} 下 N 模式正向偏置状态下的能带变化和载流子浓度变化(续)

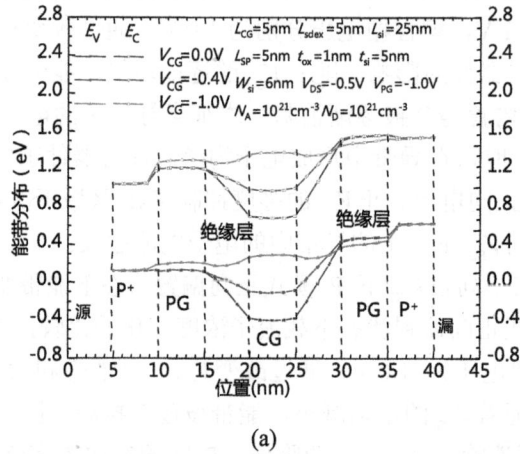

(a)

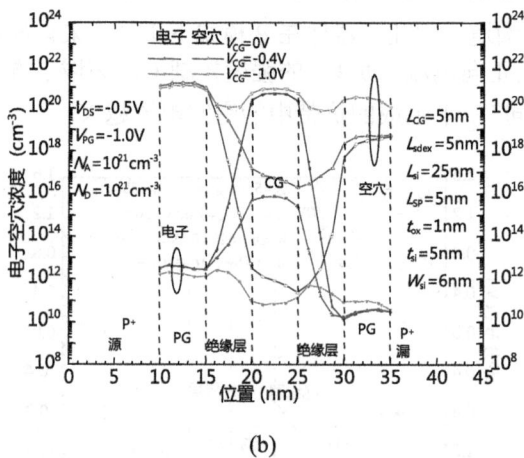

(b)

图 5-34 不同负 V_{CG} 下 P 模式正向偏置状态下的能带变化和载流子浓度变化

5.4.6　本节结语

本节提出了一种通过基于互补掺杂源漏的低源漏电阻双向可重置场效应晶体管结构。与普通双向可重置场效应晶体管不同，互补掺杂源漏双向可重置场效应晶体管在源漏区形成互补掺杂的欧姆接触电极，由于消除了肖特基接触，任何作为控制栅的栅极都无须通过栅场效应克服肖特基势垒以产生正向传导电流。互补掺杂技术显著提高了器件的正向传导电流，降低了导通电阻。V_{PG} 决定了互补掺杂源漏双向可重置场效应晶体管的导通模式。

当 PG、CG 和漏极都被正偏压时，电子从 N^+源区流入导带以形成正向电流。并且互补掺杂源漏双向可重置场效应晶体管工作在 N 模式的导通状态。类似地，当 PG、CG 和漏极都被负偏压时，空穴从 P^+源区流入价带以形成正向电流。并且互补掺杂源漏双向可重置场效应晶体管在 P 模式的导通状态下工作。在这两种模式下，互补掺杂源漏双向可重置场效应晶体管都具有良好的导通特性、低静态功耗，并且在 N 模式和 P 模式下的 I_{on}/I_{off} 都达到约 10^7。在 N 模式下，V_{PG} 的优化值约为 1 V，而在 P 模式下，V_{PG} 的优化值为-1 V。与普通双向可重置场效应晶体管相比，互补掺杂源漏双向可重置场效应晶体管 I_{DS}-V_{CG} 和 I_{DS}-V_{PG} 之间的阈值电压差(ΔV_{TH})小于 0.1 V，而普通双向可重置场效应晶体管阈值电压差(ΔV_{TH})大于 0.4 V。普通双向可重置场效应晶体管的 SS 差 ΔSS 趋势随 V_{DS} 的增加是先增加再减小，从 100 mV/dec 变为 90 mV/dec。然而互补掺杂源漏双向可重置场效应晶体管的 SS 差 ΔSS 趋势随 V_{DS} 的增加几乎不变，CDT-RFET-XNOR 的 I_{on}/I_{off} 远大于普通双向可重置场效应晶体管。与普通双向可重置场效应晶体管相比，互补掺杂源漏双向可重置场效应晶体管更适合用作 XNOR 逻辑门，以提高导通状态和输入的一致性，以及实现输入可互换功能。

第 6 章 非易失可重置晶体管

本章是对第 5 章的延续。提出具有非易失的浮置程序栅的可重置晶体管。非易失可重置晶体管只需要一个需要独立供电的控制栅,通过在浮置程序栅中写入不同类型的电荷来完成可重置操作。此外,通过在浮置程序栅中存储合理数量的电荷,控制栅可以调节浮置程序栅中的等效电压,从而可以有效降低静态功耗和反向漏电流的产生。因此,与普通的可重置场效应晶体管相比,所提出的浮置程序栅可重置场效应晶体管不仅简化了可重置晶体管的结构,而且还带来了非易失功能并提高了器件性能。本章还提出一种新型单栅控制浮置程序栅可重置场效应晶体管,提出一种由单栅极控制的高度集成的非易失双向可重置场效应晶体管,提出一种具有源漏垂直折叠浮栅的源漏内嵌式非易失双向可重置晶体管,一种基于互补低肖特基势垒源极/漏极(源漏)接触的非易失双向可重置场效应晶体管和双掺杂源漏双向可重置场效应晶体管。

6.1 单栅控制非易失浮置程序栅可重置晶体管

随着 CMOS 的规模在未来十年将达到物理极限,需要进行改进,例如增强单个电子器件的功能,以更少的器件数量实现更复杂的系统,让更高的硬件灵活性和更简化的技术可以实现,并且可以增加集成电路每个构建块的价值。最近,提出了极性可控场效应晶体管或可重置场效应晶体管(RFET)。作为单个器件,可以通过在操作期间重置施加在程序栅极(PG)上的电压,将其配置为 N 型或 P 型场效应晶体管[1-2]。RFET 可以在可编程逻辑阵列方面提供优势,并可以用比传统 CMOS 技术更少的晶体管实现各种逻辑门[3-7]。因此,人们对 RFET 进行了许多研究,包括理论建模[8]、材料和制造相关报告[9]以及生物传感器等扩展应用[10]。然而,与 CMOS 技术相比,RFET 额外的 PG 增加了金属互连的复杂性和难度,并且如果控制栅(CG)反向偏置,PG 和 CG 之间的能带弯曲将增强,并发生带间隧道效应。因此,会形成漏电流并增加功耗。对于集成度极高的 RFET,CG 和 PG 之间的能带弯曲将大大增强。并且这两个栅极之间区域的隧道效应也将显著增强。因此,形成大量的带间隧道漏电流,显著增加功耗。

本节提出具有非易失的浮置程序栅(FPG)型 RFET。与普通的可重置场效应晶体管不同,它引入了非易失电荷存储层作为 FPG,而不是需要独立供电的 PG。通过向 CG 施加高电压来对 FPG 中存储的电荷进行编程。因此,FPG-RFET 只需要一个栅电极即可实现可重置功能。此外,CG 还可以调节 FPG 的等效电压。可以有效降低静态功耗和反向漏电流的产生。本节还详细分析物理机制。

在本节中,提出一种新型单栅控制浮置程序栅(FPG)可重置场效应晶体管。与普通的可重置场效应晶体管不同,它只需要一个独立供电的 CG,通过在 FPG 中写入不同类型的电荷来完成可重置操作。此外,通过在 FPG 中存储合理数量的电荷,CG 可以调节 FPG 中的等效电压,从而可以有效降低静态功耗和反向漏电流的产生。因此,与普通的可重置场效应晶体管相比,浮置程序栅可重置场效应晶体管不仅简化了 RFET 的结构,而且还带来了非易失功能并提高了器件性能。本节还提出浮置程序栅可重置场效应晶体管的简要制造流程，对所提出的浮置程序栅可重置场效应晶体管与传统 RFET 之间的特性进行比较，对所提出的浮置程序栅可重置场效应晶体管的性能和物理原理进行分析。

6.1.1　单栅控制非易失浮置程序栅可重置晶体管的结构与参数

图 6-1(a)是所提出的浮置程序栅可重置场效应晶体管的示意性俯视图，图 6-1(b)是沿图 6-1(a)中的切割线 A 获得的截面，图 6-1(c)是沿图 6-1(a)中的切割线 B 获得的截面。与普通的可重置场效应晶体管相同，在源/漏电极与硅本体之间的界面上形成肖特基势垒。L_{si} 是硅体从源电极到漏电极的长度。L_{CG} 是 CG 的底部长度，CG 的顶部长度等于 L_{FPG}，是浮栅的长度，t_{si} 是硅体的厚度，t_{ox1} 是硅体顶部的栅极氧化物的厚度，t_{ox2} 是 CG 和 FPG 之间的栅极氧化物的厚度。L_{SP} 是 CG 和 FPG 之间的间隔物的长度。W_{si} 是硅体的宽度。根据最近的技术节点，以及近期要实现的技术节点，L_{FPG} 作为器件的最小特征长度被定义为 5 nm[11]。

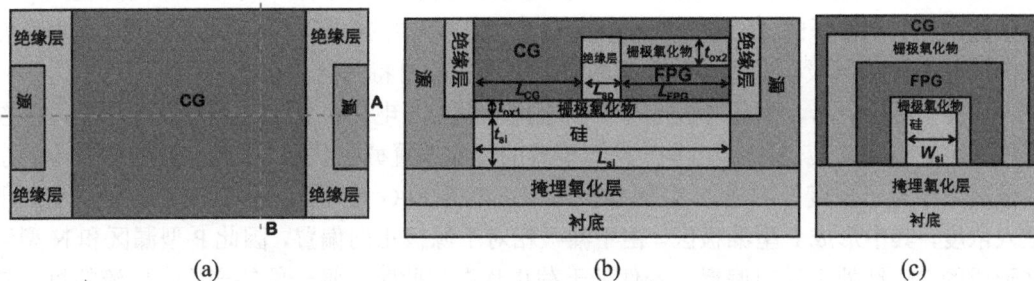

图 6-1　浮置程序栅可重置场效应晶体管的结构

浮置程序栅可重置场效应晶体管的参数如表 6-1 所示。

表 6-1　浮置程序栅可重置场效应晶体管的参数

参　数	参　数　值
硅体长度(L_{si})	20 nm
CG 长度(L_{CG})	5 nm
FPG 总长(L_{FPG})	5 nm
PG 总长(L_{PG})	5 nm
CG 和 FPG 之间的间距(L_{SP})	5 nm
第一层 HfO_2 栅极氧化物厚度(t_{ox1})	0.7 nm
第二层 HfO_2 栅极氧化物厚度(t_{ox2})	1.4 nm
硅厚度(t_{si})	5 nm
硅宽度(W_{si})	5 nm
HfO_2 相对介电常数(ε_{HfO_2})	21.976
绝缘隔离层相对介电常数(ε_{spacer})	3.89
源漏电极与硅导带之间的势垒高度($q\phi_{Bn}$)	0.56 eV

参 数	参 数 值
源漏电极与硅价带之间的势垒高度($q\phi_{Bp}$)	0.52 eV
FPG 中所存储的电荷量(Q)	C
漏源电压(V_{DS})	−0.8 V~0.8 V
控制栅至源极间电压(V_{CG})	−0.8 V~0.8 V
编程栅电压(V_{PG})	−0.8 V~0.8 V

6.1.2 单栅控制非易失浮置程序栅可重置晶体管的原理

图 6-2(a)是带正电 FPG 和正向偏置 CG 的浮置程序栅可重置场效应晶体管的能带图示意。图 6-2(b)是带正电 FPG 和反向偏置 CG 的浮置程序栅可重置场效应晶体管的能带图示意。如图 6-2(a)所示，当非易失电荷存储层被编程为正电荷，且 CG 施加正电压时，浮置程序栅可重置场效应晶体管工作在 N 型模式的导通状态。电子空穴对通过带间隧道效应在源一侧产生。正偏置的 CG 和带正电的 FPG 为导带中的电子提供了流动路径。此时，源极侧的电子被源电极与硅体导带之间的界面上形成的肖特基势垒阻挡。

如图 6-2(b)所示，当非易失电荷存储层被编程为正电荷，且 CG 施加负电压时，浮置程序栅可重置场效应晶体管工作在 N 型模式的反向偏置截止状态。此时，源极侧硅中的空穴浓度大于电子浓度，形成 N 型源极区，带正电的 FPG 使得漏极侧硅中的电子浓度大于空穴浓度，其中形成 P 型漏极区。由于漏极相对于源极正向偏置，因此 P 型漏区和 N 型源区形成的 PN 结处于反向偏置，器件处于截止状态。此时，唯一能够产生漏电流的机制是 CG 和 FPG 之间的区域会因能带弯曲而产生一定量的漏电流。然而，在下面的分析中，我们发现，由于 FPG 中的电势不仅与浮动编程栅极中存储的电荷类型和数量有关，还与施加到 CG 上的电压有关。与普通的可重置场效应晶体管相比，反向偏置的 CG 有助于降低浮动编程栅极中的有效电压，从而减弱 CG 与 FPG 之间的能带弯曲，这有助于减少反向泄漏。

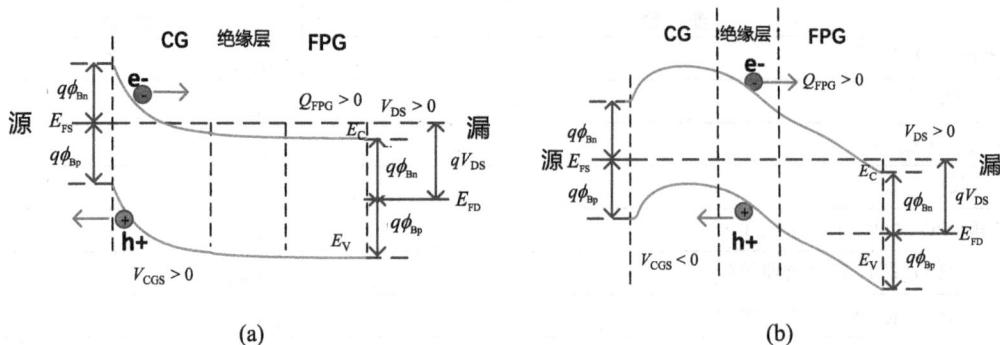

图 6-2 带正电 FPG 和正反向偏置 CG 的浮置程序栅可重置场效应晶体管的能带图示意

6.1.3 与普通的可重置晶体管的比较

图 6-3(a)是普通 RFET 的俯视图，图 6-3(b)是沿图 6-3(a)中的切割线 A 获得的截面，

图 6-3(c)是沿图 6-3(a)中的切割线 B 或切割线 C 切割获得的截面。t_{ox} 是硅体和 CG 或 PG 之间的栅极氧化物厚度，L_{PG} 是 PG 的长度。为了更合理地进行比较，这里两个器件相似的参数取相同的值。

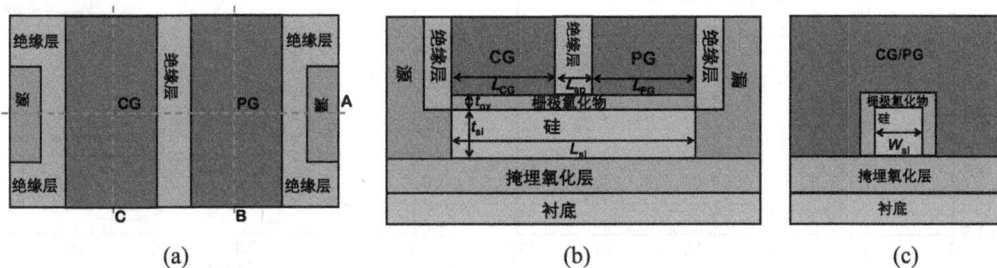

图 6-3　RFET 的结构示意

为了对所提出的浮置程序栅可重置场效应晶体管与普通 RFET 之间的传输特性进行比较[12]，费米分布模型、CVT 迁移率模型、螺旋复合模型、带隙缩小模型、fnord 隧道模型和标准带间隧道模型等物理模型均被启用。此外，对量子限制的研究表明，如果硅的尺寸大于 5nm，量子限制对器件性能仍然不会造成严重影响。采用简单有效的泊松方程求解器[13]。图 6-4 显示了浮置程序栅可重置场效应晶体管、普通 RFET 和[14]中的实验数据之间的传输特性比较。实验数据的几何尺度比模拟工作中的几何尺度大得多，实验数据中的 V_{DS} 为 2.0 V，而模拟工作中的 V_{DS} 等于 0.6 V。仿真和实验得到的 RFET、浮置程序栅可重置场效应晶体管的正向电流数据具有相似的数量级。仿真得到的具有相似几何参数的 RFET 和浮置程序栅可重置场效应晶体管的数据基本一致。浮置程序栅可重置场效应晶体管具有较低的反向泄漏，几乎比普通 RFET 低一个数量级。

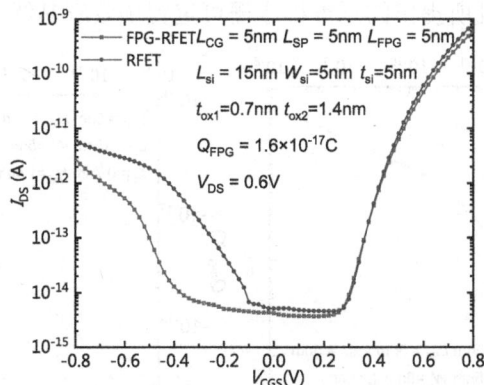

图 6-4　浮置程序栅可重置场效应晶体管、普通 RFET 的传输特性与实验数据的比较

图 6-5(a)显示了浮置程序栅可重置场效应晶体管与带正电 FPG 和正向偏置 CG 的普通 RFET 之间的能带图比较。两种能带图基本一致。图 6-5(b)显示了浮置程序栅可重置场效应晶体管与带有正电荷 FPG 和反向偏置 CG 的普通 RFET 之间的能带图比较。很明显，在反向偏置状态下，浮置程序栅可重置场效应晶体管从源极到漏极的能带弯曲比普通 RFET 更平滑。因此，浮置程序栅可重置场效应晶体管的带间隧道漏电流比普通 RFET 的带间隧道漏电流小。

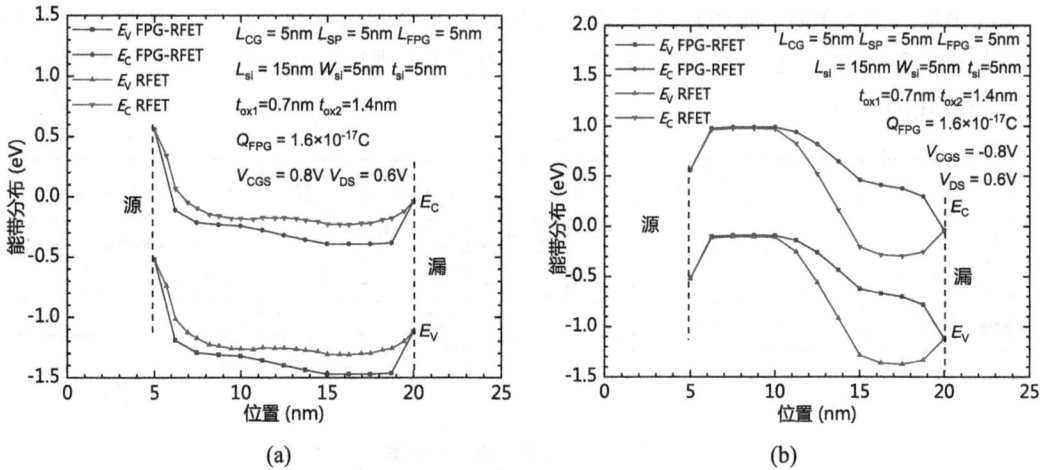

(a)

(b)

图 6-5 浮置程序栅可重置场效应晶体管与带有正电荷 FPG 和正反向偏置 CG 的
普通 RFET 之间的能带图比较

6.1.4 浮置栅极编程特性分析

图 6-6(a)显示了负 V_{CGS} 下浮置栅极中存储的电荷 Q_{FPG} 与编程时间之间的关系。图 6-6(b)显示了在正 V_{CGS} 下浮栅 Q_{FPG} 中存储的电荷与编程时间之间的关系。当对浮置栅极进行编程时,源/漏极接地,并且对栅极施加较大的电压。Q_{FPG} 的绝对值大致与编程时间成正比,应用较大的 V_{CGS} 可以缩短编程时间。通过负 V_{CGS} 编程后,正电荷存储在浮置栅极中,并且所提出的浮置程序栅可重置场效应晶体管可以在 N 模式下工作,通过正 V_{CGS} 编程后,负电荷存储在浮置栅极中,并且所提出的浮置程序栅可重置场效应晶体管可以工作在 N 模式下。

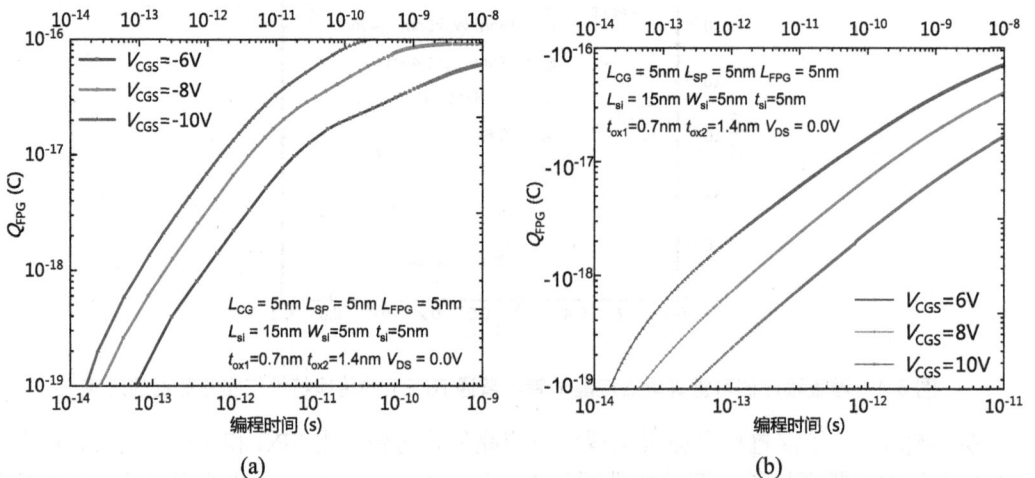

(a)

(b)

图 6-6 正负 V_{CGS} 下浮栅 Q_{FPG} 中存储的电荷与编程时间的关系

图 6-7(a)显示了浮置程序栅可重置场效应晶体管与不同正型 Q_{FPG} 的传输特性比较。图 6-7(b)显示了浮置程序栅可重置场效应晶体管与不同负型 Q_{FPG} 的传输特性比较。改变浮栅中存储的电荷类型可以改变所提出的浮置程序栅可重置场效应晶体管的导电类型。保持

电荷类型和改变电荷量对于 N 模式和 P 模式在导通状态下的传输特性几乎没有影响，但严重影响静态功耗和反向偏置漏电流。当 Q_{FPG} 从 1.6×10^{-18} C 变为 3.6×10^{-17} C 时，反向漏电流明显增加。证明 FPG 中存储的电荷量应控制在合理的范围内。

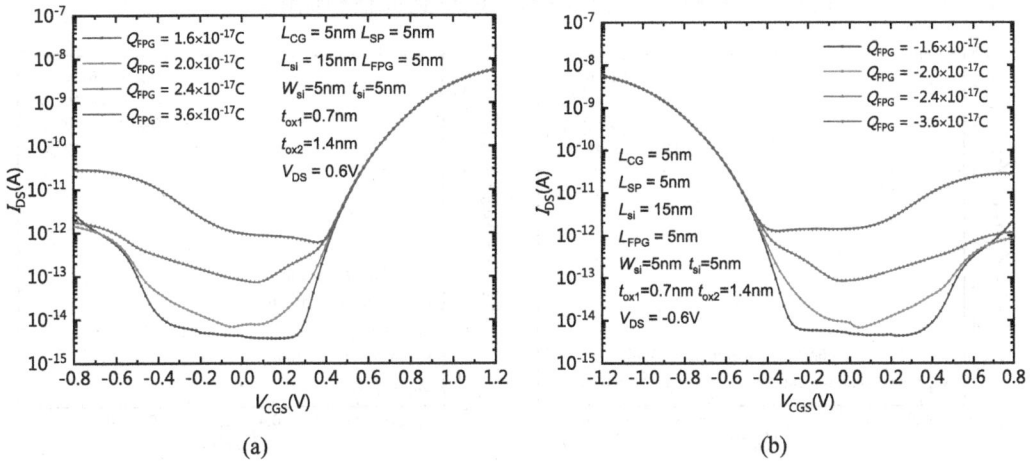

(a)

(b)

图 6-7   不同模式下浮置程序栅可重置场效应晶体管不同 Q_{FPG} 的传输特性比较

为了了解 Q_{FPG} 数量的充电会影响静态功耗和反向漏电流的原因，我们研究了 Q_{FPG} 数量的变化和 V_{CGS} 的变化对浮栅 V_{FPG} 有效电压的影响。图 6-8(a)显示了不同正 Q_{FPG} 下 V_{FPG} 随 V_{CGS} 变化的变化。图 6-8(b)显示了不同负 Q_{FPG} 下 V_{FPG} 的变化以及 V_{CGS} 的变化。可以看出，CG 电压对浮栅有效电压有耦合作用。浮动栅极电压不会像普通 RFET 的编程栅极那样保持在固定电压。当 CG 电压下降时，FPG 的有效电压也会下降，耦合效应减小了浮栅和 CG 之间的电位差。浮置程序栅的有效电压一般与 Q_{FPG} 的增加量和 V_{CGS} 的增加成正比，因此，通过控制 Q_{FPG} 的数量在合理的范围内，浮置程序栅的有效电压可以达到足够高的值。

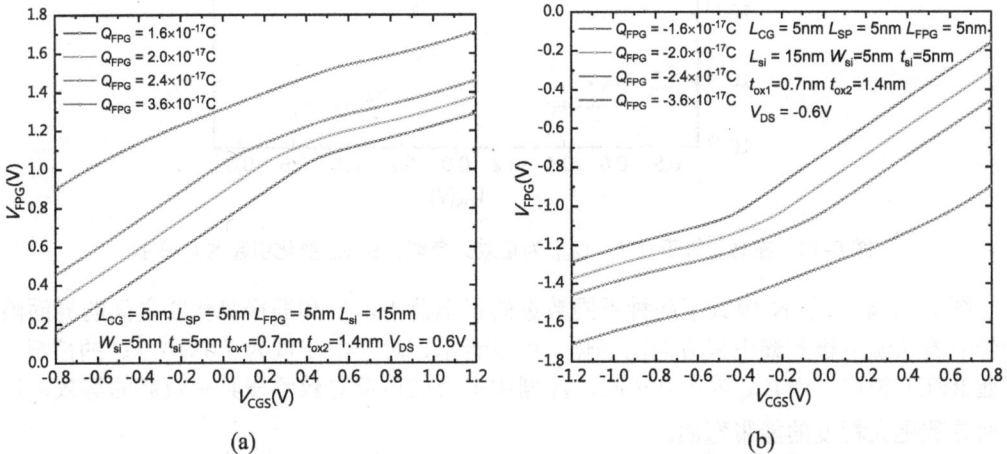

(a)

(b)

图 6-8   不同 Q_{FPG} 下 V_{FPG} 随 V_{CGS} 变化的曲线

图 6-9(a)显示了不同正向 Q_{FPG} 下 ΔV 随 V_{CGS} 变化的变化（$\Delta V = V_{FPG} - V_{CGS}$）。图 6-9(b)显示了不同负 Q_{FPG} 下 ΔV 随 V_{CGS} 变化的变化。ΔV 代表 FPG 和 CG 之间的电压差。ΔV 一般随着 Q_{FPG} 用量的减少而减小。通过适当地将一定数量的 Q_{FPG} 设置到 FPG 中，可以将 ΔV 减小

到合理的范围，以避免反偏状态下的强弯曲带状现象，从而减少带间隧道漏电流的产生。

图 6-10 显示了在 0 V V_{CGS} 偏置下，正负 Q_{FPG} 时 V_{DS} 变化引起的 I_{DS} 干扰，分别对应于 N 模式和 P 模式。结合图 6-8 和图 6-9 的分析，我们可以清楚地看到，向浮栅写入适量的电荷后，无论是 N 模式还是 P 模式，漏电流都可以得到调整和优化。

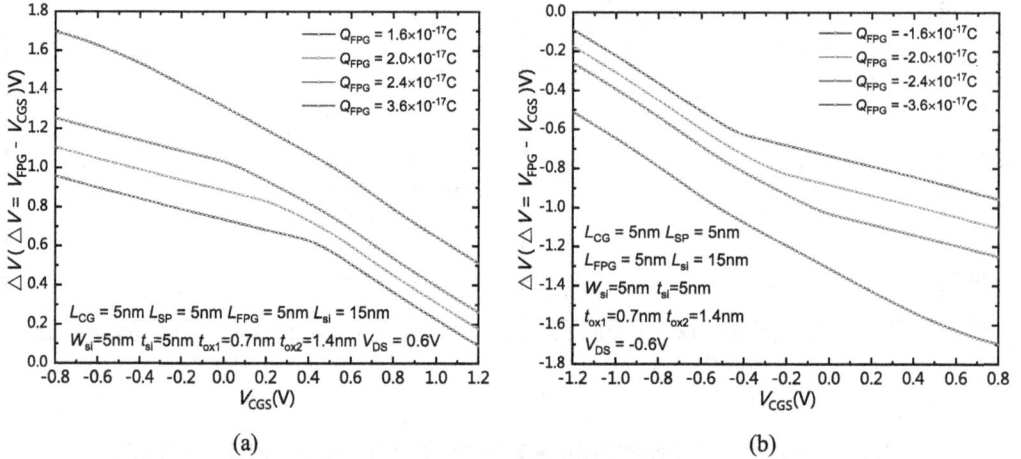

(a)   (b)

图 6-9 不同 Q_{FPG} 的 ΔV 随 V_{CG} 变化的变化

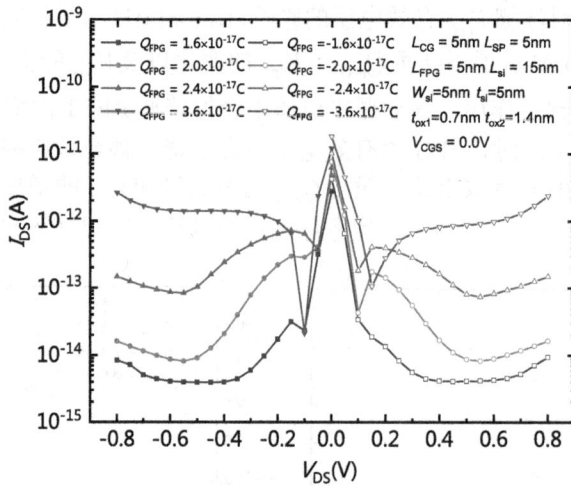

图 6-10 在 V_{CGS} 等于 0 V，Q_{FPG} 为正或为负时，由 V_{DS} 变化引起的 I_{DS} 干扰

图 6-11 显示了 N 模式下两种不同数量的正电荷下，硅和栅极氧化物之间的界面附近能带沿着从源电极到漏电极方向的变化。可以看出，对于电荷量为 3.6×10^{-17} C 的情况，与普通 RFET 类似，当 V_{CGS} 等于 0 V 时，浮栅中多余的电荷导致浮栅具有较高的等效电压，从而导致更大程度的能带弯曲。

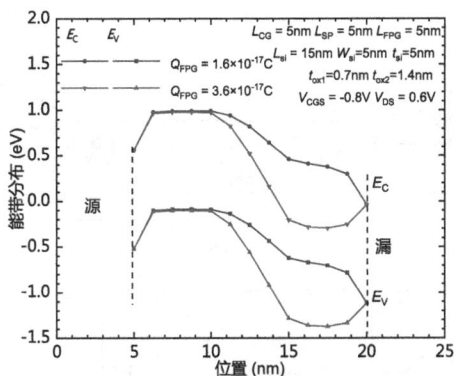

图 6-11　N 模式下两种不同电荷方向从源极到漏极的能带变化

6.1.5　浮置程序栅可重置场效应晶体管的简易工艺流程

图 6-12(a)～(y)显示了所提出的浮置程序栅可重置场效应晶体管的简要制造流程。如图 6-12(a)、图 6-12(b)所示，准备 SOI 晶片，SOI 晶片的底部为硅衬底。SOI 晶圆的顶部是硅膜。埋氧化层夹在它们之间。通过光刻和刻蚀工艺刻蚀 SOI 晶圆上方的硅膜，去除左右两侧的部分硅膜，然后通过沉积工艺沉积金属材料，形成金属和硅之间的肖特基接触。通过 CMP 工艺平坦化表面后，形成源/漏金属区。

如图 6-12(c)、图 6-12(d)所示，通过光刻和刻蚀工艺刻蚀 SOI 晶圆上方的硅膜，去除正反面的部分硅膜，然后通过沉积工艺沉积绝缘体材料，将表面平坦化，露出源/漏区和硅膜后，形成前、后侧墙区。

如图 6-12(e)、图 6-12(f)、图 6-12(g)和图 6-12(h)所示，沉积 HfO_2 等高 k 绝缘体材料，然后刻蚀左右两侧的部分高 k 绝缘体层，然后沉积绝缘体材料并平坦化表面，以初步形成栅氧化层并进一步形成间隔区。

如图 6-12(i)、图 6-12(j)、图 6-12(k)、图 6-12(l)、图 6-12(m)和图 6-12(n)所示，通过沉积工艺沉积金属材料，然后去除中心部分金属层左右两侧部分，通过光刻和刻蚀工艺初步形成 CG 和 FPG，然后沉积绝缘材料并平坦化表面以暴露 CG、FPG，进一步形成侧墙区域。

如图 6-12(o)和图 6-12(p)所示，去除用于形成 FPG 的金属层的前后部分，露出埋层氧化层，然后沉积高 k 绝缘体材料，初步形成第二栅氧化层用于隔离 CG 和 FPG。

如图 6-12(q)和图 6-12(r)所示，通过光刻和刻蚀工艺去除 FPG 上层，然后沉积高 k 绝缘体材料并平整表面以暴露 CG 和绝缘层，进一步形成 FPG 和第二栅氧化层。

如图 6-12(s)和图 6-12(t)所示，去除第二栅氧化层的前后部分，露出埋氧化层，然后沉积金属材料并平整表面，露出第二栅氧化层和侧墙进一步形成 CG。

如图 6-12(u)、图 6-12(v)、图 6-12(w)所示，再次沉积金属材料并蚀刻金属材料的左右两侧部分，进一步形成 CG，然后沉积绝缘体材料并平整表面暴露 CG 以进一步形成间隔区。

如图 6-12(x)和图 6-12(y)所示，刻蚀隔离层左右两侧的部分，露出源极和漏极金属区域，然后沉积金属材料并平整表面，露出 CG 和隔离层。进一步形成源极和漏极。

图 6-12　浮置程序栅可重置场效应晶体管的简要制造流程

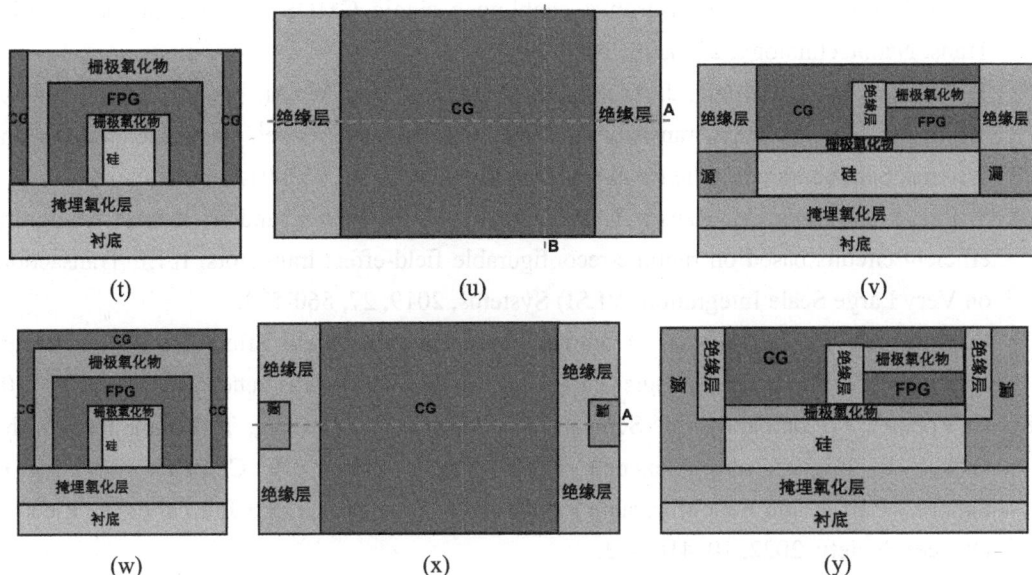

图 6-12　浮置程序栅可重置场效应晶体管的简要制造流程(续)

6.1.6　本节结语

在本节中，提出了一种新型单栅控制浮置程序栅可重置场效应晶体管。与普通的 RFET 不同，它只需要一个需要独立供电的 CG，通过在 FPG 中写入不同类型的电荷来完成可重置操作。此外，通过在 FPG 中存储合理数量的电荷，CG 可以调节 FPG 中的等效电压，从而可以有效降低静态功耗和反向漏电流的产生。因此，与普通的 RFET 相比，所提出的浮置程序栅可重置场效应晶体管不仅简化了 RFET 的结构，而且还带来了非易失功能并提高了器件性能。本节还提出了浮置程序栅可重置场效应晶体管的简要制造流程。所提出的浮置程序栅可重置场效应晶体管与普通 RFET 之间的特性比较是通过使用 SILVACO 工具进行器件模拟来完成的，并通过器件仿真对所提出的浮置程序栅可重置场效应晶体管的性能和物理原理进行了分析。

6.1.7　参考文献

[1]　A. Heinzig, S. Slesazeck, F. Kreupl, T. Mikolajick, and W. M. Weber. Reconfigurable silicon nanowire transistors. Nano Letters, 2012, 12, 119-124.

[2]　B. Sun, B. Richstein, P. Liebisch, T. Frahm, S. Scholz, J. Trommer, T. Mikolajick, J. Knoch. On the Operation Modes of Dual-Gate Reconfigurable Nanowire Transistors. IEEE Transactions on Electron Devices, 2021, 68, 3684-3689.

[3]　J. Zhang, X. Tang, P. E. Gaillardon, and G. De Micheli. Configurable circuits featuring dual-threshold-voltage design with three-independentgate silicon nanowire FETs. IEEE Transactions on Circuits and Systems I-Regular Papers, 2014, 61, 2851-2861.

[4]　W. M. Weber, A. Heinzig, J. Trommer, M. Grube, F. Kreupl, and T. Mikolajick.

Reconfigurable nanowire electronics-enabling a single CMOS circuit technology. IEEE Trans. Nanotechnology, 2014, 13, 1020-1028.

[5] T. Mikolajick, A. Heinzig, J. Trommer, T. Baldauf, and W. M. Weber. The RFET—A reconfigurable nanowire transistor and its application to novel electronic circuits and systems. Semiconductor Science and Technology, 2017, 32, 043001.

[6] S. Rai, J. Trommer, M. Raitza, T. Mikolajick, W. M. Weber, and A. Kumar. Designing efficient circuits based on runtime-reconfigurable field-effect transistors. IEEE Transactions on Very Large Scale Integration (VLSI) Systems, 2019, 27, 560-572.

[7] G. Galderisi, T. Mikolajick, J. Trommer. Reconfigurable Field Effect Transistors Design Solutions for Delay-Invariant Logic Gates. IEEE Embedded Systems Letters, 2022, 14, 107-110.

[8] C. Roemer, G. Darbandy. M. Schwarz, J. Trommer, A. Heinzig, T. Mikolajick, W. M. Weber, B. Iñíguez, and Alexander Kloes. Physics-Based DC Compact Modeling of Schottky Barrier and Reconfigurable Field-Effect Transistors. IEEE Journal of the Electron Devices Society, 2022, 10, 416-423.

[9] R. Böckle, M. Sistani, B. Lipovec, D. Pohl, B. Rellinghaus, A. Lugstein, W. M. Weber. A Top-Down Platform Enabling Ge Based Reconfigurable Transistors. Advanced Materials Technologies, 2022, 7, 210064.

[10] A. Biswas, C. Rajan, D. P. Samajdar. A Novel HM-HD-RFET Biosensor for Label-Free Biomolecule Detection. Journal of Electronic Materials, 2022, 51, 6388-6396.

[11] https://www.tsmc.com/english/dedicatedFoundry/technology/logic/l_3nm

[12] https://www.silvaco.com/products/tcad/device_simulation/device_simulation.html

[13] Shoji, M., Horiguchi, S. Electronic structures and phonon-limited electron mobility of double-gate silicon-on-insulator Si inversion layers. J. Appl. Phys, 1999, 85, 2722-2731.

[14] A. Heinzig, T. Mikolajick, J. Trommer, D. Grimm and W. M. Weber. Dually active silicon nanowire transistors and circuits with equal electron and hole transport. Nano Letters, 2013, 13, 4176-4181.

6.2 单栅极控制非易失双向可重置场效应晶体管

目前最先进的集成技术以金属氧化物半导体场效应晶体管为基本单元，平面栅极的金属氧化物半导体场效应晶体管由于短沟道效应而无法有效控制电流，从而引出了三维场效应晶体管(FinFET)[1-4]。随着金属氧化物半导体场效应晶体管器件尺寸的急剧减小，金属氧化物半导体场效应晶体管的沟道长度不断接近并超过光刻和其他微加工技术的极限。因此，人们不断开发新技术来推动"摩尔定律"的延伸[5]。尽管近年来，人们已经展示了基于新材料(如碳基 CPU)和新原理(如量子计算)的集成电路器件和电路原型[6-7]，但需要指出的是，CMOS 电路是基于新材料(如碳基 CPU)和新原理(如量子计算)的集成电路器件和电路原型，传统的硅基器件仍将占据集成电路产业的地位。更低的运行功耗、更丰富的功能集成方向是首选方案和主流趋势。具有增强功能的新器件可以通过实现具有多功能和更少基本单元的系统来"软"提高 IC 的集成度。

具有重构功能的场效应晶体管(RFET)近年来引起了学术界的关注，因为其导电类型可以在工作过程中通过改变程序栅极(PG)的电压来重构[8-10]。然而，有关 RFET 的报道涉及的规模远大于当今主流 FinFET 所达到的规模，缩小的 RFET 能否具有与主流技术相同的性能还存在不确定性[11-14]。RFET 在源/漏电极与半导体之间的界面附近通过带间隧穿现象产生载流子并形成电流，在其上形成导带和价带的肖特基势垒[15-16]。然而，为了实现可切换导电类型的晶体管，需要两个独立的栅电极。但 PG 需要独立供电，互连变得比较复杂。尽管人们提出了一种单栅极控制的 RFET，它简化了 RFET 器件的结构[17]，然而，该器件是不对称的，并且源/漏极不能像主流 CMOS 技术那样互换。

为了实现双向功能，在这项工作中，本节提出一种由单栅极控制的高度集成的非易失双向可重置场效应晶体管(SGCN-BRFET)。设计在源极/漏极两侧形成的浮动编程栅极(FPG)，可以同时实现非易失功能、双向以及可重置功能。所提出的 SGCN-BRFET 可以由 CG 本身进行编程，而不是 BRFET 的独立供电编程门(PG)。此后，可以简化互连。通过将不同类型的电荷编程到 FPG 中，可以重新配置 SGCN-BRFET 的导电类型。通过优化存储电荷的数量，可以改变 FPG 的有效电压，以实现更高的正向电流和更低的漏电流。本节还通过能带理论解释所提出的 SGCN-RFET 的原理，将该器件的性能与 BRFET 进行比较，分析 FPG 对 SGCN-BRFET 性能的影响。

6.2.1　单栅极控制非易失双向可重置场效应晶体管的结构与参数

图 6-13(a)是 SGCN-BRFET 的主视图，图 6-13(b)是沿图 6-13(a)中的切割线 A 的剖面。图 6-13(c)是沿图 6-13(a)中的切割线 B 或 D 的剖视图。SGCN-BRFET 采用的参数如表 6-2 所示。

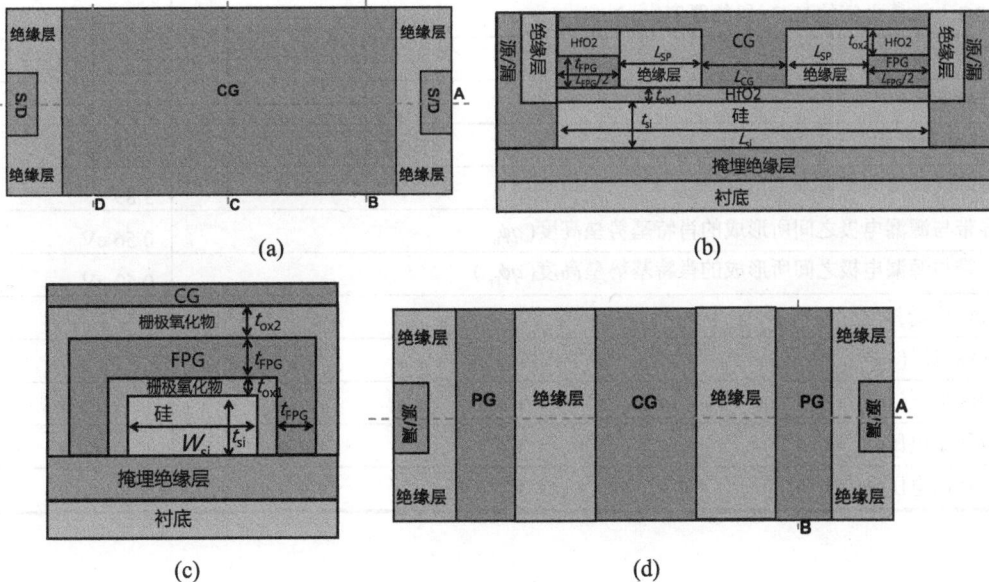

图 6-13　SGCN-BRFET 的结构

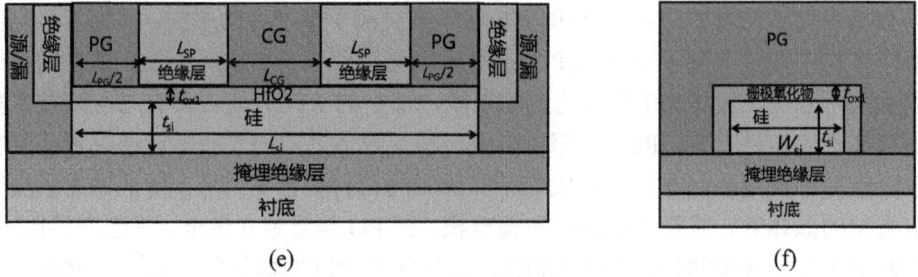

图 6-13　SGCN-BRFET 的结构(续)

以 N 型 SGCN-BRFET 为例，当漏源极电压(V_{DS})正向偏置时，如果存储有足够数量的正电荷，FPG 具有有效正电压，带间隧穿效应强度可控，所以由肖特基结引起的源极/漏极电阻是可调的，并且 SGCN-BRFET 是可切换的。图 6-13(d)是 BRFET 的主视图。图 6-13(e)是沿图 6-13(d)中的切割线 A 的剖面图，图 6-13(f)是沿图 6-13(d)中的切割线 B 的剖面图。应尽可能使用相似的参数标注和参数选择，以保证比较的合理性。参数选择也如表 6-2 所示。

表 6-2　SGCN-BRFET 的参数与参数值

参　数	参 数 值
硅体总长(L_{si})	20 nm
CG 中央部分长度(L_{CG})	5 nm
FPG 的半长度($L_{FPG}/2$)	5 nm
PG 的总长度(L_{PG})	5 nm
FPG/PG 与 CG 之间绝缘隔离层长度(L_{SP})	5 nm
硅上 HfO$_2$ 层的厚度(t_{ox1})	0.7 nm
FPG 与 CG 之间的 HfO$_2$ 层的厚度(t_{ox2})	1.4 nm
硅体厚度(t_{si})	5 nm
硅体宽度(W_{si})	5 nm
HfO$_2$ 层的相对介电常数(ε_{HfO_2})	21.976
绝缘隔离层的相对介电常数(ε_{spacer})	3.89
导带与源漏电极之间所形成的肖特基势垒高度($q\phi_{Bn}$)	0.56 eV
价带与源漏电极之间所形成的肖特基势垒高度($q\phi_{Bp}$)	0.52 eV
FPG 电荷量(Q)	
漏源电压(V_{DS})	
栅源电压(V_{GS})	
编程栅电压(V_{PG})	
浮置栅电压(V_{FPG})	

6.2.2　Q 和 V_{GS} 的变化对 V_{FPG} 的影响

SGCN-BRFET 的性能已通过 TCAD 仿真进行了评估[18]。这里分别启用带间隧道、玻尔兹曼分布、迁移率、带隙窄化和俄歇复合等模型来模拟输出特性。V_{FPG} 对应 Q 和 V_{GS} 的变化如图 6-14(a)所示。当 V_{GS} 固定时，V_{FPG} 随着 Q 的增大而增大。当 Q 固定时，V_{FPG} 与 V_{GS} 表现出明显的耦合效应，一般与 V_{GS} 成正比。这使得 V_{FPG} 与 BRFET 的 V_{PG} 不同。它不再是一个固定的量，而是随着 V_{GS} 的变化而变化的可变函数。当写入适量的电荷时，当 CG 正偏时，V_{FPG} 可以达到高于 V_{GS} 的有效值，并且也可以随着 V_{GS} 的减小而减小。当 CG 反向偏置时，V_{FPG} 可降至 0 V 左右。对于 RFET，源区产生载流子的方式是通过向 PG 施加高电压，从而触发带隙间隧道效应，产生电子空穴对。对于 SGCN-BRFET，由于这种耦合效应，V_{FPG} 不再恒定，这使得带间隧道效应的强度可以在亚阈值或反向偏置条件下降低。从而可以降低电子空穴对的产生速率，从而带来降低静态功耗和反向漏电流的可能性。

图 6-14(b)显示了 V_{GS} 和 ΔV 之间的关系(ΔV 等于 V_{FPG} - V_{GS})。ΔV 随着 V_{GS} 的增大而减小，随着 V_{GS} 的减小而逐渐增大。由于 BRFET 的 V_{PG} 是固定的，所以 ΔV 远小于 V_{FPG} 和 V_{GS} 之间的差值。

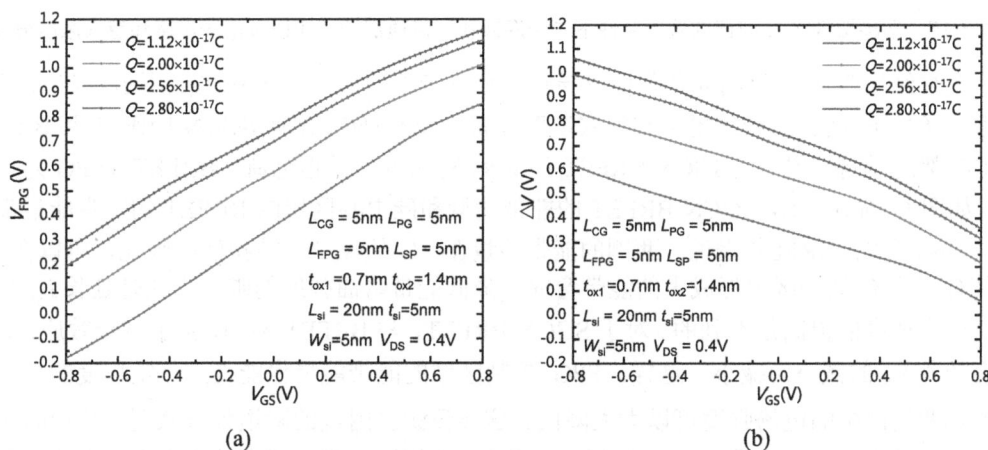

图 6-14 Q 和 V_{GS} 的变化对 V_{FPG} 的影响

6.2.3 单栅极控制非易失双向可重置场效应晶体管原理分析

所提出的 SGCN-BRFET 的原理可以通过能带理论来解释。两种结构在 N 型正向偏置条件下，导带底和价带顶的分布如图 6-15(a)所示。SGCN-BRFET 和 BRFET 的 CG 均为正向偏置。SGCN-BRFET 的 FPG 是用一定量的 Q 写入的。BRFET 的 PG 是正偏压的。如图 6-15(a)所示，E_{FMS} 是源极费米能级，E_{FMD} 是漏极费米能级。E_C 和 E_V 分别代表导带底部和价带顶部。在 CG 和 FPG/PG 的配合下，SGCN-BRFET 和 BRFET 的能级在整个硅中被拉低。

图 6-15(b)显示了两种结构在 N 型正向偏置条件下的电子浓度和空穴浓度分布。由于能带弯曲引起隧道效应，在正偏压 PG 和带正电 FPG 的情况下，两种结构的源极区都会产生大量的电子空穴对。源极可以接受来自价带的空穴(或者说，实际上源极为价带提供电子来填充价带空穴)，而对于导带，则接受源极侧隧道效应产生的电子可以被正 V_{DS} 拉至漏极，并且可以形成大量的正向导通电流。值得注意的是，写入正电荷的 FPG 中的等效电压会随着 V_{GS} 的增加而增加。它与 BRFET 的固定 V_{PG} 不同，因为 FPG 不会对器件产生限制正

向导通电流增加的固定串联电阻，因此正向电流可以随着 V_{GS} 的增加而不断增加。

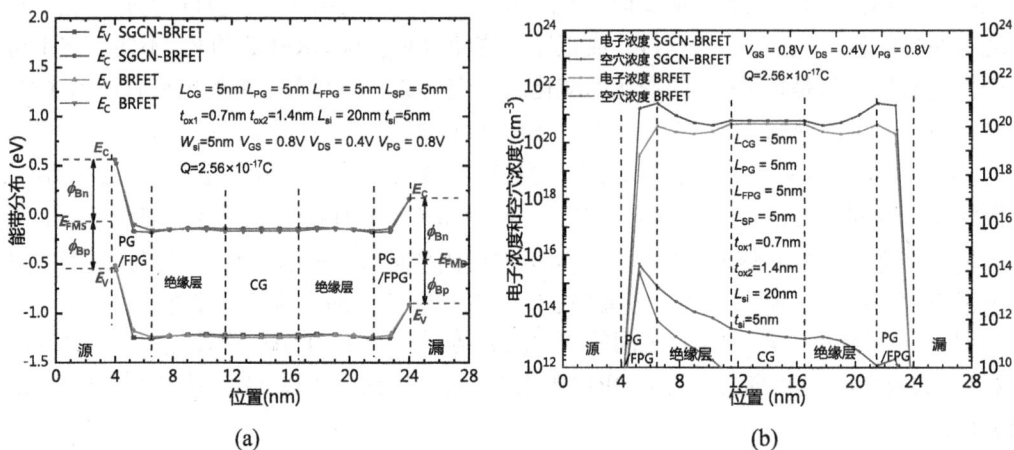

(a)

(b)

图 6-15　两种结构在 N 型正向偏置条件下导带底部和价带顶部的分布以及电子浓度和空穴浓度分布

两种结构在 N 型反向偏置条件下导带底和价带顶的分布如图 6-16(a)所示。在 N 型反向偏压条件下，两种结构的电子和空穴浓度分布如图 6-16(b)所示。SGCN-BRFET 和 BRFET 的 CG 都是反向偏置的。SGCN-BRFET 的 FPG 写入有大量正电荷。BRFET 的 PG 为正偏压。如图 6-16(a)所示，SGCN-BRFET 的能带能量和硅中心区域的 BRFET 的能带能量都被 CG 上拉。对于 BRFET 来说，两侧的能带能量在 PG 的控制下被拉低。因此，可以在 PG 和 CG 之间的间隔区中形成大的能带弯曲。降低能带弯曲强度的唯一方法是延长 L_{SP}。但这对于集成度的提高是不利的。对于 SGCN-BRFET，与 BRFET 不同，由于耦合效应，V_{FPG} 也会随着 V_{GS} 的减小而减小。这样，FPG 控制区域的能带能量也能得到一定程度的拉升。因此，两侧硅中的电场强度可以大大降低。这导致源区附近的隧道效应减弱，从而防止产生大量电子空穴对。如图 6-16(b)所示，与 BRFET 相比，两侧隧道效应产生的电子浓度大大降低。由于源侧导带能级几乎为空，即使间隔区出现能带弯曲，也不会出现大量的带间隧道效应，从而导致价带空穴位于硅区在 CG 的控制下，不能通过源极放电。因此，不会产生大量的漏电流。

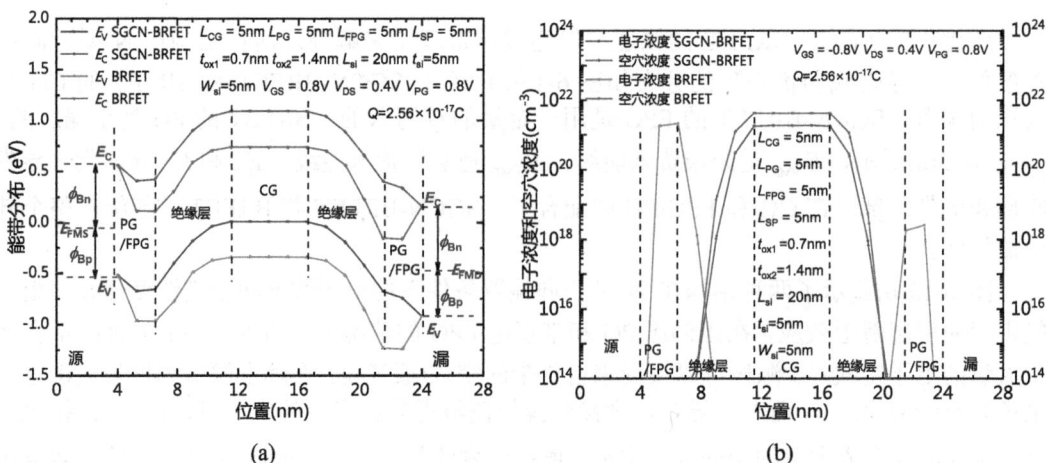

(a)

(b)

图 6-16　两种结构在 N 型反向偏置条件下导带底部和价带顶部的分布以及电子和空穴浓度分布

图 6-17(a)和图 6-17(b)分别显示了 SGCN-BRFET 和 N 型反向状态下的 BRFET 的电场强度。BRFET 中间隔区对应的部分离硅区最大电场强度达到 $5.0×10^6$ V/cm，远高于 SGCN-BRFET。

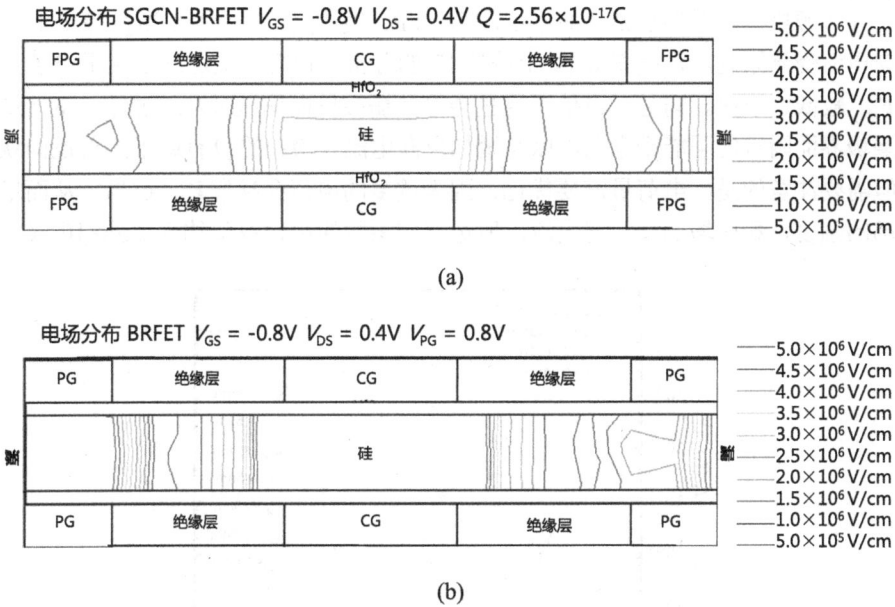

电场分布 SGCN-BRFET V_{GS} = -0.8V V_{DS} = 0.4V Q =2.56×10^{-17}C

(a)

电场分布 BRFET V_{GS} = -0.8V V_{DS} = 0.4V V_{PG} = 0.8V

(b)

图 6-17　SGCN-BRFET 和 N 型反向状态的 BRFET 的电场强度

6.2.4　与普通双向可重置场效应晶体管的对比

SGCN-BRFET、BRFET 以及文献[19]中归一化后的实验测得的 BRFET 的 I_{DS}-V_{GS} 特性如图 6-18 所示。与 BRFET 相比，SGCN-BRFET 同时实现了导通电流增大和反向电流减小。从反向状态来看，SGCN-BRFET 的漏电流比 BRFET 低近两个数量级。图 6-18 的对比结果与图 6-15、图 6-16 的分析结果一致。

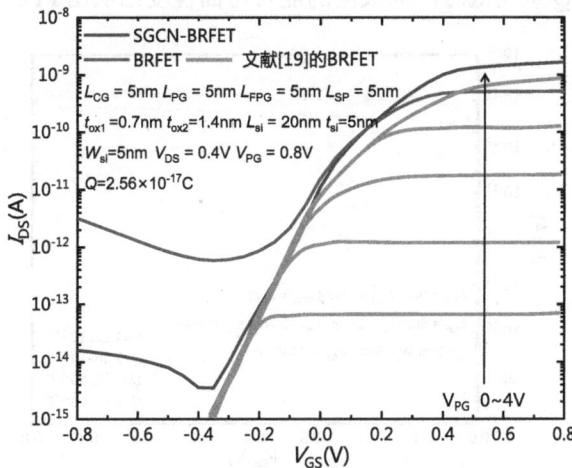

图 6-18　SGCN-BRFET、BRFET 和文献[19]中归一化后实验测得的 BRFET 的 I_{DS}-V_{GS} 特性

6.2.5　浮栅电荷量的影响

I_{DS}-V_{GS} 特性与 Q 之间的依赖性如图 6-19 所示。为了确定导通模式并避免由于 FPG 有效电压低而导致源极侧附近的能带弯曲不足，应给 FPG 编程足够的电荷。当 Q 等于 1.12×10^{-17}C 时，正向电流受到限制。根据图 6-14 至图 6-17 的分析，很容易知道这是由于 Q 值不足以及相应的 V_{FPG} 较低造成的。同时，Q 值不足也会导致栅极反向偏压时 V_{FPG} 过低，从而增加硅与源极或漏极界面附近的强能带弯曲，以及增加反向电流。增加的 Q 有助于改善反向状态下的 V_{FPG}。但需要注意的是，电荷量需要优化，因为过多的电荷会导致 V_{FPG} 过高，从而增加硅中最强电场的强度，相应增加反向漏电流。所选结构参数的优化 Q 值约为 2.56×10^{-17}C。

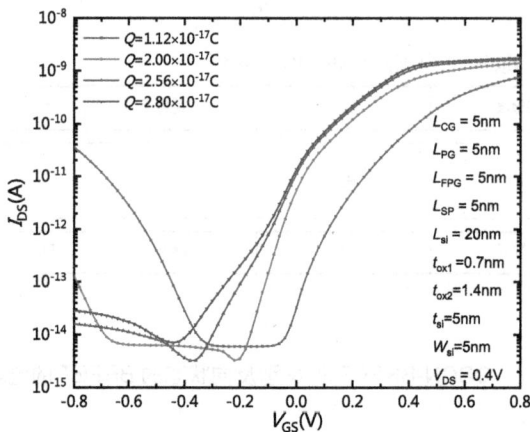

图 6-19　具有不同 Q 值的 SGCN-BRFET 的传输特性

图 6-20 显示了 V_{GS} 等于 0 V 时亚阈值区域中 I_{DS} 和 V_{DS} 之间的关系。可以看出，当 FPG 充满电时，亚阈值电流的大小几乎不随 V_{DS} 的变化而变化，而当 FPG 未充满电时，亚阈值电流变得小于 FPG 充满电时的情况，这是由于未充满电时 V_{GS} 的有效电压较低，且对能带弯曲的控制能力减弱造成的。并且在这种情况下，与 FPG 相比，V_{DS} 对能带弯曲的影响变得更加明显。换句话说，当 Q 量变低时，漏极侧的能带弯曲程度已从由 FPG 主导变为由 V_{DS} 主导。

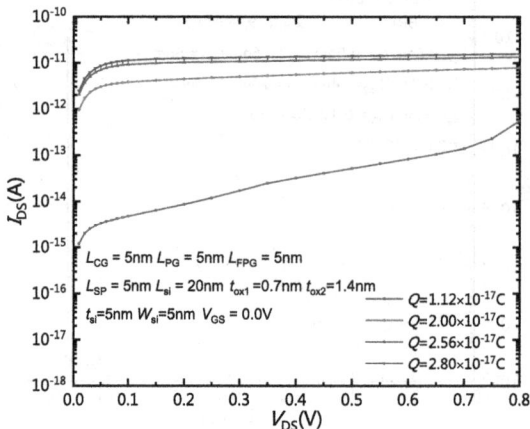

图 6-20　V_{GS} 等于 0V 时亚阈值区域中 I_{DS} 和 V_{DS} 之间的关系

6.2.6　非易失双向可重置场效应晶体管编程与擦除特性分析

当 V_{GS} 为负时，Q 与编程时间的关系如图 6-21(a)所示。当 V_{GS} 为正时，Q 和擦除时间之间的关系如图 6-21(b)所示。在编程操作期间，源极和漏极均接地，并施加较大的栅极电压。Q 随着编程操作时间的增加而增加，通过增加 V_{GS} 可以节省编程操作的时间。可以通过施加大的负 V_{GS} 来存储正电荷。而 SGCN-BRFET 作为 N 型器件工作，通过增加 V_{GS} 可以消除正电荷，可以通过增加 V_{GS} 来加速擦除操作。

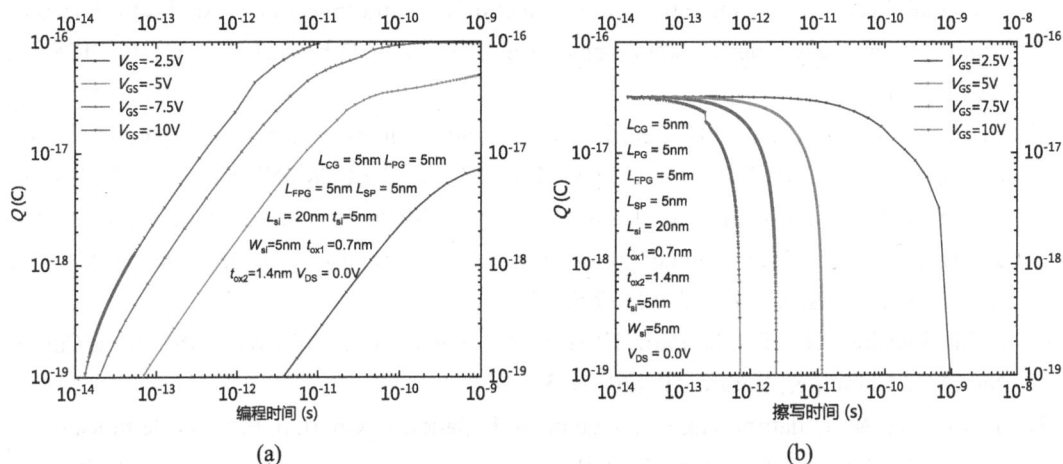

图 6-21　编程与擦除特性分析

6.2.7　本节结语

本节提出了一种由单栅极控制的高度集成的非易失双向可重置场效应晶体管。设计在源极/漏极两侧形成浮动编程栅极(FPG)，以同时实现非易失功能、重构功能和双向功能。所提出的 SGCN-BRFET 可以由 CG 本身进行编程，而不是 BRFET 的独立供电编程门(PG)。这样，可以简化互连。通过使用不同类型的电荷对 FPG 进行编程来重新配置 SGCN-BRFET。通过优化存储电荷的数量，可以改变 FPG 有效电压，以实现更高的正向电流和更低的漏电流。我们对所提出的 SGCN-RFET 的物理机制进行了系统分析，对该器件的性能与 BRFET 进行了比较，还详细讨论了电荷量对器件性能的影响。V_{FPG} 随着 Q 的增加而增加，并且与 V_{GS} 表现出明显的耦合效应。

当 CG 正向偏置时，V_{FPG} 可以达到高于 V_{GS} 的有效值，并且也可以随着 V_{GS} 的减小而减小。这使得在亚阈值或反向偏置条件下可以降低带间隧道效应的强度，并且 SGCN-BRFET 在反向偏置状态下的最大电场强度远低于 BRFET。SGCN-BRFET 的　原理也通过能带理论来解释。所选结构参数的 Q 优化值约为 $2.56×10^{-17}$C。当 FPG 充满电时，亚阈值电流的大小几乎不随 V_{DS} 的变化而变化，而当 FPG 未充满电时，由于其有效电压较低，亚阈值电流变得比相同 V_{GS} 下充分充电的情况要小。电压及其对能带弯曲的控制能力减弱。

6.2.8 参考文献

[1] J. P. Colinge. Multi-gate SOI MOSFETs, Microelectron. Engineering. 84 (2007) 2071-2076.

[2] X. Liu, Z. Xia, X. Jin, J.H. Lee. A High-Performance Rectangular Gate U Channel FETs with Only 2-nm Distance between Source and Drain Contacts. Nanoscale Research Letters. 14 (2019) 43.

[3] X. Jin, X. Liu, M. Wu, R. Chuai, J.H. Lee, J.H. Lee. A unified analytical continuous current model applicable to accumulation mode (junctionless) and inversion mode MOSFETs with symmetric and asymmetric double-gate structures. SOLID-STATE ELECTRONICS. 79 (2013) 206-209.

[4] X. Jin, G. Yang, X. Liu, J.H. Lee, J.H. Lee. A novel high-performance H-gate U-channel junctionless FET. JOURNAL OF COMPUTATIONAL ELECTRONICS. 16 (2017) 287-295.

[5] S. Narasimha, B. JAGannathan, A. Ogino. A 7nm CMOS Technology Platform for Mobile and High Performance Compute Application. IEEE International Electron Device Meeting, IEEE, San Francisco, USA. (2017) 29.5.1-29.5.3.

[6] M.M. Shulaker, G. Hills, N. Patil, H. Wei, H.Y. Chen, H.S. PhilipWong, S. Mitra. Carbon Nanotube Computer, Nature. 501(2013), 526-530.

[7] T. Meunier, M. Urdampilleta, D. Niegemann, B. Jadot, E. Charion, P.A. Mortemousque, C. Spence, B. Bertrand, G. Billiot, M. CaSSe, L. Hutin, H. Jacquinot, G. Pillonet, N. Rambal, Y. Thonnart, A. AmiSSe, A. Apra, L. Bourdet, A. Crippa, R. Ezzouch, X. Jehl, R. Maurand, Y.M. Niquet, M. Sanquer, B. Venitucci, S. De Franceschi, M. Vinet. Qubit read-out in Semiconductor quantum processors: challenges and perspectives. 65th IEEE Annual International Electron Devices Meeting (IEDM), IEEE, San Francisco, USA, (2019) 741-744.

[8] P. Pandey, H. Kaur. Improved temperature resilience and device performance of negative capacitance reconfigurable field effect transistors. IEEE Transactions on Electron Devices 67 (2020), 738-744.

[9] P. Pandey, H. Kaur. A comprehensive physics based surface potential and drain current model for SiGe channel dual programmable FETs. Semiconductor Science and Technology 37 (2022), 055017.

[10] P. Pandey, H. Kaur. Performance investigation of Reconfigurable-FET under the influence of parameter variability of ferroelectric gate stack at high temperatures. Microelectronics Journal, 124 (2022) 105442.

[11] J. Trommer, A. Heinzig, S. Slesazeck, T. Mikolajick, W. M. Weber. Elementary aspects for circuit implementation of reconfigurable nanowire transistors. Electron Device Letters, IEEE, 35 (2014) 141-143.

[12] M.D. Marchi, J. Zhang, S. Frache, D. Sacchetto, P. Gaillardon, Y. Leblebici, G.D. Micheli. Configurable logic gates using polarity-controlled silicon nanowire gate-all-around FETs. IEEE Electron Device Letters, 35(2014) 880-882.

[13] A. Bhattacharjee, M. Saikiran, A. Dutta, B. Anand, S. Dasgupta. Spacer engineering-based high-performance reconfigurable FET with low OFF current characteristics. IEEE Electron Device Letters, 36 (2015) 520-522.

[14] A. Bhattacharjee, S. Dasgupta. Impact of gate/spacer-channel underlap, gate oxide EOT, and scaling on the device characteristics of a DGRFET. IEEE Trans. Electron Devices, 64(2017) 3063-3070.

[15] A. Heinzig, S. Slesazeck, F. Kreupl, T. Mikolajick, and W. M. Weber. Reconfigurable silicon nanowire transistors. Nano Letters, 12 (2012) 119-124.

[16] M. De Marchi, D. Sacchetto, S. Frache, J. Zhang, P.E. Gaillardon, Y. Leblebici, G. De Micheli. Polarity control in double-gate, gate all-around vertically stacked silicon nanowire FETs. 2012 IEEE INTERNATIONAL ELECTRON DEVICES MEETING (IEDM), San Francisco, CA (2012).

[17] Jin, X.; Zhang, S.; Li, M.; Liu, X. A Novel Single Gate Controlled Nonvolatile Floating Program Gate Reconfigurable FET. Advanced Theory and Simulation. Early access (2023) 2200823. DOI: 10.1002/adts.202200823.

[18] https://www.silvaco.com/products/tcad/device_simulation/device_simulation.html

[19] J.H. Bae, H. Kim, D. Kwon, S. Lim, S.T. Lee, B.G. Park, J.H. Lee. Reconfigurable Field-Effect Transistor as a Synaptic Device for XNOR Binary Neural Network. IEEE Electron Device Letters, 40 (2019) 624-627.

6.3　源漏内嵌式非易失双向可重置晶体管

CMOS 集成电路的最小单元是金属氧化物半导体场效应晶体管[1-2]。随着金属氧化物半导体场效应晶体管尺寸的不断减小以及光刻技术的物理极限日益增大，为了延续摩尔定律，必须尝试开发新技术[3]。尽管近年来基于新材料的量子计算和集成电路器件的研究以及相关集成电路的开发一直在持续进行[4-5]，但是，作为主流的硅基技术，由于其成熟的工艺技术，各种改进的新想法也层出不穷。在光刻技术无法进一步突破的限制下，减少逻辑功能模块所需的器件数量是提高集成电路集成度的软途径。

可重置场效应晶体管(RFET)近年来引起了学术界的关注。它实际上可以看作是无掺杂和静电掺杂器件的扩展应用[6-9]。然而，与当前技术相比，报道的 RFET 尺寸要大得多。在纳米级尺寸下，RFET 是否能像 FinFET 技术一样正常工作尚不清楚[10-13]。RFET 通常不需要掺杂，其源极和漏极电子或空穴是通过向编程栅极施加正或负电压并通过隧道效应产生的[14-16]。因此，相比主流技术，RFET 需要增加程序门。程序门使得互连更加复杂。对于尺寸已缩小到纳米级的器件，如果 RFET 反向偏置，由于程序门不断正向或负向偏置，能带弯曲会增强，导致带间隧道效应，漏电流增大。为了减少漏电流，本节在上一节基础之上提出一种具有源漏垂直折叠浮栅的源漏内嵌式非易失双向可重置晶体管(NBRFET)。两侧源漏电极内嵌于硅体内，因此增加了隧道效应产生的面积，可增大正向电流。与需要两个独立供电栅极的传统 RFET 相比，所提出的 NBRFET 仅需要一个控制栅极和源漏浮动栅极即可实现非易失功能。

可重置功能是通过将栅极偏置在正或负高电压上，将不同类型的电荷编程到源漏浮动栅极中来实现的。源漏浮栅的有效电压由源漏浮栅中存储的电荷量和栅极电压共同决定。需要注意的是，栅极电压对浮栅的有效电压有耦合作用。当栅电极被正偏压并且浮置栅极已经被编程有适量的正电荷时，源漏浮置栅极中的有效电压高于栅极电压。与普通的可重置场效应晶体管相比，由于这种耦合效应，NBRFET 可以在相同的栅极电压下实现更高的导通电流。相反，当栅电极反向偏置时，这种耦合效应使得源漏浮栅的效应电压低于正向偏置的情况，则栅电极与源漏浮栅之间的电位差相对较小。与具有固定编程栅极电压的 RFET 相比减少了，有利于减少反向偏置状态下的能带弯曲和相应的带间隧道感应漏电流。器件尺寸可缩小至纳米级。通过器件仿真验证了器件的传输和输出特性以及可重置功能等性能，证明所提出的 NBRFET 可以在纳米尺度上更好地工作。

6.3.1　源漏内嵌式非易失双向可重置晶体管的结构与参数

图 6-22(a)是 NBRFET 的俯视图，图 6-22(b)是沿图 6-22(a)中的 A 线的截面，图 6-22(c)是沿图 6-22(a)中的 B 线的截面。图 6-22(d)是沿图 6-22(b)中的 A 线的 NBRFET 的截面。采用 NiSi 在源/漏极与硅的界面上形成肖特基势垒。源漏电极与硅导带之间的势垒高度为 0.6 eV，源漏电极与硅价带之间的势垒高度为 0.48 eV[17]。L_{si} 是源漏电极之间的硅的长度，H_{si} 是硅的高度，W_{si} 是硅的宽度。L_{CG} 是器件中心区域控制栅极的长度，t_{FG} 是浮置栅极的厚度，t_{ox1} 是硅和控制栅极/浮置栅极之间的栅极氧化物的厚度，t_{ox2} 是两侧控制栅和浮栅之间的隧道绝缘层厚度，t_{tunnel} 是源漏电极和栅氧化层之间的隧道层厚度。

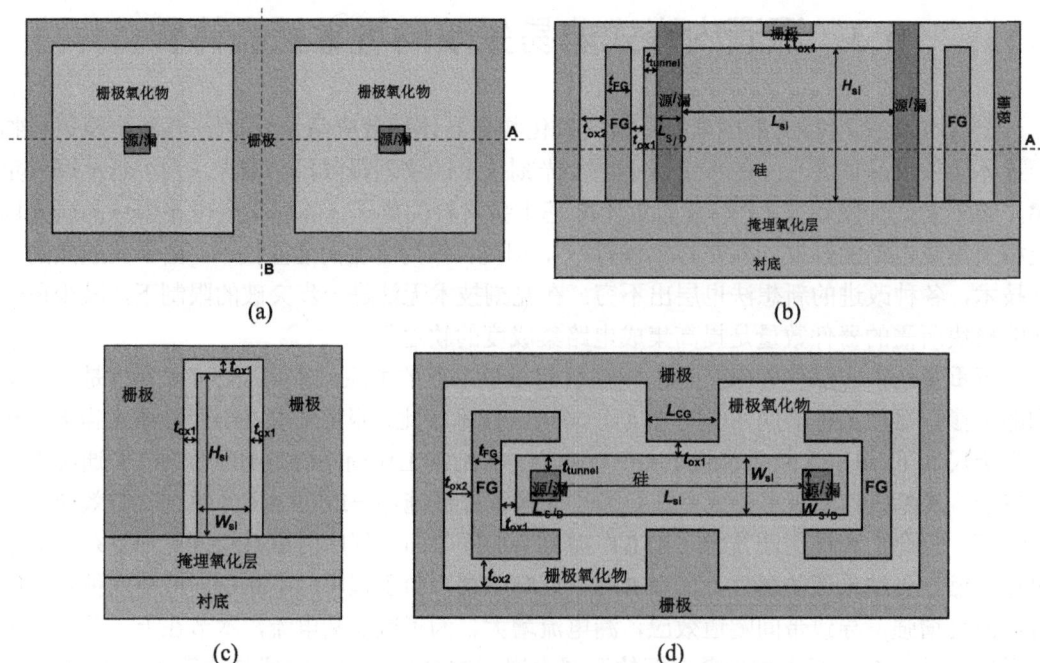

图 6-22　NBRFET 的结构

6.3.2　源漏内嵌式非易失双向可重置晶体管的简易工艺流程设计

　　所提出的源漏内嵌式非易失双向可重置晶体管的制造工艺可以与当前的 CMOS 工艺完全兼容。所提出的 N 双向隧道场效应晶体管的简要制造流程如图 6-23 所示。如图 6-23(a)、图 6-23(b)和图 6-23(c)所示，准备 SOI 晶片，通过去除周围的硅后实施光刻和蚀刻工艺，形成矩形硅区域。如图 6-23(d)、图 6-23(e)和图 6-23(f)所示，通过沉积工艺，沉积用于形成栅氧化层的绝缘介质材料。通过 CMP 工艺平坦化绝缘介质材料的表面后，再次暴露出硅膜。如图 6-23(g)、图 6-23(h)、图 6-23(i)和图 6-23(j)所示，通过光刻和蚀刻工艺去除部分绝缘介质材料，然后沉积金属。将金属层表面平坦化，露出硅膜和栅氧化层后，首先形成 FG 和 Gate。如图 6-23(k)、图 6-23(l)、图 6-23(m)所示，再次沉积绝缘介质材料，进一步形成栅氧化层。然后通过光刻和蚀刻工艺去除周围的绝缘介质材料，露出栅电极，然后再次沉积金属并平整表面，露出栅氧化层，进一步形成栅极和栅氧化层。参考图 6-22，部分去除绝缘介质材料层的中心部分，然后再次沉积金属并平整表面以暴露出绝缘介质材料层、绝缘介电材料层，最后形成栅电极。然后通过光刻和刻蚀工艺去除部分栅氧化层和硅膜，露出埋层氧化层，保留源漏电极的空间。然后沉积 Ni，退火后，在源极和漏极两侧形成 NiSi 界面以及 Ni 和硅之间的肖特基势垒。

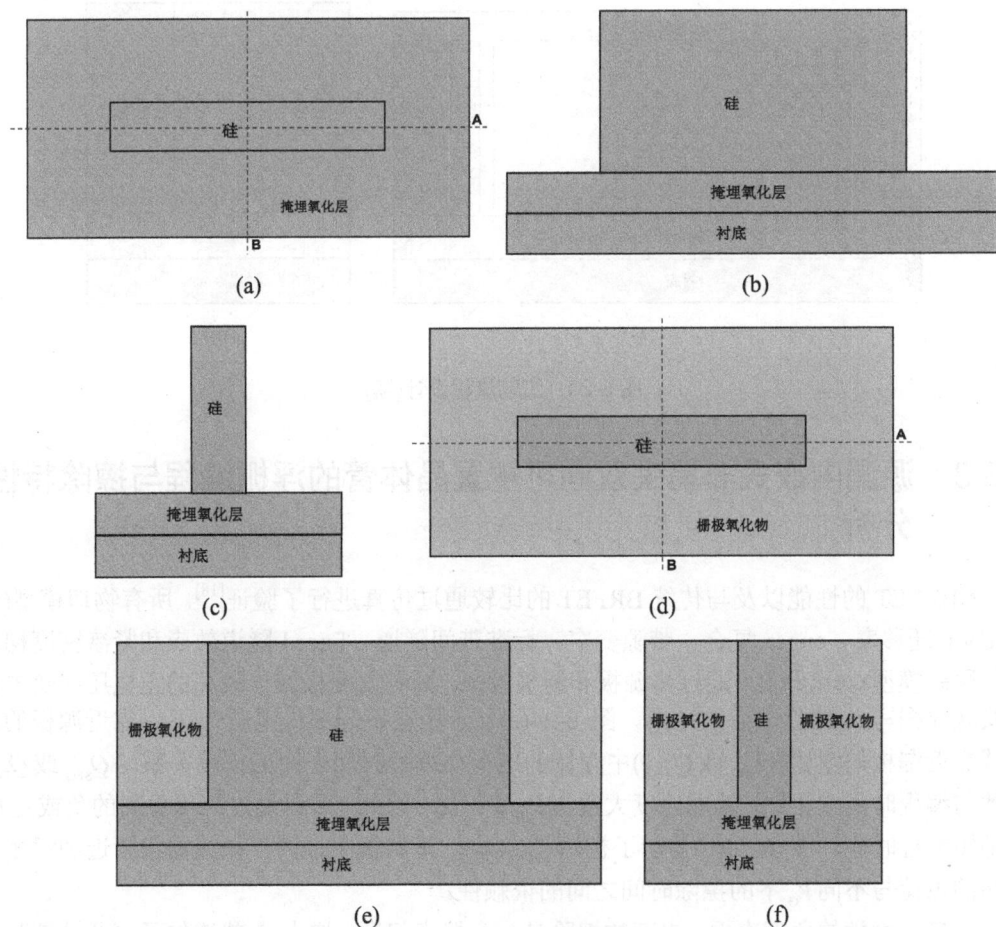

图 6-23　工艺流程设计

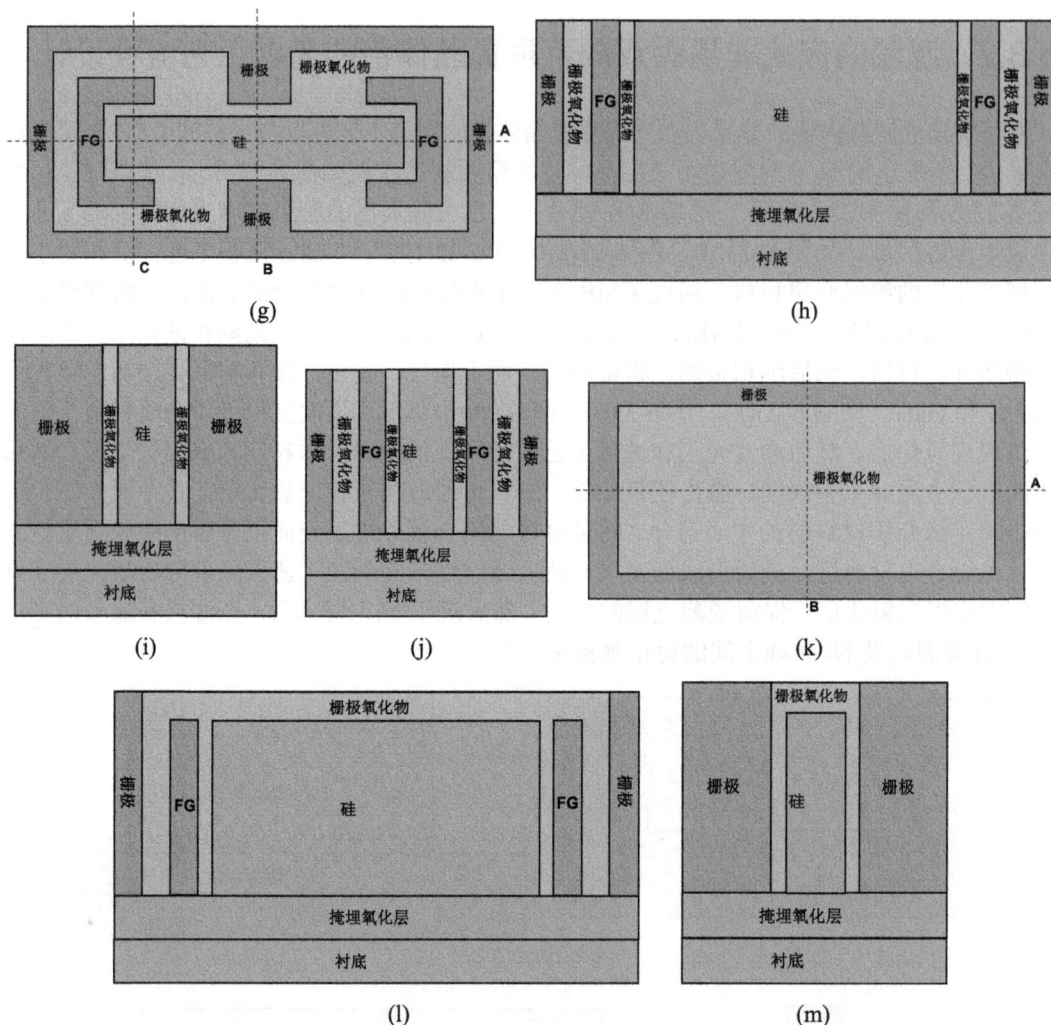

(g)

(h)

(i)

(j)

(k)

(l)

(m)

图 6-23 工艺流程设计(续)

6.3.3 源漏内嵌式非易失双向可重置晶体管的浮栅编程与擦除特性分析

NBRFET 的性能以及与传统 BRFET 的比较通过仿真进行了验证[18]。所有物理模型(例如 CVT 迁移率、auger 复合、带隙变窄、标准带间隧道、Fnord 隧道效应和紧凑密度梯度量子限制模型)均已开启。通过将源极和漏极接地,同时向栅极施加较高的正电压或负电压来实现浮栅写入/擦除电荷的操作。图 6-24(a)显示了在不同栅极电压 V_G 下,靠近源极的浮栅或靠近漏极的浮栅(Q_{SFG} 或 Q_{DFG})中存储的电荷与编程时间之间的依赖关系。Q_{SFG} 或 Q_{DFG} 大致与编程时间成正比,编程速度大致与 V_G 成正比。因此,可以通过应用更高的负或正 V_G 来缩短编程时间。图 6-24(b)显示了初始 Q_{SFG} / Q_{DFG} 下源极附近的浮栅或漏极附近的浮栅中存储的电荷与不同 V_G 下的擦除时间之间的依赖性。

从量子力学的角度来看,电荷的擦除是一个概率问题,增大 V_G 就增加了电荷被擦除的

概率。与编程过程类似，第一次擦除电荷所需的时间也大致与 V_G 成正比。由于在所提出的
NBRFET 的读写过程中还需要向栅极施加电压，该电压通常低于 1V，为了分析读取电压
对 Q_{SFG}/Q_{DFG} 的影响，我们展示了依赖关系图 6-24(c)，在初始 Q_{SFG}/Q_{DFG} 的源极附近的浮置
栅极或漏极附近的浮置栅极中存储的电荷与在低 V_G 下的擦除时间等于 1V(不同的 t_{ox1} 和 t_{ox2})
之间的比较。当 t_{ox1} 和 t_{ox2} 的厚度增加时，擦除浮栅中第一个电荷所需的平均时间也会增加。
如图 6-24(c)所示，当 t_{ox1} 等于 1 nm 时，擦除电荷所需的最短时间约为 10^{-8} s，而当 t_{ox1} 等于
2 nm 时，擦除电荷所需的最短时间增加至约 10^{-6} s。这意味着，在 t_{ox1} 等于 1 nm 的情况下，
如果读信号的时钟频率大于 100 MHz，则存储在浮栅中的电荷将不容易被擦除，而如果读
信号的时钟频率大于 1 MHz，对于 t_{ox1} 等于 2 nm 的情况，存储在浮栅中的电荷将不容易被
擦除。对于当今的技术来说，读取频率在 1GHz 以上，因此即使 t_{ox1} 的厚度低至 1nm，只要
读取信号时钟频率足够高，写入浮栅中存储的电荷就是非易失的。

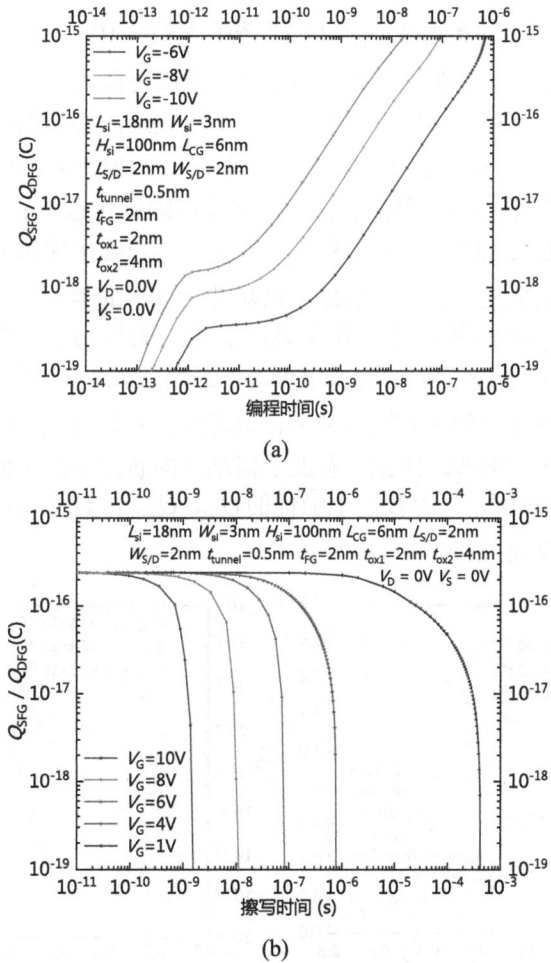

(a)

(b)

图 6-24　浮栅编程与擦除特性分析

(c)

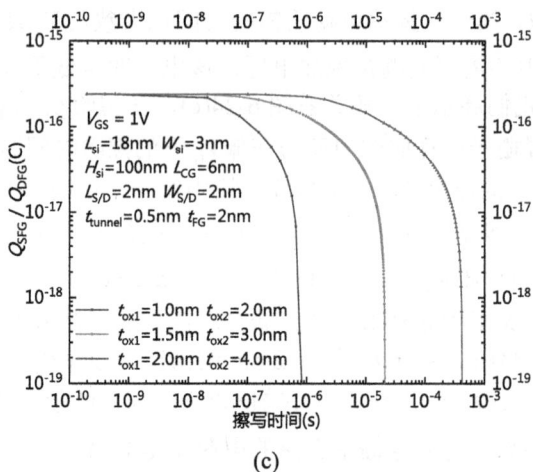

图 6-24 　浮栅编程与擦除特性分析(续)

　　图 6-25(a)为源漏浮栅有效电压($V_{\text{SFG}} / V_{\text{DFG}}$)与栅极电压 V_{G} 的关系，图 6-25(b)为不同 $Q_{\text{SFG}} / Q_{\text{DFG}}$ 下漏源电流 I_{DS} 与栅极电压 V_{G} 的关系，V_{SFG} 表示源极浮栅的有效电压，V_{DFG} 表示漏极浮栅的有效电压。一般来说，V_{SFG} 和 V_{DFG} 都随着 V_{G} 的增加而增加，随着 V_{G} 的减少而减少。增大 $Q_{\text{SFG}} / Q_{\text{DFG}}$ 有助于增大源漏浮栅在正向和反向偏置状态下的有效电压。对于正向偏压状态，由于 Q_{SFG} 和 Q_{DFG} 的增加，V_{SFG} 和 V_{DFG} 都增加，导致半导体中源漏区附近有更多的能带弯曲和更强的隧道效应。因此，源极可以从带间隧道提供更多的载流子，因此正向导通电流增大。由于 $V_{\text{SFG}} / V_{\text{DFG}}$ 和 V_{G} 之间存在耦合效应，因此，$V_{\text{SFG}} / V_{\text{DFG}}$ 可以随着 V_{G} 的增加而不断增加。因此，源极/漏极附近的载流子可以不断增加。对于反向偏压状态，Q_{SFG} 和 Q_{DFG} 的增加降低了漏极和浮栅之间的有效电势差，以及源极和浮栅之间的有效电势差，使得能带弯曲在反向状态下大大减少。因此，有助于消除反向状态下的带间隧道效应，减少漏电流的产生。如图 6-25(b)所示，存在一个最优的 $Q_{\text{SFG}} / Q_{\text{DFG}}$，它可以带来正向电流、反向漏电流和亚阈值特性的全面改善。

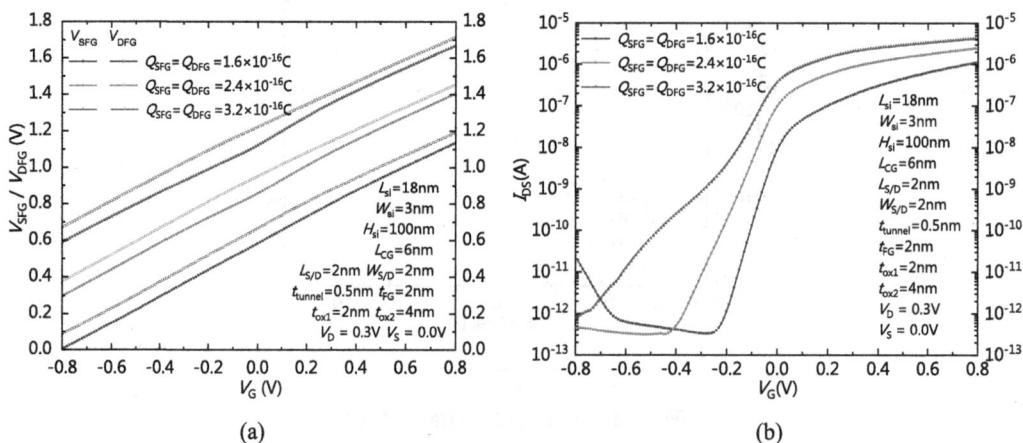

(a)

(b)

图 6-25 　源漏浮栅有效电压与 V_{G}（V_{SPG} 和 V_{DCG}）之间的关系以及源漏浮栅中存储不同*电*荷时漏源电流 I_{DS} 与栅极电压 V_{G} 之间的关系

6.3.4　与无掺杂隧道场效应晶体管及普通双向可重置晶体管的对比

图 6-26(a)显示了[7]中提出的 NBRFET、无掺杂(DL)隧道场效应晶体管和具有相似几何尺寸的传统 BRFET 之间的传输特性比较。根据图 6-25(a)分析，V_{SFG} / V_{DFG} 的有效电压随着 SFG 和 DFG 中电荷量的变化而变化，并且它们也随着 V_G 的变化而变化。V_{SFG} / V_{DFG} 与 V_G 之间存在耦合效应。因此，与 V_{PG} 固定的 BRFET 相比，NBRFET 的 V_{SFG} 和 V_{DFG} 会随着 V_G 的增大而增大，同时也会随着 V_G 的减小而减小。因此，当 NBRFET 的栅极反向偏置时，V_{SFG} 和 V_{DFG} 的有效电压较低。

如图 6-26(a)所示，当 V_G 小于 -0.4 V 时，NBRFET 的反向漏电流与 V_{PG} 为 0.6 V 的 BRFET 相当。随着 V_G 增大，V_{SFG} 和 V_{DFG} 也增大，NBRFET 产生的电流相当于 V_{PG} 较大的 BRFET 产生的电流。在图 6-26(a)中，NBRFET 的曲线和不同 V_{PG} 的 BRFET 的曲线有一个交点。参见图 6-25(a)，该交点对应的 NBRFET 的 V_{SFG} 和 V_{DFG} 几乎等于该交点对应的 BRFET 的 V_{PG}。可以清楚地看到，充电至 2.4×10^{-16} C 的源漏浮动栅极的 NBRFET 比具有固定 V_{PG} 的编程栅极的普通 BRFET 具有更好的正向导通特性和更低的反向漏电流。图 6-26(b)显示了所提出的 NBRFET 与具有不同漏极电压 V_D 的传统 BRFET 之间的漏电流比较。可以看出，在很大的漏极电压范围内，NBRFET 产生的反向漏电流比 BRFET 产生的要小。

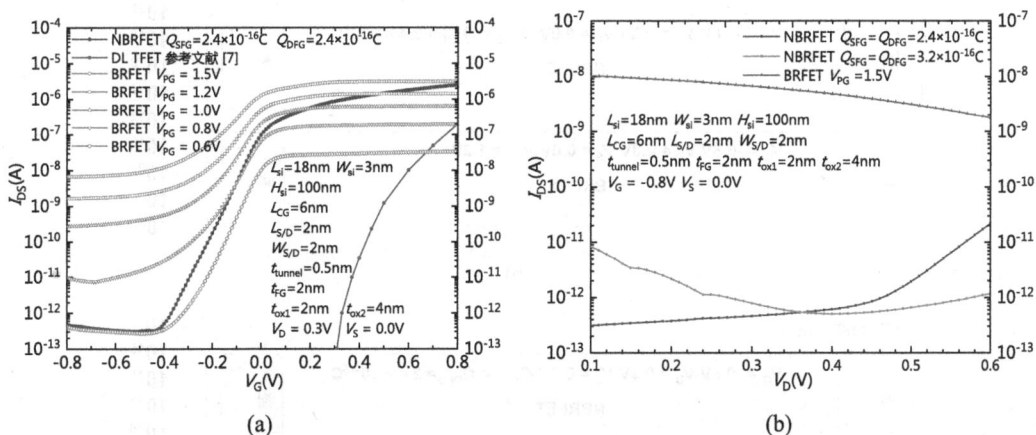

图 6-26　所提出的 NBRFET 和传统 BRFET 之间的比较

图 6-27(a)显示了 NBRFET 和带正偏栅电极和带正电浮栅的 BRFET 之间的电子浓度分布比较。仍施加正漏极电压 V_D。由于浮栅中的有效电压由浮栅中电荷的类型和数量以及栅极电压共同决定，因此由于耦合，源漏浮栅的有效电压随着栅极电压的增加而增加效应，所以正偏栅极电压使源漏浮栅的有效电压升高，通过硅区域的源极侧和漏极侧附近的电场效应，源漏浮栅拉低源漏两侧硅区的能带而发生能带弯曲。能带弯曲引起带间隧道现象的发生并产生载流子。产生的空穴可以被源极提供的电子填充，产生的电子沿着正 V_D 产生的电场线从源极侧流向漏极侧。这样，就形成了连续的漏源电流。因此，所提出的 NBRFET 在导通状态下工作。

图 6-27(b)显示了 NBRFET 和具有负偏压栅电极和带正电浮栅的 BRFET 之间的电子浓度分布的比较。图 6-27(c)显示了 NBRFET 和具有负偏压栅电极和带正电浮栅的 BRFET 之

间的空穴浓度分布的比较。负偏置栅极电压降低了浮置栅极的有效电压。NBRFET 源极和漏极两侧的电子或空穴浓度比 PG 固定在较高电压的 BRFET 小得多。因此，源极/漏极电阻随着 V_G 的减小而增大。因此，如图 6-25(a)所示，NBRFET 的反向漏电流与 PG 电压低的 BRFET 一样小，而 NBRFET 的通态电流与 PG 电压高的 BRFET 一样大。负偏置栅极电压降低了浮置栅极的有效电压。NBRFET 源极和漏极两侧的电子或空穴浓度比 PG 固定在较高电压的 BRFET 小得多。因此，源极/漏极电阻随着 V_G 的减小而增大。因此，如图 6-25(a)所示，NBRFET 的反向漏电流与 PG 电压低的 BRFET 一样小，而 NBRFET 的通态电流与 PG 电压高的 BRFET 一样大。

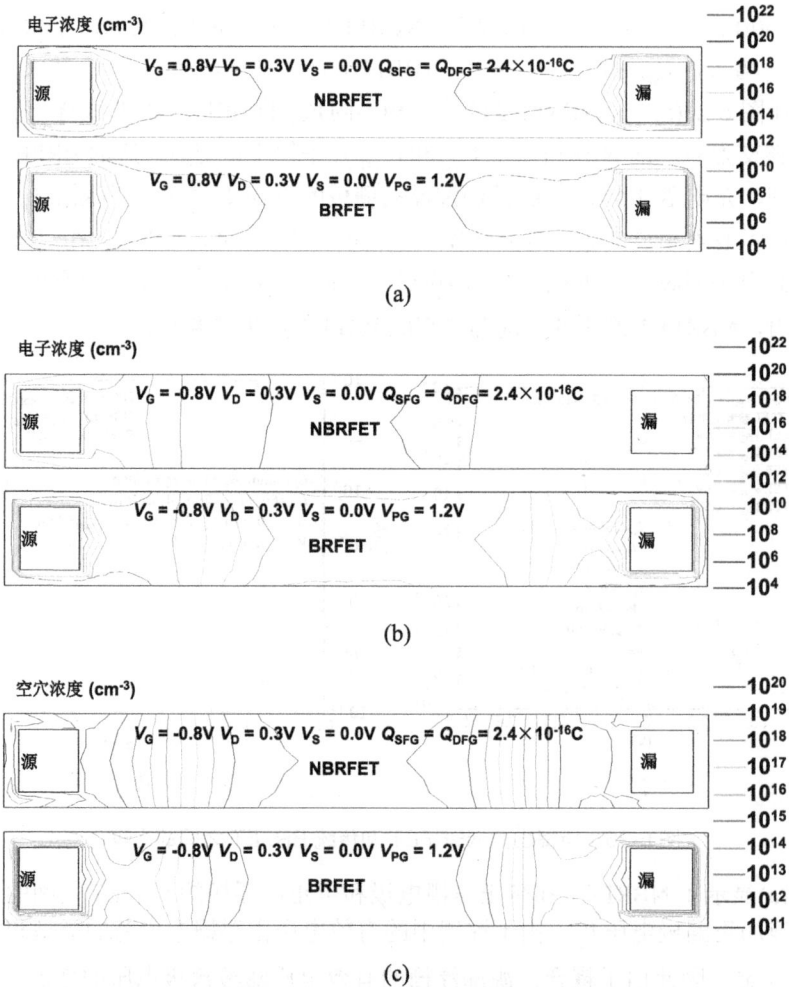

(a)

(b)

(c)

图 6-27　NBRFET 与 BRFET 之间的电子浓度或空穴浓度分布比较

　　图 6-28(a)显示了所提出的 NBRFET 和传统 BRFET 在正向偏置状态下导带能量分布的比较。可以清楚地看到，NBRFET 中的能带轮廓线更加密集。特别是在隧道层，能带弯曲幅度达到 0.45 eV。对于 BRFET，由于其固定的编程栅极电压不随栅极电压的变化而变化，因此能带弯曲幅度保持在 0.35 eV。这就是为什么 NBRFET 的正向导通电流可以通过增大 V_G 来不断增大，而 BRFET 的正向导通电流会随着 V_G 的增大而饱和的根本原因。图 6-28(b)显示了所提出的 NBRFET 和传统 BRFET 在反向偏置状态下导带能量分布的比

较。还可以看出，由于源漏浮栅的有效电压随着栅极电压的降低而降低，因此 NBRFET 中源极/漏极区附近的能带轮廓分布与传统 BRFET 相比，变得非常稀疏，因此，NBRFET 可以在相同的反向偏置栅极电压下实现更低的反向漏电流。

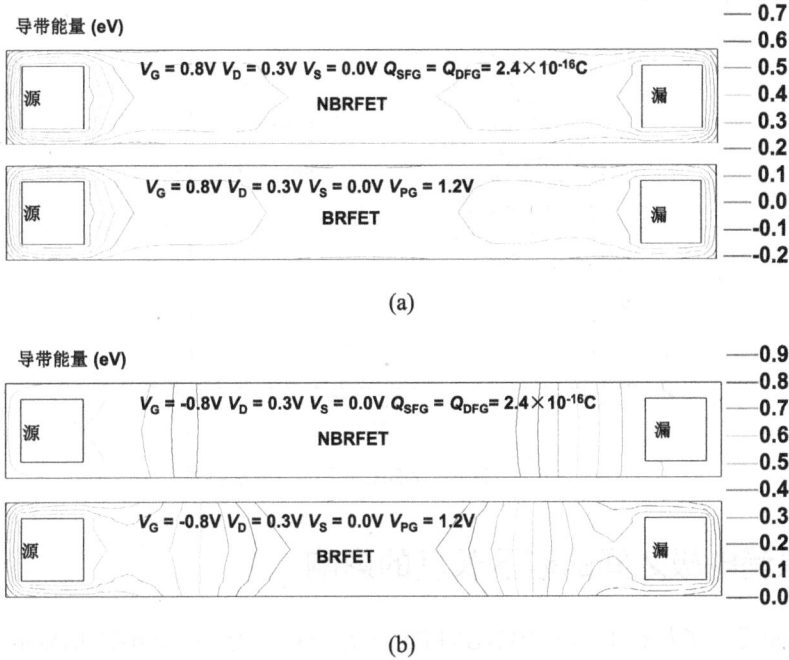

(a)

(b)

图 6-28　所提出的 NBRFET 和传统 BRFET 的导带能量分布的比较

图 6-29 显示了 I_{DS} 和 V_D 之间的输出特性。如图 6-29(a)所示，输出特性 I_{DS} 随着 Q_{SFG} 和 Q_{DFG} 的增加而增加。与传统的 BRFET 相比，当源漏浮栅存储适量的电荷时，所提出的 NBRFET 可以获得更好的输出特性。

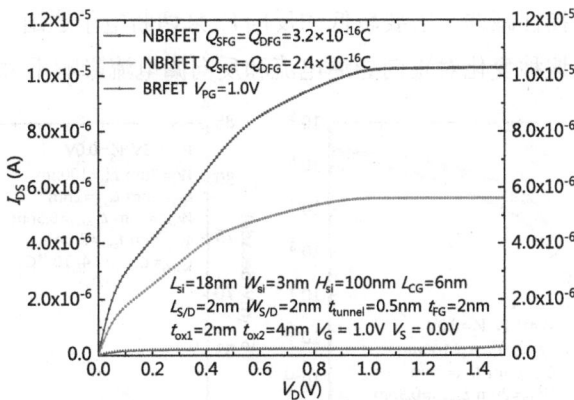

图 6-29　I_{DS} 和 V_D 之间的输出特性

6.3.5　源漏内嵌式非易失双向可重置晶体管的可重置特性分析

图 6-30 显示了所提出的 NBRFET 的可重置特性。如图 6-30 显示，存储在浮栅中的电

荷类型可以决定所提出的 NBRFET 的导通模式。当源漏浮栅储存正电荷且栅极也正向偏置时，带间隧道效应产生的导带中的电子可以流向漏极，器件工作在 N 型导通状态。类似地，当源漏浮栅存储负电荷且栅极反向偏置时，可以允许带间隧道效应产生的价带空穴通过，器件工作在 P 型。

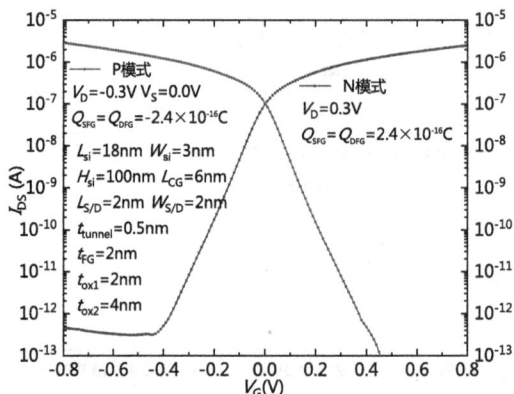

图 6-30 所提出的 NBRFET 的可重置特性

6.3.6 源漏电极之间的硅区长度的影响

图 6-31(a)显示了具有不同 L_{si} 的 NBRFET 的 $I_{DS} - V_G$ 依赖性。图 6-31(b)显示了 NBRFET 的 SS 和 L_{si} 之间的依赖性。由于 FG 与栅极之间的距离随着 L_{si} 的减小而减小，当栅极反向偏置时，FG 与栅极之间的能带弯曲也增强，因此反向漏电流随着 L_{si} 的减小而增大。然而，随着 L_{si} 的减小，从源极到漏极的整个沟道的栅极可控性也随之增加。因此，如图 6-31(b)所示，SS 随着 L_{si} 的减小而减小。反向漏电流与 SS 之间存在折中关系。推荐的最佳 L_{si} 约为 14 nm。图 6-32 显示了具有不同 L_{CG} 和 L_{si} 的 NBRFET 的 $I_{DS} - V_G$ 依赖性。随着 L_{CG} 减小，栅极对沟道电位的可控性减弱。需要较低的反向 V_G 来切断电子通道。因此，L_{CG} 的变化对阈值电压有影响。但这种变化对正向导通电流和反向漏电流影响不大。

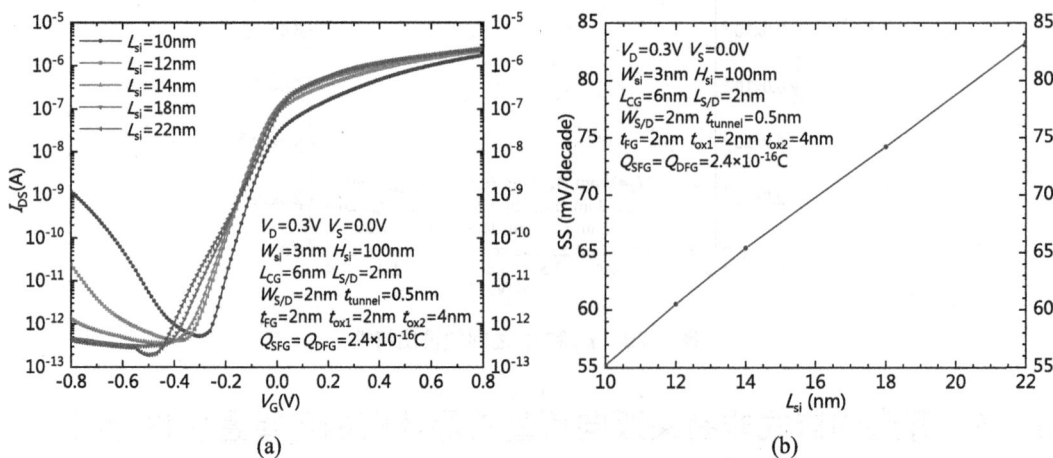

(a)

(b)

图 6-31 具有不同 L_{si} 的 NBRFET 的 $I_{DS} - V_G$ 依赖性及 NBRFET 的 SS 与 L_{si} 之间的依赖性

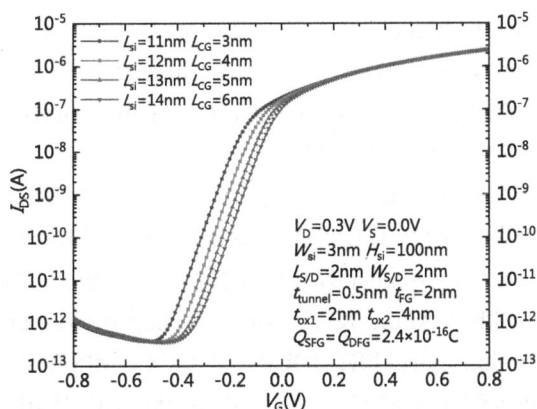

图 6-32　具有不同 L_{CG} 和 L_{si} 的 NBRFET 的 I_{DS} - V_G 依赖性

6.3.7　本节结语

在本节中，提出了一种基于源极/漏极(源漏)自可编程浮栅的源漏内嵌式非易失双向可重置晶体管(NBRFET)。与需要两个独立供电栅极的传统 RFET 不同，所提出的 NBRFET 仅需要一个控制栅极，并引入源漏浮动栅极来实现非易失功能。可重置功能是通过将栅极偏置在正或负高电压上，将不同类型的电荷编程到源漏浮动栅极中来实现的。源漏浮栅的有效电压由源漏浮栅中存储的电荷量和栅极电压共同决定。另外，当栅极反向偏置时，浮置栅极中存储的电荷具有减少源/漏区附近的能带弯曲的作用，从而可以大大降低带间隧道漏电流。器件尺度可缩小至纳米级。通过器件仿真验证了器件的传输和输出特性等性能，证明所提出的 NBRFET 在纳米尺度上具有非常好的性能。

6.3.8　参考文献

[1] AUTH C, ALLEN C, BLATTNER A, et al. A 22nm High Performance and Low-Power CMOS Technology Featuring Fully-Depleted Tri-Gate Transistors, Self Aligned Contacts and High Density MIM Capacitors[C]. IEEE VLSI Symposia - Technology, IEEE, Hawaii, USA, 2012: 131-132.

[2] KUHN K. Considerations for Ultimate CMOS Scaling. IEEE Transactions on Electron Devices, 2012, 59(7): 1813-1828.

[3] NARASIMHA S, JAGANNATHAN B, OGINO A, et al. A 7nm CMOS Technology Platform for Mobile and High Performance Compute Application[C]. IEEE International Electron Device Meeting, IEEE, San Francisco, USA, 2017: 29.5.1-29.5.3.

[4] SHULAKER M-M, HILLS G, PATIL N, et al. Carbon Nanotube Computer. Nature, 2013, 501: 526-530.

[5] MEUNIER T, URDAMPILLETA M, NIEGEMANN D, et al. Qubit Read-Out in Semiconductor Quantum Processors: Challenges and Perspectives[C]. IEEE International Electron Device Meeting, IEEE, San Francisco, USA, 2019: 741-744.

[6] Naveen Kumar, Ashish Raman. Performance assessment of the charge-plasma-based cylindrical GAA vertical nanowire TFET with impact of interface trap charges. IEEE TRANSACTIONS ON ELECTRON DEVICES, Vol.66, Issue10, PAGe4453-4460, OCT, 2019(d)OI: 10.1109/TED.2019.2935342.

[7] Ashok Kumar Gupta, Ashish Raman. Performance analysis of electrostatic plasma-based dopingless nanotube TFET. APPLIED PHYSICS A-MATERIALS SCIENCE & PROCESSING, Volume 126, Issue7, Article Number 573, JUN 30 2020, DOI: 10.1007/s00339-020-03736-7.

[8] Sunny Anand, S. Intekhab Amin, R. K. Sarin. Analog performance investigation of dual electrode based doping-less tunnel FET. JOURNAL OF COMPUTATIONAL ELECTRONICS, Volume 15, Issue1, Page94-103, MAR, 2016 DOI:10.1007/s10825-015-0771-4.

[9] Kumar, Naveen, Raman, Ashish. Novel Design Approach of Extended Gate-On-Source Based Charge-Plasma Vertical-Nanowire TFET: Proposal and Extensive Analysis. IEEE TRANSACTIONS ON NANOTECHNOLOGY, Volume 19, Page 421-428, 2020, DOI: 10.1109/TNANO.2020.2993565.

[10] J. Trommer, A. Heinzig, S. Slesazeck, T. Mikolajick, and W. M. Weber. Elementary aspects for circuit implementation of reconfigurable nanowire transistors. Electron Device Letters, IEEE, vol. 35, no. 1, pp. 141-143, Jan. 2014.

[11] M.D. Marchi, J. Zhang, S. Frache, D. Sacchetto, P. Gaillardon, Y. Leblebici, G.D. Micheli. Configurable logic gates using polarity-controlled silicon nanowire gate-all-around FETs. IEEE Electron Device Letters, vol. 35, no. 8, pp. 880-882, Aug. 2014.

[12] A. Bhattacharjee, M. Saikiran, A. Dutta, B. Anand, and S. Dasgupta. Spacer engineering-based high-performance reconfigurable FET with low OFF current characteristics. IEEE Electron Device Letters., vol. 36, no. 5, pp. 520-522, May 2015.

[13] A. Bhattacharjee and S. Dasgupta. Impact of gate/spacer-channel underlap, gate oxide EOT, and scaling on the device characteristics of a DGRFET. IEEE Trans. Electron Devices, vol. 64, no. 8, pp. 3063-3070, Aug. 2017.

[14] A. Heinzig, S. Slesazeck, F. Kreupl, T. Mikolajick, and W. M. Weber. Reconfigurable silicon nanowire transistors. Nano Letters, vol. 12, no. 1, pp. 119-124, Jan. 2012.

[15] De Marchi M, et al. Polarity control in double-gate, gate all-around vertically stacked silicon nanowire FETs. IEEE Int. Electron Devices Meeting (IEDM) (10 13 December) 2012 (IEEE) (https://doi.org/10.1109/IEDM.2012.6479004)

[16] International Roadmap for Devices and Systems 2018 Edition. [Online]. Available: https://irds.ieee.org/

[17] R. J. Hauenstein, T. E. Schlesinger, and T. C. McGill. Schottky barrier height measurements of epitaxial NiSi2 on Si. Appl. Phys. Lett. 47, 853 (1985). https://doi.org/10.1063/1.96007

[18] https://www.silvaco.com/products/tcad/device_simulation/device_simulation.html

6.4　互补低肖特基势垒源漏接触的非易失双向可重置晶体管

如今，集成电路(IC)基本元件的物理尺寸越来越接近物理极限。因此，与其缩小基本元件的规模，不如提高 IC 单个元件的功能密度，提高 IC 单个元件的功能密度成为"软"提高 IC 密度的新途径。因此人们提出了可重置场效应晶体管(RFET)和双向可重置场效应晶体管(BRFET)。与传统晶体管不同，通过改变施加在程序栅极(PG)上的电压的极性，可以将 RFET 或 BRFET 的导通模式重新配置为 N 型或 P 型[1-2]。RFET 和 BRFET 可以实现比传统基于金属氧化物半导体场效应晶体管的逻辑门更简单的逻辑门[3-7]。同时，在金属源极与半导体的导带和价带之间形成源极侧的高肖特基势垒，以实现可重置功能。

硅化镍(NiSi)是 RFET 和 BRFET 中肖特基势垒形成的典型材料。因为 NiSi 和半导体导带之间形成的肖特基势垒高度类似于 NiSi 和半导体价带之间形成的肖特基势垒高度[8]。与基于高肖特基势垒的双向隧道场效应晶体管[9-12]类似，通过调节编程栅极(PG)的电压，可以在硅中源极侧产生电子空穴对，以能带隧道克服肖特基势垒，该势垒阻止载流子在源电极和半导体区域之间流动。通过调节 PG 电压的极性，可以控制载流子在半导体区域的导带或价带中流动。因此，PG 电压的极性决定了源极能够提供的载流子类型，也决定了 RFET 的导电类型。施加到 PG 上的电压的大小决定了能带弯曲的强度以及由能带间隧道效应产生的载流子数量的相应生成率。然而，由于带间隧道效应产生的载流子数量极其有限，其正向导通电流往往远小于主流技术，这是基于肖特基势垒的 RFET 的先天劣势。此外，相关报告中涉及的 RFET 和 BRFET 的规模远大于当今主流技术所达到的规模[13-16]。RFET 和 BRFET 实际上通过带间隧道现象产生载流子并形成电流，以克服在源电极和硅之间的界面上形成的肖特基势垒[17-18]。然而，为了重新配置器件，需要两个独立的栅电极。与单栅极 FET 相比，RFET 或 BRFET 的额外 PG 增加了金属互连的复杂性。不仅如此，当 RFET 或 BRFET 工作在截止状态或反向偏置状态时，由于始终工作在高电压的 PG 引起的局域电场增强，会增强能带弯曲，导致带间隧道效应并增加功耗。这种效应对于高度集成的 RFET 尤为显著。当 PG 和控制栅极(CG)施加相反极性的电压时，这两个栅极之间的区域中的带间隧道效应将显著增强。

为了简化金属互连并实现高性能纳米级可重置场效应晶体管，本节提出一种基于互补低肖特基势垒源极/漏极(源漏)接触的非易失双向可重置场效应晶体管(CLSB-NBRFET)。与普通双向可重置场效应晶体管采用一种金属(例如 NiSi)在源漏电极与硅的导带之间以及源漏电极与硅的价带之间形成高肖特基势垒不同，CLSB-NBRFET 采用两种金属硅化物，在源漏电极与硅的导带之间以及源漏电极与硅的价带之间同时形成低肖特基势垒。第一类金属(ErSi)与硅之间对于导带电子形成的肖特基势垒高度 $q\phi_{Bn1}$ 远小于对于价带空穴形成的肖特基势垒高度 $q\phi_{Bp1}$。第二类金属和硅之间对于价带中的空穴形成的肖特基势垒高度(PtSi) $q\phi_{Bp2}$ 远小于对于导带电子形成的肖特基势垒高度 $q\phi_{Bn2}$。ErSi 和硅之间的界面上形成的低 $q\phi_{Bn1}$ 约为 0.25 V[19]，PtSi 和硅之间的界面上形成的低 $q\phi_{Bp2}$ 约为 0.25 V[20-21]。因此，当源极浮栅(SFG)和漏极浮栅(DFG)带正电时,由于导带中的热电子发射,来自源极的电子很容易通过低 $q\phi_{Bn1}$ 肖特基势垒流入半导体区域,而当 SFG 和 DFG 带负电时,由于价带中的热电子发射,来自半导体的空穴很容易通过低 $q\phi_{Bp2}$ 肖特基势垒流入源极。因此,与独特的基于肖特基势垒的传统 BRFET 相比,N 模式和 P 模式下的正向电流都有很大改善。

由于电荷可以通过俘获现象存储在介电层之间[22-23],因此设计了源极浮栅(SFG)和漏极浮栅(DFG),可以简化 RFET 的栅极互连并实现非易失可重置功能。SFG 和 DFG 中存储的电荷类型决定了 CLSB-NBRFET 的传导类型。由于 SFG/DFG 的有效电压与控制栅(CG)电压(V_{CG})之间存在耦合效应,在反向偏置状态下可以降低 SFG 和 DFG 的有效电压,从而可以减小反向漏电流。因此,CLSB-NBRFET 的尺寸可以缩小到纳米级,同时保持高性能。所提出的 CLSB-NBRFET 的 SFG 和 DFG 可以由 CG 本身进行编程,而不是需要独立电源的传统 BRFET 的编程门(PG)。这样就可以简化互连。我们将对所提出的 CLSB-NBRFET 的物理机制进行详细分析,将该器件的性能与传统的 BRFET 进行比较,还将详细讨论电荷量对器件性能的影响。

6.4.1 互补低肖特基势垒源漏接触的非易失双向可重置晶体管的结构与参数

图 6-33(a)是所提出的 CLSB-NBRFET 的顶视图,图 6-33(b)、图 6-33(c)、图 6-33(d)和图 6-33(e)分别是沿切割线 A、切割线 B、切割线 C、切割线 D 的横截面。图 6-33(f)是沿图 6-33(b)的剖切线 A 的剖视图。图 6-33(g)是基于传统肖特基势垒的 BRFET 的横截面。L_{si} 是硅的长度。L_{CG} 是 CG 的长度。L_{FG} 是 SFG 或 DFG 的长度。L_{SP} 是 CG 和 SFG/DFG 之间或源漏和 SFG/DFG 之间的间隔物的长度。t_{si} 是硅的厚度,t_{ox1} 是 SFG/DFG 和硅之间的第一 HfO$_2$ 栅氧化层的厚度。t_{ox2} 是 SFG/DFG 和 CG 之间的第二 HfO$_2$ 栅氧化层的厚度。W_{si} 是硅的宽度。ε_{HfO_2} 为 HfO$_2$ 的相对介电常数,ε_{spacer} 为绝缘层的相对介电常数。$q\phi_{Bn1}$ 是源漏电极的第一类金属(ErSi)与硅导带之间的势垒高度。$q\phi_{Bp1}$ 是源漏电极的第一种金属(ErSi)与硅的价带之间的势垒高度。$q\phi_{Bn2}$ 是源漏电极的第二种金属(PtSi)与硅导带之间的势垒高度。$q\phi_{Bp2}$ 是源漏电极的第二种金属(PtSi)与硅的价带之间的势垒高度。$q\phi_{Bn0}$ 是 NiSi 源漏电极和硅导带之间的势垒高度。$q\phi_{Bp0}$ 是 NiSi 源漏电极和硅价带之间的势垒高度。

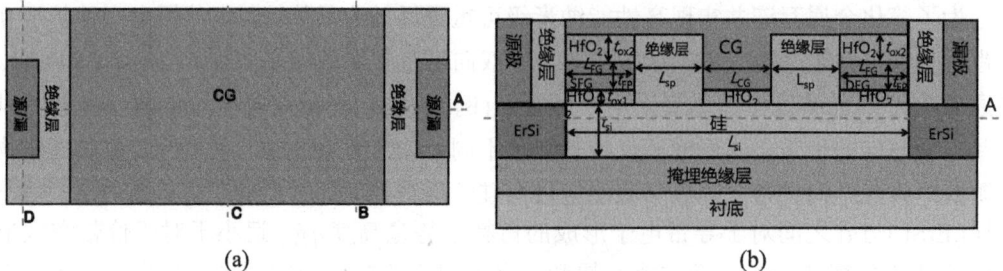

图 6-33 具有互补低肖特基势垒源漏的双向可重置场效应晶体管的结构

基于传统肖特基势垒的 BRFET 的横截面

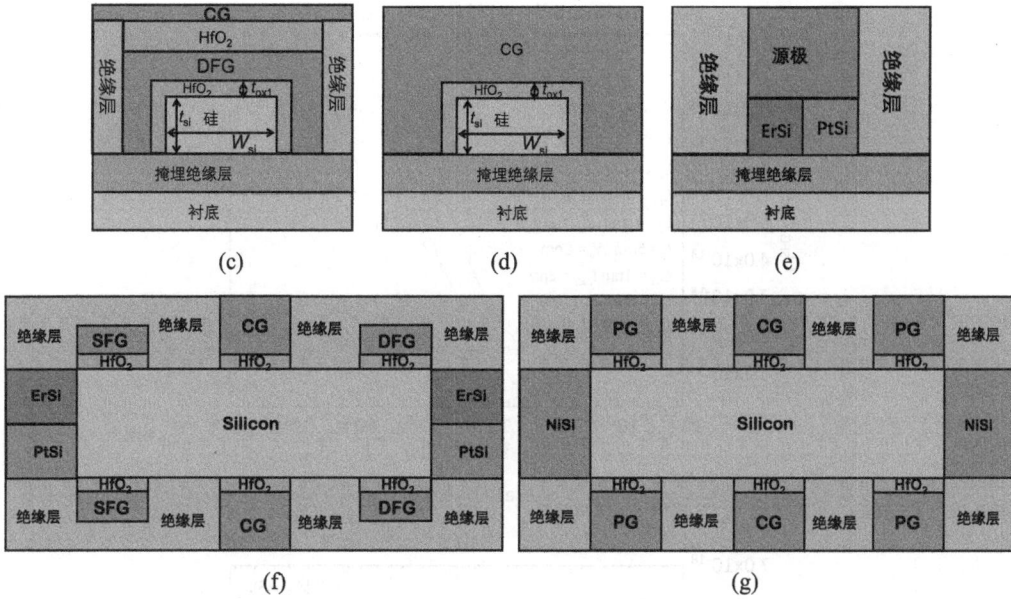

图 6-33　具有互补低肖特基势垒源漏的双向可重置场效应晶体管的结构
基于传统肖特基势垒的 BRFET 的横截面(续)

6.4.2　互补低肖特基势垒源漏的双向可重置场效应晶体管的编程与擦除特性

对所提出的 CLSB-NBRFET 的特性通过使用 SILVACO 工具的器件仿真进行了验证[24]。费米分布模型、俄歇复合模型、带隙窄化模型、介质隧道模型、带间隧道模型等物理模型全部开启。图 6-34(a)显示了不同负 V_{CG} 下 Q_{SFG}/Q_{DFG} 与编程时间的关系。图 6-34(b)显示了在初始正 Q_{SFG}/Q_{DFG} 的情况下，不同正 V_{CG} 下 Q_{SFG}/Q_{DFG} 与擦除时间的关系。当 SFG 和 DFG 编程时，源漏电极均接地，CG 施加高电压。SFG/DFG 中存储的 Q_{SFG}/Q_{DFG} 大致与编程时间成正比，编程时间与 V_{CG} 成反比。通过负 V_{CG} 编程后，正电荷存储在 SFG/DFG 中，并且所提出的 CLSB-NBRFET 在 N 模式下工作。应通过应用相对较高的正 V_{CG} 来擦除正 Q_{SFG}/Q_{DFG}，擦除时间也与 V_{CG} 成反比。

图 6-35(a)显示了具有不同 Q_{SFG}/Q_{DFG} 的 V_{CG} 和 Q_{SFG}/Q_{DFG} 之间的关系。对于一定的 V_{CG}，V_{SFG}/V_{DFG} 随着 Q_{SFG}/Q_{DFG} 的增加而增加。对于某些 Q_{SFG}/Q_{DFG}，V_{SFG}/V_{DFG} 与 V_{CG} 表现出明显的耦合效应，并且 V_{SFG}/V_{DFG} 一般与 V_{CG} 成正比。这使得所提出的 CLSB-NBRFET 的 V_{SFG}/V_{DFG} 与传统 BRFET 的 V_{PG} 不同。它不是固定在某个值，而是随 V_{CG} 的变化而变化的变量函数。正 Q_{SFG}/Q_{DFG} 和正 V_{CG} 都可以增加 V_{SFG}/V_{DFG}。当 CG 正向偏置时，V_{SFG}/V_{DFG} 可以达到高于 V_{CG} 的有效值。V_{SFG} 和 V_{DFG} 也随着 V_{CG} 的减小而减小。图 6-35(b)显示了不同 Q_{SFG}/Q_{DFG} 下 V_{CG} 与 V_{SFG}/V_{DFG} 和 V_{CG} (V_{SFG-CG}/V_{DFG-CG})之间的电压差的关系。可以通过减少 Q_{SFG}/Q_{DFG} 来减少 V_{SFG-CG}/V_{DFG-CG}。当 CG 反向偏置时，耦合效应使得 V_{SFG-CG}/V_{DFG-CG} 小于 PG 和 CG 之间的电压差。因此，能够使反向偏置状态下的能带弯曲最小化，并且能够减少漏电流。

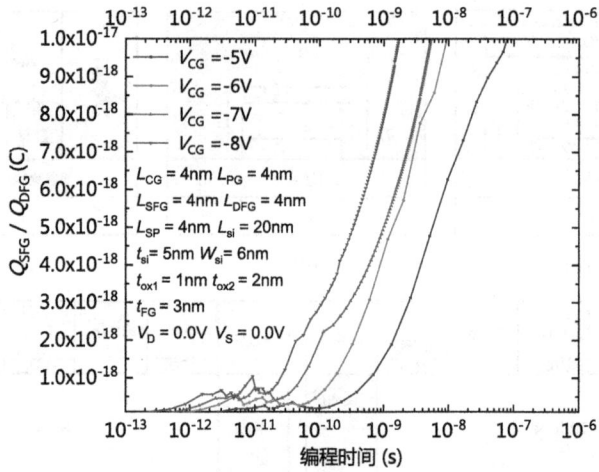

(a)

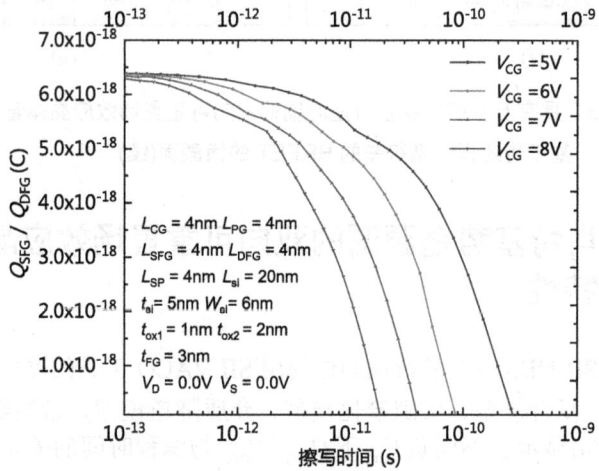

(b)

图 6-34　编程与擦除特征

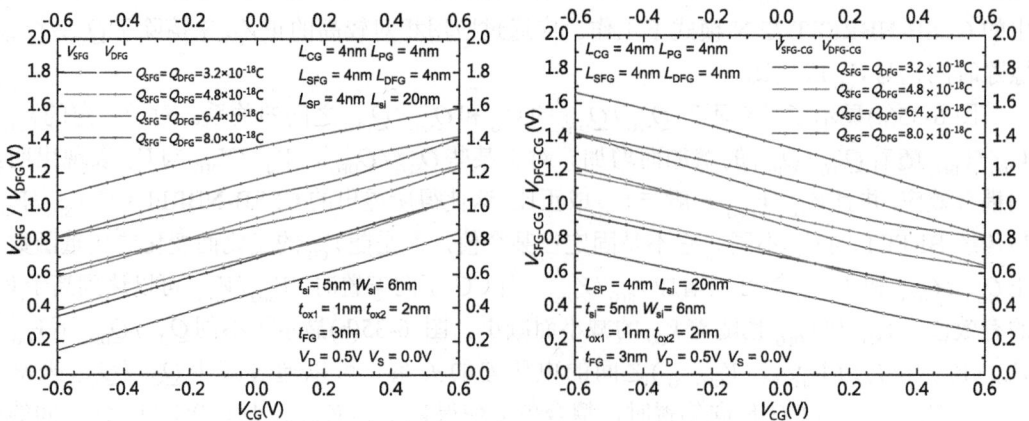

图 6-35　相关参数关系特征

6.4.3　与普通双向可重置场效应晶体管的比较

图 6-36 显示了 CLSB-NBRFET 和普通双向可重置场效应晶体管之间传输特性的比较。根据图 6-35(a)，在正向偏置状态下，有效 V_{SFG}/V_{DFG} 约为 1.2V/1.4V，不大于图 6-36 中给出的传统 BRFET 的 PG 电压，然而，所提出的 CLSB-NBRFET 实现了更大的电压。正向电流高于传统 NBRFET。同时反向漏电流也降低。

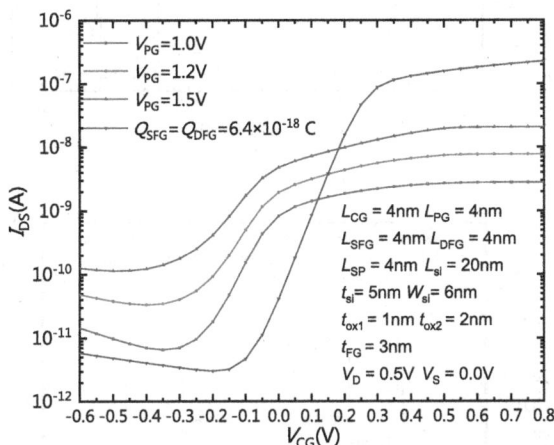

图 6-36　CLSB-NBRFET 与传统 BRFET 传输特性的比较

6.4.4　互补低肖特基势垒源漏的双向可重置场效应晶体管的工作原理分析

所提出的 CLSB-NBRFET 的原理可以通过能带理论来解释。图 6-37(a)显示了两种结构在 N 模式正向偏置条件下的能带能量分布。CLSB-NBRFET 和传统 BRFET 的 CG 都是正向偏置的。CLSB-NBRFET 的 SFG/DFG 写入有大量正电荷。普通双向可重置场效应晶体管的 PG 是正偏压的。如图 6-37(a)所示，E_{FMS} 是源极的费米能级，而 E_{FMD} 是漏极的费米能级。E_C 是导带的底部能级，E_V 是价带的顶部能级。在 CG 和 SFG/DFG 或 PG 的组合下，CLSB-NBRFET 的能带能量和传统硅中 BRFET 的能带能量从源极到漏极都被下拉。CLSB-NBRFET 和普通双向可重置场效应晶体管的能带分布总体趋势是一致的。然而，由于肖特基势垒高度不同，这两种器件的主要载流子生成机制彼此不同。

图 6-37(b)显示了 CLSB-NBRFET 和普通双向可重置场效应晶体管在正向状态下载流子浓度分布的比较。在大多数相应区域中，电子和空穴的浓度几乎相同，然而，在所提出的 CLSB-NBRFET 或传统 BRFET 的 PG 的源极/漏极和 SFG/DFG 之间的界面附近的区域中，电子浓度相差很大。CLSB-NBRFET 的电子浓度远大于普通双向可重置场效应晶体管的电子浓度。由于选择 ErSi 作为第一种金属，所提出的 CLSB-NBRFET 的势垒高度大大降低，与传统的 BRFET 相比，ErSi 在源漏电极和硅导带之间形成较低的肖特基势垒。

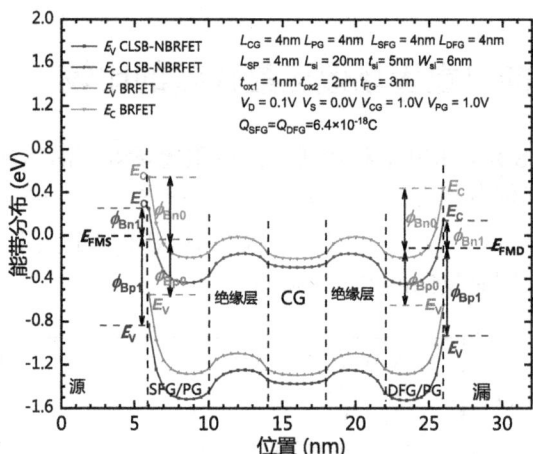

(a)

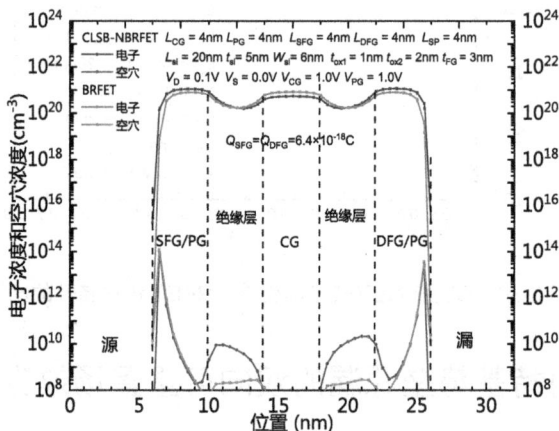

(b)

图 6-37　具有互补低肖特基势垒源漏的双向可重置场效应晶体管与传统 BRFET
在正向状态下的能带能量分布和载流子浓度分布的比较

图 6-38(a)显示了两种结构在 N 模式反向偏置条件下的能带能量分布。图 6-38(b)显示了两种结构在 N 模式反向偏置条件下的载流子浓度分布。CLSB-NBRFET 和传统 BRFET 的 CG 都是反向偏置的。CLSB-NBRFET 的 SFG/DFG 写入有大量正电荷。普通双向可重置场效应晶体管的 PG 是正偏压的。

如图 6-38(a)所示，硅中心区域的 CLSB-NBRFET 的能带能量和普通双向可重置场效应晶体管的能带能量都被 CG 上拉。对于普通双向可重置场效应晶体管，源电极和漏电极区域附近的能带能量在 PG 的控制下被下拉。因此，可以在 PG 和 CG 之间的间隔区中形成大的能带弯曲。降低传统 BRFET 能带弯曲强度的唯一方法是延长 L_{SP}。但这对于集成度的提高是不利的。对于 CLSB-NBRFET，与普通双向可重置场效应晶体管不同，由于耦合效应，V_{SFG} / V_{DFG} 也会随着 V_{GS} 的减小而减小。这样，SFG/DFG 控制区域的能带能量也能得到一定程度的拉升。此后，可以大大减少靠近源/漏电极的硅中的能带弯曲。这导致源区附近的带间隧道效应减弱，从而防止产生大量电子空穴对。

如图 6-38(b)所示，与普通双向可重置场效应晶体管相比，源/漏电极附近的电子浓度降低了。图 6-38(a)所示的 CLSB-NBRFFET 的能带弯曲也比传统 BRFET 弱。因此，与传统的 BRFET 相比，所提出的 CLSB-NBRFET 的反向漏电流可以降低。

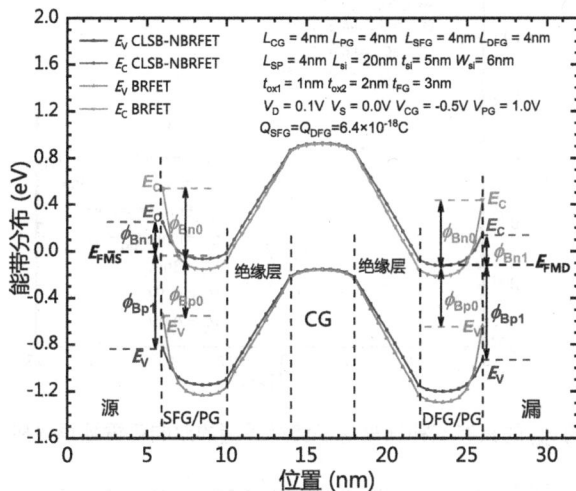

(a)

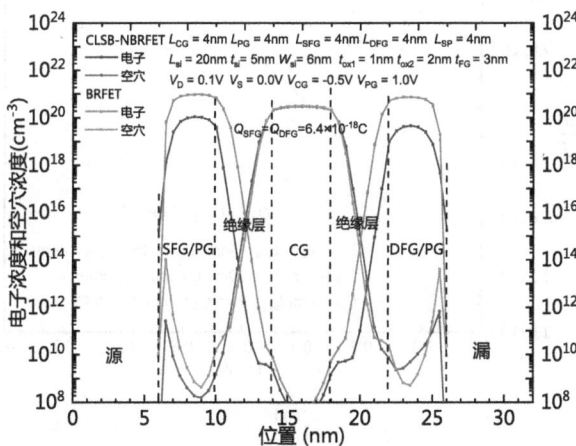

(b)

图 6-38　两种结构在 N 模式反向偏置条件下的能带能量分布和载流子浓度分布

6.4.5　电荷量对传输特性与输出特性的影响

图 6-39 显示了具有不同 Q_{SFG}/Q_{DFG} 的 CLSB-NBRFET 的传输特性。为了确定传导模式并提供足够高的 V_{SFG}/V_{DFG}，应使用足够的电荷对 SFG/DFG 进行编程。增加 Q_{SFG}/Q_{DFG} 有助于提高栅电极反向偏置时 SFG 和 DFG 的有效电压。应注意的是，需要优化电荷量，因为过多的电荷会导致 SFG/DFG 的有效电压过高，从而增加 CG 与 SFG/DFG 之间的硅区域的能带弯曲，反向漏电流相应增加。对于所选结构参数，Q_{SFG}/Q_{DFG} 的优化值约为 $6.4×10^{-18}$ C。

图 6-40(a)显示了所提出的具有不同 V_{CG} 的 CLSB-NBRFET 的输出特性。图 6-40(b)显示了所提出的 CLSB-NBRFET 和传统 BRFET 之间的输出特性比较。正向通态饱和电流受到 V_{CG} 的严格限制。随着 V_{DS} 的增加，输出特性从线性区进入饱和区。饱和 I_{DS} 随着栅极电压

的增加而增加。所提出的 CLSB-NBRFET 的饱和电流比传统 BRFET 的饱和电流大得多。

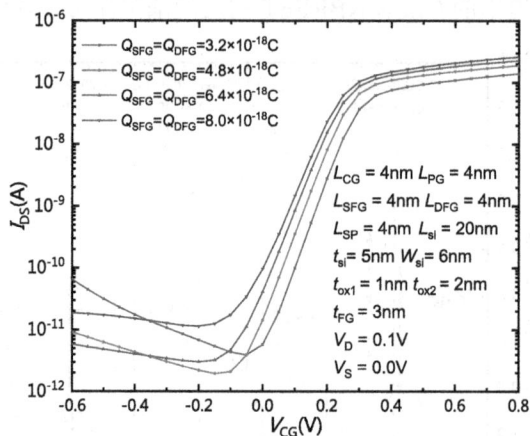

图 6-39　具有不同 V_{PG} 的具有互补低肖特基势垒源漏的双向可重置场效应晶体管的传输特性

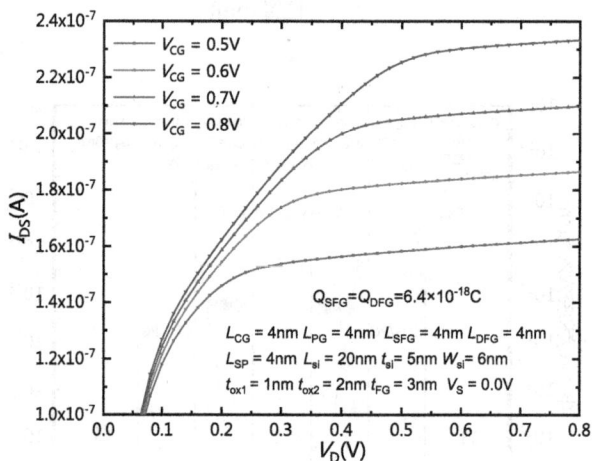

(a)

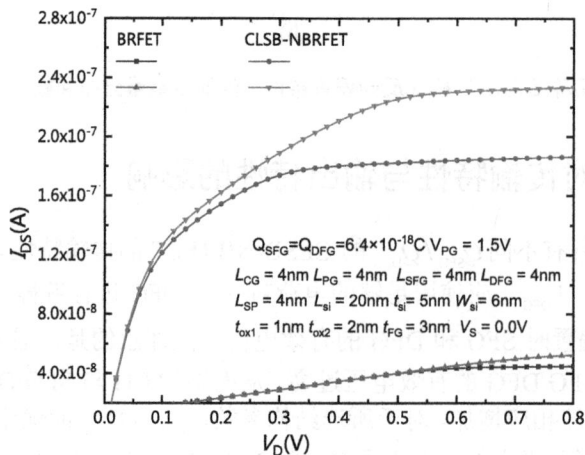

(b)

图 6-40　具有不同 V_{CG} 的 CLSB-NBRFET 的输出特性及 CLSB-NBRFET 和 BRFET 之间的输出特性比较

6.4.6　互补低肖特基势垒源漏的双向可重置场效应晶体管的可重置特性分析

图 6-41 显示了所提出的 CLSB-NBRFET 的可重新配置特性。SFG/DFG 中存储的电荷类型决定了所提出的 CLSB-NBRFET 的传导模式。当 SFG/DFG 带正电且 CG 和漏极加正偏压时，电子从 ErSi 源流入导带，形成正向电流。所提出的 CLSB-NBRFET 工作在 N 模式的导通状态。类似地，当 SFG/DFG 带负电且 CG 和漏极加负偏压时，空穴从 PtSi 源流入价带，形成正向电流。所提出的 CLSB-NBRFET 工作在 P 模式的导通状态。在两种模式下，所提出的 CLSB-NBRFET 都具有良好的导通特性、低静态功耗，并且 I_{on}/I_{off} 比达到约 10^5。

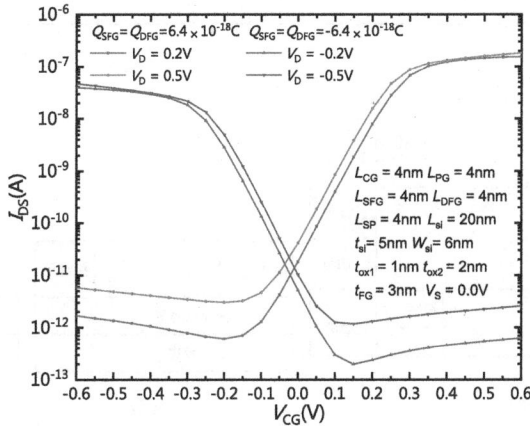

图 6-41　所提出的具有互补低肖特基势垒源漏的双向可重置场效应晶体管的可重置特性

6.4.7　互补低肖特基势垒源漏的双向可重置场效应晶体管的工艺流程设计

图 6-42 显示了生产所提出的 CLSB-NBRFET 的简要方法。如图 6-42(a)所示，刻蚀 SOI 晶片表面硅膜两侧的上部区域，沉积第一类金属(Er)，形成 ErSi 合金，并平整表面直至露出硅，实施化学机械抛光(CMP)工艺，然后如图 6-42(b)所示，蚀刻两侧硅膜的下部，并沉积第二类金属(Pt)形成 PtSi 合金，并将表面平坦化直到通过化学机械抛光(CMP)工艺暴露出硅膜，然后在源漏两侧形成互补的低肖特基势垒。

如图 6-42(c)、图 6-42(d)和图 6-42(e)所示，为了给 HfO_2 层和 SFG/DFG 保留空间，去除部分隔离物，直到露出 SOI 晶片的埋氧层。实施光刻法。

如图 6-42(f)至图 6-42(i)所示，通过沉积工艺形成第一层 HfO_2，通过 CMP 工艺平坦化表面以调整 HfO_2 层的厚度，蚀刻部分 HfO_2 层以暴露表面硅和 ErSi/PtSi 区域。

如图 6-42(j)至图 6-42(l)所示，进一步通过沉积 CMP 工艺形成间隔区。

如图 6-42(m)至图 6-42(o)所示，通过光刻去除部分 HfO_2 层和间隔物，为 SFG/DFG 层和 CG 保留空间。

如图 6-42(p)至图 6-42(s)所示，沉积金属或多晶硅并通过 CMP 平坦化表面，然后去除该层的一些部分以形成部分 CG 和 SFG/DFG 层，然后沉积绝缘体层并平坦化表面以暴露 CG 和 SFG/DFG 层，以进一步形成间隔物。

如图 6-42(t)至图 6-42(v)所示，通过沉积和刻蚀工艺形成第二层 HfO_2。最后，蚀刻部分 Spacer 直至露出 CG 表面，然后沉积金属以进一步形成 CG，蚀刻部分 Spacer 直至露出 ErSi 表面且 PtSi 层位于源极/漏极两侧，为源极和漏极预留空间。

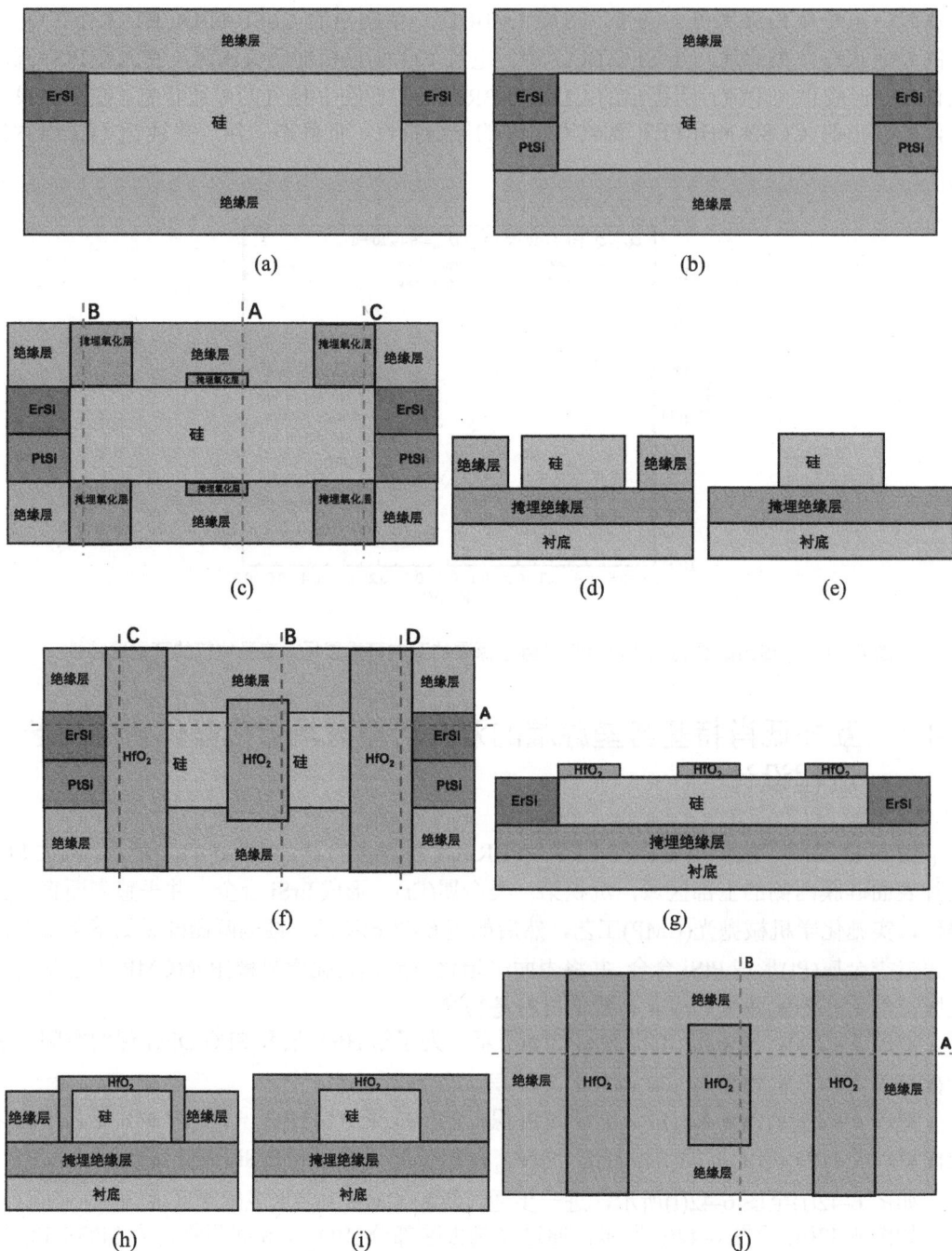

图 6-42 工艺流程设计

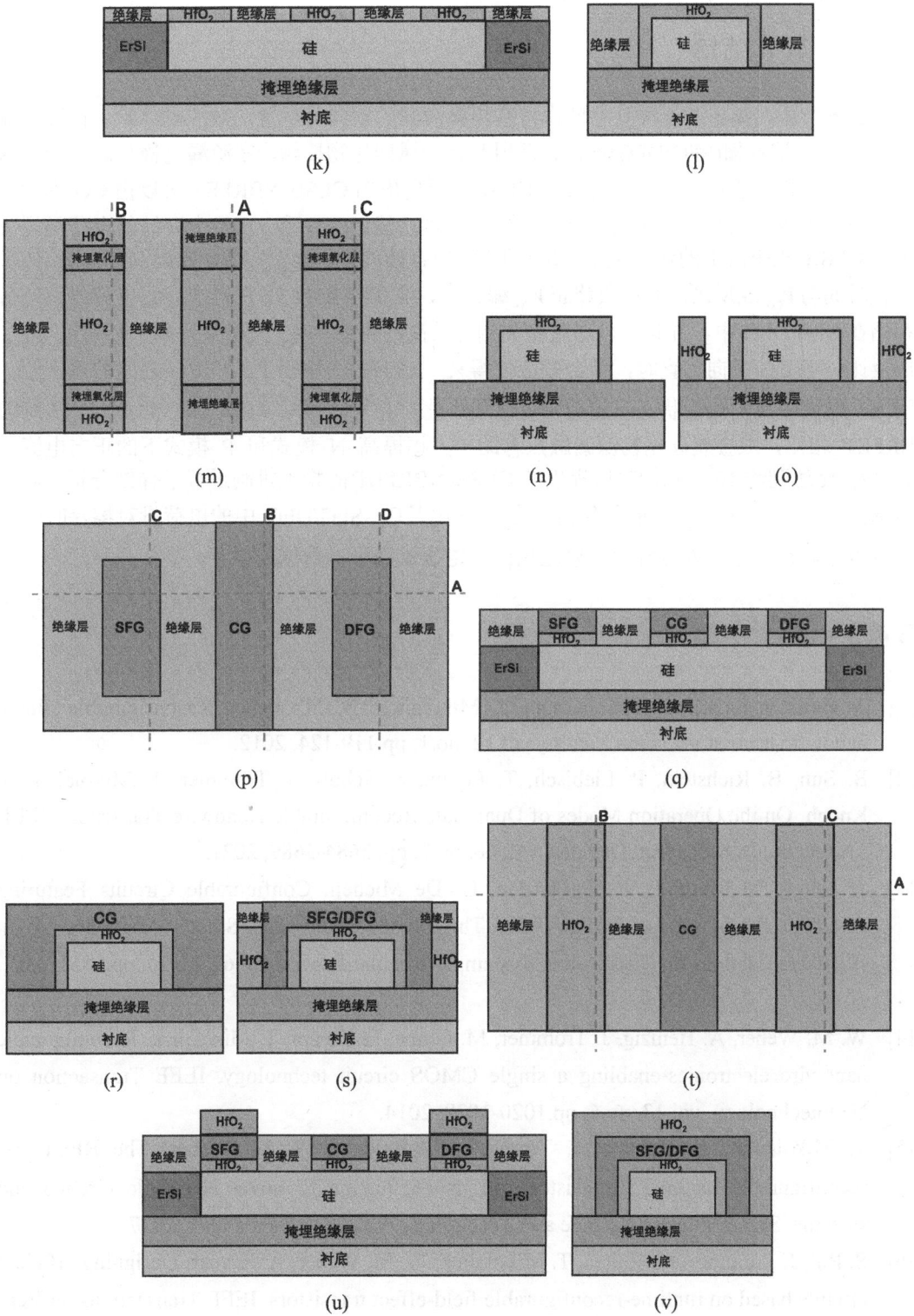

(k)　　　　　　　　　　　　　　　　(l)

(m)　　　　　　(n)　　　　　　(o)

(p)　　　　　　　　　　　　　　　　(q)

(r)　　　　　　(s)　　　　　　(t)

(u)　　　　　　　　　　　　　　　　(v)

图 6-42　工艺流程设计(续)

6.4.8　本节结语

在本节中，提出了一种互补低肖特基势垒源漏的双向可重置场效应晶体管。在源和漏采用源浮栅/漏浮栅(SFG/DFG)设计，采用两种金属硅化物接触，在源漏电极与硅导带之间以及源漏电极与硅价带之间同时形成 CLSB。所提出的 CLSB-NBRFET 可以由 CG 本身进行编程。可以简化互连。还实现了非易失可重置功能。SFG 和 DFG 中存储的电荷类型决定了 CLSB-NBRFET 的传导类型。SFG/DFG 中存储的 Q_{SFG} / Q_{DFG} 大致与编程时间成正比，编程时间与 V_{CG} 成反比。通过负或正 V_{CG} 编程后，它工作在 N 或 P 模式，正电荷或负电荷存储在 SFG/DFG 中，并且可以通过施加相对较高的正或负 V_{CG} 来擦除。擦除时间也与 V_{CG} 成反比。当 CG 反向偏置时，耦合效应使得 V_{SFG-CG} / V_{DFG-CG} 小于 PG 和 CG 之间的电压差。因此，能够使反向偏置状态下的能带弯曲最小化，并且能够减少漏电流。此外，与传统的 BRFET 相比，双金属硅化物源漏触点有助于大幅提高 N 模式和 P 模式下的正向电流。I_{on} / I_{off} 比达到约 10^5。我们对所提出的 CLSB-NBRFET 的物理机制进行了详细分析。对于所选结构参数，Q_{SFG} / Q_{DFG} 的优化值约为 6.4×10^{-18} C。SFG/DFG 中的电荷量对擦除时间和电压敏感。在数据读取过程中，要避免读取电压过高影响数据的保存。

6.4.9　参考文献

[1] A. Heinzig, S. Slesazeck, F. Kreupl, T. Mikolajick, W. M. Weber. Reconfigurable silicon nanowire transistors. Nano Letters, vol.12, no.1, pp.119-124, 2012.

[2] B. Sun, B. Richstein, P. Liebisch, T. Frahm, S. Scholz, J. Trommer, T. Mikolajick, J. Knoch. On the Operation Modes of Dual-Gate Reconfigurable Nanowire Transistors. IEEE Transactions on Electron Devices, vol. 68, no.7, pp. 3684-3689, 2021.

[3] J. Zhang, X. Tang, P. E. Gaillardon, G. De Micheli. Configurable Circuits Featuring Dual-Threshold-Voltage Design With Three-Independent-Gate Silicon Nanowire FETs. IEEE Transactions on Circuits and Systems I- Regular Papers, vol.61, no.10, pp.2851-2861, 2014.

[4] W. M. Weber, A. Heinzig, J. Trommer, M. Grube, F. Kreupl, T. Mikolajick. Reconfigurable nanowire electronics-enabling a single CMOS circuit technology. IEEE Transaction on Nanotechnology, vol.13, no.6, pp.1020-1028, 2014.

[5] T. Mikolajick, A. Heinzig, J. Trommer, T. Baldauf, W. M. Weber. The RFET—A reconfigurable nanowire transistor and its application to novel electronic circuits and systems. Semiconductor Science and Technology, vol. 32, no.4, 043001, 2017.

[6] S. Rai, J. Trommer, M. Raitza, T. Mikolajick, W. M. Weber, A. Kumar. Designing efficient circuits based on runtime-reconfigurable field-effect transistors. IEEE Transactions on Very Large Scale Integration (VLSI) Systems, vol.27, no.5, pp.560-572, 2019.

[7] G. Galderisi, T. Mikolajick, J. Trommer. Reconfigurable Field Effect Transistors Design Solutions for Delay-Invariant Logic Gates. IEEE Embedded Systems Letters, vol.14, no.2,

pp.107-110, 2022.

[8] R. J. Hauenstein, T. E. Schlesinger, T. C. McGill. Schottky barrier height measurements of epitaxial NiSi2 on Si. Applied Physics Letters. vol.47, no.8, pp.853-855, 1985.

[9] X. Liu, M. Li, M. Wu, S. Zhang, X. Jin. A highly sensitive vertical plug-in source drain high Schottky barrier bilateral gate controlled bidirectional tunnel field effect transistor. PLOS ONE, vol. 18, no.5, e0285320, 2023.

[10] X. Liu, M. Li, M. Li, S. Zhang, X. Jin. Structural Optimized HGate High Schottky Barrier Bidirectional Tunnel Field Effect Transistor. ACS Applied Electronic Materials, vol.5, no.5, pp.2738-2747, 2023.

[11] X. Jin, S. Zhang, M. Li, X. Liu. M. Li. A novel high-low-high Schottky barrier based bidirectional tunnel field effect transistor. Heliyon, vol.9, no.3, e13809, 2023.

[12] X. Liu, K. Ma, Y. Wang, M. Wu, J-H Lee, X. Jin. A Novel High Schottky Barrier Based Bilateral Gate and Assistant Gate Controlled Bidirectional Tunnel Field Effect Transistor. IEEE JOURNAL OF THE ELECTRON DEVICES SOCIETY, vol.8, pp976-980, 2020.

[13] J. Trommer, A. Heinzig, S. Slesazeck, T. Mikolajick, W. M. Weber. Elementary aspects for circuit implementation of reconfigurable nanowire transistors. IEEE Electron Device Letters, vol.35, no.1, pp.141-143, 2014.

[14] M.D. Marchi, J. Zhang, S. Frache, D. Sacchetto, P. Gaillardon, Y. Leblebici, G.D. Micheli. Configurable logic gates using polarity-controlled silicon nanowire gate-all-around FETs. IEEE Electron Device Letters, vol.35, no.8, pp.880-882, 2014.

[15] A. Bhattacharjee, M. Saikiran, A. Dutta, B. Anand, S. Dasgupta. Spacer engineering-based high-performance reconfigurable FET with low OFF current characteristics. IEEE Electron Device Letters, vol.36, no.5, pp.520-522, 2015.

[16] A. Bhattacharjee, S. Dasgupta. Impact of Gate/Spacer-Channel Underlap, Gate Oxide EOT, and Scaling on the Device Characteristics of a DG-RFET. IEEE Transaction on Electron Devices, vol.64, no.8, pp.3063-3070, 2017.

[17] M. De Marchi, D.Sacchetto, S.Frache, J.Zhang, P.E.Gaillardon, Y.Leblebici, G.De Micheli. Polarity control in double-gate, gate all-around vertically stacked silicon nanowire FETs. IEEE Int. Electron Devices Meeting (IEDM), DEC 10⁻13, 2012.

[18] International Roadmap for Devices and Systems 2018 Edition. [Online]. Available: https://irds.ieee.org/

[19] M. Jun, Y. Kim, C. Choi, T. Kim, S. Oh, M. Jang. Schottky barrier heights of n/p-type erbium-silicided schottky diodes. Microelectronic Engineering, vol.85, no.5-6, pp.1395-1398, 2008.

[20] L.E.Calvet, H.Luebben, M.A.Reed, C.Wang, J.P. Snyder, J.R. Tucker. Subthreshold and scaling of PtSi Schottky barrier MOSFETs. Superlattices and Microstructures, vol.28, no.5-6, pp.501-506, 2020.

[21] V.W.L.Chin, J.W.V.Storey, M.A.Green. P-type PtSi Schottky-diode barrier height determined from I-V measurement. Solid-State Electronics, vol.32, no.6, 475-478, 1989.

[22] T. Wang, X. Li, B. Zhang, D. Li, J. Liu, G. Zhang. Basic reason for the accumulation of charge on the surface of polymer dielectrics. SCIENCE CHINA-MATERIALS, vol.65, no.10, pp.2884-2888, 2022.

[23] G. Chen, Z. Xu. Charge trapping and detrapping in polymeric materials. JOURNAL OF APPLIED PHYSICS, vol.106, no.12, 123707, 2009.

[24] https://silvaco.com/simulation-standard/device-simulation-new_features-in-2019-baseline-release

6.5 双掺杂源漏非易失双向可重置场效应晶体管

随着 CMOS 的规模在未来十年达到物理极限,需要进行诸如增强单个电子器件的功能等改进,以更少的器件实现更复杂的系统,随后更高的硬件灵活性和更简化的技术实现可以得以实现,并且可以增加集成电路每个构建块的价值。最近,提出了极性可控场效应晶体管或可重置场效应晶体管(RFET)。作为单个器件,可以通过重置操作期间施加在 PG 上的电压将其配置为 N 型或 P 型场效应晶体管[1-3]。此后,RFET 可以在可编程逻辑阵列中发挥优势,并用比传统 CMOS 技术更少的晶体管实现各种逻辑门[4-8]。

由于 RFET 通过在源区形成肖特基势垒阻挡源极和漏极形成欧姆接触,并通过隧道效应导通,因此正向电流比主流 CMOS 技术小。为了增加正向电流,编程栅极必须偏置在较高的电压,这会导致 CG 在低电位或反向偏置时 CG 与 PG 之间的电位差增大,从而导致漏电的产生,并且增加功耗,特别是当 PG 和 CG 之间的距离减小到深纳米级时,这种漏电现象会更严重。

一种双掺杂源极/漏极 RFET(双掺杂源漏双向可重置场效应晶体管)被提出了,其双掺杂源极和漏极彼此相邻[9-10]。它显着降低了 PG 所需的电压,并且通态电流也得到了改善。然而,与单栅 FET 相比,RFET 额外的 PG 增加了金属互连的复杂性和难度。由于 PG 始终工作在高电压电平,强烈的能带弯曲引起的隧道效应会引起大量的漏电流,特别是当栅电极反向偏置时。这种效应对于高度集成的 RFET 尤为显著。

本节提出一种具有源极/漏极(源漏) FPG (双掺杂源漏非易失双向可重置场效应晶体管)的双掺杂非易失可重置场效应晶体管。与普通的可重置场效应晶体管不同,它引入非易失电荷存储层作为 FPG,而不是需要独立供电的 PG。FPG 中存储的电荷可以通过向 CG 施加高电压来编程。因此,所提出的双掺杂源漏非易失双向可重置场效应晶体管本质上只需要一个独立供电的栅极,即可完成可重新配置操作。此外,CG 可以调节 FPG 中的等效电压。它可以提升通态电流,同时降低反向偏置漏电流。本节还详细分析了物理机制。

6.5.1 双掺杂源漏非易失双向可重置场效应晶体管的结构与参数

图 6-43(a)是所提出的双掺杂源漏非易失双向可重置场效应晶体管的横截面,图 6-43(b)和图 6-43(c)分别是沿着图 6-43(a)中的切割线 A 和切割线 B 获得的横截面。图 6-43(d)是双掺杂源漏双向可重置场效应晶体管的示意图。L_{si} 是硅体从源电极到漏电极的长度。L_{CG} 是

CG 的底部长度。L_{sdex} 是浮动可编程门(FPG)的长度。L_{SP} 是 CG 和 FPG 之间的间隔物的长度。t_{si} 是硅体的厚度，t_{ox1} 是硅体顶部的栅极氧化物的厚度，t_{ox2} 是 CG 和 FPG 之间的栅极氧化物的厚度。t_{FPG} 是 FPG 的厚度。W_{si} 是硅体的宽度。N_D 和 N_A 分别是 N$^+$ 和 P$^+$ 源/漏区的施主和受主浓度。W_{N^+} 和 W_{P^+} 分别是 N$^+$ 和 P$^+$ 源极/漏极区域的宽度。所提出的双掺杂源漏非易失双向可重置场效应晶体管和双掺杂源漏双向可重置场效应晶体管之间的性能和比较通过使用 SILVACO 工具的器件仿真进行了验证[11]。费米分布模型、CVT 迁移率模型、螺旋复合模型、带隙窄化模型和标准带间隧道模型等物理模型均已开启。考虑到最先进的光刻技术可实现栅长约 5~10 nm，栅氧化层厚度可降至 1 nm 左右，因此 L_{CG} 设置为 10 nm，L_{sdex} 设置为 5 nm，t_{ox1} 设置为 2 nm。

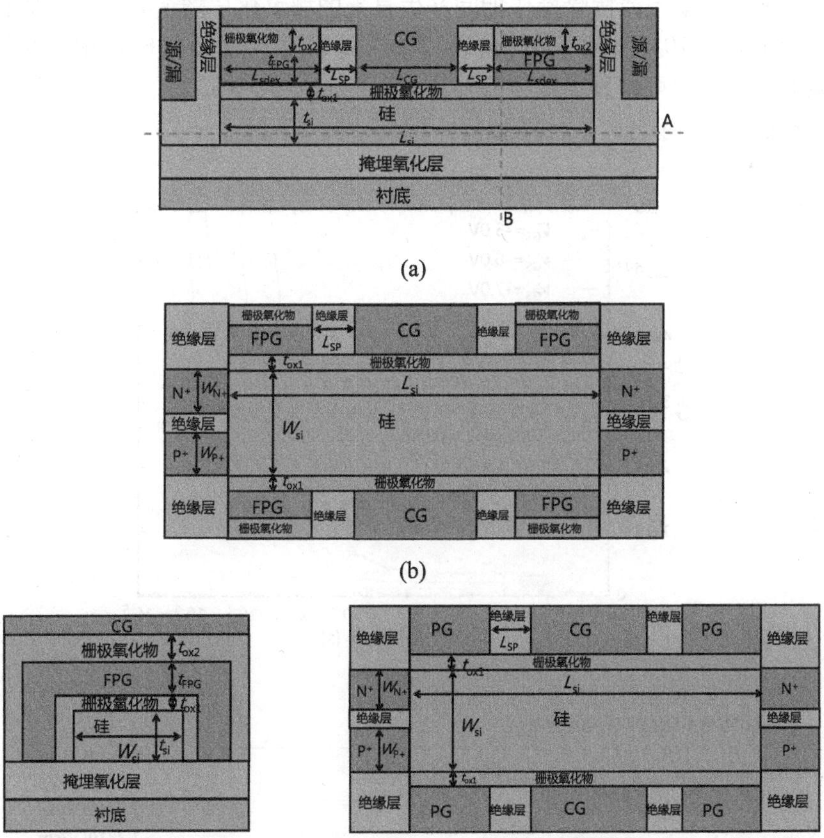

图 6-43　双掺杂源漏非易失双向可重置场效应晶体管的结构和双掺杂源漏可重置场效应晶体管示意

非易失电荷存储层作为 FPG 代替需要独立供电的 PG。FPG 中存储的电荷可以通过向 CG 施加高电压来编程。因此，所提出的双掺杂源漏非易失双向可重置场效应晶体管本质上只需要一个独立供电的栅极即可完成可重新配置操作。为了实现向 FPG 写入电荷的操作，t_{ox2} 应该比 t_{ox1} 厚，这样更容易写入电荷，t_{ox2} 设置为 3 nm。为了加强栅极对沟道电位的控制，t_{si} 不宜太厚，所以这里我们将 t_{si} 设置为 5 nm。为了避免串联电阻增大，L_{SP} 应尽可能短，因此我们将 L_{SP} 设置为 5 nm。为了保证对比的客观性，我们对双掺杂源漏双向可重置场效应晶体管采用了最一致的参数设置。此外，CG 可以调节 FPG 中的等效电压。它可以提升通态电流，同时降低反向偏置漏电流。

6.5.2 双掺杂源漏非易失双向可重置场效应晶体管的编程与擦写特性

图 6-44(a)显示了不同 V_{GS} 下 Q_{FPG} 和编程时间之间的依赖性。图 6-44(b)显示了使用-8 V V_{GS} 编程期间双掺杂源漏非易失双向可重置场效应晶体管的电场分布。图 6-44(c)显示了 Q_{FPG} 和具有初始 Q_{FPG} 的不同 V_{GS} 的擦除时间之间的依赖性。图 6-44(d)显示了使用 8 V 的 V_{GS} 擦除期间，双掺杂源漏非易失双向可重置场效应晶体管的电场分布。FPG 编程时，源/漏极接地，栅极施加较大的电压。Q_{FPG} 大致与编程时间成正比，通过应用更大的负 V_{GS} 可以缩短编程时间。为了在编程或擦除操作期间产生显著的栅氧化层隧道效应，施加到栅氧化层的电场强度通常大于 10^7 V/cm。通过负 V_{GS} 编程后，正电荷存储在 FPG 中，并且所提出的双掺杂源漏非易失双向可重置场效应晶体管可以在 N 模式下工作。正 Q_{FPG} 可以通过施加大的正 V_{GS} 来擦除，擦除时间与 V_{GS} 成反比。

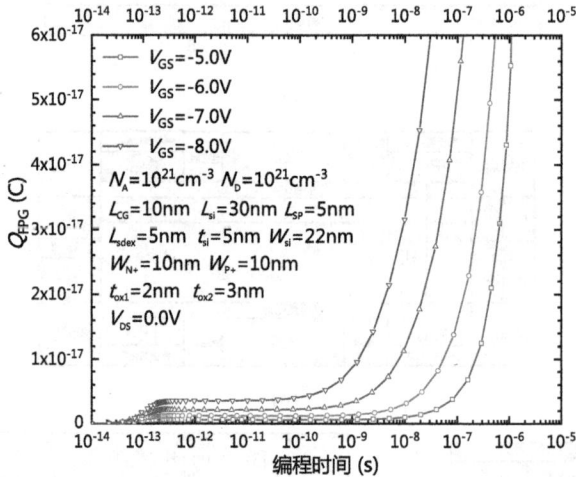

(a)

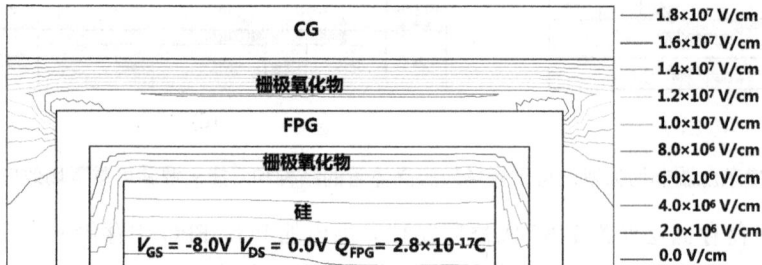

(b)

图 6-44　编程和擦写特征

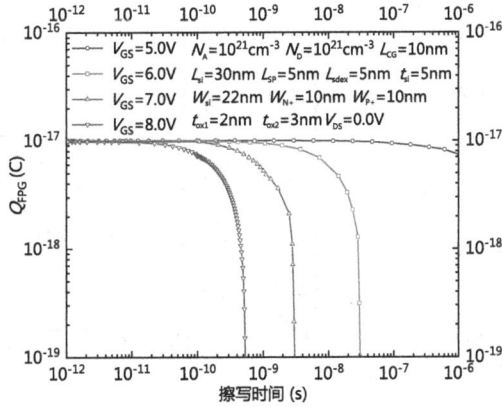

(c)

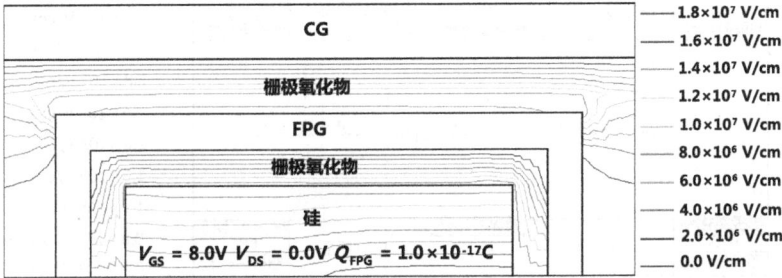

擦写过程中 DDN RFET 电场分布

(d)

图 6-44 编程和擦写特征(续)

6.5.3 与双掺杂源漏双向可重置场效应晶体管的比较

图 6-45(a)是 V_{PG} 等于 0.8 V 时双掺杂源漏非易失双向可重置场效应晶体管和双掺杂源漏双向可重置场效应晶体管之间传输特性的比较。图 6-45(b)是 V_{PG} 等于 1.2 V 时双掺杂源漏非易失双向可重置场效应晶体管和双掺杂源漏双向可重置场效应晶体管之间的传输特性比较。当双掺杂源漏双向可重置场效应晶体管的 V_{PG} 等于 0.8 V 时,其正向导通电流比双掺杂源漏非易失双向可重置场效应晶体管小,而双掺杂源漏双向可重置场效应晶体管的漏电流与双掺杂源漏非易失双向可重置场效应晶体管几乎相同。当双掺杂源漏双向可重置场效应晶体管的 V_{PG} 等于 1.2 V 时,与双掺杂源漏非易失双向可重置场效应晶体管相比,正向导通电流与双掺杂源漏非易失双向可重置场效应晶体管相似,而反向漏电流也增大,且比双掺杂源漏非易失双向可重置场效应晶体管大。

图 6-45(c)显示了 Q_{FPG} 的反向偏置 N 模式状态下双掺杂源漏非易失双向可重置场效应晶体管的电场分布等于 2.8×10^{-17} C。图 6-45(d)显示了双掺杂源漏可重置场效应晶体管在反向偏置 N 模式状态下的电场分布,其中 V_{PG} 等于 1.2 V。双掺杂源漏非易失双向可重置场效应晶体管的电场强度比双掺杂源漏双向可重置场效应晶体管小。因此,对于双掺杂源漏双向可重置场效应晶体管,固定的 V_{PG} 不利于增加正向电流及抑制带间隧道效应引起的反向漏电流。

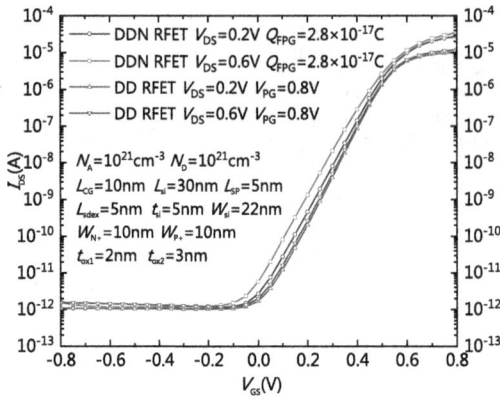

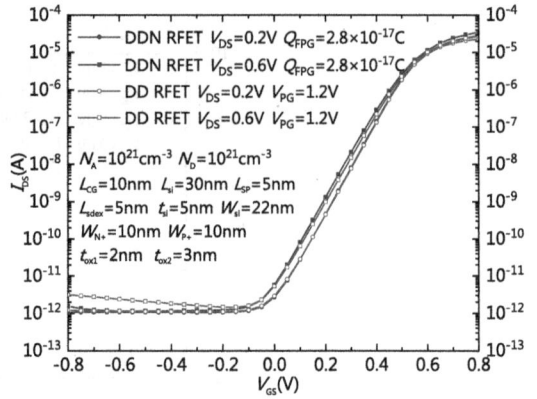

(a)　　　　　　　　　　　　　　(b)

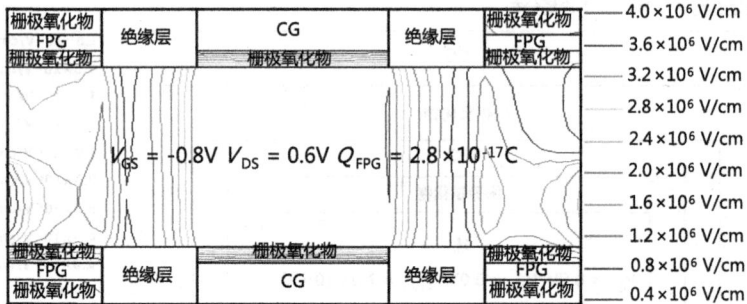

(c)

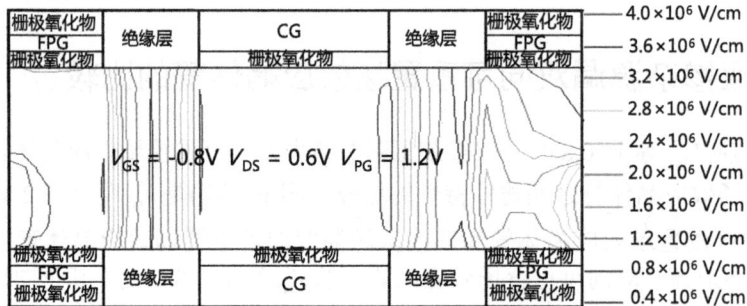

(d)

图 6-45　与双掺杂源漏双向可重置场效应晶体管的比较

图 6-46(a)和图 6-46(b)显示了分别具有正向偏置 CG 和反向偏置 CG 的正充电双掺杂源漏非易失双向可重置场效应晶体管和正编程双掺杂源漏可重置场效应晶体管之间的能带图比较。由于 FPG 中的有效电压由受控栅极电压和其内部存储的电荷量决定,因此双掺杂源漏非易失双向可重置场效应晶体管的正偏压 CG 和带正电的 FPG 为 FPG 中的电子在导带提供了增强的流动路径。

如图 6-46(a)所示,对于双掺杂源漏双向可重置场效应晶体管,如果获得与双掺杂源漏非易失双向可重置场效应晶体管类似的传导路径,则 PG 的电压应增加到 1.2 V 以上。然而,如图 6-46(b)所示,当 CG 反向偏置时,由于 CG 和 FPG 之间的耦合效应,FPG 的有效电压被拉低。因此，适当减小源极和漏极两侧的能带弯曲，可以抑制反偏漏电流，而增加 V_{PG} 会在反偏状态下引起更强的能带弯曲，从而导致带间隧道效应增加漏电流。因此，与双掺杂源漏可重置场效应晶体管相比，双掺杂源漏非易失双向可重置场效应晶体管的正向偏置导通电流和反向偏置漏电流可以同时得到改善。

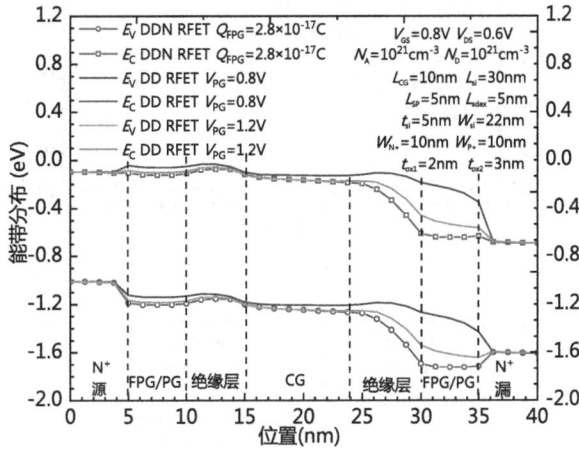

(a)

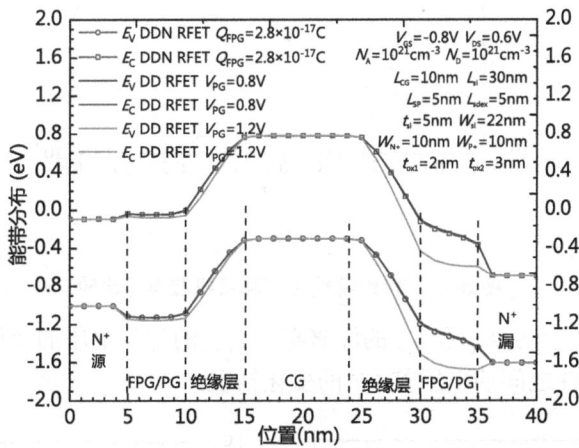

(b)

图 6-46　能带图比较

6.5.4　浮栅电荷量的影响

图 6-47(a)显示了双掺杂源漏非易失双向可重置场效应晶体管与不同 Q_{FPG} 的传输特性比较，V_{DS} 等于 0.6 V。图 6-47(b)显示了不同 Q_{FPG} 和 V_{DS} 的 V_{GS} 在 0V 时漏电流的比较。Q_{FPG} 的数量对传输特性几乎没有影响。较大的 Q_{FPG} 会导致漏电流增加，就像双掺杂源漏双向可重置场效应晶体管的 PG 施加高电压会引起强烈的能带弯曲一样。因此，FPG 中存储的电荷量应控制在合理的范围内。对于本节中提出的双掺杂源漏非易失双向可重置场效应晶体管，Q_{FPG} 的推荐值约为 2.8×10^{-17} C。

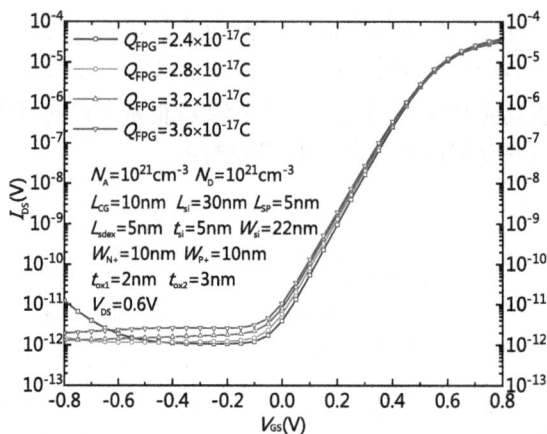

(a)

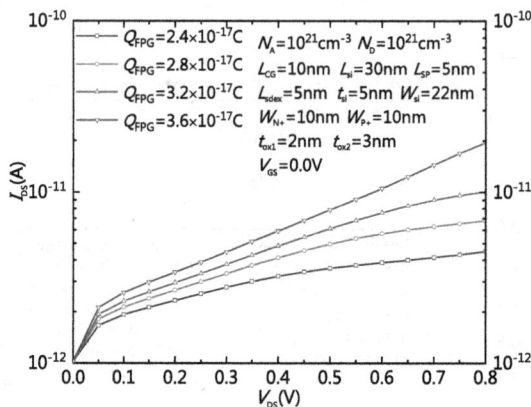

(b)

图 6-47　传输特性比较和待机漏电流比较

图 6-48(a)显示了不同 Q_{FPG} 和 V_{GS} 的浮置栅极 V_{FPG} 的有效电压的变化。图 6-48(b)显示了不同 V_{GS} 下 FPG 和 CG 之间的电压差 ΔV 的变化情况。

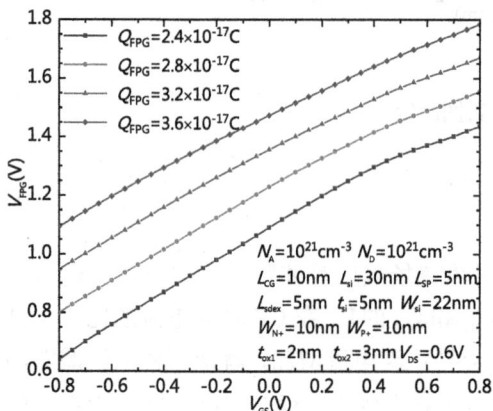

(a)

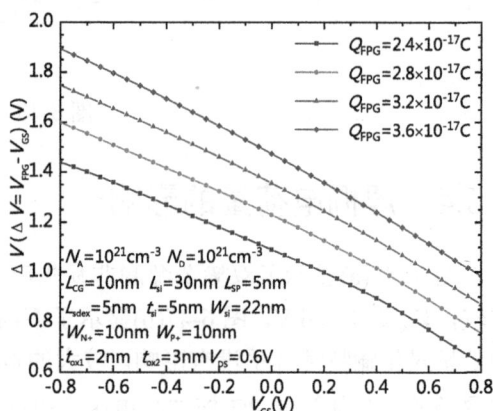

(b)

图 6-48　不同 Q_{FPG} 和 V_{GS} 的 V_{FPG} 的变化以及不同 Q_{FPG} 和 V_{GS} 的 ΔV 变化

V_{FPG} 一般与 Q_{FPG} 的增加和 V_{GS} 的增加成正比，因此，通过控制 Q_{FPG} 的数量在合理的范围内，V_{FPG} 可以在 CG 正向偏置时获得足够高的等效电压，在 CG 正向偏置时获得足够低的电压。CG 是反向偏置时，ΔV 一般随着 Q_{FPG} 用量的减少而减小。通过适当减小 Q_{FPG}，可以减小 ΔV，从而减少能带弯曲，减少漏电流的产生。

6.5.5　非易失可重置特性分析

图 6-49 显示了所提出的双掺杂源漏非易失双向可重置场效应晶体管在 N 模式和 P 模式下的传输特性。可以看出，通过分别对 FPG 进行正负充电，将工作在 N 模式和 P 模式。反向偏置漏电流随着 V_{GS} 绝对值的增大而减小。由于电子和空穴迁移率的差异，该器件不呈现对称电流。

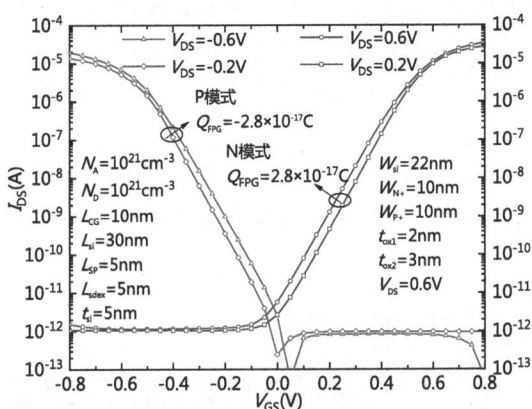

图 6-49　带正电和负电 FPG 的 N 模式和 P 模式下双掺杂源漏
非易失双向可重置场效应晶体管的传输特性

6.5.6　双掺杂源漏非易失双向可重置场效应晶体管的工艺流程设计

图 6-50 显示了所提出的双掺杂源漏非易失双向可重置场效应晶体管的简要制造工艺流程。如图 6-50(a)至图 6-50(d)所示，制备 SOI 晶片，SOI 晶片的底部为硅衬底。SOI 晶圆的顶部是硅膜。掩埋氧化层(BOL)夹在它们之间。通过离子注入工艺对硅膜的左右两侧进行两次掺杂，形成 N⁺区和 P⁺区。

如图 6-50(e)至图 6-50(h)所示，通过光刻和刻蚀工艺去除 SOI 晶片上方的前后部分硅膜以及 N⁺区和 P⁺区之间的部分掺杂区，然后沉积绝缘体材料并通过化学机械抛光(CMP)工艺平坦化表面直至露出硅膜以初步形成侧墙区域。然后 N⁺区和 P⁺区被间隔物隔离。

如图 6-50(i)至图 6-50(k)所示，通过光刻和刻蚀工艺，去除硅膜前后的部分侧墙，直至露出掩埋氧化层。然后为栅氧化层和 FPG 的某些部分保留一些空间。

如图 6-50(l)至图 6-50(o)所示，沉积高 k 介质材料并通过 CMP 工艺平坦化表面，调整栅氧化层的厚度，然后去除部分高 k 介质材料，露出部分硅片、部分侧墙、N⁺区和 P⁺区，然后首先形成 CG 和 FPG 的栅氧化层。

如图 6-50(p)至图 6-50(t)所示，沉积绝缘体材料并通过 CMP 工艺平坦化表面以暴露栅氧化层，进一步形成侧墙区域。

如图 6-50(u)至图 6-50(w)所示，通过光刻和蚀刻工艺去除部分高 k 介质区域直至暴露掩埋氧化层，为 FPG 和 CG 的部分保留一些空间。

如图 6-50(x)至图 6-50(bb)所示，沉积多晶硅或金属材料，然后通过 CMP 工艺平坦化表面，调整金属层的厚度以形成 CG 和 FPG，然后去除部分多晶硅金属层，通过光刻和蚀刻工艺初步形成 CG 和 FPG。之后，沉积绝缘体材料并平整表面以暴露 CG 和 FPG，以进一步形成间隔区域。

如图 6-50(cc)至图 6-50(gg)所示，去除部分栅氧化区上方的绝缘层区域，露出 FPG 前后的栅氧化层，然后再次沉积高 k 介质材料并平整通过 CMP 工艺去除部分高介电常数的介电材料，露出 FPG 和 CG 之间的间隔区表面，然后再次沉积绝缘体材料，并通过 CMP 工艺平整表面，然后，通过光刻和刻蚀工艺去除 CG 上方的高 k 介质材料，形成第二栅氧化层。

如图 6-50(hh)至图 6-50(ll)所示，沉积多晶硅或金属材料，通过 CMP 工艺平坦化表面，然后通过光刻和刻蚀工艺去除源极和漏极两侧的部分金属层，露出间隔区的表面，通过上述工艺进一步形成 CG，然后再次沉积绝缘体材料并通过 CMP 工艺平坦化表面以暴露间隔区的表面。

如图 6-50(mm)至图 6-50(oo)所示，去除源漏两侧的部分隔离区，露出 N^+ 区和 P^+ 区。然后沉积金属材料并通过 CMP 工艺平坦化表面以暴露 CG 和侧墙区域的表面，形成源极和漏极。

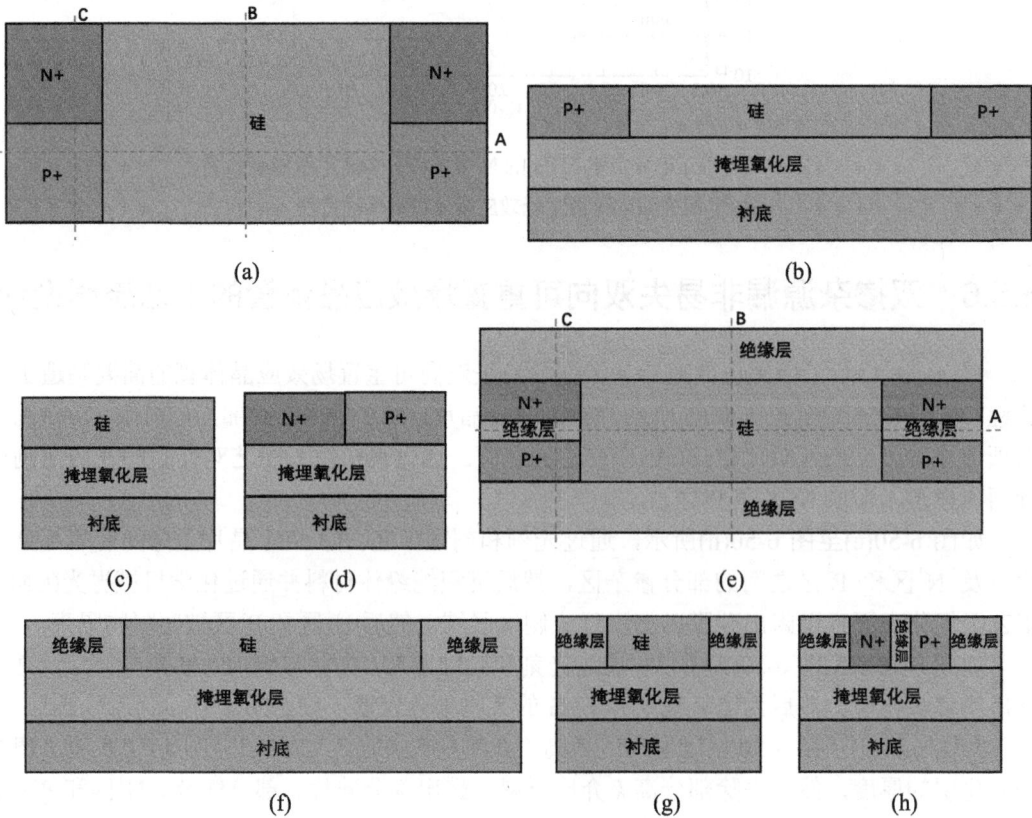

图 6-50　工艺流程设计

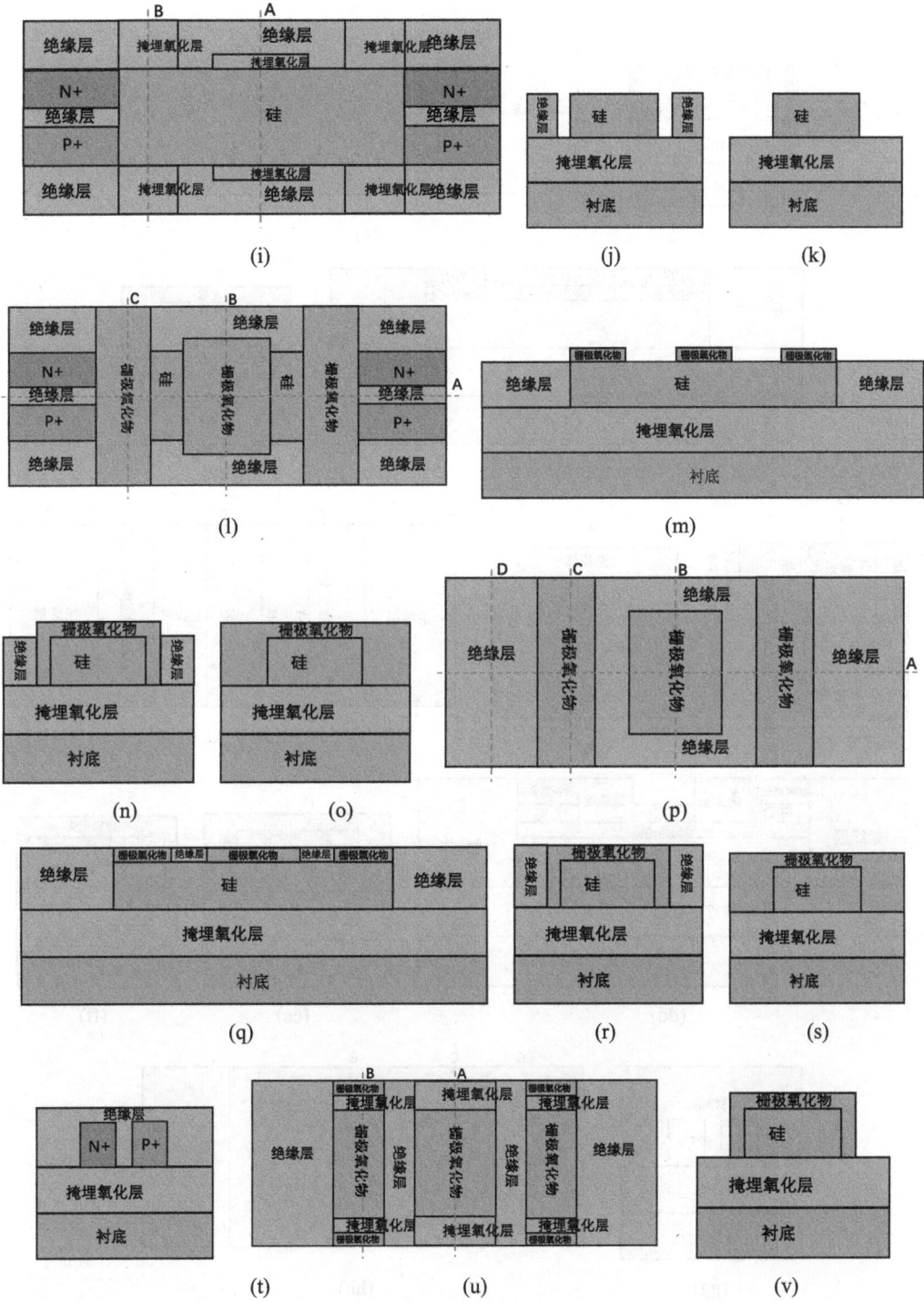

图 6-50 工艺流程设计(续)

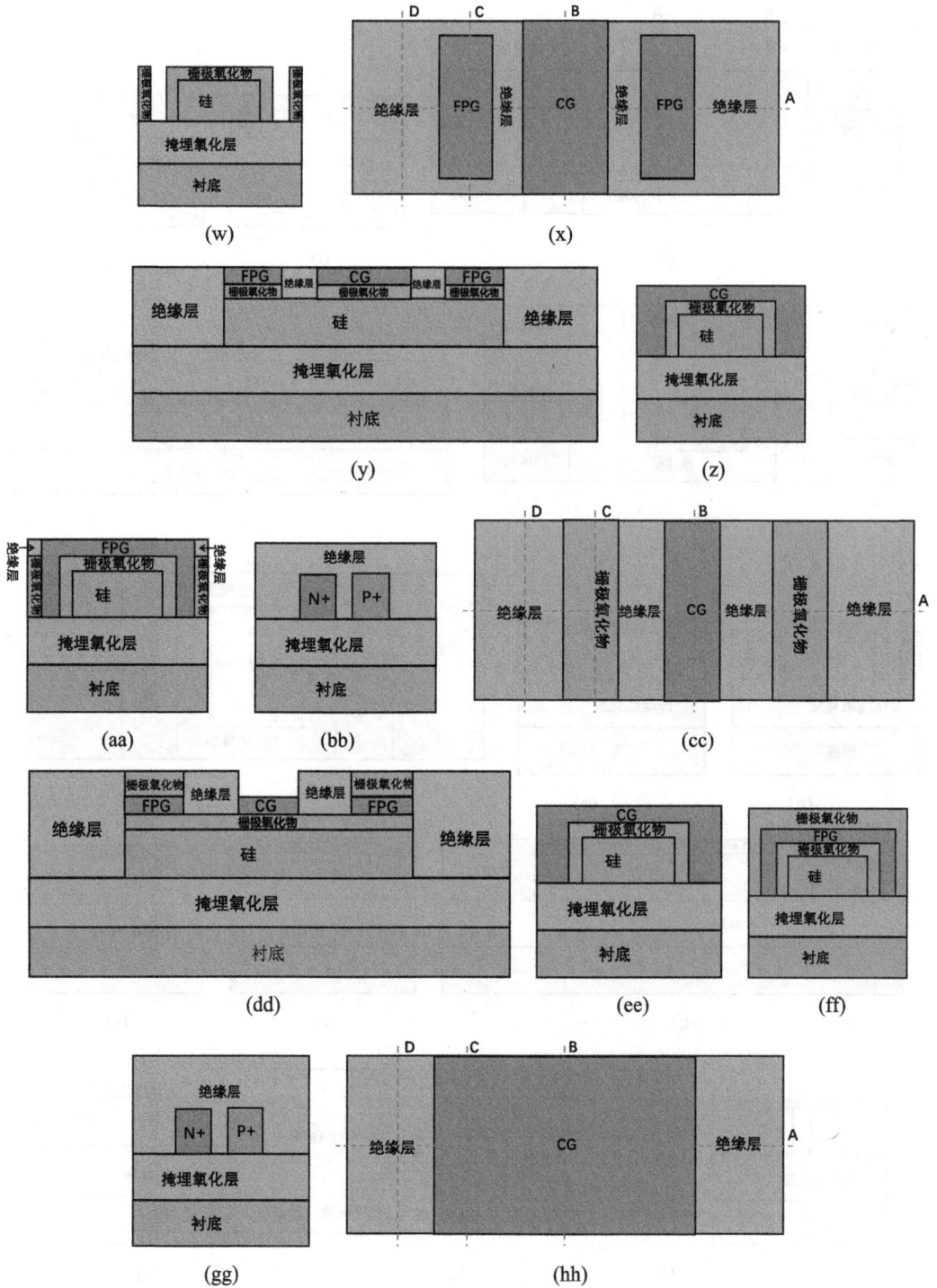

图 6-50　工艺流程设计(续)

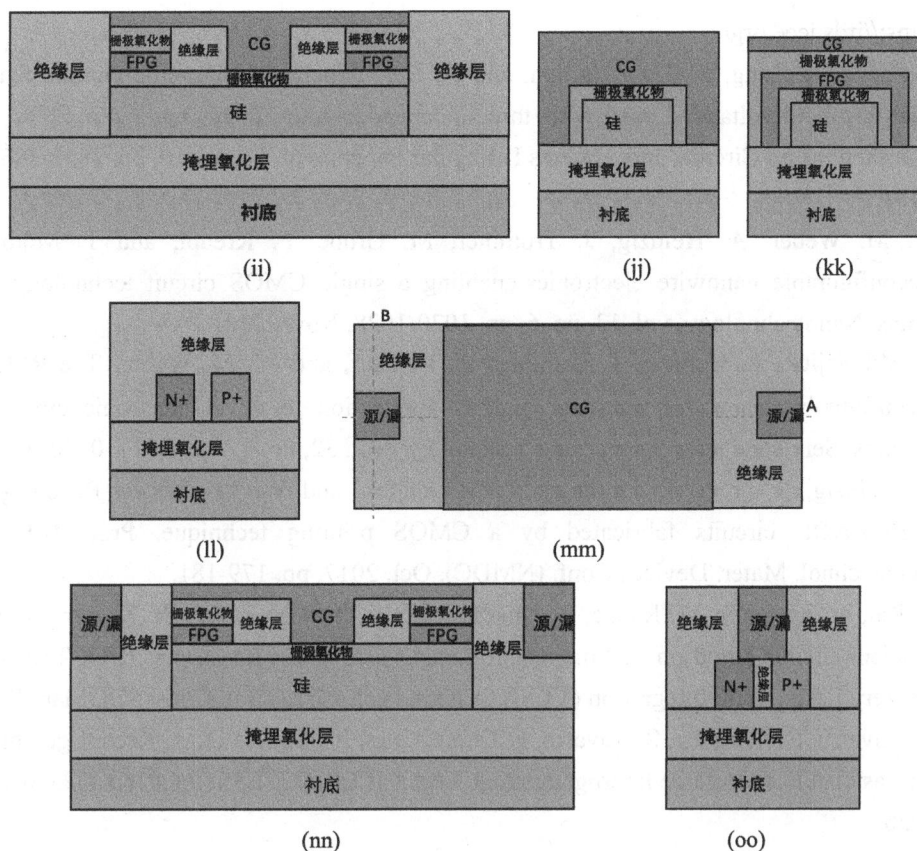

图 6-50　工艺流程设计(续)

6.5.7　本节结语

本节提出了一种新型单栅控制双掺杂源漏非易失双向可重置场效应晶体管。与双掺杂源漏双向可重置场效应晶体管不同的是，它只有一个独立供电的栅极，可以进行可重置操作并控制晶体管在导通和截止状态之间切换。而且，通过在 FPG 中存储合理范围内的电荷，CG 可以调节 FPG 中的等效电压，从而可以有效减少反向漏电流的产生。因此，与传统的双掺杂源漏可重置场效应晶体管相比，所提出的双掺杂源漏非易失双向可重置场效应晶体管不仅简化了结构，而且还带来了非易失功能并提高了器件性能。

6.5.8　参考文献

[1] A. Heinzig, S. Slesazeck, F. Kreupl, T. Mikolajick, and W. M. Weber. Reconfigurable silicon nanowire transistors. Nano Letters, vol. 12, no. 1, pp. 119-124, Jan. 2012.

[2] De Marchi M et al. Polarity control in double-gate, gate all-around vertically stacked silicon nanowire FETs. IEEE Int. Electron Devices Meeting (IEDM) (10⁻13 December) 2012. (IEEE) (https://doi.org/10.1109/IEDM.2012.6479004)

[3] International Roadmap for Devices and Systems 2018 Edition. [Online]. Available:

https://irds.ieee.org/

[4] J. Zhang, X. Tang, P.-E. Gaillardon, and G. De Micheli. Configurable circuits featuring dual-threshold-voltage design with three-independentgate silicon nanowire FETs. IEEE Transactions on Circuits and Systems I- Regular Papers, vol. 61, no. 10, pp. 2851-2861, Oct. 2014.

[5] W. M. Weber, A. Heinzig, J. Trommer, M. Grube, F. Kreupl, and T. Mikolajick. Reconfigurable nanowire electronics-enabling a single CMOS circuit technology. IEEE Trans. Nanotechnology, vol. 13, no. 6, pp. 1020-1028, Nov. 2014.

[6] T. Mikolajick, A. Heinzig, J. Trommer, T. Baldauf, and W. M. Weber. The RFET—A reconfigurable nanowire transistor and its application to novel electronic circuits and systems. Semiconductor Science and Technology, vol. 32, no. 4, Apr. 2017, 043001.

[7] A. Heinzig, S. Pregl, J. Trommer, T. Mikolajick, and W. M. Weber. Reconfigurable NAND-NOR circuits fabricated by a CMOS printing technique. Proc. IEEE 12th Nanotechnol. Mater. Devices Conf. (NMDC), Oct. 2017, pp. 179-181.

[8] S. Rai, J. Trommer, M. Raitza, T. Mikolajick, W. M. Weber, and A. Kumar. Designing efficient circuits based on runtime-reconfigurable field-effect transistors. IEEE Transactions on Very Large Scale Integration (VLSI) Systems, vol. 27, no. 3, pp. 560-572, Mar. 2019.

[9] C. Navarro, C. Marquez, S. Navarro, F. Gamiz. Dual PN Source/Drain Reconfigurable FET for Fast and Low-Voltage Reprogrammable Logic. IEEE ACCESS, vol.8, pp.132376-132381, 2020.

[10] Reconfigurable field-effect transistor (FET) device with dual doping, has source and drain of semiconductor material which are formed by first portion with N-plus doped and second portion with P-plus doped located next to each other, by C. Navarro, F. Gamiz, C. Marquez, and S. Navarro. (2020, Apr 20). Patent WO2021214359-A1.

[11] https://www.silvaco.com/products/tcad/device_simulation/device_simulation.html

第7章 可重置肖特基二极管

7.1 基于互补掺杂源的可重置肖特基二极管

上述章节介绍了可重置场效应晶体管。它是一种具有两个输入栅极的四端晶体管。其中一个门工作在恒定电压值下，负责通过改变电压的极性来配置器件的导电类型(N 型或 P 型)，通常称为编程栅(PG)。另一个门负责控制器件的开关，通常称为控制栅(CG)[1]。人们提出了各种可重置场效应晶体管来提高传导电流、提高集成度并简化工艺[2-4]。与互补 MOSFET 技术相比，可重置场效应晶体管技术有一个显著的优势，即可以使用更少的器件来实现各种逻辑门[5-7]。在 CMOS 技术将在未来十年达到物理极限的宏观背景下，单纯通过减小器件尺寸来提升芯片性能变得越来越困难。因此，可重置场效应晶体管成为近来的研究热点[8-10]。普通可重置场效应晶体管同时在源极/漏极(S/D)电极与无掺杂半导体的导带和价带之间形成肖特基势垒[11-17]。通过调节编程栅极电压产生隧道效应，可以降低肖特基势垒产生的 S/D 电阻，并通过改变电压的极性来选择聚集在 S/D 区的载流子类型，从而实现器件配置。控制栅用于调节载流子通道的形成。由硅化镍(NiSi)与半导体导带 $q\phi_{Bn}$ 之间形成的势垒高度约为 0.58 eV，因此 NiSi 与半导体价带 $q\phi_{Bp}$ 之间形成的势垒高度约为 0.54 eV，即形成高肖特基势垒，同时具有导带和价带。

NiSi 通常用作(S/D)电极和半导体之间的界面材料[18]。由于肖特基势垒阻止载流子直接流入半导体，因此可重置场效应晶体管的正向电流比主流 CMOS 技术小得多。为了增加正向电流，必须将 PG 偏置在较高的电压上，这会导致 CG 在低电位或反向偏置时 CG 与 PG 之间的电位差增大，从而导致漏电的产生，并且增加了功耗，特别是当 PG 和 CG 之间的距离减小到深纳米级时。文献[19]提出了一种具有双掺杂源极和漏极相邻的互补掺杂 S/D 双向可重置场效应晶体管(互补掺杂双向可重置场效应晶体管)，它显著降低了 PG 所需的电压，并且通态电流也改善了。然而，与当今只有单栅极的主流 CMOS 技术相比，额外的 PG 使得金属互连更加复杂和困难。复杂的结构也使得其尺寸远大于主流 FinFET 技术。

为了简化器件结构，本节提出一种基于互补掺杂源的可重置肖特基二极管。与具有相同材料的 S/D 区域的其他类型的可重置器件不同，它具有互补掺杂的源极区域，以及半导体和漏电极之间的 NiSi 界面。与同时具有程序门(PG)和控制栅(CG)的三端可重置晶体管相比，所提出的基于互补掺杂源的可重置肖特基二极管没有控制栅，而只有用于重构操作的程序门。基于互补掺杂源的可重置肖特基二极管的漏极既是电流信号的输出端，又是电压信号的输入端。因此，它是一种基于硅的导带和价带高肖特基势垒的可重置二极管，形成在硅和漏电极之间的界面上。因此，可重置二极管可以看作是在保留可重置功能的前提下对可重置场效应晶体管结构的简化。简化后的基于互补掺杂源的可重置肖特基二极管更适合逻辑门电路集成度的提高。本节还提出简要的制造工艺，并通过器件仿真验证器件性能。

7.1.1 基于互补掺杂源的可重置肖特基二极管的结构与参数

图 7-1(a)是基于互补掺杂源的可重置肖特基二极管的示意性俯视图。图 7-1(b)是沿

图 7-1(a)中的虚线 A 的剖视。图 7-1(c)是沿图 7-1(a)中的虚线 B 的剖视。图 7-1(d)是沿图 7-1(a)中的虚线 C 的剖视。图 7-1(e)是沿图 7-1(a)中的虚线 D 的剖视。图 7-1(f)是沿图 7-1(b)中的虚线 A 的剖视。NiSi 形成在漏电极和硅之间的界面上。图 7-2(a)是基于互补掺杂源漏的可重置场效应晶体管的截面图。图 7-2(b)是沿图 7-2(a)中的虚线 A 的剖视。图 7-2(c)是沿图 7-2(a)中的虚线 B 或虚线 C 的剖视。基于互补掺杂源的可重置肖特基二极管及互补掺杂源漏可重置场效应晶体管的参数与参数值列于表 7-1 中。

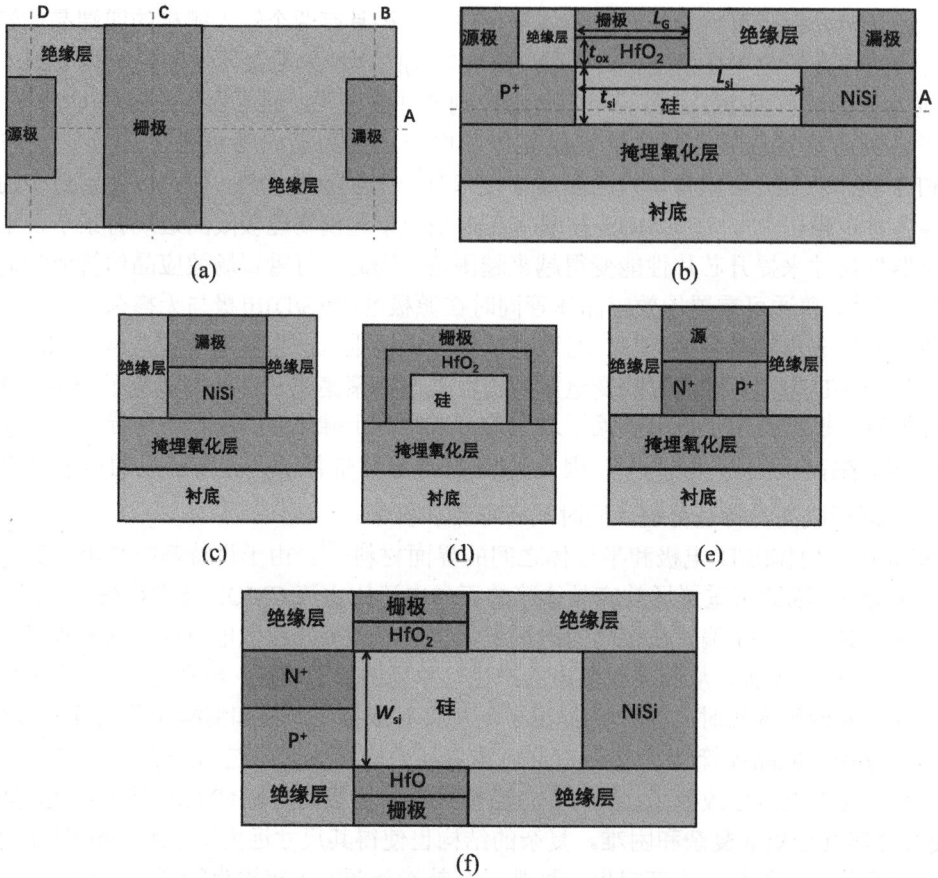

图 7-1　基于互补掺杂源的可重置肖特基二极管的结构

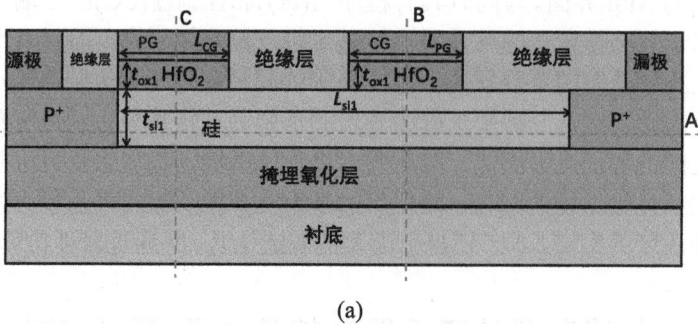

图 7-2　基于互补掺杂源漏的可重置场效应晶体管的结构

(b)

(c)

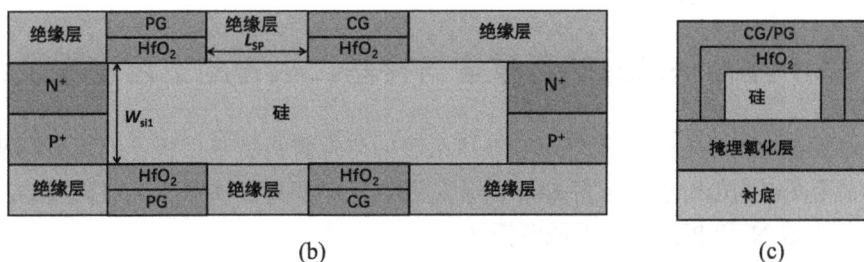

图 7-2　基于互补掺杂源漏的可重置场效应晶体管的结构(续)

表 7-1　基于互补掺杂源的可重置肖特基二极管和互补掺杂源漏可重置场效应晶体管的参数与参数值

参　数	参数值
基于互补掺杂源的可重置肖特基二极管的硅区长度(L_{si})	12 nm
基于互补掺杂源漏的可重置场效应晶体管的硅区长度(L_{si1})	24 nm
栅极长度(L_G)	6 nm
基于互补掺杂源漏的可重置场效应晶体管的控制栅长度(L_{CG})	6 nm
基于互补掺杂源漏的可重置场效应晶体管的编程栅长度(L_{PG})	6 nm
基于互补掺杂源漏的可重置场效应晶体管的绝缘隔离层长度(L_{SP})	6 nm
基于互补掺杂源的可重置肖特基二极管的 HfO$_2$ 栅极绝缘层厚度(t_{ox})	1 nm
基于互补掺杂源漏的可重置场效应晶体管的 HfO$_2$ 栅极绝缘层厚度(t_{ox1})	1 nm
基于互补掺杂源的可重置肖特基二极管的硅区厚度(t_{si})	5 nm
基于互补掺杂源漏的可重置场效应晶体管的硅区厚度(t_{si1})	5 nm
基于互补掺杂源的可重置肖特基二极管的硅区宽度(W_{si})	6 nm
基于互补掺杂源漏的可重置场效应晶体管的硅区宽度(W_{si1})	6 nm
基于互补掺杂源的可重置肖特基二极管和基于互补掺杂源漏的可重置场效应晶体管的 N$^+$区浓度	10^{21} cm^{-3}
基于互补掺杂源的可重置肖特基二极管和基于互补掺杂源漏的可重置场效应晶体管的 P$^+$区浓度	10^{21} cm^{-3}
HfO$_2$ 的相对介电常数(ε_{HfO_2})	21.976
SiO$_2$ 绝缘隔离层的相对介电常数(ε_{spacer})	3.89
源漏电极和硅导带之间的肖特基势垒高度($q\phi_{Bn}$)	0.58 eV
源漏电极和硅价带之间的肖特基势垒高度($q\phi_{Bp}$)	0.54 eV
硅能带带隙宽度	1.12 eV
基于互补掺杂源的可重置肖特基二极管的漏电极电压(V_D)	−1 V~1 V
基于互补掺杂源漏的可重置场效应晶体管的漏电极电压(V_{D1})	−1 V~1 V
基于互补掺杂源的可重置肖特基二极管的源电极电压(V_S)	0 V
基于互补掺杂源漏的可重置场效应晶体管的源电极电压(V_S)	0 V
基于互补掺杂源的可重置肖特基二极管的编程栅电极电压(V_{PG})	−1 V~1 V
基于互补掺杂源漏的可重置场效应晶体管的编程栅电极电压(V_{PG1})	−1 V~1 V
基于互补掺杂源漏的可重置场效应晶体管的控制栅电极电压(V_{CG})	−1 V~1 V
基于互补掺杂源的可重置肖特基二极管的漏电极电流(I_D)	
基于互补掺杂源漏的可重置场效应晶体管的漏电极电流(I_{D1})	

7.1.2 基于互补掺杂源的可重置肖特基二极管的工艺流程设计

图 7-3(a)至图 7-3(u)显示了基于互补掺杂源的可重置肖特基二极管的简要制造流程。如图 7-3(a)至图 7-3(d)所示，制备 SOI 晶片。通过光刻和离子注入工艺对硅膜的左侧进行两次掺杂，形成 N$^+$ 和 P$^+$ 区域。形成源极区。

如图 7-3(e)至图 7-3(g)所示，通过光刻和刻蚀工艺对右侧部分硅膜进行刻蚀，然后通过沉积工艺沉积镍，经过热退火后，在其上形成硅化镍。镍和硅之间的界面形成肖特基势垒。通过化学机械平坦化(CMP)工艺平坦化表面后，形成漏极区。

如图 7-3(h)至图 7-3(k)所示，通过光刻和刻蚀工艺去除硅膜的正面和背面。沉积二氧化硅。通过 CMP 工艺平坦化表面以暴露 N$^+$、P$^+$ 区和 NiSi 区之后，首先形成间隔区。

如图 7-3(l)至图 7-3(m)所示，通过光刻和刻蚀工艺去除左侧侧墙，露出硅膜正反面的掩埋氧化层。

如图 7-3(n)至图 7-3(p)所示，沉积高介电常数绝缘体材料 HfO$_2$ 以覆盖表面。然后通过 CMP 工艺平坦化 HfO$_2$ 层的表面。刻蚀两侧的 HfO$_2$ 层，再次沉积二氧化硅，并将二氧化硅表面压平，露出 HfO$_2$ 表面。

如图 7-3(q)至图 7-3(r)所示，通过光刻和刻蚀工艺去除正反面部分 HfO$_2$ 栅氧化层，为栅电极预留空间。

如图 7-3(s)至图 7-3(u)所示，沉积金属材料，通过 CMP 工艺平坦化金属材料的表面，刻蚀两侧的金属材料，露出侧墙区域形成栅电极，然后沉积二氧化硅，再次平坦化表面以暴露金属材料以进一步形成间隔区域。

最后如图 7-1(a)至图 7-1(f)所示，去除左右两侧侧墙的部分，露出 N$^+$ 区、P$^+$ 区和 NiSi，然后沉积金属材料并平整表面，露出侧墙，栅电极形成 S/D 电极。

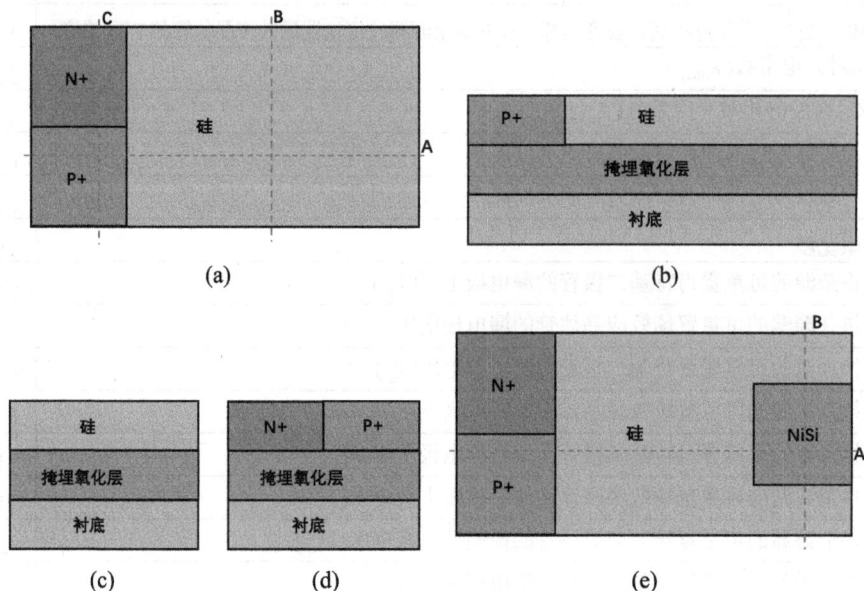

图 7-3 工艺流程设计

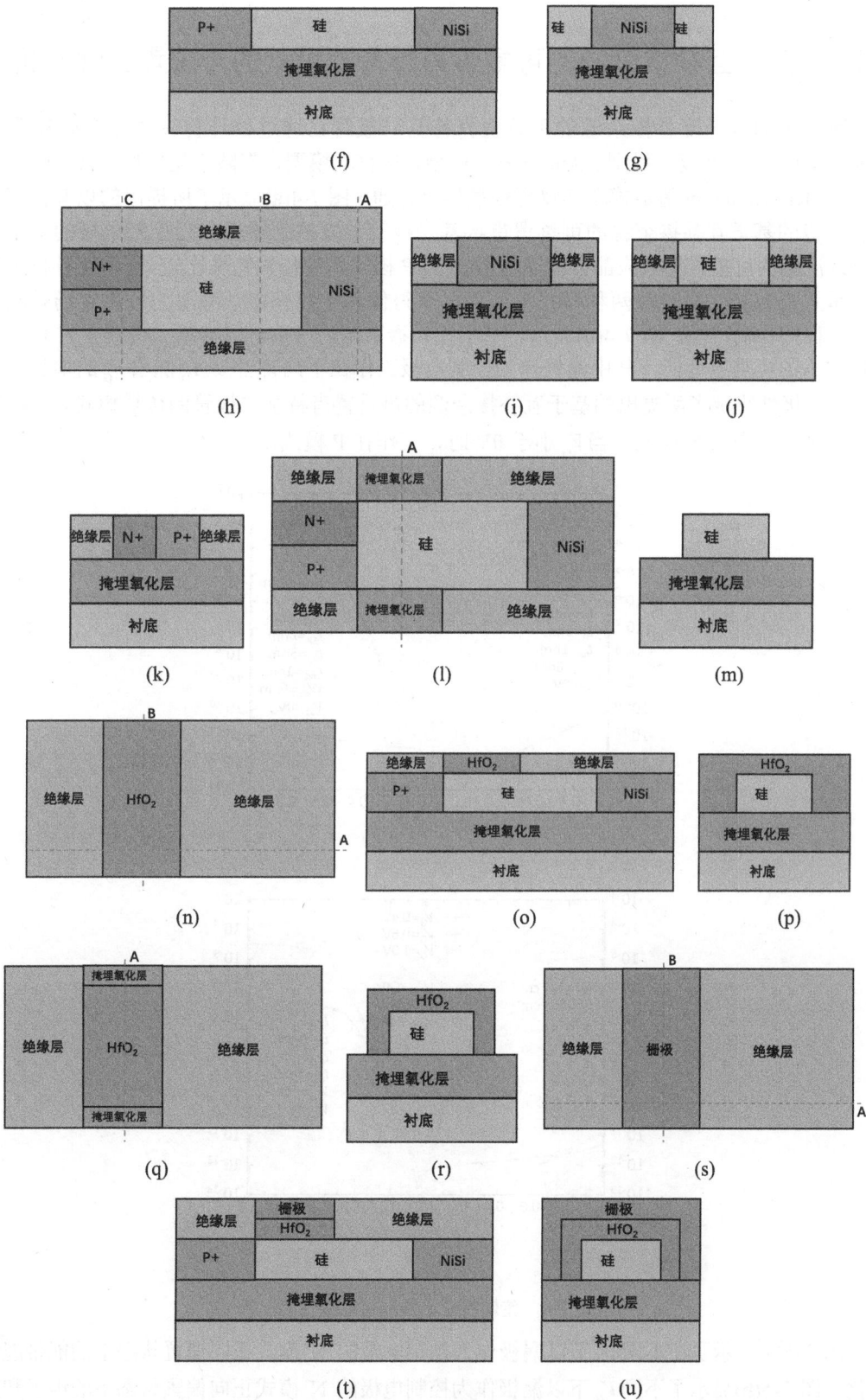

P+	硅	NiSi
掩埋氧化层		
衬底		

(f)

硅	NiSi	硅
掩埋氧化层		
衬底		

(g)

C　B　A

绝缘层		
N+	硅	NiSi
P+		
绝缘层		

(h)

绝缘层	NiSi	绝缘层
掩埋氧化层		
衬底		

(i)

绝缘层	硅	绝缘层
掩埋氧化层		
衬底		

(j)

绝缘层	N+	P+	绝缘层
掩埋氧化层			
衬底			

(k)

A

绝缘层	掩埋氧化层	绝缘层
N+	硅	NiSi
P+		
绝缘层	掩埋氧化层	绝缘层

(l)

硅
掩埋氧化层
衬底

(m)

B

绝缘层	HfO₂	绝缘层

A

(n)

绝缘层	HfO₂	绝缘层
P+	硅	NiSi
掩埋氧化层		
衬底		

(o)

HfO₂	
硅	
掩埋氧化层	
衬底	

(p)

A

绝缘层	掩埋氧化层	绝缘层
	HfO₂	
	掩埋氧化层	

(q)

HfO₂
硅
掩埋氧化层
衬底

(r)

B

绝缘层	栅极	绝缘层

A

(s)

绝缘层	栅极	绝缘层
	HfO₂	
P+	硅	NiSi
掩埋氧化层		
衬底		

(t)

栅极
HfO₂
硅
掩埋氧化层
衬底

(u)

图 7-3　工艺流程设计(续)

7.1.3　基于互补掺杂源的可重置肖特基二极管的可重置特性分析

所提出的基于互补掺杂源的可重置肖特基二极管已通过器件仿真进行了研究[20]。Shockley-Read-Hall 复合模型、Auger 复合模型、迁移率模型、带隙窄化模型、带间隧道模型、Fowler-Nordheim 隧道模型等物理模型均已开通。图 7-4(a)显示了所提出的以漏极作为控制电极的基于互补掺杂源的可重置肖特基二极管与以控制栅极作为控制电极的基于互补掺杂源漏的可重置场效应晶体管在 N 模式和 P 模式下的传输特性比较。基于互补掺杂源的可重置肖特基二极管在两种模式下都可以获得像基于互补掺杂源漏的可重置场效应晶体管一样的传输特性。图 7-4(b)显示了基于互补掺杂源的可重置肖特基二极管在 N 模式和 P 模式下的可重置性能，其中漏极作为控制电极工作在不同 V_G 下。I_D 随着 V_G 的增加而增加。V_G 的极性决定了所提出的基于互补掺杂源的可重置肖特基二极管的传导模式。当 V_G 大于 0 V 时，工作在 N 模式。当 V_G 小于 0V 时，工作在 P 模式。

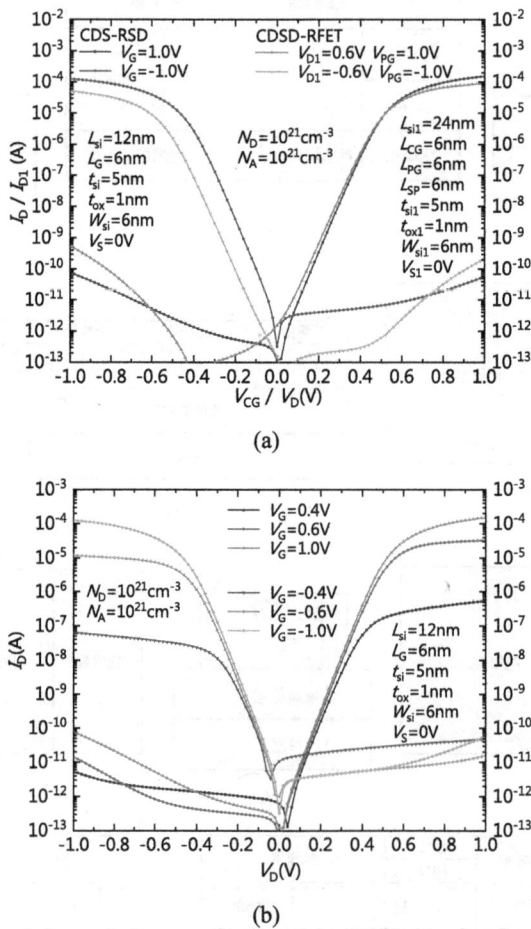

(a)

(b)

图 7-4　传输特性比较和可重置性能

图 7-5(a)显示了在不同 V_G 下以漏极作为控制电极的 N 模式正向偏置状态下的能带能量变化。图 7-5(b)显示了不同 V_G 下以漏极作为控制电极的 N 模式正向偏置状态下的电子和空穴浓度。随着 V_G 的逐渐增大，能带逐渐拉低，N$^+$区和本征半导体区之间的内置势垒逐渐消

除。本征区的电势逐渐升高并超过 N⁺ 区的电势。并且本征半导体区的电子浓度随着 V_G 的增加而增加。在导带中形成电子通道。因为当 V_G 大于 0 V 时，漏极与半导体导带之间形成的肖特基结处于正偏压状态。导带电子最终流出漏极形成正向电流。栅极电压的强度控制栅极区域下方的半导体区域中的电子浓度。正 V_G 越大，在相同 V_D 下产生的导带电子电流越大。

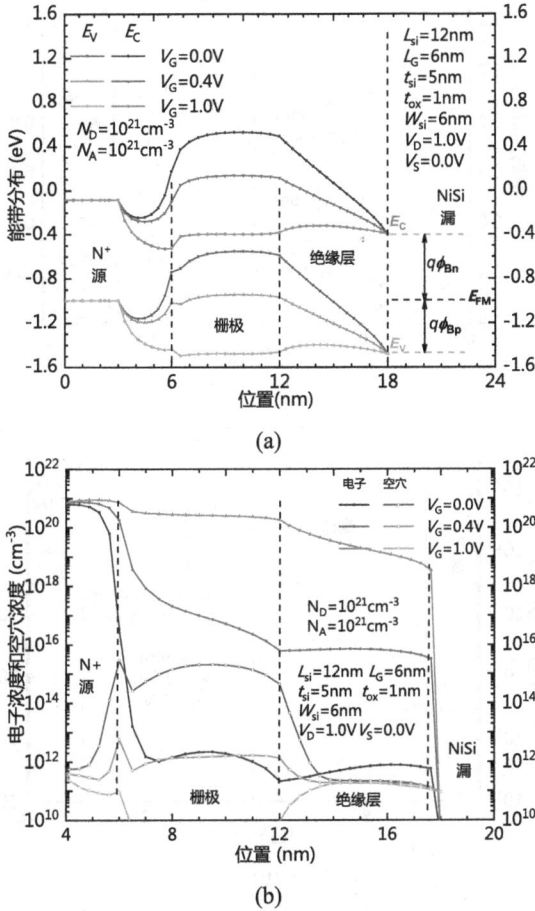

(a)

(b)

图 7-5　能带能量变化及电子和空穴浓度(一)

以漏极为控制电极的 P 型正向偏置状态在不同负 V_G 下的能带能量变化如图 7-6(a)所示。图 7-6(b)显示了不同负 V_G 下以漏极作为控制电极的 P 模式正向偏置状态下的电子和空穴浓度。随着负 V_G 的逐渐减小，能带逐渐上拉，从而 P⁺ 区和本征半导体区之间的内置势垒逐渐消除。随着 V_G 的减小，P⁺ 区的空穴浓度逐渐增大。价带中形成空穴沟道。因为当 V_D 小于 0 V 时，漏极与半导体价带之间形成的肖特基结处于正偏压状态。来自漏极的电子可以流入价带并从 P⁺ 区流出，形成正向电流。因此，器件工作在 P 模式。负 V_G 的强度控制栅极区下方的半导体区中的空穴浓度。负 V_G 越大，相同 V_D 下产生的价带空穴电流就越大。

图 7-7 显示了 N 模式反向偏置状态下的能带能量变化，其中漏极作为控制电极，V_G 等于 1.0 V。如果 V_D 小于 0 V，来自源极的电子将面临来自漏极的电阻，而不能流向漏极。另外，由于漏极与半导体导带之间形成的肖特基结处于反向偏压状态，来自漏极的电子将面对肖特基势垒，无法通过半导体导带直接流向源极。因此，器件当前处于 N 模式关闭状

态。然而，随着V_D的不断减小，栅极和漏极之间的半导体能带弯曲的强度会增加，并且由于隧道效应会产生带间隧道漏电流。从图 7-4(b)可以看出，N 模式下的带间隧道反向漏电流会随着V_D的减小而逐渐增大，这与图 7-7 中的能带分析结果一致。

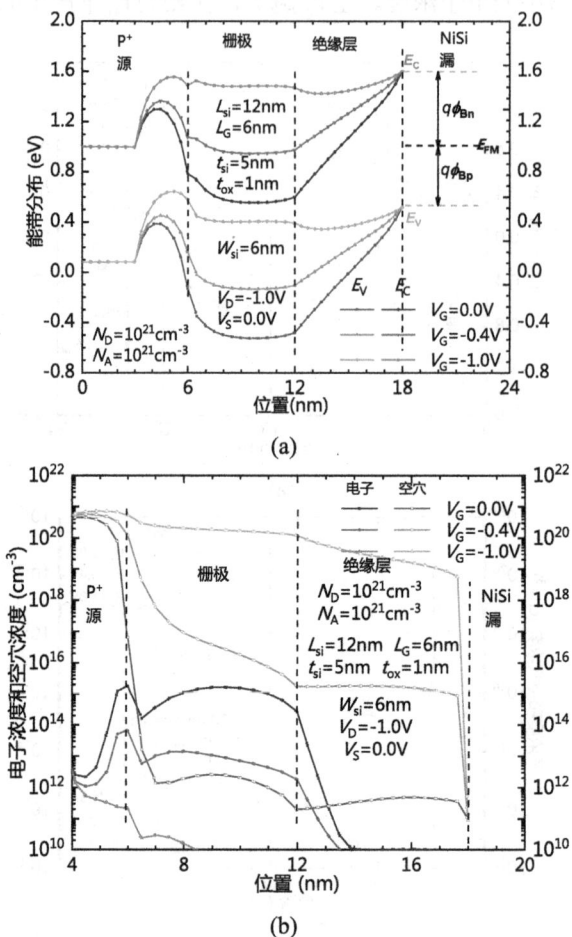

(a)

(b)

图 7-6 能带能量变化及电子和空穴浓度(二)

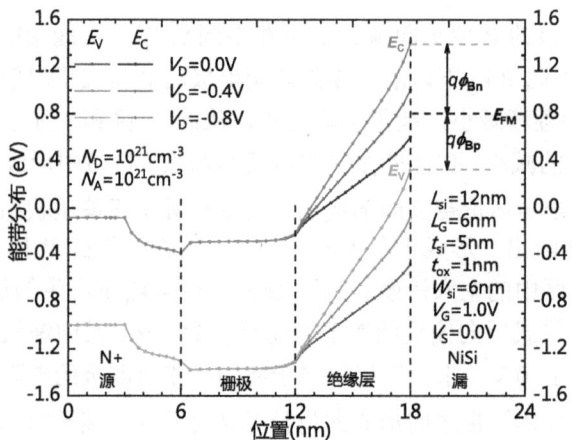

图 7-7 以漏极为控制电极的 N 型反向偏置状态下的能带能量变化

图 7-8 显示了 P 模式反向偏置状态下的能带能量变化，其中漏极作为控制电极，V_G 等于-1.0 V。如果 V_D 大于 0 V，来自源极的空穴将面临来自漏极的电阻，而不能流向漏极。另外，由于漏极与半导体价带之间形成的肖特基结处于反向偏压状态，来自漏极的空穴将面向肖特基势垒，无法通过半导体的价带直接流向源极。因此，器件当前处于 P 模式关闭状态。然而，随着 V_D 的不断增大，栅极和漏极之间的半导体能带弯曲的强度会增大，并且由于隧道效应会产生带间隧道漏电流。从图 7-4(b)可以看出，P 型带间隧道反向漏电流会随着 V_D 的增大而逐渐增大，这与图 7-8 中的能带分析结果一致。

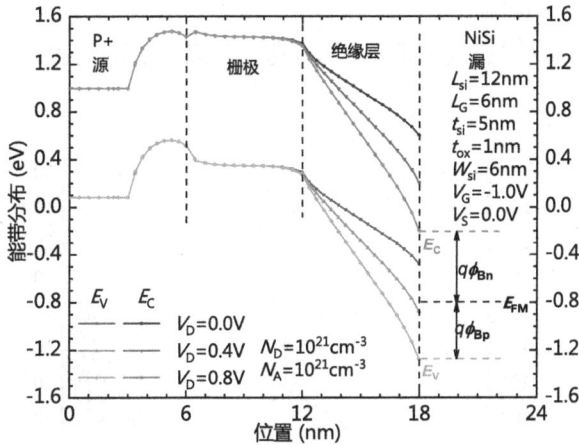

图 7-8   以漏极作为控制电极的 P 模式反向偏置状态下的能带能量变化

图 7-9(a)显示了所提出的以栅极作为控制电极的基于互补掺杂源的可重置肖特基二极管与以程序栅极作为控制电极的基于互补掺杂源漏的可重置场效应晶体管之间的可重置传输特性比较。图 7-9(b)显示了基于互补掺杂源的可重置肖特基二极管在 N 模式和 P 模式下以栅极作为控制电极且在不同 V_D 下的可重置传输特性。通过交换 V_G 和 V_D 的功能，基于互补掺杂源的可重置肖特基二极管在两种模式下也可以实现像基于互补掺杂源漏的可重置场效应晶体管一样的传输特性。前向 I_D 随着 V_D 的增加而增加。V_D 的极性现在决定了所提出的基于互补掺杂源的可重置肖特基二极管的传导模式。当 V_D 大于 0 V 时，工作在 N 模式。当 V_D 小于 0 V 时，工作在 P 模式。因此，在栅电极和漏电极互换的情况下，所提出的基于互补掺杂源的可重置肖特基二极管也可以像基于互补掺杂源漏的可重置场效应晶体管一样用作可重置器件。

图 7-10(a)显示了以栅极作为控制电极的 N 模式在不同正 V_D 下的正向偏置状态下的能带能量变化。图 7-10(b)显示了以栅极作为控制电极的 N 模式正向偏置状态下不同正 V_D 下的电子和空穴浓度。随着 V_D 的逐渐增大，栅极和漏极之间的半导体区域的能带逐渐被拉低，从而栅极和漏极之间的本征半导体区域的内置势垒逐渐消除。栅极和漏极之间的本征半导体区域中的电子浓度随着 V_D 的增加而增加。在导带中形成电子通道。由于当 V_D 大于 0 V 时，漏极与半导体导带之间形成的肖特基结处于正偏压状态，随着 V_G 增大，形成电子沟道。导带电子最终流出漏极形成正向电流。漏极电压的强度控制栅电极和漏电极之间的半导体区域中的电子浓度。正 V_D 越大，在相同正 V_G 下产生的导带电子电流越大。

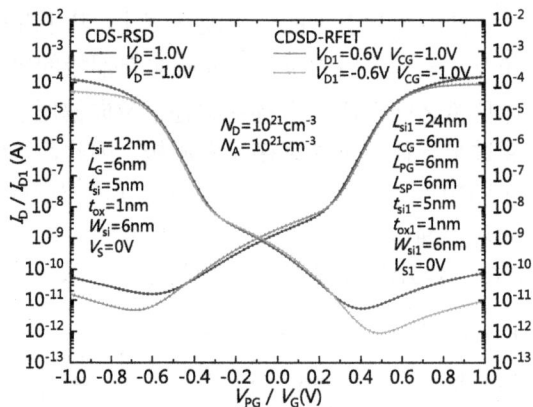

(a)

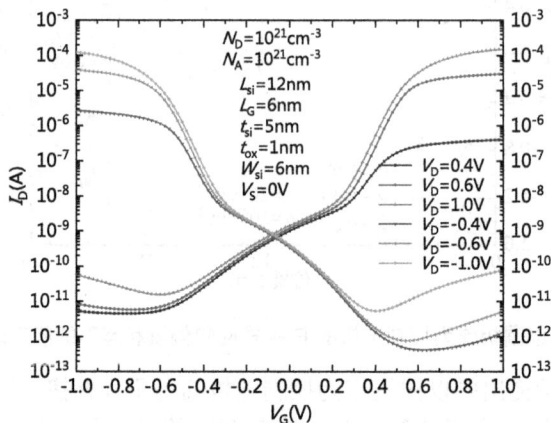

(b)

图 7-9　传输特性比较和可重置传输特性

图 7-11(a)显示了在不同负 V_D 下以栅极作为控制电极的 P 模式正向偏置状态下的能带能量变化。图 7-11(b)是以栅极作为控制电极的 P 模式正向偏置状态下不同负 V_D 下的电子和空穴浓度。随着负 V_D 的逐渐减小，栅极和漏极之间的能带逐渐上拉，从而栅极和漏极之间的内置势垒逐渐消除。随着 V_D 的减小，栅电极和漏电极之间的本征半导体区中的空穴浓度逐渐增大。价带中形成空穴沟道。因为当 V_D 小于 0 V 时，漏极与半导体价带之间形成的肖特基结处于正偏压状态。来自漏极的电子可以流入价带并从 P⁺ 区流出，形成正向电流。因此，器件工作在 P 模式。负 V_D 的强度控制栅电极和漏电极之间的半导体区域中的空穴浓度。负 V_D 越大，相同负 V_G 下产生的价带空穴电流越大。

图 7-12 显示了以栅极作为控制电极的 N 模式反向偏置状态下 V_D 等于 1 V 时的能带能量变化。如果 V_G 小于 0V，导带中的电子沟道将逐渐被栅电极切断。因此，随着 V_G 的减小，I_D 首先减小。然而，随着 V_G 减小，栅电极和漏电极之间的半导体区域中的能带弯曲将再次加强，并形成带间隧道漏电流。从图 7-9(b)可以看出，N 模式下的带间隧道反向漏电流会随着 V_G 的减小而逐渐增大，这与图 7-12 中的能带分析结果一致。

图 7-13 显示了 P 模式反向偏置状态下的能带能量变化，其中栅极作为控制电极，V_D 等于-1 V。如果 V_G 大于 0 V，价带中的空穴沟道将逐渐被栅电极切断。因此，随着 V_G 的增加，

I_D 首先减小。然而，随着 V_G 的增加，栅电极和漏电极之间的半导体区域的能带弯曲将再次加强，并形成带间隧道漏电流。从图 7-9(b)可以看出，P 模式下的带间隧道反向漏电流会随着 V_G 的增大而逐渐增大，这与图 7-13 中的能带分析结果一致。

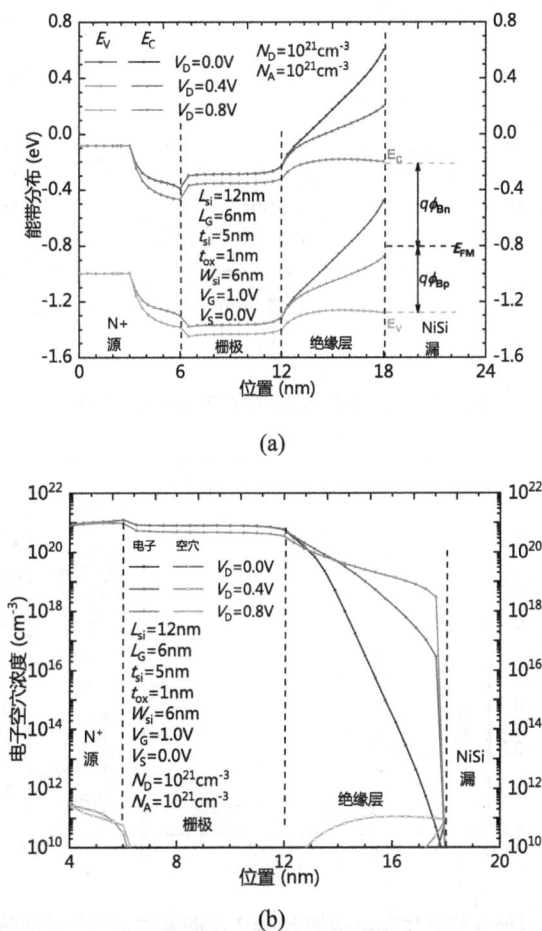

(a)

(b)

图 7-10　能带分布和电子空穴浓度(一)

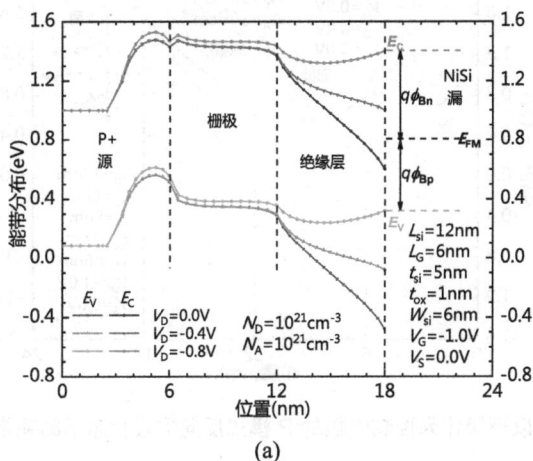

(a)

图 7-11　能带分布和电子空穴浓度(二)

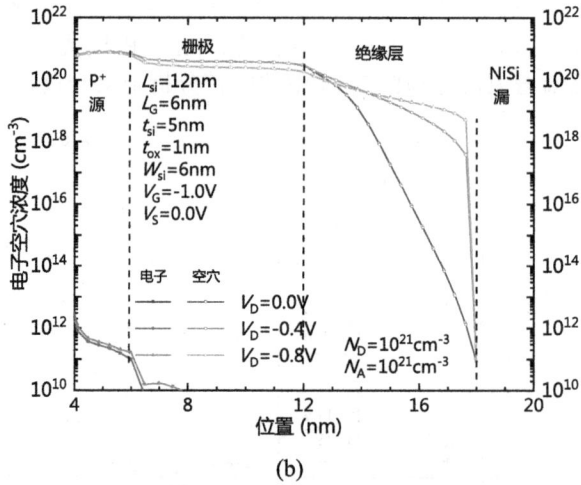

(b)

图 7-11　能带分布和电子空穴浓度(二)(续)

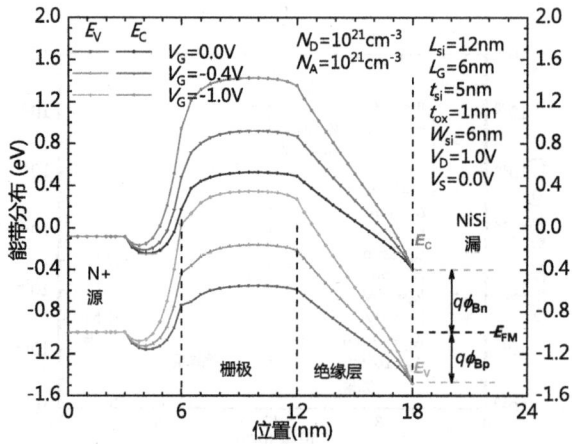

图 7-12　以栅极作为控制电极的 N 模式反向偏置状态下的能带能量变化

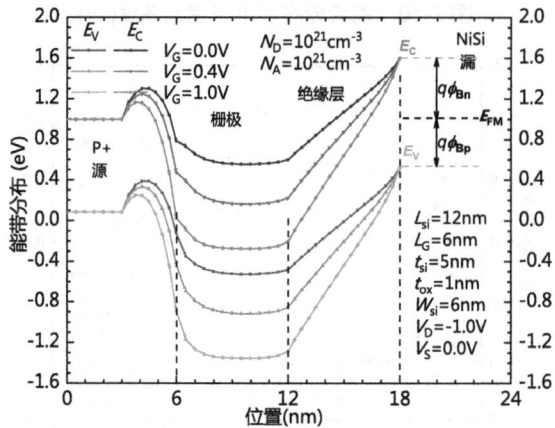

图 7-13　以栅极作为控制电极的 P 模式反向偏置状态下的能带能量变化

7.1.4 基于互补掺杂源的可重置肖特基二极管的同或逻辑特性分析

图 7-14(a)显示了以基于互补掺杂源的可重置肖特基二极管的V_D和V_G作为两个输入、I_D作为输出的等高线图。它清楚地表明，基于互补掺杂源的可重置肖特基二极管作为单个器件可以用作两个输入同或逻辑门($A\odot B$)。等价门的逻辑特性是当两个输入端其中一个为"0"，另一个为"1"时，输出为"0"。当两个输入均为"1"或"0"时，输出为"1"。该特性可以简写为：如果输入信号不同，则输出为"0"。如果输入信号相同，则输出为"1"。这里我们将V_D视为一个输入端 A，V_G作为另一个输入端 B，高电位(1.0 V)为逻辑值"1"，低电位(-1.0 V)为逻辑值"0"，I_D为输出信号，正向导通电流($>10^{-5}$A)作为输出逻辑值"1"，反向漏电流($<10^{-9}$A)作为逻辑值"0"。表 7-2 是等效逻辑门的真值表以及所提出的基于互补掺杂源的可重置肖特基二极管提供的相应输入和输出信号。

表 7-2 所提出的基于互补掺杂源的可重置肖特基二极管提供的等效逻辑门以及相应的输入和输出信号的真值表

A 输入(V_D)	B 输入(V_G)	A⊙B 输出(I_D)
0 ($V_D < -0.6$ V)	0 ($V_G < -0.6$ V)	1 ($>10^{-5}$ A)
0 ($V_D < -0.6$ V)	1 ($V_G > 0.6$ V)	0 ($<10^{-9}$ A)
1 ($V_D > 0.6$ V)	0 ($V_G < -0.6$ V)	0($<10^{-9}$ A)
1 ($V_D > 0.6$ V)	1 ($V_G > 0.6$ V)	1($>10^{-5}$ A)

然而，对于基于互补掺杂源漏的可重置场效应晶体管，由于其由V_{PG}、V_{CG}和V_D控制并输出电流，作为等效逻辑门，需要将漏极固定在特定电压。

图 7-14(b)显示了以基于互补掺杂源漏的可重置场效应晶体管的V_{CG}和V_{PG}作为两个输入，以I_{D1}作为V_{D1}等于 0.6 V 时的输出的等值线图。逻辑输出值"1"对应的V_{CG}和V_{PG}的适用范围将受到V_{D1}的影响。这是因为当V_{PG}和V_{CG}同时反向偏置时，基于互补掺杂源漏的可重置场效应晶体管工作在 P 模式，此时保持 0.6 V 的漏极和保持 0V 的源极的作用互换。基于互补掺杂源漏的可重置场效应晶体管的阈值电压受V_{D1}影响。

图 7-14(c)显示了等高线图，其中基于互补掺杂源漏的可重置场效应晶体管的V_{CG}和V_{PG}作为两个输入，I_{D1}作为V_{D1}等于 0.05V 时的输出。如图 7-14(c)所示，用于确定输出结果的V_{PG}和V_{CG}的输入阈值变得接近于图 7-14(a)所示的基于互补掺杂源的可重置肖特基二极管的输入阈值。通过最小化V_D，可以减少对逻辑输出值的影响。但代价是，当V_D减小时，作为输出值的I_D也随之减小。因此，对于只需要两个输入的逻辑门来说，实际上只需要两个输入电极就足够了。多余的电极会对逻辑值的输出产生一定的影响，这对于实际应用往往是不利的。所提出的基于互补掺杂源的可重置肖特基二极管充分利用V_D和V_G作为两个输入端，而不引入其他电极作为输入端，从而避免了基于互补掺杂源漏的可重置场效应晶体管所面临的问题。

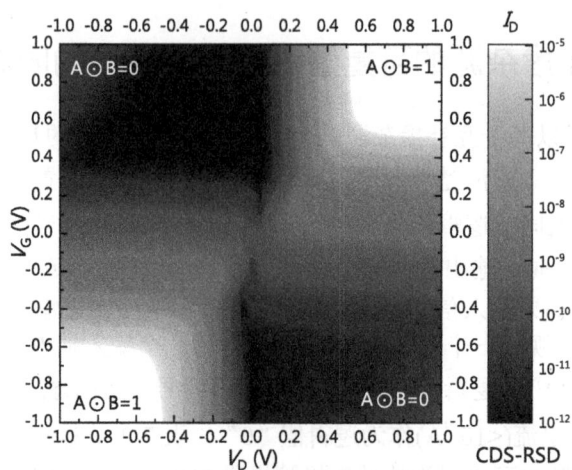

(a)

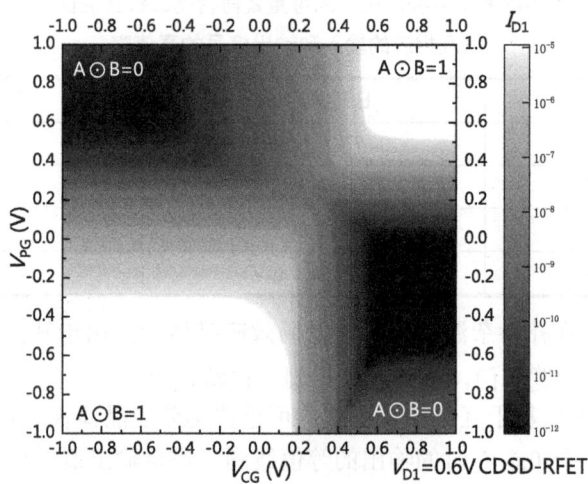

(b)

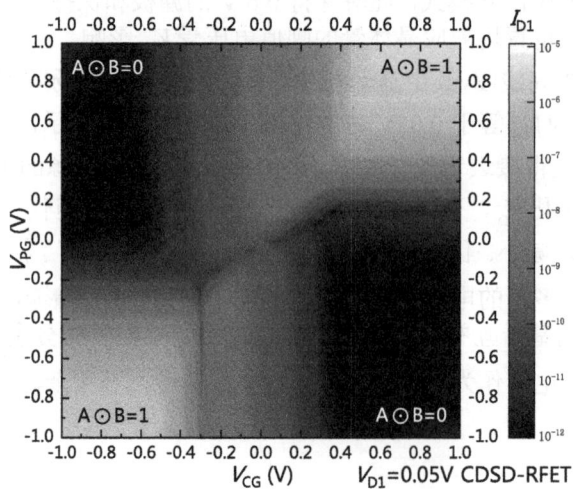

(c)

图 7-14　等高线图及等值线图

7.1.5 本节结语

本节提出了一种基于互补掺杂源的可重置肖特基二极管。与具有相同材料的源极和漏极(S/D)区域的其他类型的可重置器件不同，它具有互补掺杂的源极区域以及金属硅化物漏极区域。与同时具有程序门(PG)和控制栅(CG)的三端可重置晶体管相比，所提出的基于互补掺杂源的可重置肖特基二极管没有控制栅，而只有用于重构操作的程序门。基于互补掺杂源的可重置肖特基二极管的漏极既是电流信号的输出端，又是电压信号的输入端。因此，它是一种基于硅的导带和价带高肖特基势垒的可重置二极管，形成在硅和漏电极之间的界面上。因此，基于互补掺杂源的可重置肖特基二极管可以看作是在保留可重置功能的前提下对可重置场效应晶体管结构的简化。

本节还提出了简要的制造工艺，通过器件仿真验证了器件性能。基于互补掺杂源的可重置肖特基二极管在两种模式下都可以获得像基于互补掺杂源漏的可重置场效应晶体管一样的传输特性。V_G 的极性决定了所提出的基于互补掺杂源的可重置肖特基二极管的传导模式。当 V_G 大于 0V 时，工作在 N 模式。当 V_G 小于 0V 时，工作在 P 模式。正 V_G 越大，在相同 V_D 下产生的导带电子电流越大。负 V_G 越大，相同 V_D 下产生的价带空穴电流越大。在栅电极和漏电极互换的情况下，所提出的基于互补掺杂源的可重置肖特基二极管也可以作为基于互补掺杂源漏的可重置场效应晶体管的可重置器件工作。简化后的基于互补掺杂源的可重置肖特基二极管更适合逻辑门电路集成度的提高。

7.1.6 参考文献

[1] Hei nzig, A.; Slesazeck, S; Kreupl, F.; Mikolajick T. and W. M. Weber. Reconfigurable silicon nanowire transistors. Nano Letters 2012, 12, 119-124. DOI: 10.1021/nl203094h.

[2] Jin, X.; Zhang, S.; Li, M.; Liu, X. A Novel Single Gate Controlled Nonvolatile Floating Program Gate Reconfigurable FET. Advanced Theory and Simulation 2023, 2200823. DOI: 10.1002/adts.202200823

[3] Jin, X.; Zhang, S.; Zhao, C.; Li, M.; Liu, X. A complementary low Schottky barrier S/D based nanoscale dopingless bidirectional reconfigurable field effect transistor with an improved forward current. Discover Nano 2023, 18:57. DOI: 10.1186/s11671-023-03835-3.

[4] X. Jin, S. Zhang, X. Liu. A dual doping nonvolatile reconfigurable FET. Scientific Reports 2023, 13:5634. DOI:10.1038/s41598-023-32930-9.

[5] T. Mikolajick, A. Heinzig, J. Trommer, T. Baldauf, and W. M. Weber. A reconfigurable nanowire transistor and its application to novel electronic circuits and systems. Semiconductor Science and Technology 2017, 32, 043001. DOI: 10.1088/1361-6641/aa5581.

[6] Rai, S.; Trommer, J.; Raitza, M.; Mikolajick, T.; Weber, W. M.; Kumar, A. Designing efficient circuits based on runtime-reconfigurable field-effect transistors. IEEE Transactions on Very Large Scale Integration (VLSI) Systems 2019, 27, 560-572. DOI: 10.1109/TVLSI.2018.2884646.

[7] Galderisi, G.; Mikolajick, T.; Trommer. J. Reconfigurable Field Effect Transistors Design Solutions for Delay-Invariant Logic Gates. IEEE Embedded Systems Letters 2022, 14, 107-110. DOI: 10.1109/LES.2022.3144010.

[8] Nirala, RK; Roy, AS; Semwal, S; Rai, N; Kranti, A. Architectural evaluation of programmable transistor-based capacitorless DRAM for high-speed system-on-chip applications. JAPANESE JOURNAL OF APPLIED PHYSICS, 2023, 62, SC1040 DOI: 10.35848/ 1347-4065/acb0db.

[9] Nirala, R.K.; Semwal, S.; Kranti, A. A critique of length and bias dependent constraints for 1T-DRAM operation through RFET. Semiconductor Science and Technology, 2022, 37(10), 105013. DOI: 10.1088/1361-6641/ac8c67.

[10] Jayakumar, G. Durga, Pal, Susanta Kumar, Srinivasan, R. Reconfigurable FET-Based Tunable Ring Oscillator and Its Single Event Effect Performance. JOURNAL OF CIRCUITS SYSTEMS AND COMPUTERS, 2022, 31(18), 2240008. DOI: 10.1142/ S0218126622400084.

[11] Gupta, A. K.; Raman, A. Performance analysis of electrostatic plasma-based dopingless nanotube TFET. APPLIED PHYSICS A-MATERIALS SCIENCE & PROCESSING, 2020, 126(7), 573. DOI: 10.1007/s00339-020-03736-7.

[12] Kumar, N.; Raman, A. Novel Design Approach of Extended Gate-On-Source Based Charge-Plasma Vertical-Nanowire TFET: Proposal and Extensive Analysis. IEEE TRANSACTIONS ON NANOTECHNOLOGY, 2020, 19, 421-428, DOI: 10.1109/ TNANO.2020.2993565.

[13] Kumar, P.; Bhowmick, B. Source-Drain Junction Engineering Schottky Barrier MOSFETs and their Mixed Mode Application. Silicon. 2020, 12(4), 821-830.

[14] Gupta, A. K.; Raman, A.; and Kumar, N. Design and Investigation of a Novel Charge Plasma-Based Core-Shell Ring-TFET: Analog and Linearity Analysis. IEEE TRANSACTIONS ON ELECTRON DEVICES, VOL. 66, NO. 8, AUGUST 2019, pp3506-3512.

[15] Kumar, N.; Raman, A. Performance assessment of the charge-plasma-based cylindrical GAA vertical nanowire TFET with impact of interface trap charges. IEEE TRANSACTIONS ON ELECTRON DEVICES, 2019, 66(10), 4453-4460 DOI: 10.1109/TED.2019.2935342.

[16] Kumar, P.; Bhowmick B. A physics-based threshold voltage model for hetero-dielectric dual material gate Schottky barrier MOSFET. INTERNATIONAL JOURNAL OF NUMERICAL MODELLING-ELECTRONIC NETWORKS DEVICES AND FIELDS. 2018, 31(5), e2320.

[17] Anand, S.; S. Amin, I.; Sarin, R. K.; Analog performance investigation of dual electrode based doping-less tunnel FET. JOURNAL OF COMPUTATIONAL ELECTRONICS, 2016, 15(1), 94-103. DOI: 10.1007/s10825-015-0771-4.

[18] Hauenstein, R. J.; Schlesinger, T. E.; McGill, T. C. Schottky barrier height measurements

of epitaxial NiSi2 on Si. Applied Physics Letters 1985, 47, 853. DOI: 10.1063/1.96007.

[19] Navarro, C.; Marquez, C.; Navarro, S.; Gamiz, F. Dual PN Source/Drain Reconfigurable FET for Fast and Low-Voltage Reprogrammable Logic. IEEE ACCESS 2020, 8, 132376-132381. DOI: 10.1109/ACCESS.2020.3009967.

[20] Device Simulation—New Features in 2019 Baseline Release. Accessed: Feb.2021. https://www.silvaco.com/products/tcad/device_simulation/device_simulation.html

7.2　基于互补低肖特基势垒源的可重置肖特基二极管

由于在纳米级尺度下形成陡峭 PN 结在工艺上难度较大，如同普通 MOSFET 晶体管一样，上节所提出的互补掺杂源漏的可重置肖特基二极管同样需要面对此工艺难题，为避免这一工艺难题，本节提出一种基于互补低肖特基势垒源的可重置肖特基二极管。与具有相同材料的 S/D 区域的其他类型的可重置器件不同，它具有互补低肖特基的源极区域以及半导体和漏电极之间的 NiSi 界面。与同时具有程序门(PG)和控制栅(CG)的三端可重置晶体管相比，所提出的基于互补低肖特基势垒源的可重置肖特基二极管没有控制栅，而只有用于重构操作的程序门。基于互补低肖特基势垒源的可重置肖特基二极管的漏极既是电流信号的输出端，又是电压信号的输入端。因此，它是一种基于硅的导带和价带高肖特基势垒的可重置二极管，形成在硅和漏电极之间的界面上。因此，可重置二极管可以看作是在保留可重置功能的前提下对可重置场效应晶体管结构的简化。简化后的基于互补低肖特基势垒源的可重置肖特基二极管更适合逻辑门电路集成度的提高。本节还提出简要的制造工艺，并通过器件仿真验证器件性能。

7.2.1　基于互补低肖特基势垒源的可重置肖特基二极管的结构与参数

图 7-15(a)是基于互补低肖特基势垒源的可重置肖特基二极管的示意性俯视图。图 7-15(b)是沿图 7-15(a)中的虚线 A 的剖视。图 7-15(c)是沿图 7-15(a)中的虚线 B 的剖视。图 7-15(d)是沿图 7-15(a)中的虚线 C 的剖视。图 7-15(e)是沿图 7-15(a)中的虚线 D 的剖视。图 7-15(f)是沿图 7-15(b)中的虚线 A 的剖视。 NiSi 形成在漏电极和硅之间的界面上。图 7-16(a)是具有控制栅和编程栅的普通可重置场效应晶体管的截面。图 7-16(b)是沿图 7-16(a)中的虚线 A 的剖视。图 7-16(c)是沿图 7-16(a)中的虚线 B 或虚线 C 的剖视。基于互补低肖特基势垒源的可重置肖特基二极管的参数与参数值列于表 7-3。

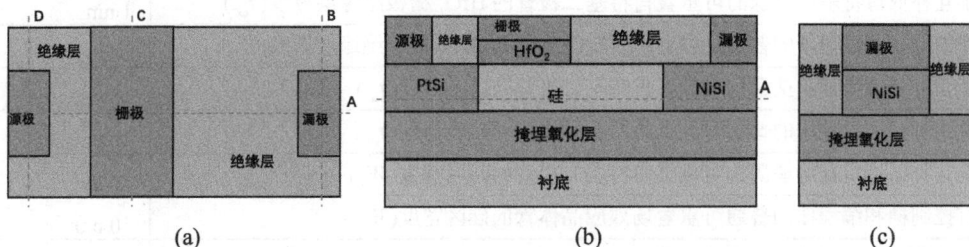

图 7-15　基于互补低肖特基势垒源的可重置肖特基二极管的结构

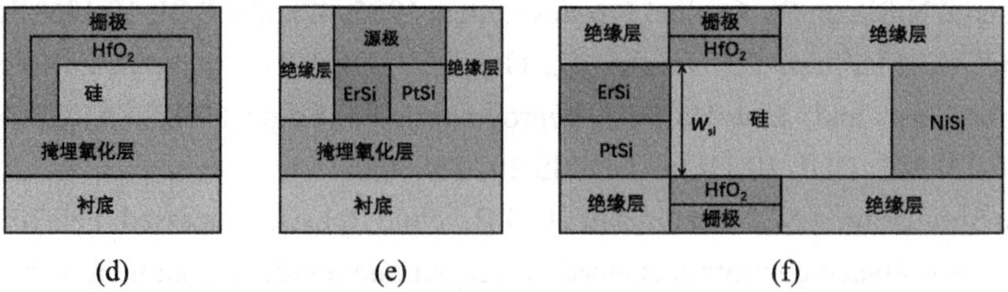

(d)　　　　　　　　　(e)　　　　　　　　　(f)

图 7-15　基于互补低肖特基势垒源的可重置肖特基二极管的结构(续)

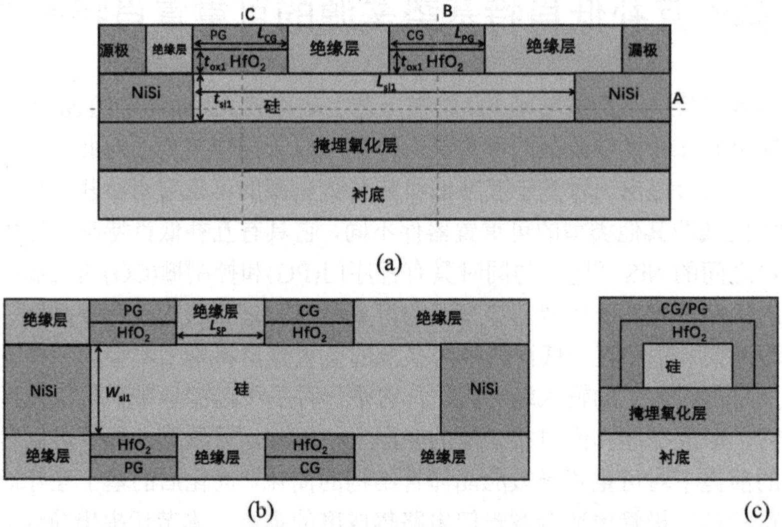

(a)

(b)　　　　　　　　　　　　　　　　　(c)

图 7-16　具有控制栅和编程栅的普通可重置场效应晶体管的结构

表 7-3　基于互补低肖特基势垒源的可重置肖特基二极管和互补低肖特基源漏
可重置场效应晶体管的参数与参数值

参　　　数	参 数 值
基于互补低肖特基势垒源的可重置肖特基二极管的硅区长度(L_{si})	20 nm
具有控制栅和编程栅的普通可重置场效应晶体管的硅区长度(L_{si1})	40 nm
栅极长度(L_G)	10 nm
具有控制栅和编程栅的普通可重置场效应晶体管的控制栅长度(L_{CG})	10 nm
具有控制栅和编程栅的普通可重置场效应晶体管的编程栅长度(L_{PG})	10 nm
具有控制栅和编程栅的普通可重置场效应晶体管的绝缘隔离层长度(L_{SP})	10 nm
基于互补低肖特基势垒源的可重置肖特基二极管的 HfO_2 栅极绝缘层厚度(t_{ox})	1 nm
具有控制栅和编程栅的普通可重置场效应晶体管的 HfO_2 栅极绝缘层厚度(t_{ox1})	1 nm
基于互补低肖特基势垒源的可重置肖特基二极管的硅区厚度(t_{si})	10 nm
具有控制栅和编程栅的普通可重置场效应晶体管的硅区厚度(t_{si1})	10 nm
基于互补低肖特基势垒源的可重置肖特基二极管的硅区宽度(W_{si})	10 nm
具有控制栅和编程栅的普通可重置场效应晶体管的硅区宽度(W_{si1})	10 nm
ErSi 和导带之间的肖特基势垒高度($q\phi_{Bn2}$)	0.22 eV

参　　数	参　数　值
PtSi 和价带之间的肖特基势垒高度($q\phi_{Bp2}$)	0.25 eV
HfO$_2$ 的相对介电常数(ε_{HfO_2})	21.976
SiO$_2$ 绝缘隔离层的相对介电常数(ε_{spacer})	3.89
漏电极和硅导带之间的肖特基势垒高度($q\phi_{Bn1}$)	0.58 eV
漏电极和硅价带之间的肖特基势垒高度($q\phi_{Bp1}$)	0.54 eV
硅能带带隙宽度	1.12 eV
基于互补低肖特基势垒源的可重置肖特基二极管的漏电极电压(V_D)	−1 V~1 V
具有控制栅和编程栅的普通可重置场效应晶体管的漏电极电压(V_{D1})	−1 V~1 V
基于互补低肖特基势垒源的可重置肖特基二极管的源电极电压(V_S)	0 V
具有控制栅和编程栅的普通可重置场效应晶体管的源电极电压(V_S)	0 V
基于互补低肖特基势垒源的可重置肖特基二极管的编程栅电极电压(V_{PG})	−1 V~1 V
具有控制栅和编程栅的普通可重置场效应晶体管的编程栅电极电压(V_{PG1})	−1 V~1 V
具有控制栅和编程栅的普通可重置场效应晶体管的控制栅电极电压(V_{CG})	−1 V~1 V
基于互补低肖特基势垒源的可重置肖特基二极管的漏电极电流(I_D)	
基于互补低肖特基势垒源的可重置肖特基二极管的漏电极电流(I_{D1})	

7.2.2　基于互补低肖特基势垒源的可重置肖特基二极管的工艺流程设计

图 7-17(a)至图 7-17(u)显示了基于互补低肖特基势垒源的可重置肖特基二极管的简要制造流程设计。如图 7-17(a)至图 7-17(d)所示,制备 SOI 晶片。通过沉积工艺分别沉积两种不同的种金属材料,形成源极区。

如图 7-17(e)至图 7-17(g)所示,通过光刻和刻蚀工艺对右侧部分硅膜进行刻蚀,然后通过沉积工艺沉积镍,经过热退火后,在其上形成硅化镍。镍和硅之间的界面形成肖特基势垒。通过化学机械平坦化(CMP)工艺平坦化表面后,形成漏极区。

如图 7-17(h)至图 7-17(k)所示,通过光刻和蚀刻工艺去除硅膜的正面和背面,沉积二氧化硅。通过 CMP 工艺平坦化表面以暴露双金属材料互补低肖特基势垒源区和 NiSi 区之后,首先形成间隔区。

如图 7-17(l)至图 7-17(m)所示,通过光刻和刻蚀工艺去除左侧侧墙,露出硅膜正反面的掩埋氧化层。

如图 7-17(n)至图 7-17(p)所示,沉积高介电常数绝缘体材料 HfO$_2$ 以覆盖表面。然后通过 CMP 工艺平坦化 HfO$_2$ 层的表面。刻蚀两侧的 HfO$_2$ 层,再次沉积二氧化硅,并将二氧化硅表面压平,露出 HfO$_2$ 表面。

如图 7-17(q)至图 7-17(r)所示,通过光刻和刻蚀工艺去除正反面部分 HfO$_2$ 栅氧化层,为栅电极预留空间。

如图 7-17(s)至图 7-17(u)所示,沉积金属材料,通过 CMP 工艺平坦化金属材料的表面,刻蚀两侧的金属材料，露出侧墙区域形成栅电极，然后沉积二氧化硅，再次平坦化表面以暴露金属材料，以进一步形成间隔区域。最后去除左右两侧侧墙的部分，露出双金属材料互补低肖特基势垒源区和 NiSi，然后沉积金属材料并平整表面，露出侧墙，栅电极形成 S/D 电极。

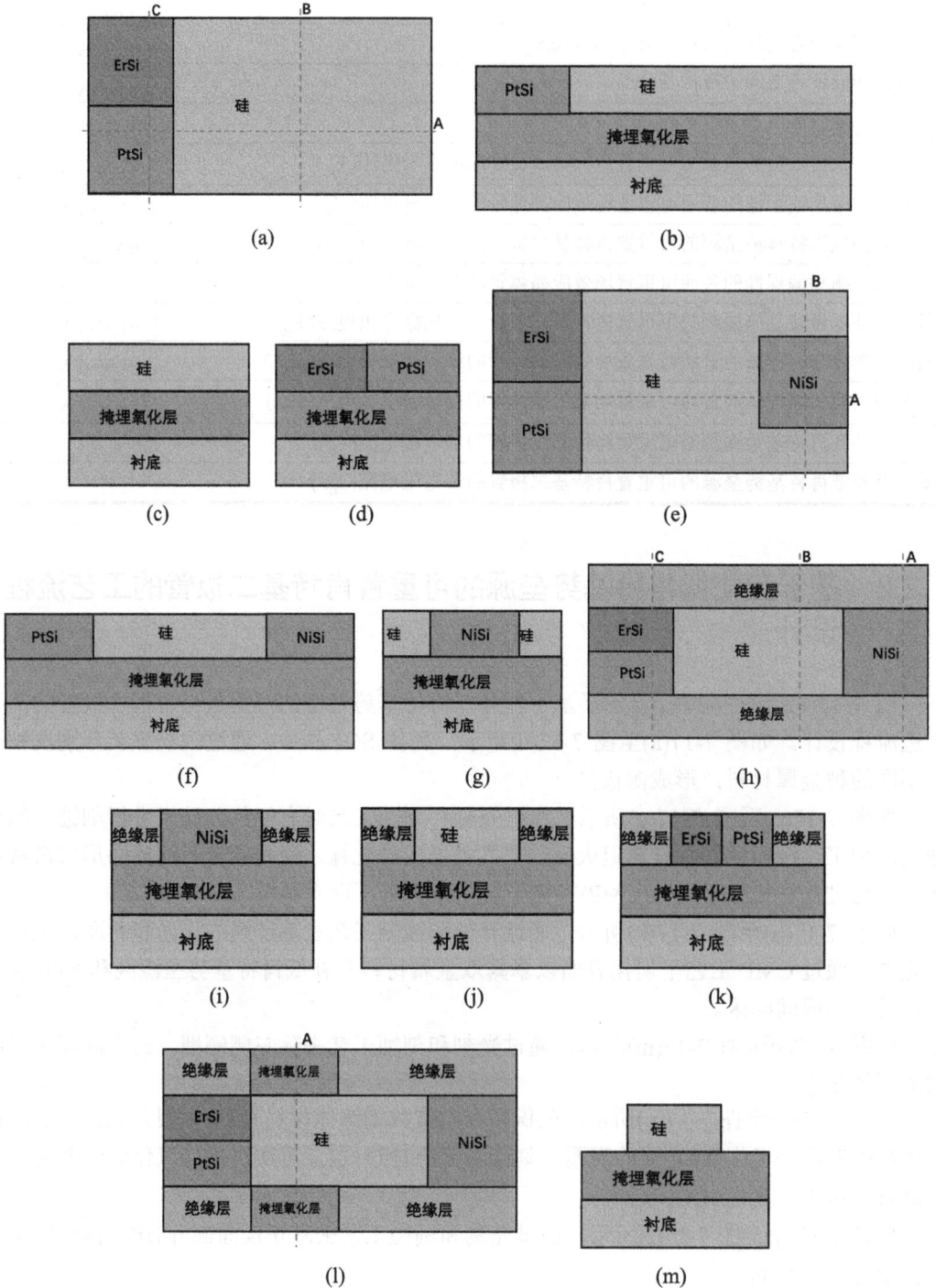

图 7-17　工艺流程设计

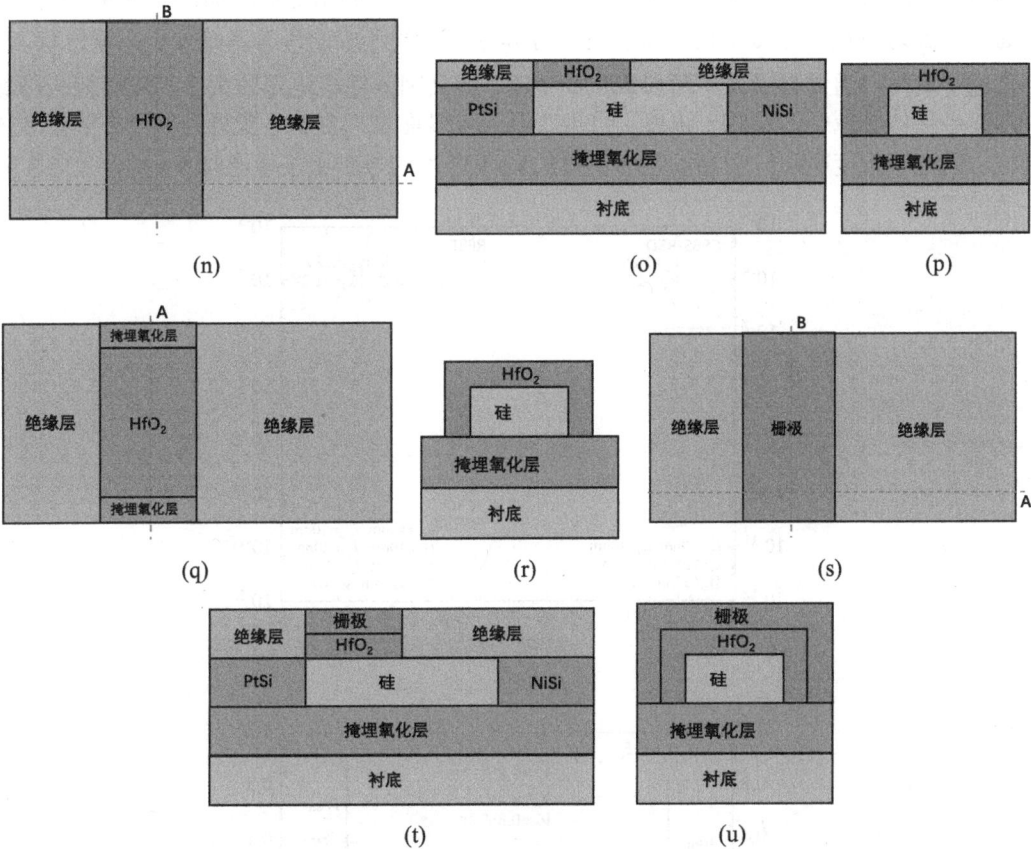

图 7-17　工艺流程设计(续)

7.2.3　基于互补低肖特基势垒源的可重置肖特基二极管的可重置特性分析

图 7-18(a)显示了所提出的以漏极作为控制电极的基于互补低肖特基势垒源的可重置肖特基二极管与以控制栅极作为控制电极的具有控制栅和编程栅的普通可重置场效应晶体管在 N 模式和 P 模式下的传输特性比较。基于互补低肖特基势垒源的可重置肖特基二极管在两种模式下都可以获得像具有控制栅和编程栅的普通可重置场效应晶体管一样的传输特性。

图 7-18(b)显示了基于互补低肖特基势垒源的可重置肖特基二极管在 N 模式和 P 模式下的可重置性能，其中漏极作为控制电极工作在不同 V_G 下。I_D 随着 V_G 的增加而增加。V_G 的极性决定了所提出的基于互补低肖特基势垒源的可重置肖特基二极管的传导模式。当 V_G 大于 0 V 时，工作在 N 模式。当 V_G 小于 0 V 时，工作在 P 模式。

图 7-19(a)显示了在不同 V_G 下以漏极作为控制电极的 N 模式正向偏置状态下的能带能量变化。图 7-19(b)显示了不同 V_G 下以漏极作为控制电极的 N 模式正向偏置状态下的电子浓度和空穴浓度。随着 V_G 的逐渐增大，能带逐渐拉低，此时本征硅区内对导带电子所形成的内建电势逐渐消除，本征区的电势逐渐升高，由 ErSi 向本征硅导带通过热电子发射所注

入的电子逐渐增多。因此本征半导体区的电子浓度随着 V_G 的增加而增加。在导带中形成电子通道。因为当 V_D 大于 0 V 时，漏极与半导体导带之间形成的肖特基结处于正偏压状态。导带电子最终将通过漏极流出而形成正向电流。而又因为栅极电压的大小控制着栅极区域下方的半导体区域中的载流子浓度，因此处于正向偏置的 V_G 越大，栅极区域下方的半导体区域中的电子浓度越高，在相同正向偏置的 V_D 下产生的导带电子电流越大。

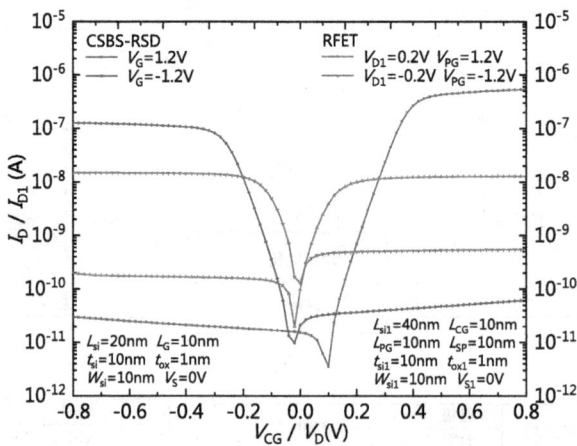

(a)

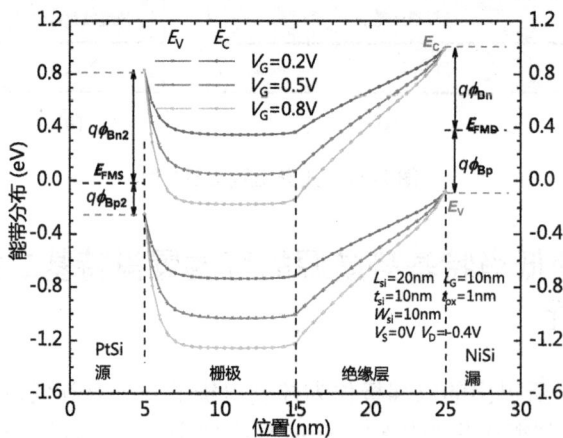

(b)

图 7-18   传输特性比较和可重置性能

以漏极为控制电极的 P 型正向偏置状态在不同负 V_G 下的能带能量变化如图 7-20(a)所示。图 7-20(b)显示了不同负 V_G 下以漏极作为控制电极的 P 模式正向偏置状态下的电子浓度和空穴浓度分布。随着负 V_G 的逐渐减小，能带逐渐上拉，此时本征硅区内对价带空穴所形成的内建电势逐渐消除，本征区的电势逐渐降低，由 PtSi 向本征硅价带通过所注入的空穴逐渐增多(而这一等效过程实质为由于栅极电压降低，阻挡电子从漏极途径本征硅区价带流向源电极的势垒被逐渐消除，而电子最终会越过 PtSi 与本征硅区价带之间所形成的低肖特基势垒流向源电极形成价带连续电流的过程)，因此本征半导体区的价带空穴浓度随着 V_G 的降低而增加。在价带中形成空穴通道。因为当 V_D 小于 0 V 时，漏极与半导体价带之间形成的肖特基结处于正偏压状态。价带空穴最终将通过漏极流出而形成正向电流(实质为电子由漏电极途径本征硅区价带从源电极流出的过程)。而又因为栅极电压的大小控制着栅极区域下方的半导体区域中的载流子浓度,因此,处于反向偏置的 V_G 越大,栅极区域下方的半导体区域中的空穴浓度越高,在相同反向偏置的 V_D 下产生的价带空穴电流也越大。

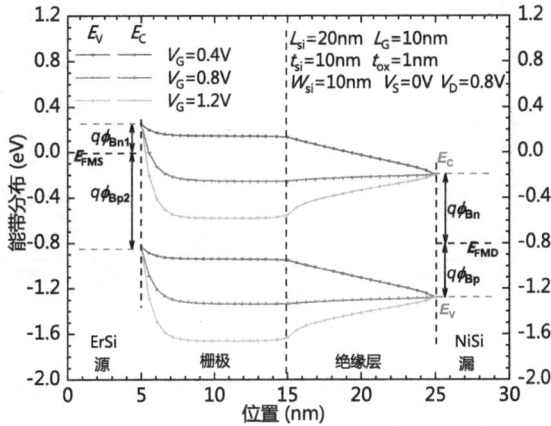

(a)

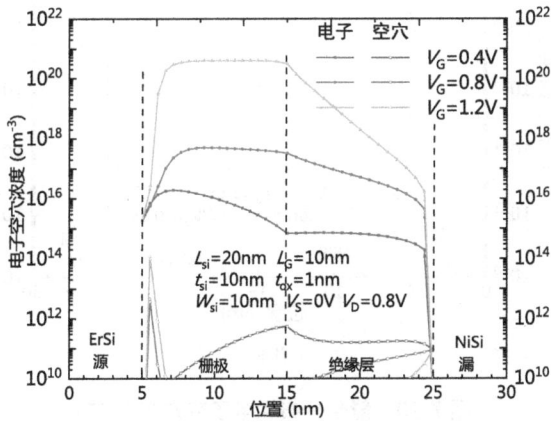

(b)

图 7-19　能带分布和电子空穴浓度(一)

　　图 7-21 显示了 N 模式反向偏置状态下的能带能量变化,其中漏极作为控制电极,V_G 等于 1.2 V。如果 V_D 小于 0 V,在这种偏置条件下,导带电子会有从漏电极一侧流向源电极一侧的趋势,而价带空穴会有从源电极流向漏电极一侧的趋势,对于导带电子电流而言,由于漏电极与半导体导带之间形成较高的肖特基势垒,且此时漏电极与半导体导带所形成的肖特基结处于反向偏置状态,也就是漏电极所提供的电子要想通过本征硅区导带流向源电极一侧,必须越过这一高肖特基势垒。因此在这种偏置条件下,从漏电极经过导带流向源电极的导带电子电流不易形成。对于价带空穴电流而言,即使源电极可以通过 PtSi 与本征硅区形成的低肖特基势垒流入价带,但由于栅电极此时正向偏置,在位于源一侧的栅电极下方的硅区内的电子浓度远超空穴浓度,栅电极的场效应也对来自源电极的价带空穴形成了强有力的势垒,阻挡空穴,无法顺畅流向漏电极一侧,即在这种偏置条件下,从源电极经过价带流向漏电极的价带空穴电流也不易形成。因此,器件当前处于 N 模式关闭状态。

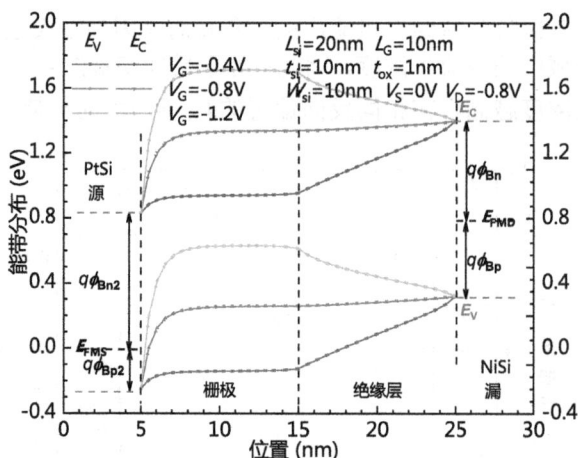

(a)

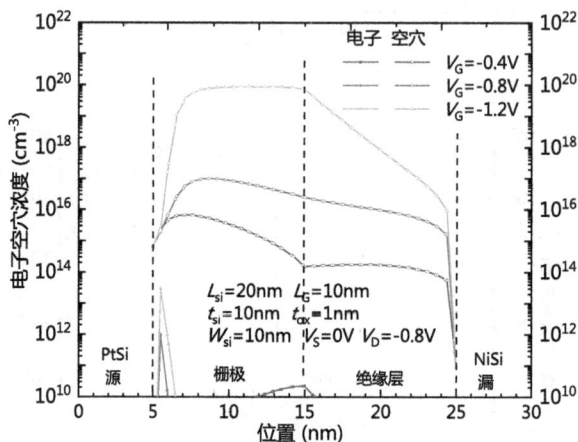

(b)

图 7-20　能带分布和电子空穴浓度(二)

　　然而，随着 V_D 的不断降低，位于栅极和漏极之间的本征硅区因两端电势差的增加，会导致能带弯曲的强度增加，这种能带弯曲的增强会导致该区域隧道效应的增强，由此产生的电子空穴对中的导带电子会在漏极所施加的负电压的作用下途经本征硅区流向源电极一侧，而在临近漏极附近的本征硅区内由于隧道效应所产生的空穴空位也会及时地由漏电极所提供的电子所填补，由此便可以产生连续的隧道泄漏电流。从图 7-18(b)可以看出，N 模式下的带间隧道反向漏电流会随着反向偏置的 V_D 的降低而逐渐增大，这与图 7-21 中的能带分析结果一致。

　　图 7-22 显示了 P 模式反向偏置状态下的能带能量变化，其中漏极作为控制电极，V_G 等于-1.2 V。如果 V_D 大于 0 V，在这种偏置条件下，导带电子会有从源电极一侧流向漏电极一侧的趋势，而价带空穴会有从漏电极流向源电极一侧的趋势，对于导带电子电流而言，即使源电极可以通过 ErSi 与本征硅区形成的低肖特基势垒流入导带，但由于栅电极此时反向偏置，在位于源一侧的栅电极下方的硅区内的空穴浓度远超电子浓度，栅电极的场效应也对来自源电极的导带电子形成了强有力的势垒，阻挡电子，无法顺畅流向漏电极一侧，因此在这种偏置条件下，从源电极经过导带流向漏电极的导带电子电流不易形成。对于价

带空穴电流而言，由于漏电极与半导体价带之间形成较高的肖特基势垒，且此时漏电极与半导体价带所形成的肖特基结处于反向偏置状态(即价带电子会被价带与漏电极之间所形成的肖特基势垒阻挡而无法流向漏电极，这一过程可以等效视为漏电极为价带所提供的空穴由于肖特基势垒而无法流向半导体价带)，也就是漏电极所提供的空穴要想通过本征硅区价带流向源电极一侧，必须越过这一高肖特基势垒，即在这种偏置条件下，从漏电极经过价带流向源电极的价带空穴电流也不易形成。因此，器件当前处于 P 模式关闭状态。

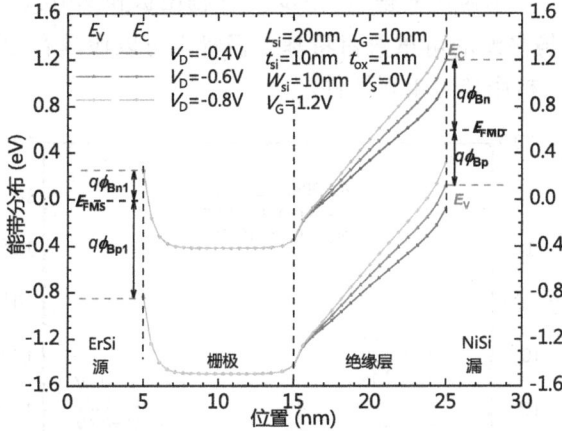

图 7-21 以漏极为控制电极的 N 型反向偏置状态下的能带能量变化

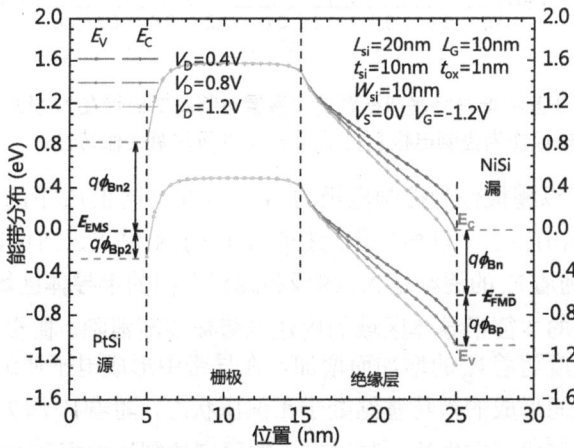

图 7-22 以漏极作为控制电极的 P 模式反向偏置状态下的能带能量变化

然而，随着 V_D 的不断升高，位于栅极和漏极之间的本征硅区因两端电势差的增加，会导致能带弯曲的强度增加，这种能带弯曲的增强会导致该区域隧道效应的增强，由此产生的电子空穴对中的导带电子会在漏极所施加的正电压的作用下途经本征硅区导带流向漏电极一侧，而在临近漏极附近的本征硅区内，由于隧道效应所产生的空穴空位也会及时地途经栅极下方的空穴积累区，最终从源电极流出。而这一过程实质是源电极所提供的电子流入半导体价带，流向漏电极一侧产生隧道效应的本征半导体区域而填补了由于隧道效应所产生的空穴空位。因为源电极所提供的电子及时填补了空位，由此便可以产生连续的隧道泄漏电流。从图 7-18(b)可以看出，N 模式下的带间隧道反向漏电流会随着反向偏置的 V_D

的降低而逐渐增大，这与图 7-22 中的能带分析结果一致。

图 7-23 显示了基于互补低肖特基势垒源的可重置肖特基二极管在 N 模式和 P 模式下以栅极作为控制电极且在不同 V_D 下的可重置传输特性。通过交换 V_G 和 V_D 的功能，基于互补低肖特基势垒源的可重置肖特基二极管在两种模式下也可以实现与普通可重置场效应晶体管一样的传输特性。前向 I_D 随着 V_D 的增加而增加。V_D 的极性现在决定了所提出的 基于互补低肖特基势垒源的可重置肖特基二极管的传导模式。当 V_D 大于 0 V 时，工作在 N 模式。当 V_D 小于 0 V 时，工作在 P 模式。因此，在栅电极和漏电极互换的情况下，所提出的基于互补低肖特基势垒源的可重置肖特基二极管也可以像具有控制栅和编程栅的普通可重置场效应晶体管一样用作可重置器件。

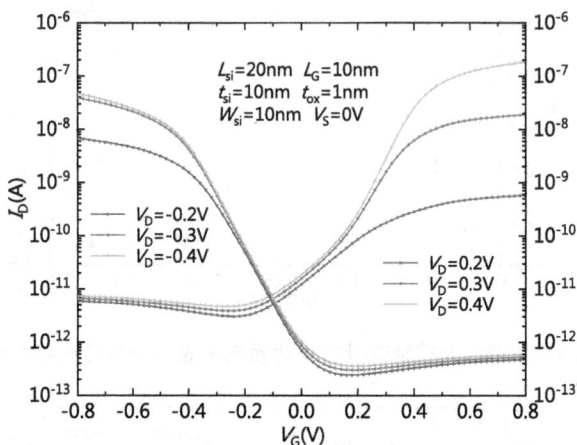

图 7-23 基于互补低肖特基势垒源的可重置肖特基二极管在 N 模式和 P 模式下以栅极作为控制电极且在不同 V_D 下的可重置传输特性

图 7-24(a)显示了以栅极作为控制电极的 N 模式在不同正 V_D 下的正向偏置状态下的能带能量变化。图 7-24(b)显示了以栅极作为控制电极的 N 模式正向偏置状态下不同正 V_D 下的电子和空穴浓度。随着 V_D 的逐渐增大，栅极和漏极之间的半导体区域的能带逐渐被拉低，从而栅极和漏极之间的本征半导体区域的内建电势被逐渐消除。栅极和漏极之间的本征半导体区域中的电子浓度随着 V_D 的增加而增加，在导带中形成电子通道。当 V_D 大于 0 V 时，漏极与半导体导带之间形成的肖特基结处于正偏压状态，随着 V_G 增大，形成电子沟道。导带电子最终流出漏极形成正向电流。漏极电压的强度控制栅电极和漏电极之间的半导体区域中的电子浓度。正向偏置的 V_D 越大，在相同正向偏置的 V_G 下产生的导带电子电流越大。

图 7-25(a)显示了在不同负 V_D 下以栅极作为控制电极的 P 模式正向偏置状态下的能带能量变化。图 7-25(b)是以栅极作为控制电极的 P 模式正向偏置状态下不同负 V_D 下的电子和空穴浓度。随着负 V_D 的逐渐减小，栅极和漏极之间的能带逐渐上拉，从而栅极和漏极之间的内置势垒逐渐消除。随着 V_D 的减小，栅电极和漏电极之间的本征半导体区中的空穴浓度逐渐增大，价带中形成空穴沟道。因为当 V_D 小于 0 V 时，漏极与半导体价带之间形成的肖特基结处于正偏压状态，来自漏极的电子可以流入价带并从 P+ 区流出，形成正向电流。因此，器件工作在 P 模式。负 V_D 的强度控制栅电极和漏电极之间的半导体区域中的空穴浓度。负 V_D 越大，相同负 V_G 下产生的价带空穴电流越大。

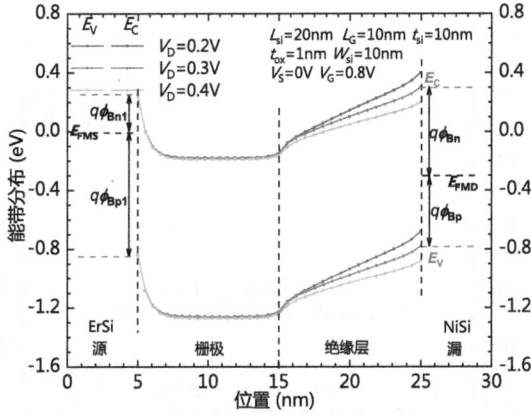

(a)

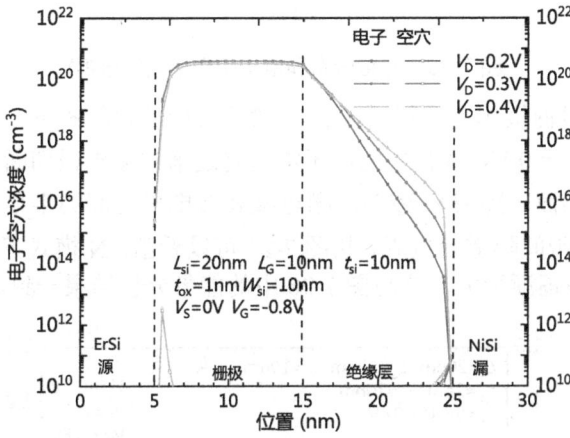

(b)

图 7-24 能带分布和电子空穴浓度(三)

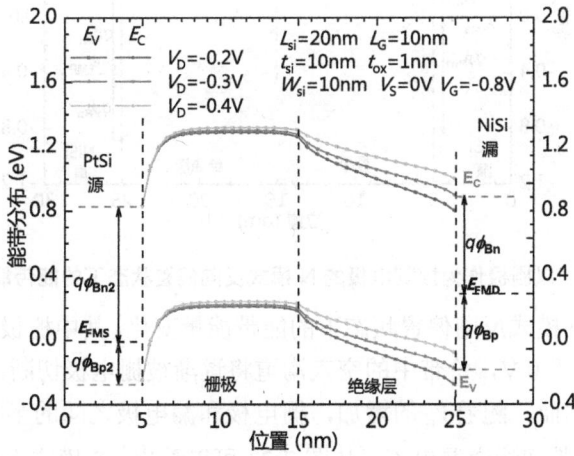

(a)

图 7-25 能带分布和电子空穴浓度(四)

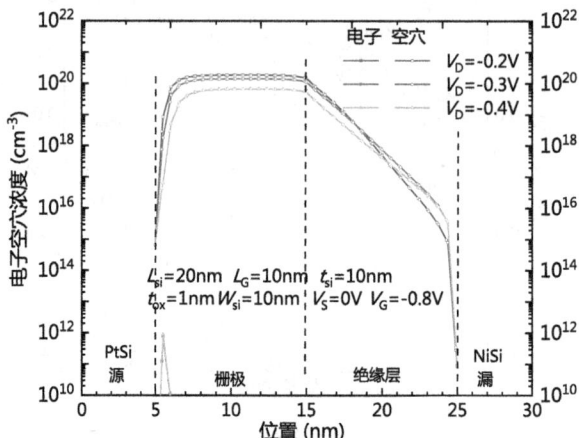

(b)

图 7-25 能带分布和电子空穴浓度(四)(续)

图 7-26 显示了以栅极作为控制电极的 N 模式反向偏置状态下 V_D 等于 0.4 V 时的能带能量变化。如果 V_G 小于 0 V，导带中的电子沟道将逐渐被栅电极切断。因此，随着 V_G 的减小，I_D 首先减小。然而，随着 V_G 减小，栅电极和漏电极之间的半导体区域中的能带弯曲将再次加强，并形成带间隧道漏电流。从图 7-23 可以看出，N 模式下的带间隧道反向漏电流会随着 V_G 的减小而逐渐增大，这与图 7-26 中的能带分析结果一致。

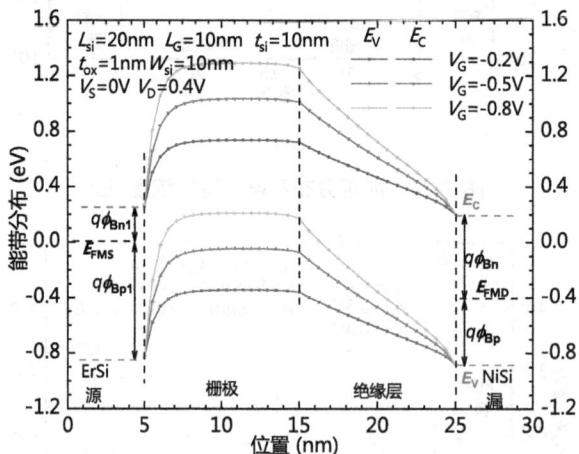

图 7-26 以栅极作为控制电极的 N 模式反向偏置状态下的能带能量变化

图 7-27 显示了 P 模式反向偏置状态下的能带能量变化，其中栅极作为控制电极，V_D 等于-0.4 V。如果 V_G 大于 0 V，价带中的空穴沟道将逐渐被栅电极切断。因此，随着 V_G 的增加，I_D 首先减小。然而，随着 V_G 的增加，栅电极和漏电极之间的半导体区域的能带弯曲将再次加强，并形成带间隧道漏电流。从图 7-23 可以看出，P 模式下的带间隧道反向漏电流会随着 V_G 的增大而逐渐增大，这与图 7-27 中的能带分析结果一致。

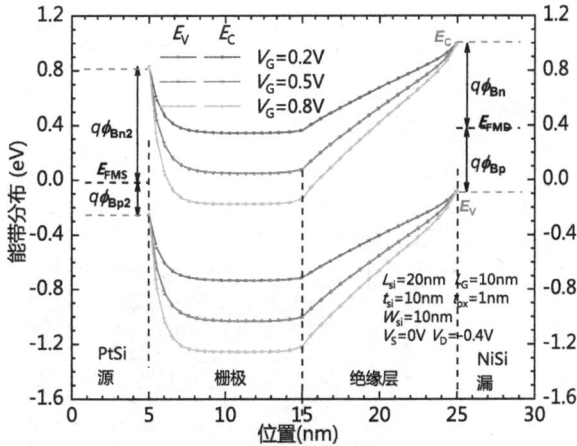

图 7-27　V_D 等于-1V 时以栅极作为控制电极的 P 模式反向偏置状态下的能带能量变化

7.2.4　基于互补低肖特基势垒源的可重置肖特基二极管的同或逻辑特性分析

图 7-28(a)显示了以基于互补低肖特基势垒源的可重置肖特基二极管的V_D 和V_G 作为两个输入、I_D 作为输出的等高线分布。它清楚地表明基于互补低肖特基势垒源的可重置肖特基二极管作为单个器件可以用作两个输入同或逻辑门($A \odot B$)。将V_D 视为一个输入端 A，V_G 作为另一输入端 B，高电位(1.0V)为逻辑值"1"，低电位(-1.0 V)为逻辑值"0"，I_D 为输出信号，正向导通电流($>10^{-8}$ A)作为输出逻辑值"1"，反向漏电流($<10^{-11}$ A)作为逻辑值"0"。表 7-4 是等效逻辑门的真值表以及所提出的基于互补低肖特基势垒源的可重置肖特基二极管提供的相应输入和输出信号。然而，对于具有控制栅和编程栅的普通可重置场效应晶体管，由于其由V_{PG}、V_{CG} 和V_D 控制并输出电流，作为等效逻辑门，需要将漏极固定在特定电压。

图 7-28(b)显示了以具有控制栅和编程栅的普通可重置场效应晶体管的V_{CG} 和V_{PG} 作为两个输入，以I_{D1} 作为V_{D1} 等于 0.6 V 时的输出的等高线分布。逻辑输出值"1"对应的V_{CG} 和V_{PG} 的适用范围将受到V_{D1} 的影响。这是因为当V_{PG} 和V_{CG} 同时反向偏置时，具有控制栅和编程栅的普通可重置场效应晶体管工作在 P 模式，此时保持 0.6 V 的漏极和保持 0 V 的源极的作用互换。具有控制栅和编程栅的普通可重置场效应晶体管的阈值电压受V_{D1} 影响。因此，对于只需要两个输入的逻辑门来说，实际上只需要两个输入电极就足够了。多余的电极会对逻辑值的输出产生一定的影响，这对于实际应用往往是不利的。所提出的基于互补低肖特基势垒源的可重置肖特基二极管充分利用V_D 和V_G 作为两个输入端，而不引入其他电极作为输入端，从而避免了具有控制栅和编程栅的普通可重置场效应晶体管所面临的问题。

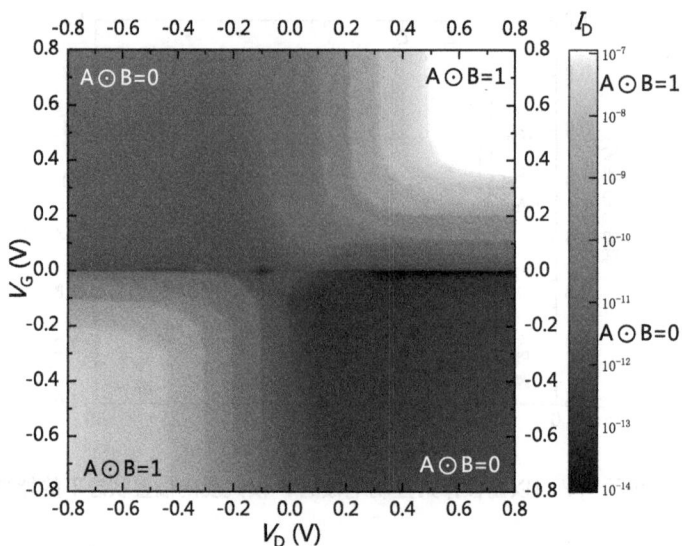

(a)

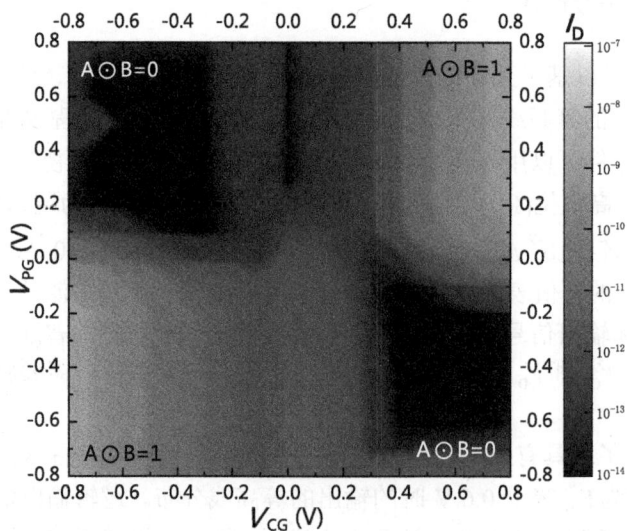

(b)

图 7-28　等高线分布同或逻辑特性分析

表 7-4　基于互补低肖特基势垒源的可重置肖特基二极管提供的等效逻辑门

以及相应的输入和输出信号的真值表

A 输入(V_D)	B 输入(V_G)	A⊙B 输出(I_D)
0 ($V_D < -0.6\,\mathrm{V}$)	0 ($V_G < -0.6\,\mathrm{V}$)	1 ($>10^{-8}\,\mathrm{A}$)
0 ($V_D < -0.6\,\mathrm{V}$)	1 ($V_G > 0.6\,\mathrm{V}$)	0 ($<10^{-11}\,\mathrm{A}$)
1 ($V_D > 0.6\,\mathrm{V}$)	0 ($V_G < -0.6\,\mathrm{V}$)	0 ($<10^{-11}\,\mathrm{A}$)
1 ($V_D > 0.6\,\mathrm{V}$)	1 ($V_G > 0.6\,\mathrm{V}$)	1 ($>10^{-8}\,\mathrm{A}$)

7.2.5　本节结语

本节提出了一种基于互补低肖特基势垒源的可重置肖特基二极管。与具有相同材料的源极和漏极(S/D)区域的其他类型的可重置器件不同，它具有互补低肖特基的源极区域以及金属硅化物漏极区域。与同时具有程序门(PG)和控制栅(CG)的三端可重置晶体管相比，所提出的基于互补低肖特基势垒源的可重置肖特基二极管没有控制栅，而只有用于重构操作的程序门。基于互补低肖特基势垒源的可重置肖特基二极管的漏极既是电流信号的输出端，又是电压信号的输入端。因此，它是一种基于硅的导带和价带高肖特基势垒的可重置二极管，形成在硅和漏电极之间的界面上。因此，基于互补低肖特基势垒源的可重置肖特基二极管可以看作是在保留可重置功能的前提下对可重置场效应晶体管结构的简化。本节还提出了简要的制造工艺，通过器件仿真验证了器件性能。

基于互补低肖特基势垒源的可重置肖特基二极管在两种模式下都可以获得像具有控制栅和编程栅的普通可重置场效应晶体管一样的传输特性。V_G 的极性决定了所提出的基于互补低肖特基势垒源的可重置肖特基二极管的传导模式。当 V_G 大于 0V 时，工作在 N 模式。当 V_G 小于 0 V 时，工作在 P 模式。正 V_G 越大，在相同 V_D 下产生的导带电子电流越大。负 V_G 越大，相同 V_D 下产生的价带空穴电流越大。在栅电极和漏电极互换的情况下，所提出的基于互补低肖特基势垒源的可重置肖特基二极管也可以作为具有控制栅和编程栅的普通可重置场效应晶体管的可重置器件工作。简化后的基于互补低肖特基势垒源的可重置肖特基二极管更适合逻辑门电路集成度的提高。

第8章　基于集成化场效应晶体管的先进环境传感器件

　　环境传感是指在室内或者室外环境中，对所包含的气体种类、浓度及湿度等信息的传感。随着物联网、智能家居、智慧城市等概念的兴起，环境传感器件在航空航天、医疗健康、农业生产等各个领域的应用越来越广泛。这些应用往往需要在有限的空间内集成多个传感器，并与其他功能电路结合，以实现多参数、高精度、高稳定性的环境监测。因此，集成化、微型化成为环境传感器件的发展趋势，是满足更多应用需求的关键。集成化和微型化的环境传感器件可具有更低的功耗。传感器件体积的减小，可以降低其所需的能耗，有助于延长设备寿命。同时，微型化设计可以提高传感器的抗干扰能力，减少环境因素对传感特性的影响，提高器件的准确性。此外，利用现代硅集成技术，将微型化的环境传感器件与功能电路集成于同一硅片上，形成片上系统，将极大提升环境检测的可靠性，并为各种应用提供更广阔的可能性。

　　然而，在实现环境传感器件的微型化和集成化进程中，面临诸多技术挑战。例如，如何在保证传感器件性能的同时减小其体积，如何优化传感器件的结构以提高其测量精度和稳定性，以及如何提高其制作工艺与现代硅集成工艺技术的兼容性等。场效应晶体管在传感器件的微型化、集成化方面具有显著优势。在环境检测方面，场效应晶体管对材料的表面特性变化极为敏感，可以极大提升器件的灵敏度，因此可缩小所需敏感材料的面积；从制备工艺角度，场效应晶体管基于硅 CMOS 及 MEMS 工艺，与成熟的硅半导体集成电路工艺具有高度兼容性。本章将主要介绍在环境传感器件的微型化集成化进程中的一些先进场效应晶体管传感器件及其基本的制备和集成技术。

8.1　基于场效应晶体管的环境传感器件概述

　　本节将简要介绍面向微型化、集成化环境传感的几种代表性场效应传感器件，包括基于场效应晶体管的环境传感器件、薄膜场效应传感器件和催化栅场效应传感器件、悬浮栅场效应传感器件、浮栅悬浮栅场效应传感器件、平面浮栅场效应传感器件等。

8.1.1　基于场效应晶体管的环境传感器件

　　根据器件结构的不同，可将场效应传感器件分为薄膜场效应型(thin-film FET，TFT)，催化栅型(catalytic metal-gate FET，GMGFET)，悬浮栅型(suspended gate FET，SGFET)，浮栅-悬浮栅型(floating gate-suspended gate FET，FGFET)和平面浮栅型(horizontal floating-gate fET，HFGFFT)等。下面对以上面向环境传感的各种场效应器件做简单介绍。

8.1.2　薄膜场效应传感器件

如图 8-1 所示为 TFT 传感器件的结构示意。TFT 传感器件以半导体类敏感材料作为沟道,利用处于底层的背部栅极辅助调控敏感沟道中的载流子浓度。以金属氧化物类半导体敏感材料为例,当传感器所处环境中出现目标气体分子或水分子时,该分子将吸附于裸露的敏感沟道表面,改变敏感沟道内部的载流子浓度,从而改变敏感材料电阻率的变化。敏感沟道膜层的物理结构(致密型或多孔型)以及厚度(与德拜长度的关系)决定了器件的灵敏度。在传感原理上,TFT 器件与传统基于半导体类敏感材料的电阻型器件相似,均基于目标分子所引起的敏感材料电阻率的变化。但与电阻器件相比,TFT 器件具有背栅结构,通过在背栅施加适当电压,可调节敏感材料在感应目标分子之前的初始情况下的电阻率。这一特点在一定程度上弥补了敏感材料的不足,特别是金属氧化物类半导体材料。当敏感材料的导电能力较弱时,电阻型器件需要施加较大电压,以形成便于采样和处理的电流传感信号,从而导致明显的功耗。TFT 器件可通过背栅提升敏感材料导电能力,降低功耗。更重要的是,TFT 可提供阈值电压、跨导、场效应迁移率等更多的电学参数,用于环境信息的感知。

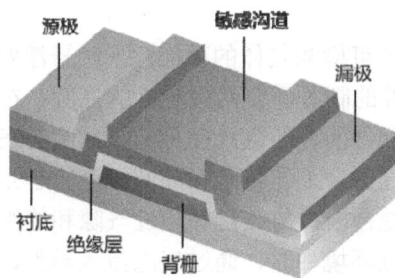

图 8-1　TFT 传感器件的结构示意

TFT 器件结构简单,敏感材料直接形成在硅片表面,工艺难度低,且极大扩展了可应用的材料类型,是目前研究和应用最为广泛的场效应传感结构之一。然而,TFT 传感器件需要较大的感应面积以输出稳定的信号[1],不利于器件集成和功率降低。且由于敏感材料被直接用作沟道,杂质在敏感层表面及相关界面附近形成的缺陷会产生严重的信号漂移和不可忽略的噪声[2]。

8.1.3　催化栅场效应传感器件

催化栅场效应传感器件自 20 世纪 70 年代提出以来,被广泛用于 H_2 等包含氢原子的小分子气体传感。该类传感器件与传统 MOSFET 的结构相似,区别在于使用惰性金属钯、铂等取代铝、多晶硅等传统材料制作栅极。1975 年,Lundstrom 等首次报道了基于催化金属钯栅极的 MOSFET 氢气传感器件。其结构及传感原理如图 8-2 所示。该传感器件的传感原理主要基于铂的催化作用。氢分子在接触到金属铂后会被解离成氢原子。由于氢原子的直径较小,部分经过解离形成的氢原子在 150℃情况下可在约 10 微秒内穿透 200 nm 厚的钯催化栅并到达催化栅和氧化层的界面处,形成一层极化层[3]。该极化层将引起 MOSFET 阈值电压的变化,形成传感信号(图 8-2 中的 ΔV)。

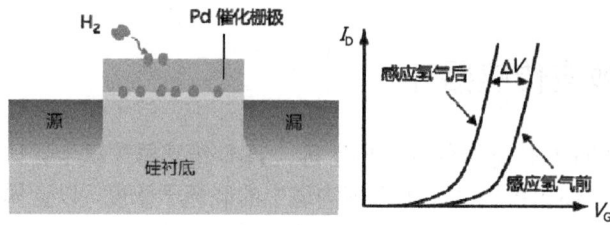

图 8-2   催化栅场效应传感器件的基本结构及传感原理

基于以上传感原理，最初的铂催化栅 MOSFET 传感器件仅能用于可被解离且可产生氢原子的气体传感，如 H_2S 等。并且还需为该传感器件提供较高的温度，以确保氢原子能快速穿透催化栅层、到达催化栅及氧化层界面，形成稳定的极化层。其应用因此而受到了限制。为了进一步扩展可传感的目标气体，金属铂、银-铂合金等材料以及多孔结构被相继应用于催化金属场效应传感器件的栅极。尽管如此，其可检测气体种类少、工作温度高、受湿度影响严重等问题的解决方法仍需要进一步探索。

8.1.4   悬浮栅场效应传感器件

为了扩展场效应传感器件可检测气体的种类，一种悬浮栅场效应传感结构被提出。其结构如图 8-3 所示。该类器件的制备需要两张独立的晶圆：在其中一张晶圆之上通过离子注入、氧化等工艺制作传感器件的有源区；在另一张晶圆的表面则通过各种薄膜制备工艺沉积形成敏感层；最后，通过键合工艺将两张晶圆键合，于是在绝缘层和键合栅极之间形成了与大气相联通的气隙。键合栅极与硅衬底通过气隙和绝缘层的两个串联电容实现耦合作用。当目标分子出现在大气环境中时，通过气隙流入器件，到达敏感层后与之发生吸附反应，引起敏感材料功函数的变化，从而改变耦合至硅沟道的电场、改变沟道的导电能力，实现环境变化的检测。

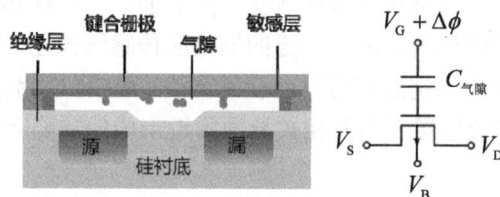

图 8-3   悬浮栅场效应传感器件的结构示意及等效电路

气隙的存在使大气环境中的各种气体分子和水分子等可轻易地到达敏感层，减少了气体与敏感层接触路径中的阻碍，提升了器件的灵敏度，拓展了器件的检测应用领域。但与此同时，由于绝缘层直接裸露于环境之中，极易受到空气中杂质等的污染而引入缺陷。这使得器件的准确性、稳定性、信噪比以及寿命均受到了严重影响。

8.1.5   浮栅悬浮栅场效应传感器件

浮栅悬浮栅场效应晶体管是基于 SGFET，加入浮栅结构构建而成的。其结构和等效电路如图 8-4 所示。FGFET 的制备仍然需要两张独立的晶圆：其中一张晶圆的作用与 SGFET

中的相同，通过各种薄膜制备工艺沉积形成敏感层，作为敏感栅；另一张晶圆则用于制备器件的有源区。与 SGFET 不同的是，具有有源区的晶圆上水平分布了一个信号读取 FET 和一个重掺杂区域，读取 FET 的栅极没有电气连接，即为浮栅，水平延伸至重掺杂区域的上方，形成一个电容。当两张晶圆键合时，敏感栅(图 8-4 中的键合栅极)与衬底的重掺杂区域垂直相对，与浮栅和重掺杂区共同构成三极板电容。

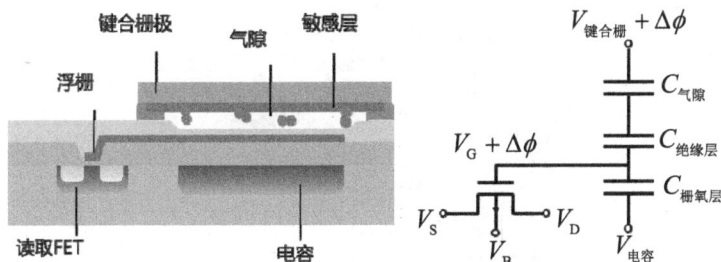

图 8-4　浮栅悬浮栅场效应传感器件的结构示意及等效电路

FGFET 的传感机理为：在初始状态，固定电压被施加于敏感栅和重掺杂区之间，通过三极板电容耦合至浮栅，使读取 FET 器件产生一定漏极电流；当目标分子出现时，通过气隙流入器件到达敏感层并与之发生吸附反应，引起敏感材料功函数的变化；该功函数的变化经过三极板电容耦合至浮栅；读取 FET 沟道中的载流子浓度受到浮栅上分压的调控而发生改变，于是产生漏极电流的波动，形成传感输出信号，实现环境变化的检测。FGFET 沿用了 SGFET 的气隙结构，敏感层沉积与 FET 有源结构的制备相互独立，丰富了器件可使用的敏感材料种类，拓展了器件的应用领域。同时，FGFET 中引入的浮栅结构显著减少了空气中杂质对栅氧化层的污染，一定程度抑制了信号噪声，延长了器件的寿命。然而，键合栅极需要倒装芯片技术，工艺成本高，难度大。另外，气隙以及多层绝缘层、氧化层的存在会削弱栅极电容的耦合作用，使灵敏度降低、功耗增加。

8.1.6　平面浮栅场效应传感器件

平面浮栅场效应传感器件的结构如图 8-5 所示。该器件包含一个浮栅和一个控制栅。两个栅极在硅片的表面水平排布。利用薄膜技术沉积而成的敏感层与控制栅极金属直接接触，共同构成敏感控制栅。浮栅则通常由多晶硅制作，表面覆盖绝缘层，通过敏感层与控制栅金属形成耦合。HFGFET 的工作原理为：在初始状态，将适当电压施加于控制栅、源极和漏极之上；栅极电压通过敏感控制栅与浮栅之间的耦合传递至沟道，产生固定漏极电流；当目标分子出现于周围环境中时，目标分子将吸附在敏感层的表面，并根据敏感层的类别和特性不同，或形成电偶极子层，或改变敏感控制栅的功函数，从而改变耦合至平面浮栅上的电压；浮栅电压的变化调节沟道中载流子的浓度，形成传感输出信号。

与 SGFET 和 FGFET 传感器件相比，HFGFET 的优势在于：浮栅结构覆盖于有源区之上，显著减少了杂质对栅氧化层的污染；浮栅与敏感控制栅水平分布在硅片表面，取代了气隙结构，敏感层的沉积可在器件制作的最后一步完成，使器件的制备与硅 CMOS 和 MEMS 工艺高度兼容，在降低了制作工艺的难度和成本的同时，增强了浮栅与敏感栅之间的耦合作用，保证了环境信息向电信号转化的效率。与 TFT 相比，HFGFET 的敏感材料作为控制栅极(敏感控制栅)而非沟道,有效降低了因杂质吸附所产生的输出信号漂移和噪声。基于上述优点,HFGFET 成为环境传感单元器件的有利候选。

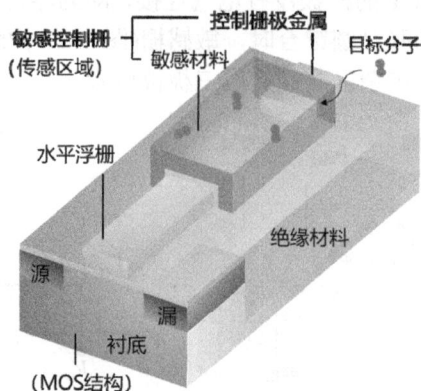

图 8-5　平面浮栅场效应传感器件的结构示意

8.1.7　本节结语

本节阐述了环境传感微型化、集成化的发展趋势,简要介绍了面向微型化集成化环境传感的各类基于场效应晶体管的传感器件,讨论了这些器件的结构特点、基本工作原理以及在集成化环境传感应用中的优势和劣势。其中 HFGFET 传感器件在灵敏度、寿命、硅工艺兼容度等方面均具备显著优势。

本章接下来的内容将分别以金属氧化物半导体和聚合物作为敏感材料为例,详细说明 HFGFET 器件在 NO_2、H_2S 等污染气体和湿度等方面的传感应用,讨论 HFGFET 传感器件的制备工艺、基本特性及传感机理。

8.1.8　参考文献

[1] Hong S, Wu M, Hong Y, et al. FET-type gas sensors: A review. Sensors and Actuators, B: Chemical, 2021.

[2] Shin W, Kwon D, Ryu M, et al. Effects of IGZO film thickness on H2S gas sensing performance: Response, excessive recovery, low-frequency noise, and signal-to-noise ratio. Sensors and Actuators B: Chemical, 2021, 344: 130148.

[3] Lundstrom I, Armgarth M, Petersson L G. Physics with catalytic metal gate chemical sensors. Critical Reviews in Solid State and Materials Sciences, 1989.

8.2　基于金属氧化物半导体的 HFGFET 传感器件

本节以氧化锡(SnO_2)敏感材料为例,介绍基于金属氧化物半导体的 HFGFET 传感器件的结构和制备技术;以二氧化氮(NO_2)和硫化氢(H_2S)分别作为氧化性和还原性气体的代表，讨论基于 SnO_2 的 HFGFET 传感器件在污染气体检测中的传感特性以及传感机制。

8.2.1　基于 SnO_2 的 HFGFET 传感器件的结构及制备

基于 SnO_2 的 HFGFET 传感器件的基本结构如图 8-6 所示。

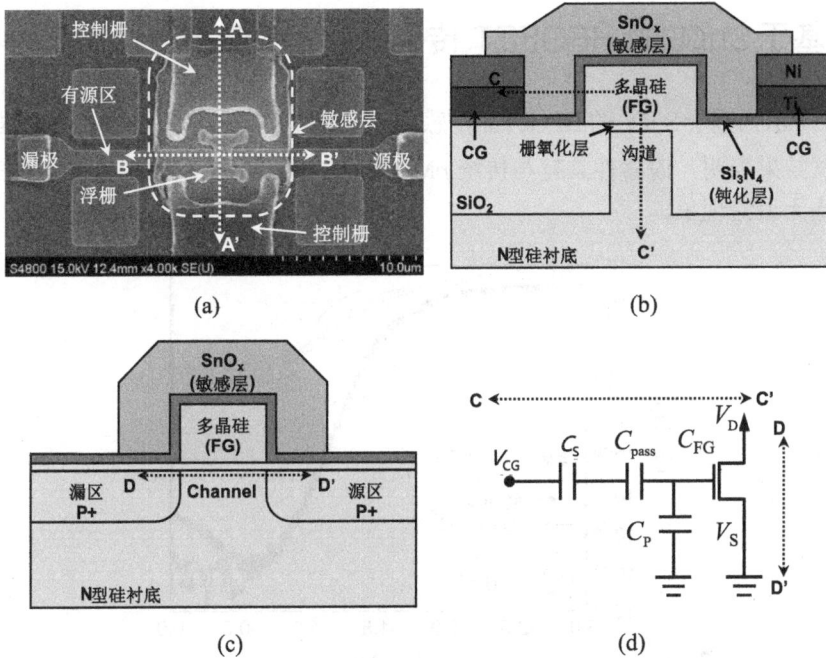

图 8-6　基于 SnO_2 的 HFGFET 传感器件的结构示意及等效电路

其中，图 8-6(a)为传感器件的扫描电子显微镜俯视图像。该传感器件沿图 8-6(a)中的 A-A′和 B-B′线对称。气体感应区域位于器件的中心，如图 8-6(a)的虚线框区域所示。金属控制栅(CG)从多晶硅浮栅的两侧以梳齿形状与浮栅(FG)相对应，并且两个栅极水平分布于硅片表面。导电类型为 N 型的 SnO_2 传感材料覆盖在两个栅极之上。敏感材料层与控制栅直接形成金属半导体接触，并与被绝缘材料覆盖的浮栅之间形成电容耦合。场效应晶体管的沟道长度和宽度均为约 1.2 μm。考虑到 pMOSFET 的闪烁噪声小于 nMOSFET，本节所讨论的器件采用了 pMOSFET 衬底。

图 8-6(b)和图 8-6(c)分别为沿图 8-6(a)中 A-A′和 B-B′线的器件剖面结构。敏感材料层、浮栅和沟道垂直对应。一方面，浮栅通过敏感层与控制栅耦合，起到控制沟道载流子的作用；另一方面，浮栅的存在将敏感材料与栅极氧化物隔离，既在器件的制备过程中使栅氧化层免受敏感层沉积工艺的影响，又在传感过程中保护栅极氧化物不受环境中各种气体、水蒸气或杂质的污染。

图 8-6(d)为传感器件的等效电路。其中，C_S、C_{pass}、C_{FG} 及 C_P 分别代表 SnO_2 层内部、SnO_2 层与氮化硅(Si_3O_4)钝化层界面附近的电容，Si_3O_4 钝化层电容，浮栅与沟道间电容以及寄生电容。基于 SnO_2 的 HFGFET 传感器件的基本制备工艺流程如下：首先，在硅片上通过浅槽隔离(STI)技术进行传感器件之间的隔离；之后，通过热氧化工艺形成 10 nm 栅氧

化层；再利用原位掺磷沉积 200 nm 厚的多晶硅，并通过光刻及干法腐蚀工艺形成浮栅结构；经离子注入和退火工艺形成源漏区；将 50 nm 厚的 Si_3O_4 层沉积在整个硅片上作为钝化层，再通过光刻工艺和干法腐蚀技术露出接触孔；通过离子束蒸发沉积 180 nm/20 nm 厚的镍/钛多金属堆叠层，并利用剥离工艺形成控制栅结构；最后通过溅射和剥离工艺形成 200 nm 厚的 SnO_2 敏感层，覆盖在 FG 和 CG 上。

8.2.2 基于SnO_2的 HFGFET 传感器件的NO_2传感特性

图 8-7 所示为基于 SnO_2 的 HFGFET 传感器件在室温和 180℃ 条件下的双扫描转移特性曲线。测试结果表明，该器件具有与传统 pMOSFET 相似的优良转移特性，且在室温和高温情况下均无迟滞现象。

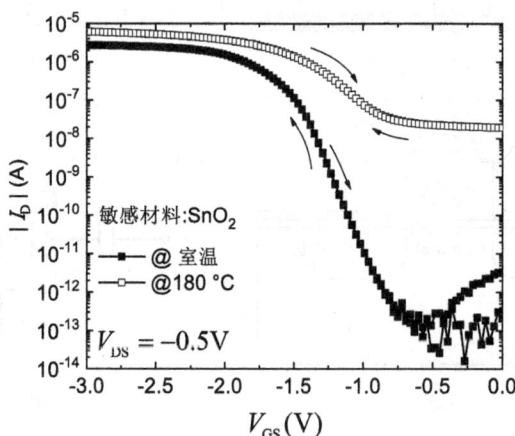

图 8-7　基于SnO_2的 HFGFET 传感器件在室温和 180℃ 条件下的双扫描转移特性曲线

接下来利用该器件进行 NO_2 气体的传感。模拟环境变化的气体传感实验设置如图 8-8 所示。将传感器置于包含进气口和出气口的腔室中，气体由进气口流入腔室，并从出气口流出。利用半导体器件参数分析仪将传感器件的漏源电压 V_{DS} 和栅源电压 V_{GS} 分别固定为 −0.5 V 和−1.62 V，对器件的瞬时漏源电流$|I_D|$采样。在器件待机时，将人造空气(80% vol N_2 和 20% vol O_2)作为参考气体，以一定流速通入测试腔室中。当开始传感测试时，将空气换成一定浓度的 NO_2 气体样本，并保持其流速与空气一致，此时，$|I_D|$将发生波动。在传感测试结束之后，通入测试腔室的气体将再次被换成空气，传感器的$|I_D|$将逐渐恢复到初始值。

图 8-9 为基于 SnO_2 的 HFGFET 传感器件在 180℃ 条件下，对 10 ppm 体积浓度的 NO_2 气体样本的瞬态响应曲线。从 0~100 s，传感器件处于人造空气之中；从 100~400 s，10 ppm 的 NO_2 气体样本通入测试腔室，传感器件的输出电流$|I_D|$持续增加，直至饱和；从 400 s 开始，将 NO_2 气体样本重新换成空气通入测试腔室，传感器件输出电流$|I_D|$逐渐回落至初始值。将该气体传感器件的气体灵敏度(R)定义为：

$$R = \left[\left| I_{D\_B} \right| - \left| I_{D\_G} \right| / \left| I_{D\_B} \right| \right] \times 100\% \tag{8.2.1}$$

其中，I_{D_B} 和 I_{D_G} 分别代表传感器件处于空气环境和目标气体样本时的漏极电流。将

响应时间(t_{res})定义为目标气体出现后$|I_D|$从基准电流(空气环境的电流)上升到最大值的90%所需的时间；将恢复时间(t_{rec})定义为气体在完成气体传感后、电流从最大电流下降到最大电流和基准电流之差的10%所需的时间。在图 8-9 中，传感器件的基准电流为 200 nA。对于 10 ppm 的 NO_2 目标气体，当传感器件工作在 180℃时，灵敏度 R、响应时间 t_{res} 和恢复时间 t_{rec} 分别为 190%、125 s 和 560 s。

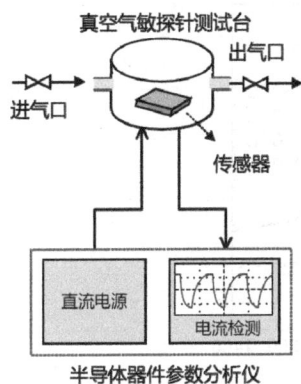

图 8-8　气体传感实验设置

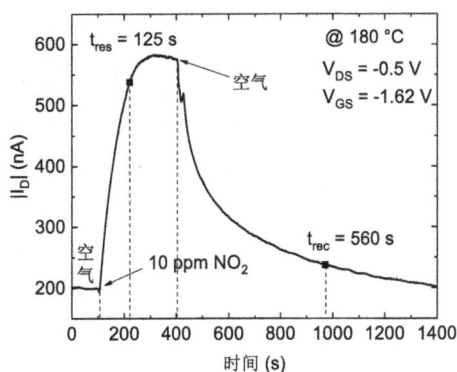

图 8-9　基于 SnO_2 的 HFGFET 传感器件对 10 ppm 体积浓度的 NO_2 气体样本的瞬态响应曲线

接下来讨论温度对基于 SnO_2 的 HFGFET 传感器件的电气特性及 NO_2 传感特性的影响。图 8-10 显示了该传感器件分别处于 180℃、200℃、210℃和 220℃时的双扫描转移特性曲线。随着温度的上升，关态电流和亚阈值摆幅均出现明显增加，同时，开/关电流比值减小。

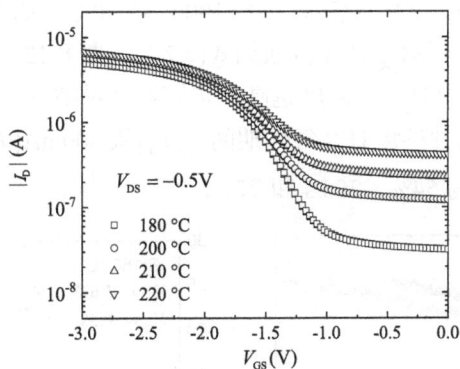

图 8-10　基于 SnO_2 的 HFGFET 传感器件处于不同温度时的双扫描转移特性曲线

图 8-11 为传感器件分别在 180℃、200℃、210℃和 220℃工作温度下，对 10 ppm 的 NO_2 气体样本的瞬态响应曲线。通过调整器件的 V_{DS} 和 V_{GS}，使传感器在上述四个工作温度下的基准电流保持一致以做对比。在图 8-11 中的 100 s 时刻，将通入传感器件所在测试腔室的气体由人造空气切换为 10 ppm 的 NO_2 气体样本，传感器件的输出电流$|I_D|$在上述四个工作温度下均开始迅速上升，并在约 100 s 内达到饱和。目标气体样本在持续通入 300 s 后被重新切换为参考气体，四种工作温度情况下的传感器件的输出电流$|I_D|$均开始下降，并逐渐回落至基准电流。测试结果显示，当温度从 180℃升高至 220℃时，传感器件的灵

敏度逐渐从 98%下降至 57%，恢复时间 t_{rec} 从 1844 s 显著缩短至 140 s。传感器件的响应时间在温度从 180℃升高至 200℃时略有缩短，温度继续增加时响应时间的变化不明显。其原因在于，在较高温度下，SnO_2 表面与 NO_2 气体相互作用的自由 Sn 位点数量减少了[2]，导致传感器件的灵敏度下降。另一方面，由于 NO_2 从敏感层表面解吸附的速率随温度升高而增加，使得传感器件得以更快地恢复至初始状态。

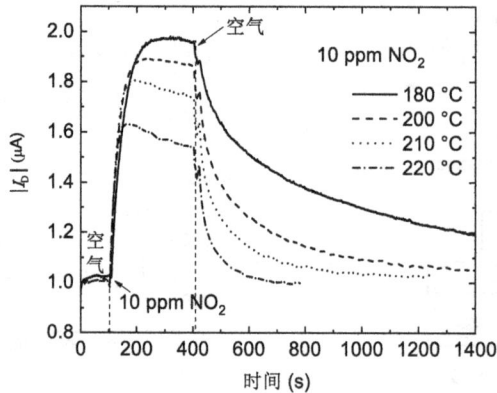

图 8-11　基于 SnO_2 的 HFGFET 传感器件处于不同温度时对 NO_2 的瞬态响应曲线

8.2.3　基于SnO_2的 HFGFET 传感器件的H_2S传感特性

如图 8-12 所示为基于 SnO_2 的 HFGFET 传感器件对不同浓度 H_2S 气体样本的瞬态响应测量结果。在图 8-12(a)的瞬态测量中，将器件工作温度设置为 180℃，对控制栅极和漏极分别施加−1.63 V 和−0.5 V 的恒定偏压，在 100 s 至 400 s 期间通入 H_2S 气体样本(5 至 75 ppm)。传感器件的 H_2S 灵敏度计算方法如式(8.2.1)。图 8-12(b)显示了 R 和 t_{rec} 随 H_2S 浓度的变化。目标气体样本中 H_2S 的浓度越高，传感器件灵敏度 R 越大，但 t_{rec} 越长。对于 75 ppm 的 H_2S 气体，在器件感应 H_2S 气体期间，$|I_D|$从 500 nA(I_{D_B})减小到 371 nA(I_{D_G})。R 值、t_{res} 值和 t_{rec} 值分别为 54%、205 s 和 771 s。

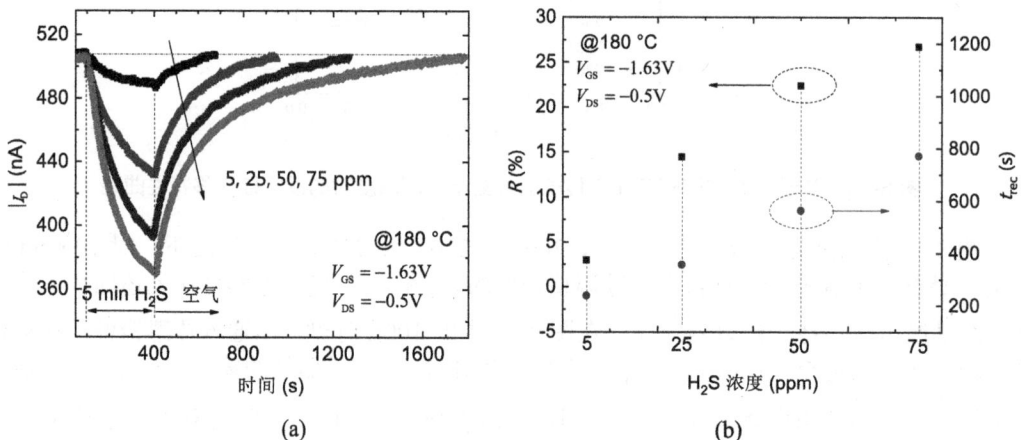

(a)　　　　　　　　　　(b)

图 8-12　基于 SnO_2 的 HFGFET 传感器件对不同浓度 H_2S 气体样本的瞬态响应[3]测量结果

8.2.4　基于 SnO$_2$ 的 HFGFET 传感器件的基本工作原理

图 8-13 中绘制了 SnO$_2$ 敏感层表面附近的能带变化情况。其中，左侧为吸附 O$_2$ 气体引起电子转移的过程，右侧为吸附 NO$_2$ 气体引起电子转移的过程；灰色区域和箭头分别代表耗尽区和电子转变方向。假设当基于 SnO$_2$ 的 HFGFET 传感器件暴露在的纯净 N$_2$ 中时，氧化锡表面没有能带弯曲。当基于 SnO$_2$ 的 HFGFET 传感器件暴露在空气中时，空气中的 O$_2$ 分子会穿透多孔敏感层，到达敏感层和钝化层之间的界面，并在界面上发生物理吸附。被吸附的分子会从 SnO$_2$ 敏感层表面附近抽取电子(化学吸附)，从而导致能带向上弯曲，增加表面静态功函数 Φ_{S1}(图 8-13 左)。

根据文献[7]，吸附的 O$_2$ 分子可以表示为局部受主(能级 E_{A1})，界面上的势垒高度为图 8-13 左侧的 V_{S1}。其中界面上与 E_{A1} 对应的矩形区域表示可能吸附 O$_2$ 分子的位点总数，顶部边缘对应 E_{A1}。矩形内部的实心面积比例代表了被转移至化学吸附的氧离子的电子浓度，或发生化学吸附的氧离子数量占总吸附位数量的比例。在 180℃时，处于空气环境的 SnO$_2$ 表面最主要的氧类型是 O^{2-} [5]。

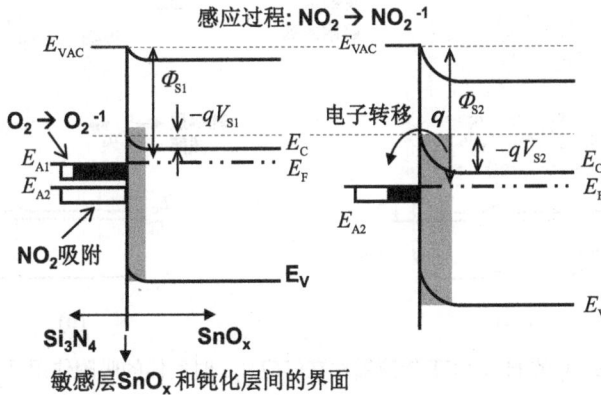

图 8-13　基于 SnO$_2$ 的 HFGFET 传感器件在感应 NO$_2$ 时的能带变化情况[1]

在图 8-9 中，在 100 s 时刻，环境变为 10 ppm NO$_2$ 气体样本时，NO$_2$ 分子将吸附在 SnO$_2$ 和栅氧化层界面上。由于 NO$_2$ 比 O$_2$ 具有更强的氧化性，吸附的 NO$_2$ 所对应的受主能级 E_{A2} 低于 E_{A1} [6]，导致电子继续从 SnO$_2$ 向吸附的 NO$_2$ 转移。这导致图 8-9 中的 100 s 秒后，SnO$_2$ 敏感层的功函数从 Φ_{S1} 增加至 Φ_{S2}，使 P 沟道 HFGFET 的阈值电压向正方向移动，$|I_D|$ 也随之增加。目标气体 NO$_2$ 在敏感材料表面的吸附过程可表示为：

$$NO_2 + e \xrightarrow{\text{adsorption}} NO_2^- \tag{8.2.2}$$

在图 8.9 中的 400 s 时刻，气体环境变回空气时，传感器开始逐渐恢复初始状态。吸附的 NO$_2^-$ 会首先分解成吸附的 O$^-$ 和 NO，见式(8.2.3)，剩余附着在敏感层表面的 O$^-$ 会通过释放电子，从表面逐渐解吸，见式(8.2.4)[2]。于是，$|I_D|$ 在 400 s 后开始下降，SnO$_2$ 敏感层的功函数也逐渐从 Φ_{S2} 降落回 Φ_{S1}。

$$NO_2^- \xrightarrow{\text{desorption}} O^- + NO \tag{8.2.3}$$

$$2O^- \xrightarrow{\text{desorption}} O_2 + 2e^- \tag{8.2.4}$$

图 8-14 显示了基于 SnO_2 的 HFGFET 传感器件在感应 H_2S 时，气体的吸附作用，以及所引起的 SnO_2 和 Si_3O_4 之间界面附近的能带变化情况。其中图 8-14(a)为检测 H_2S 气体之前的情况，SnO_2 颗粒的表面已经存在化学吸附的氧离子(O^{2-})[7]，导致了 SnO_2 颗粒表面较厚的耗尽层厚度，以及能带的上翘。当基于 SnO_2 的 HFGFET 传感器件暴露在 H_2S 气体中时，H_2S 分子会穿透多孔敏感层，最终到达敏感层和钝化层之间的界面，并与 O_2^- 发生反应，如式(8.2.5)所述[8-9]。

$$H_2S + 3O_2^- \xrightarrow{\text{adsorption}} 2SO_2 + 2H_2O + 3e^- \tag{8.2.5}$$

在此期间，电子将从氧离子转移回到 SnO_2 中。如图 8-14(b)所示，SnO_2 的耗尽区厚度和能带的弯曲程度都会随之减小，直至传感反应达到饱和。当周围环境从 H_2S 气体变回空气时，基于 SnO_2 的 HFGFET 传感器件开始在 180℃条件下自然恢复，此时空气中的氧分子将重新吸附在 SnO_2 表面并电离，于是电子重新从 SnO_2 转移至吸附的氧分子，直至达到平衡，基于 SnO_2 的 HFGFET 传感器件恢复到初始状态，其反应过程如式(8.2.6)所述。

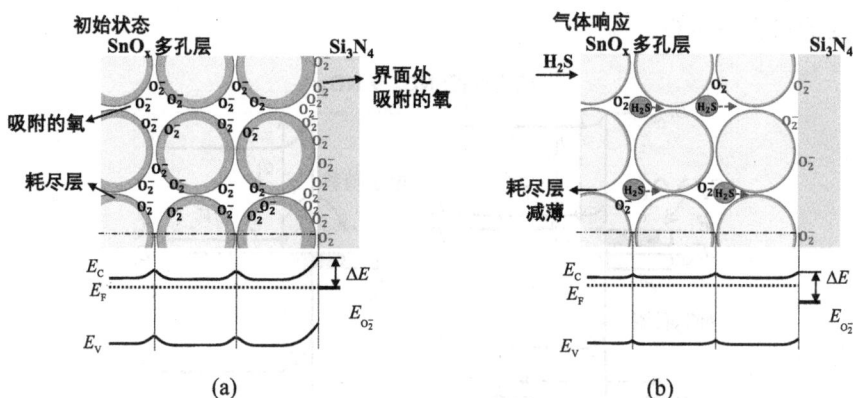

$$O_2 + e^- \xrightarrow{\text{desorption}} O_2^- \tag{8.2.6}$$

图 8-14　基于 SnO_2 的 HFGFET 传感器件在感应 H_2S 时气体的吸附作用及能带变化情况[6]

8.2.5　本节结语

本节介绍了基于 N 型金属氧化物半导体 SnO_2 的 HFGFET 型气体传感器件。由于 HFGFET 特殊的水平 FG 和 CG 结构，使敏感层得以在器件最后的工艺步骤中制备，加之 FG 对沟道的保护，使 FET 的沟道免受敏感材料沉积过程中以及气体传感过程中的各种污染。该基于 SnO_2 的 HFGFET 传感器件在 180℃工作温度下对 NO_2 气体和 H_2S 气体均表现出了良好的传感性能。并且，该器件的制备工艺与传统 CMOS 工艺技术的良好兼容性，提升了该器件的可集成性，拓展了其在环境检测方面的应用范围。

8.2.6　参考文献

[1]　Wu M, Kim C-H, Shin J, et al. Effect of a pre-bias on the adsorption and desorption of oxidizing gases in FET-type sensor. Sensors and Actuators B: Chemical, 2017, 245: 122-128.

[2] Sharma A, Tomar M, Gupta V. SnO$_2$ thin film sensor with enhanced response for NO$_2$ gas at lower temperatures. Sensors and Actuators, B: Chemical, 2011, 156(2): 743-752.

[3] Wu M, Shin J, Hong Y, et al. Pulse Biasing Scheme for the Fast Recovery of FET-Type Gas Sensors for Reducing Gases. IEEE Electron Device Letters, 2017, 38(7): 971-974.

[4] Wolkenstein T. Electronic Processes on Semiconductor Surfaces during Chemisorption.

[5] Shaalan N M, Yamazaki T, Kikuta T. Influence of morphology and structure geometry on NO$_2$ gas-sensing characteristics of SnO$_2$ nanostructures synthesized via a thermal evaporation method. Sensors and Actuators, B: Chemical, 2011, 153(1): 11-16.

[6] Ruhland B, Becker T, Müller G. Gas-kinetic interactions of nitrous oxides with SnO$_2$ surfaces. Sensors and Actuators B: Chemical, 1998, 50(1): 85-94.

[7] Barsan N, Weimar U. Understanding the fundamental principles of metal oxide based gas sensors; the example of CO sensing with SnO$_2$ sensors in the presence of humidity. Journal of Physics: Condensed Matter, 2003, 15(20): R813-R839.

[8] Chang J F, Kuo H H, Leu I C, et al. The effects of thickness and operation temperature on ZnO: Al thin film CO gas sensor. Sensors and Actuators, B: Chemical, 2002, 84(2-3): 258-264.

[9] Korotcenkov G. Metal oxides for solid-state gas sensors: What determines our choice? Materials Science and Engineering B: Solid-State Materials for Advanced Technology, 2007, 139(1): 1-23.

8.3　基于聚合物的 HFGFET 传感器件

本节主要介绍基于绝缘材料支化聚乙烯亚胺(Branched PEI)的 HFGFET 传感器件(PEI-HFGFET)。敏感材料 PEI 通过高精度喷墨打印增材技术沉积于 HFGFET 的控制栅和浮栅之上，用于室温条件下的低相对湿度(RH)的检测(<20% RH)。本节也将讨论 PEI-HFGFET 器件在干、湿 N$_2$ 气氛中的电气特性，以及 0~20% RH 范围内的相对湿度传感特性，并结合分子动力学仿真，对传感器的相对湿度传感原理进行分析。

8.3.1　基于 PEI 的 HFGFET 传感器件的结构及制备

图 8-15 为 PEI-HFGFET 传感器件的结构，其中图 8-15(a)为 3D 结构示意，图 8-15(b)和图 8-15(c)为沿图 8-15(a)中的 AA′和 BB′面的截面示意，图 8-15(d)和图 8-15(e)分别为在不同放大倍数下，沉积 PEI 敏感层之前和之后的传感器件光学显微照片。该传感器件由 FET 衬底和感测区域(图 8-15(a)和图 8-15(d)中标记的感测区域)构成，并通过水平延伸的浮栅结构实现相互通信。除了感测区域和电极触点外，整个器件被 SU-8 钝化层覆盖。浮栅 FG 由 SiO$_2$/Si$_3$O$_4$/SiO$_2$(O/N/O)钝化叠层覆盖，用于保护 FET 衬底在形成传感材料期间免受任何污染。金属控制栅 CG 与多晶硅 FG 水平分布于硅片表面，并且两个栅极都被感测区域中的 PEI 覆盖。两个栅极采用叉指结构，保证良好的电容耦合。FET 衬底的沟道长度和宽度均为 1 μm，感测区域面积约为 18 μm × 25 μm。本节所讨论的 PEI-HFGFET 器件仍采

用 P 沟道以减少信号噪声。主要制备工艺流程如下。

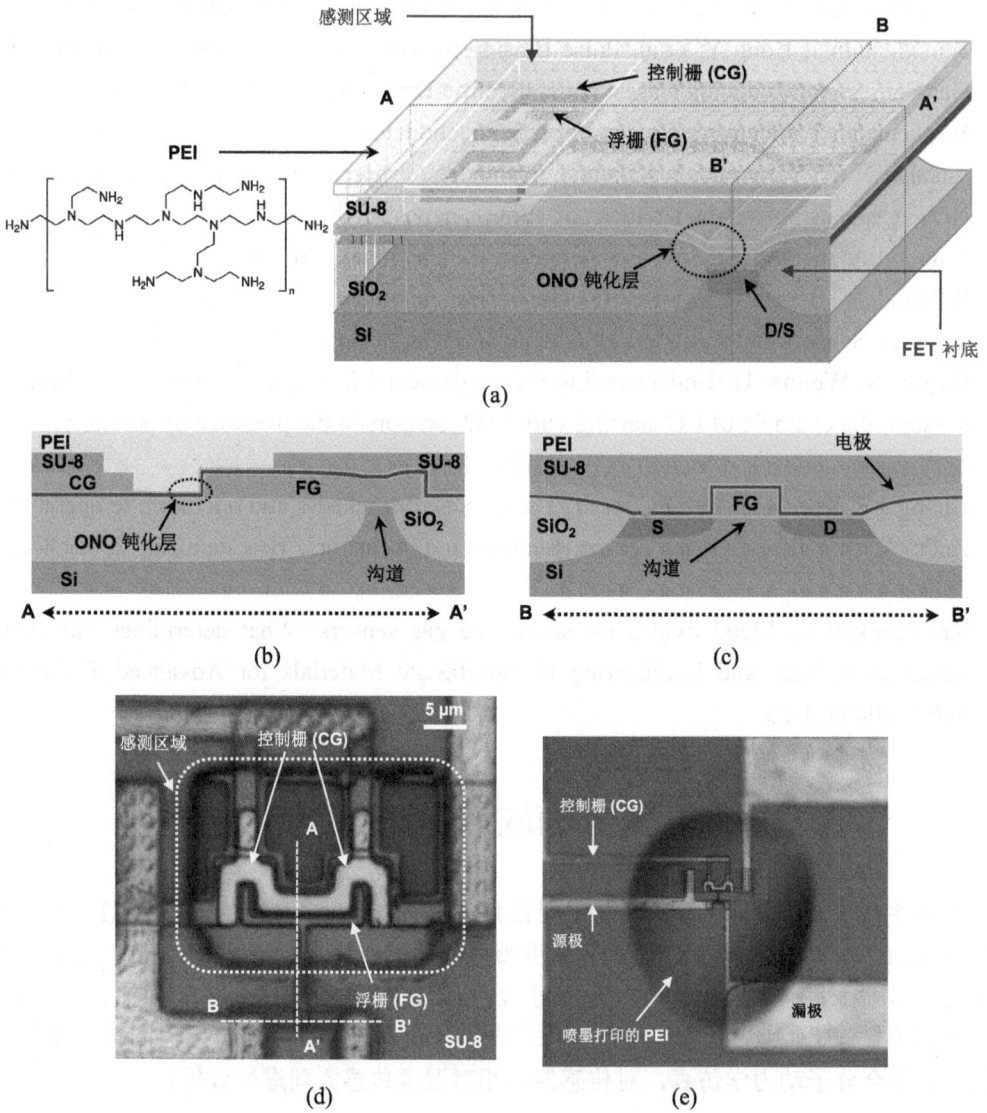

图 8-15 基于支化 PEI 的 HFGFET 湿度传感器件的结构示意

与 8.2 节中的 SnO_2-HFGFET 不同的是，此处采用硅局部氧化(LOCOS)工艺，生长 550 nm 厚的场氧化物来隔离硅衬底中各 PEI-HFGFET 器件的有源区。并且 PEI-HFGFET 器件采用了掩埋沟道技术，减少载流子在导电过程中的散射作用，从而进一步降低噪声。在形成沟道之后，通过 800℃ 的干法氧化工艺生长 10 nm 厚的栅极氧化层。之后与基于 SnO_2 的 HFGFET 传感器件类似，利用原位掺杂形成 350 nm 的 N^+ 多晶硅层，并经图案化后作为 FG。通过离子注入工艺形成重掺杂 P^+ 源区和漏区之后，在整个晶片上沉积由 SiO_2 (10 nm)/Si_3O_4 (20 nm)/SiO_2 (10 nm)组成的 O/N/O 钝化叠层，以防止 FG 和 FET 平台的沟道受到其他分子(例如 H_2O)、杂质和电荷陷阱的影响。经金属化形成 CG、D、S 和体(B) 电极。最后，通过旋涂工艺在整个硅片之上形成 SU-8 钝化层，并通过光刻工艺图案化，露出叉指型 FG-CG 耦合的感测区域和所有电极接触点。

该器件敏感材料的制备主要使用质量分数为 50%(wt.%)的含有伯胺、仲胺、叔胺(1：2：1 比例)的支化聚乙烯亚胺水溶液。其平均相对分子质量(M_n)为 1200，在 25℃ 下的粘度为 200~500 cP。在室温下，用去离子水将支化聚乙烯亚胺水溶液稀释，使 PEI 质量浓度降至 1.02 wt.%，以降低溶液的黏度，作为喷墨打印的墨水。因为喷墨打印的墨水黏度在 1~10 ccps 范围内为宜[1]。然后，在 40℃ 的打印温度下，使用微米级高精度微电子喷墨打印机在 FET 平台上打印 PEI 墨水。最后，将该器件在 40℃ 的干燥条件下放置 24 小时，完成 PEI-HFGFET 传感器件的制备。

8.3.2　基于 PEI 的 HFGFET 传感器件的湿度传感特性

首先，测量了 PEI-HFGFET 在干燥 N_2 和潮湿 N_2(40%RH)气体环境中的转移特性，如图 8-16 所示，其中图 8-16(a)为两种测试环境下器件的漏极电流$|I_D|$随控制栅电压 V_{CGS}(从 CG 到 S 的压降)变化的双扫描 I_D - V_{CGS} 曲线，图 8-16(b)为栅极泄漏电流 I_G 随 V_{CGS} 变化的双扫描 I_G - V_{CGS} 曲线。在干燥和潮湿两种 N_2 气体环境中，从 PEI-HFGFET 的 I_D - V_{CGS} 曲线均可观察到电流-电压迟滞现象。这主要归因于传感器内部的各材料间的界面处和体陷阱的充、放电作用。此外，在潮湿 N_2 条件下，图 8-16(a)中显示的 PEI-HFGFET 的亚阈值摆幅(SS)和关态漏极电流$|I_D|$，以及图 8-16 (b)中显示的栅极泄漏电流 I_G 均大于在干燥 N_2 条件下的测量结果。当栅极电压扫描至 2 V 时，I_G 已超过 200 pA，且 I_G - V_{CGS} 双扫描曲线中也出现了迟滞现象。这一现象可以用 PEI 敏感材料中发生的水分子吸附来解释：在潮湿环境中，气体样品中的水分子将被支化 PEI 的胺基所吸附，导致在位于 CG 和 FG 之间的 PEI 层表面上产生了偶极子；这些偶极矩的方向可以由栅极电压引导，从而调整 PEI-HFGFET 沟道内的载流子浓度；在扫描 CG 偏置时，偶极子被 V_{CGS} 极化，从而导致栅极泄漏电流 I_G 显著增加，并且 I_G 对 V_{CGS} 的依赖性也更加明显。

其次，对 PEI-HFGFET 的瞬态湿度响应特性进行测试分析。根据图 8-16(a)中的器件转移特性测试结果，在一定 V_{CGS} 下，当相对湿度从 0 上升至 40% RH 时，亚阈区的$|I_D|$随湿度的变化量约为线性区$|I_D|$随湿度变化量的 100 倍。因此，在对 PEI-HFGFET 的湿度传感特性测试时，通过施加合适的栅源和漏源电压，使器件工作在亚阈值区域，以获得高湿度灵敏度。

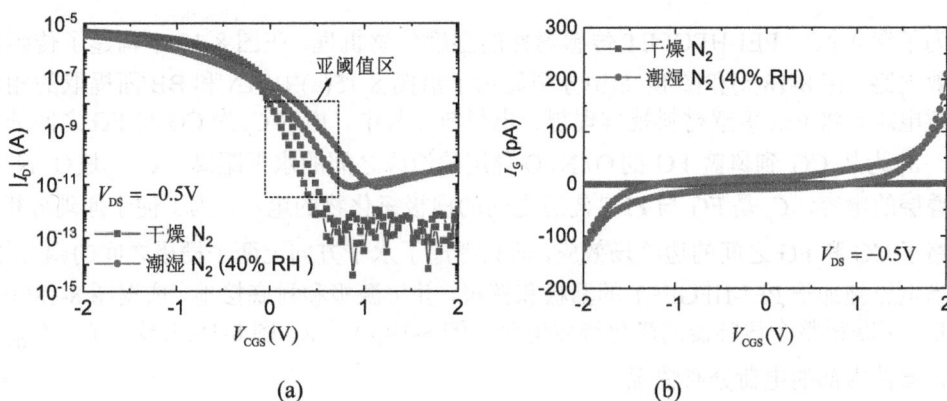

(a)　　　　　　　　　　　　(b)

图 8-16　PEI-HFGFET 在干燥 N_2 和潮湿 N_2 (40% RH)气体环境中的转移特性[2]

图 8-17(a)为 PEI-HFGFET 传感器件的湿度感应性能测试结果。其中，柱形图表示校准的相对湿度水平，曲线为器件漏极电流$|I_D|$随湿度的变化情况。在测试过程中，将干燥 N_2 和潮湿 N_2 样品交替注入到测试室中。每个潮湿气体样品维持 300 s，然后用干燥 N_2 替换持续 600 s 用于传感器件的恢复。相对湿度水平依次设置为 9.4%、11.4%、13.4%、15.5%、17.8%。传感器件的灵敏度(S_{RH})通过使用公式(8.3.1)计算。

$$S_{RH} = \left[\left(\left|I_{D,D}\right| - \left|I_{D,H}\right|\right)\Big/\left|I_{D,D}\right|\right] \times 100\% \tag{8.3.1}$$

其中 $I_{D,D}$ 和 $I_{D,H}$ 分别是传感器件在干燥和潮湿条件下的漏极电流。

图 8-17(b)为 PEI-HFGFET 传感器件的湿度感应校准曲线及线性拟合。相对湿度为 9.4%、11.4%、13.4%、15.5%和17.8%时，传感器件的平均灵敏度分别为 17.2%、31.7%、54%、90.1%和131%。其中 S_{RH} 与 RH 的线性拟合曲线斜率相对较高，为 13.75，线性关系良好($R^2 = 0.97177$)，说明了 S_{RH} 和 RH 呈现接近于线性增加的关系。传感器件的响应时间(t_{res})和恢复时间(t_{rec})仍定义为电流变化到其最终值的 90%所需的时间。对于 9.4% RH，t_{res} 和 t_{rec} 分别为 235 s 和 142 s。所有结果表明，PEI-HFGFET 在室温下具有稳定的电学特性和湿度传感特性，对低湿度具有高线性度、灵敏度和快速响应的优点。

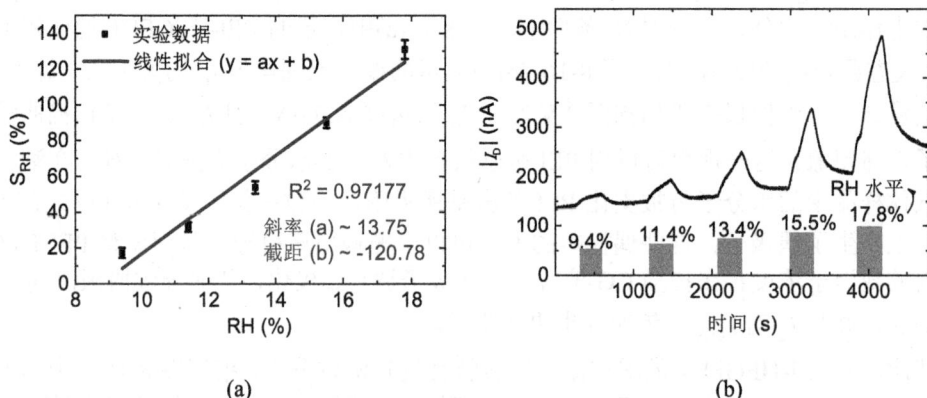

(a)   (b)

图 8-17   PEI-HFGFET 传感器件的湿度感应性能和湿度校准曲线及线性拟合曲线[2]

8.3.3   基于 PEI 的 HFGFET 传感器件的基本工作原理

为了深入探讨 PEI-HFGFET 传感器件的湿度传感机理，在图 8-18 中构建了传感器件的等效电路。图 8-18(a)和图 8-18(b)分别显示了沿图 8-15(a)中 AA′和 BB′面提取的相应截面等效电路。将 PEI 敏感材料视作理想介电材料。其中，电容 C_P 为 CG 与 FG 之间的有效电容，d_P 为从 CG 到覆盖 FG 的 O/N/O 叠层的边缘之间的水平距离，C_{ONO} 是 O/N/O 钝化堆叠层的电容，C_F 是 FG 与 FET 沟道之间的栅极氧化物的电容。为了便于原理分析，这里忽略了 CG 和 FG 之间的边缘场效应，即只考虑了水平方向上两个栅极之间的耦合作用。将适当电压施加于 PEI-HFGFET 的漏极和栅极，并将源极和衬底接地。依据图 8-18(a)和图 8-18(b)，可获得整个传感器的简化等效电路如图 8-18(c)所示。图 8-18(d)显示了在 V_{CGS} 在作用下，器件内部的电荷分布情况。

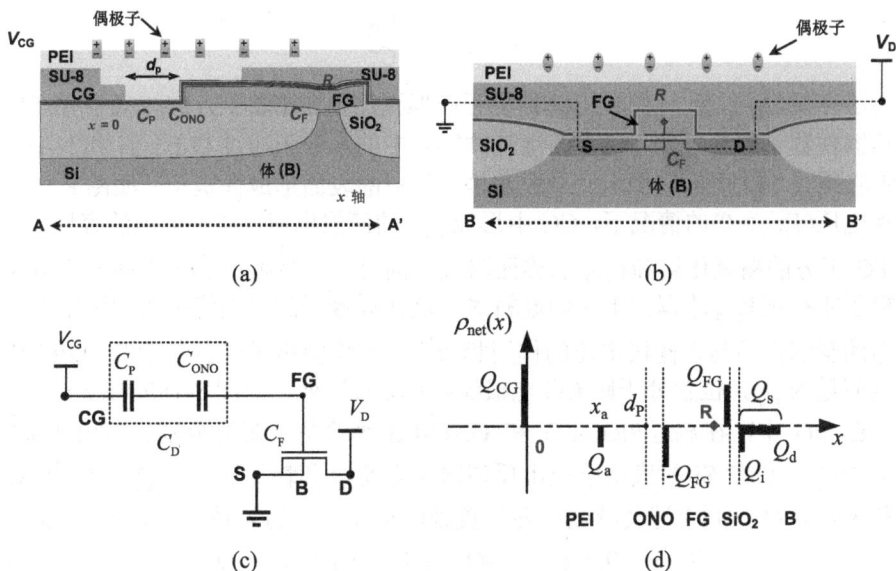

图 8-18　PEI-HFGFET 传感器件的等效电路及电荷分布情况[2]

其中，R 点为在 FG 上的点，通过 R 点及 x 轴方向，可清楚地解释图 8-18(a)、图 8-18(b)、图 8-18(c)和图 8-18(d)之间空间位置的对应关系。在图 8-18(a)中，R 点为传感器中沿着 CG 到 FG 的水平方向和沿着 FG 到 Si 衬底的垂直方向之间的拐点。为了分析传感器内部的电荷分布情况，将图 8-18(a)中沿长短虚折线方向，从 CG 到 R 点以及 R 点到 Si 衬底的折叠结构展开为一维线性结构，并将其分布在图 8-18(d)中的 x 轴上(长短虚线)。于是，图 8-18(a)中的 $x = 0$ 和 O / N / O 边缘处(在远离 CG 的距离 d_P 处)的位置对应于图 8-18(d)中 x 轴上的零点和 $x = d_P$；图 8-18(d)中从零到 R 点的间隔与图 8-18(a)中水平方向上从 CG 到 R 点的区域相对应；图 8-18(d)中 R 点以右的区域与图 8-18(a)中垂直方向上从 R 点到 Si 衬底的区域相对应；图 8-18(d)中 y 轴为净电荷 $p_{net}(x)$ 的体积密度。图 8-18(c)中的电容 C_D 定义为 CG 和 FG 之间的总电容(包括 PEI 敏感层和 ONO 叠层)，并且由于 C_P 和 C_{ONO} 之间的串联关系，C_D 可表示为公式(8.3.2)。

$$C_D = \frac{C_P C_{ONO}}{C_P + C_{ONO}} \tag{8.3.2}$$

如果 FG 的总电容被定义为 C_T，表示为公式(8.3.3)，则从 FG 到传感器件的 S 电极的电压降(V_{FS})可以由公式(8.3.4)给出，其中 Q_{st} 是存储在 FG 内部的电荷，V_{BS} 是从 B 到 S 的电压降。

$$C_T = C_D + C_F \tag{8.3.3}$$

$$V_{FS} = \frac{C_D}{C_T} V_{CGS} + \frac{C_F}{C_T} V_{BS} + \frac{Q_{st}}{C_T} \tag{8.3.4}$$

假设 PEI-HFGFET 没有被"写入"，即 FG 内部没有电荷积累($Q_{st} = 0$)。则当 S 电极和 B 电极接地时，式(8.3.4)中 V_{FS} 的表达可以进一步简化为式(8.3.5)。于是，CG 和 FG 之间的耦合率(γ)可写为式(8.3.6)[3-4]。

$$V_{FS} = \frac{C_D}{C_T} V_{CGS} \tag{8.3.5}$$

$$\gamma = \frac{V_{FS}}{V_{CGS}} = \frac{C_D}{C_T} \tag{8.3.6}$$

为了方便分析，此处假设 CG 处于正向偏置，则在 FG 下方的衬底中存在电子积累。当传感器件置于潮湿条件下时，潮湿气体样品中的水分子通过 O-H…N 和 N-H…O 等形式的氢键吸附在 PEI 层的表面上，导致在传感材料的表面形成偶极子，如图 8-18(a)所示。在正栅极电压($V_{CGS} > 0$)的情况下，CG 中形成 Q_{CG} 的薄层电荷，基于电场的容性，电子趋于堆积在 FG 下方的栅氧化层和衬底的界面附近。同时，由吸附在 PEI 表面的水分子所形成的电偶极子将在正 V_{CGS} 的调控下指向硅衬底。这些偶极子的负端将吸引沟道中的空穴，对电荷分布的影响作用与正栅极电压的作用相反[5-6]。将电偶极子的负端近似为 PEI 中的薄层电荷，电荷量为 Q_a，位置处于距 CG 电极($x = 0$ 处)x_a 远处，即图 8-18(d)中 $x = x_a$ 位置的 Q_a。于是，在 FG 中，在靠近 SiO_2-FG 和 ONO-FG 两个界面附近分别感应出薄层电荷 Q_{FG} 和 $-Q_{FG}$，并进一步在 Si 衬底中感应出反型薄层电荷 Q_i 和耗尽层电荷 Q_d。如果 Si 衬底中的总电荷表示为 Q_s，则上述传感器中各位置处的电荷之间的关系可以表示为式(8.3.7)。

$$Q_{CG} = -Q_a - Q_{FG} = -Q_a - (Q_i + Q_d) = -Q_a - Q_s \tag{8.3.7}$$

由栅极电压提供的、支持薄层电荷 Q_a 的电势差可以写为式(8.3.8)。

$$\delta V_{CG} = -\frac{x_a}{\varepsilon_P} Q_a \tag{8.3.8}$$

其中 ε_P 为 PEI 的介电常数。因此，对于 PEI 中浓度为 $\rho_{net}(x)$ 的任意电荷分布，用于补偿该电荷作用所需的总栅极电压为：

$$x\Delta V_{CG} = -\frac{1}{\varepsilon_P}\int_0^{d_P} x\rho_{net}(x)\mathrm{d}x = -\frac{x_a}{\varepsilon_P}Q_P \tag{8.3.9}$$

其中 Q_P 被定义为由偶极子的极化引起的等效面电荷。则式(8.3.5)可以重新整理为式(8.3.10)。

$$V_{FS} = \gamma V_{CGS} = \gamma(V_{CGS} - \Delta V_{CG}) = \gamma\left(V_{CGS} + \frac{Q_P}{\varepsilon_P}x_a\right) \tag{8.3.10}$$

基于式(8.3.10)，对于 P 沟道的 PEI-HFGFET，在考虑偶极子的影响后，亚阈值区漏极电流的表达式为式(8.3.11)。

$$|I_D| = \mu C_{FG}\frac{W}{L}\sqrt{\frac{\varepsilon_{si}qN_d}{4\psi_B}}\left(\frac{kT}{q}\right)e^{q\left[V_{th}-\gamma\left(V_{CGS}+\frac{Q_P}{\varepsilon_P}x_a\right)\right]/mkT} \tag{8.3.11}$$

其中，ψ_B 为 Si 衬底的费米能级和本征能级之差，ε_{si} 为硅介电常数，N_d 为衬底的掺杂浓度，m 为 MOSFET 体效应系数。在湿敏测试过程中，随着相对湿度的升高，PEI 表面形成更多的偶极子，并产生更大的等效电荷 Q_P。因此，根据式(8.3.11)，亚阈值区的$|I_D|$随着相对湿度的增加而增加，这与图 8-16 和图 8-17 中的实验结果一致。

为了进一步讨论 PEI-HFGFET 中水分子在 PEI 上的吸附情况，通过原子尺度材料模拟仿真软件包(VASP)，利用密度泛函理论(DFT)广义梯度近似(GGA)，对水和 PEI 分子之间的相互作用进行了计算。在结构优化过程中，平面波能量截止值为 450 eV。本节使用的 PEI 是由小的重复单元构成的(图 8-15 中所示的分子式)，因此为了简化模拟，将 PEI 分子内的单元的平均数(n)设定为 2。PEI 的分子模型如图 8-19(a)所示。将水分子数(n_w)分别设为 3、6、12，用 PEI 分子($n = 2$)构建 3 个模型，用于不同相对湿度水平下的模拟仿真。在标准温度和压力下，PEI 和水分子之间通过 O–H⋯N 和 N–H⋯O 在伯胺和仲胺位点产生氢键，如图 8-19(b)~图 8-19(d)所示。当 n_w =12 时，会生成 OH_3^+ 基团。

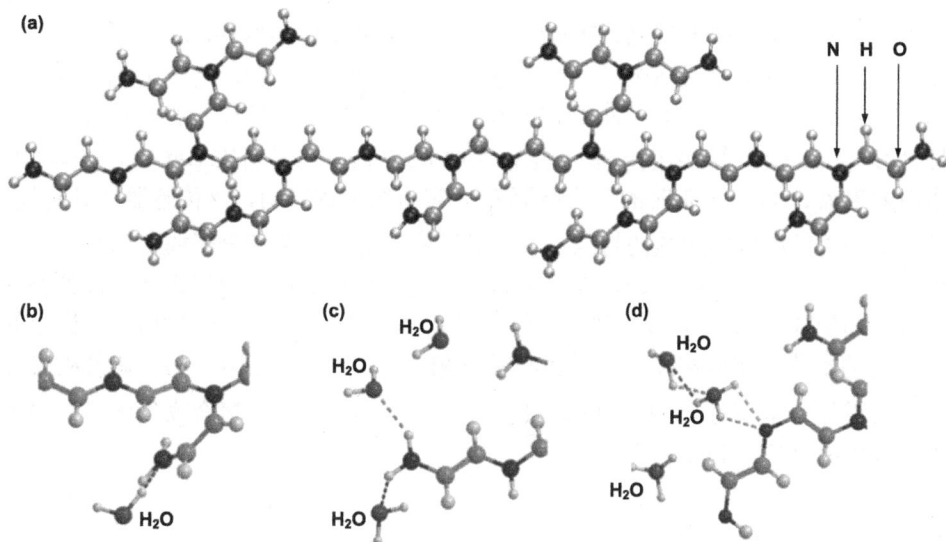

图 8-19　水分子在 PEI 上吸附的模拟结果

图 8-20 绘制了使用相同工艺、与 PEI-HFGFET 传感器件一起制作于同一硅片上的 PEI 电阻型传感器件光学显微照片(约 100 μm × 100 μm 感应面积)及其 $I-V$ 曲线。该 $I-V$ 曲线说明，在潮湿的环境中 PEI 表面产生了可移动离子。根据模拟推测，这些离子可能是 OH_3^+ 离子。栅极电压 V_{CGS} 在 PEI-HFGFET 形成电场，水通过氢键吸附在 PEI 表面所产生的化学物质可以被器件中的电场极化。在图 8-20(a)双扫描转移特性曲线中，在扫描栅极偏压时，所有这些水分子吸附都可能有助于偶极层的形成，并导致潮湿气体 N_2 环境中的 I_G 相比干燥 N_2 中的 I_G 明显增大，图 8-20(b)中的双扫描 I_G-V_{CGS} 曲线测试结果恰恰验证了上述关于偶极矩对传感器电流变化影响原理的分析。另外，经过计算，当 n_w 等于 3、6、12 时，形成氢键时的平均能量分别为 0.23 eV、0.24 eV 和 0.26 eV，键长分别为 3.09 eV、2.95 eV 和 2.82 eV。

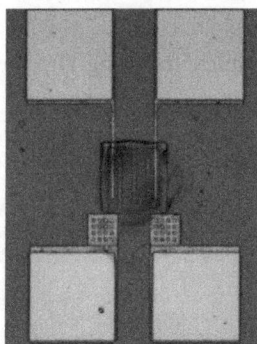
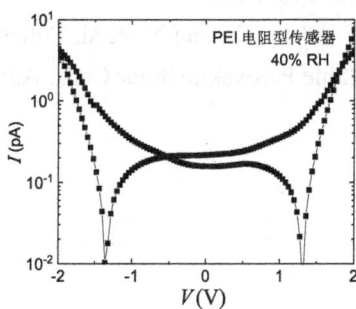

(a)　　　　　　　　　　　　　　(b)

图 8-20　PEI 电阻型传感器件的光学显微俯视照片及在 40% RH 情况下的 I-V 特性曲线[2]

8.3.4　本节结语

本节主要介绍了基于支化 PEI 敏感材料的 HFGFET 传感器件,用于室温低湿度检测(低于 20%相对湿度)。由于水平排布于硅片表面的 FG 和 CG 结构,使支化 PEI 可利用喷墨打印工艺轻易沉积于器件之上。通过比较 PEI-HFGFET 传感器件在干燥和潮湿 N_2 中的 $I-V$ 特性,发现潮湿气体样品中的水蒸气吸附在 PEI 表面后,会增加传感器件的亚阈值摆幅 SS、栅极泄漏电流 I_G 以及关态时的漏极电流 I_D。实验结果都表明,该传感器件具有线性度高、灵敏度高和对低湿度响应快的特点。本节通过构建等效电路和分子模拟仿真,对该器件的湿度传感机理进行了详细讨论。水分子通过氢键吸附在 PEI 传感层表面形成偶极子。这些偶极子在扫描 CG 电压时被极化,从而导致 I_G 和关态$|I_D|$的增加。同时,偶极矩的方向对 P 沟道内的电荷分布调控作用,导致在瞬态相对湿度传感测试中,$|I_D|$随着相对湿度水平的升高而增加。本节对于 PEI-HFGFET 的研究,可为 FET 型聚合物传感器件在更多气体检测应用中提供理论和实验指导。

8.3.5　参考文献

[1] Feyssa B, Liedert C, Kivimaki L, et al. Patterned Immobilization of Antibodies within Roll-to-Roll Hot Embossed Polymeric Microfluidic Channels. KOURENTZI K. PLoS ONE, 2013, 8(7): e68918.

[2] Wu M, Wu Z, Zheng Y, et al. Branched Polyethylenimine-Based Field Effect Transistor for Low Humidity Detection at Room Temperature. IEEE Sensors Journal, 2022.

[3] Wu M, Shin J, Hong Y, et al. An FET-type gas sensor with a sodium ion conducting solid electrolyte for CO2 detection. Sensors and Actuators B: Chemical, 2018, 259: 1058-1065.

[4] Godoy A, López-Villanueva J A, Jiménez-Tejada J A, et al. A simple subthreshold swing model for short channel MOSFETs. Solid-State Electronics, 2001, 45(3): 391-397.

[5] Šutka A, Mālnieks K, Linarts A, et al. Triboelectric Laminates with Volumetric Electromechanical Response for Mechanical Energy Harvesting. Advanced Materials Technologies, 2021.

[6] Wu C, Wang K, Yan Y, et al. Fullerene Polymer Complex Inducing Dipole Electric Field for Stable Perovskite Solar Cells. Advanced Functional Materials, 2019.